经济伦理学经典著作

改革时代的经济伦理

Business Ethics in the Reform Era

乔法容 著

本书系河南省高等学校人文社会科学重点研究基地——河南财经政法大学经济伦理研究中心、省高校首批哲学社会科学创新团队《当代中国经济社会生活中的若干重大伦理问题研究》（2012—CXTD—06）、省级重点学科——河南财经政法大学哲学一级学科、教育部人文社会科学百所重点研究基地中国人民大学伦理学与道德建设研究中心、省政府经济发展与社会管理创新研究中心等研究成果。

图书在版编目（CIP）数据

改革时代的经济伦理/乔法容著. —北京：经济管理出版社，2014.11
ISBN 978-7-5096-3483-7

Ⅰ. ①改… Ⅱ. ①乔… Ⅲ. ①经济伦理学—文集 Ⅳ. ①B82-053

中国版本图书馆 CIP 数据核字（2014）第 260504 号

组稿编辑：赵喜勤
责任编辑：张　艳　赵喜勤
责任印制：司东翔
责任校对：超　凡

出版发行：经济管理出版社
（北京市海淀区北蜂窝 8 号中雅大厦 A 座 11 层　100038）
网　　址：www. E-mp. com. cn
电　　话：（010）51915602
印　　刷：北京京华虎彩印刷有限公司
经　　销：新华书店
开　　本：789mm×1092mm/16
印　　张：19.5
字　　数：415 千字
版　　次：2014 年 11 月第 1 版　2014 年 11 月第 1 次印刷
书　　号：ISBN 978-7-5096-3483-7
定　　价：69.80 元

前言

《改革时代的经济伦理》一书，是笔者在中国进入改革开放时期探索经济社会生活中的伦理问题的部分成果。始于1978年的这场改革，触动了生产关系、上层建筑、社会结构、生活方式、思想观念、价值尺度等诸多方面，其深刻性正如邓小平所说，改革是一场革命。这场革命的宗旨，是通过改革解放社会生产力、更快地发展社会生产力；是通过改革进一步完善中国特色社会主义制度，从而实现中华民族的伟大复兴、社会的快速进步和个人的全面发展。的确，30多年后的今天，我国在经济上取得了令人瞩目、赞叹的成就，国力显著提升，奠定了中国进一步发展的雄厚基础，为解决经济社会矛盾和问题提供了支持。与此同时，在文化建设和道德建设方面，也取得了诸多新成就，一些指导性文献和精神，如《公民道德建设实施纲要》的颁布、社会主义核心价值体系和社会主义核心价值观的提出、坚持依法治国和以德治国相结合的重大论断等，为改革时代的文化和道德建设指明了方向，作出了具体部署。

然而，我们也应清醒地看到，伴随着改革进程的深入，社会主义市场经济体制逐步建立、多种经济成分共存、对外开放的扩大、经济全球化影响的日渐深化，思想道德领域也经历了历史上鲜有的振荡与洗礼。在多元文化与多元价值观的共存和相互交织下，一些人的信仰缺失、精神低迷，道德观一度处于茫然甚至善恶不分，乃至出现对本国文化认同感下降、缺乏文化自信的现象。的确，当今的经济生活在社会中占据着主导地位，市场经济领域出现的商品拜物教、货币拜物教、“经济第一主义”的价值观深刻支配、影响着社会的政治、文化、意识、国民心理，一些人的道德观突破功利道德的合理边界走向利己、自私，“人不为己，天诛地灭”成为信条。诸如：企业追求利润最大化，漠视社会责任；经济主体诚信缺失，为了私利不择手段；市场缺陷、市场失灵导致资源浪费、环境染污、生态破坏；政府职能的越位、缺位、不到位，造成市场缺乏秩序规制、市场机制和规律难以发挥功能。市场经济这把双刃剑的正负效应可谓展现得淋漓尽致，改革开放时代凸显的经济伦理问题从未像今天如此严峻而令人焦虑。

笔者遵循马克思主义的基本原理和方法论，立足中国，借鉴、吸收西方伦理文化的合理因素，紧随时代步伐，思索经济生活中的一系列新伦理问题。20世纪80年代中期重视因劳动关系的深刻变化所引发的劳动生产领域中的伦理，1989年出版了《劳动伦理学》一书。与此同时思考企业伦理文化，1990年出版了《企业伦理文化——当代西方企业管理的新趋势》。经济伦理学作为一门新兴边缘交叉学科，其学科建设中尚存诸多基础性的学术难题，如研究维度、学科目的、体系架构、基本理论与主要范畴以及之间的逻辑关联等，现实中的国有企业改革改制中的伦理、以诚信为重点的市场道德建构、经济活动中的政府伦理等，与同仁合作，于2004年出版了《经济伦理学》一书。随之重点思考宏观层面经济活动中的政府伦理，并于2013年出版了《宏观层面经济伦理研究》一书。我主持完成的第5项国家社会科学基金项目《循环经济伦理：一种新经济发展方式的伦理理论研究》，围绕循环经济这一新经济发展方式中的伦理问题进行探讨。我认为，循环经济伦理必将引发21世纪经济伦理研究范式的转变，生态学作为经济伦理学研究的三个主干学科之一，弥补之前两个主干学科，即经济学与伦理学的理论认知的不足，三个主干学科交叉视域下的经济伦理基本理论、经济发展观乃至社会伦理观也将发生重大变革。一些见解，如循环经济新发展模式下的生产伦理与消费伦理、新的经济伦理理论范式等，中国国企改革公有资本人格化中的伦理、经济伦理学科的理论建构等，思考起始，很少有这方面的研究成果可供参鉴。面对瞬息万变的经济社会生活，作为中国改革时代的探索之作，本书中定会存在诸多局限、偏颇甚至是谬见，在此，恳请读者指教。

本书分三篇：上篇侧重于经济伦理的若干理论和现实问题研究，中篇主要是对企业伦理的探究，下篇集中思考经济活动中的政府伦理及政府行为的价值规范体系建构。

在本书付梓出版之际，特别感谢曾指导与帮助过我的各位专家和朋友。感谢中国人民大学博士生导师夏伟东教授的指导，在我们合作《经济伦理学》一书期间，他对研究经济伦理的理论范式、基本方法、经济伦理的功能、正确借鉴西方经济理论的合理因素等提出独到见解，使我受益匪浅。感谢我的合作者，他们已署名于某一专题后；感谢国家级有突出贡献专家、我的先生杨承训研究员，我的经济伦理研究之路离不开他给予的帮助，他执着地学研精神更是激励我不断前行的力量。感谢学界专家学者为我提供颇为珍贵的思想资源，感谢经济管理出版社的编辑赵喜勤女士，是她严谨而又高效率的工作使得本书能够尽快问世。张新宁博士和马越在读博士帮我做了许多技术性工作，在此，向他们表示谢意。

世界在嬗变，社会在进步，中国新一轮改革的风帆也已高高扬起。关注、探索中国经济社会生活中的伦理，形成具有中国特色社会主义经济伦理思想，乃是时代的召唤。作为学者，我永远走在探求的路上。

乔法容
2014年6月

目　录

上　篇

中　篇

下 篇

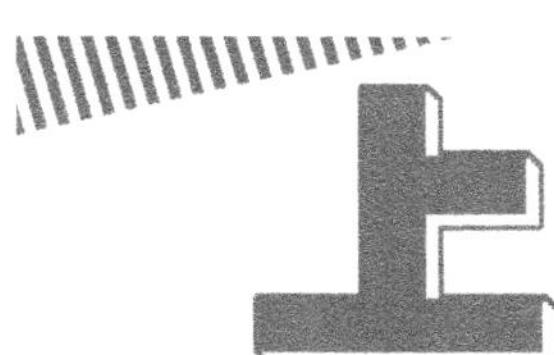
上

篇

创新和发展中国经济伦理学必须破解的若干问题

一、经济伦理学：开放的经济学与开放的伦理学

自亚当·斯密以来，围绕经济学知识体系的理解曾发生过多方面的“亚当·斯密问题”争论，这也是近年来国内从事经济伦理研究的学者关注的话题。之所以引发如此的讨论，主要由于他对道德世界与经济世界研究的不同观点，如看似矛盾的人性假设、经济学与伦理学不同的逻辑起点、利己与利他次序的孰轻孰重等。而争论涉及的一个深层问题就是，伦理学与经济学学科之间是相互开放的还是相互封闭的？

西方经济学分实证经济学与规范经济学，实证经济学研究“是”与“不是”的问题，规范经济学研究“应当”与“不应当”的问题。“应当”、“不应当”属于价值判断的一种，所以伦理分析自然会得到重视。实证经济学被誉为西方的主流经济学，但由于其主张经济学与伦理学相互分离，受到一些经济学家的质疑甚至批评。如 1998 年获诺贝尔经济学奖的阿马蒂亚·森正确地指出，现代经济学与伦理学之间隔阂的不断加深，不仅造成了经济学的贫困，也造成了伦理学的贫困。现代经济学已经出现的严重的贫困化现象，是因为忽视“伦理相关的动机观”、“伦理相关的社会成就观”，严重淡化了伦理学的方法。“实证经济学”的方法论，不仅在理论分析中回避了规范分析，而且忽视了人类复杂多样的伦理考虑。经济学所关注的应该是现实的人，但在经济学模型中，却假设人类的行为动机是单纯的、简单的和固执的，以保证其模型不被友善或道德情操等因素所干扰；现实世界如此丰富多彩，冷静的理性范例则充满了教科书（阿马蒂亚·森，2000）。因此，现代经济学把理性行为等同于实际行为已经招致了大量的批评。显然，这是学科立场的重大变化。

关于这一点，国内经济学家厉以宁也明确地提出了自己的观点。他在其著作中列出了七个经济学中的伦理问题，并在另一本著作《超越市场与超越政府——论道德力量在经济中的作用》提出如下观点：“即使在市场经济中，在市场调节与政府调节都起作用的场合，在法律产生并被执行的场合，习惯与道德调节不仅存在着，而且它的作用是市场调节与政府调节所替代不了的，也是法律所替代不了的。”他把道德调节形象地

称为“介于‘无形之乎’与‘有形之乎’之间的调节”[①]，这就是对伦理学开放的经济学意识。因此可以说，经济学家研究经济学的伦理问题以及对规范经济学的承认，实际上是对经济活动中“应当”与“不应当”的价值分析和价值判断的承认，即对伦理学的认同和开放。

经济学与伦理学的隔阂加深，也造成了伦理学的贫困，现代伦理学也应该且必须有一个开放的学科视野。现代伦理学的研究应该借助于经济学经常使用的一些方法，如经济学在研究社会的相互依赖性时所使用的实证的方法、定量分析的方法。更重要的一点是，现代伦理学对经济生活领域中“应然”的研究，也必须植根在经济事实和经济规律基础之上，即“实然”的基础之上，将经济全过程的把握作为构建学科体系的基本依据，从而把“实然”与“应然”、“是”与“应当”、事实判断与价值判断辩证统一起来。从世界经济伦理学学科的建设现状来看，伦理学对经济学的开放，已成学界共识。前国际经济伦理协会主席乔治·恩德勒提出：“我主张伦理学和经济学的正确关系是一种合作的模式。这种模式视伦理学与经济学为相互依赖的两门学科并具有相等的价值。”[②] 美国学者理查德·狄乔治认为，这个领域应由伦理学与经济的相互作用来定义。这些见解是值得重视的。总之，经济学与伦理学的研究者们应增强相互开放的学科意识，日渐走向主动与自觉。

二、经济伦理学如何解决经济目标与道德价值的冲突

经济伦理学如何解决以及怎样才能整合它必然遇到的经济目标与道德价值的冲突，可谓学科的难题之一。

经济要求与道德要求或者说经济目标与道德价值的冲突，是一个不可回避的话题，这是由经济伦理问题的学科交叉性所决定的。一方面，经济伦理学的研究应自觉地遵循经济发展规律；另一方面，作为一门经济领域中的应用学科，经济伦理学还必须以开放的眼光关注社会伦理问题，这就不可避免地要面对经济与道德间的价值冲突。

解决经济与道德冲突的具体方案，陆晓禾研究员概括为三种观点：一是绝对排斥模式。或只服从经济要求，或只服从伦理要求，两者处于相互对立的态势。二是目的手段模式。或经济是目的，伦理是手段，或经济是手段，伦理是目的。西方一些哲学家大都赞同伦理要求优先。三是等同模式。经济要求即伦理要求，伦理要求即经济要求，如对效率的评价，有效率的经济行为，既符合经济要求，也符合道德要求。如企业追求利润最大化是经济要求，也符合企业道德要求（陆晓禾，1995）。应该说，三种

① 厉以宁. 经济学的伦理问题［M］. 北京：生活·读书·新知三联书店，1995：22.

② 乔治·恩德勒. 面向行动的经济伦理学［M］. 高国希，吴新文等译. 上海：上海社会科学出版社，2002：16.

说法均存在偏颇之处。

先就经济要求与道德价值的特点进行分析。经济要求是就经济范围而论的，它舍弃了一些因素，如经济学中的效率范畴，指资源的有效使用与有效配置。通常人们所说的效率增长就是：较少的投入生产较多的产出；或表现为劳动生产率提高、资金利润率提高；或表现为人尽其才，物尽其用，货畅其流等。在经济学中，效率的高低是根据资源配置的变化来计算的。可以这样认为，经济要求带有相对的独立性、单一性和阶段性的特点。与经济要求相比较，道德要求或道德价值的判断，涉及的方面与因素远远超出了经济领域，它的视野扩散到了社会生活领域的各个环节。理查德·狄乔治认为，经济伦理学是这样一个领域，它论述在拱形框架中解决和处理的一套相互关联的问题，这框架不是由任何一种伦理学理论——康德的、功利主义的或神学的理论而是由系统的互相依赖的问题所提供的，却可以从种种哲学的、神学的或其他观点来研究。乔治·恩德勒提出四个圆圈的观点，他把社会领域划分为经济、社会、环境、政治四个圆圈，经济圆圈与其他圆圈重叠部分即是经济伦理学的对象领域。这些观点都是十分有益的。道德价值与经济目标不同，它已扩展到社会领域，并必然地被纳入综合的社会价值体系之中。因此，道德价值的评价，不仅范围广，关涉因素多，而且往往带有相关性、全面性和终极性的特点。

显然，经济要求与道德价值的冲突不可避免。谁服从谁？如何抉择？马克思主义关于存在与意识、经济关系与道德、物质的社会关系与思想的社会关系的阐释，从根本上为我们解决这一冲突提供了科学的方法论。本文依据这一原理，尝试提出解决上述矛盾的具体框架：以经济要求为中心，以道德价值导向为支撑的合作模式。这一合作模式，既适应经济发展需要，将发展放到价值层面来对待；同时也适应社会价值体系的要求，力图避免因经济发展造成道德资源短缺、环境污染甚至引发社会性的精神危机。当然，这一合作模式仍然是经济伦理学学科视域内的，并不是至高的、唯一的；即使是在经济领域，也仅仅是一个总体概括，如关涉具体问题和领域，还要作具体分析。如这一模式运用在生产领域与分配领域，就可能有不同的理解。以效率与公平的关系为例，在生产领域提效率优先有其更多的合理性，在分配领域，可能就是一个历史性、阶段性的话题。因为公平与效率的关系应该辩证理解，但针对经济发展不同时期提出优先次序并不断调整则更具合理性。从分配范围讲效率与公平的关系，一般有三种表述：效率与公平相兼顾；效率优先，兼顾公平；初次分配和再分配都要正确处理公平与效率的关系，再分配要更加注重社会公平。合理性总是与时代性相联，因而对这一模式不能作绝对化的理解。

恩格斯晚年指出："现代政治经济学的规律之一（虽然通行的教科书里没有明确提出）就是：资本主义生产越发展，它就越不能采用作为它早期阶段的特征的那些小的哄骗和欺诈手段……这些狡猾手腕在大市场上已经不合算了，那里时间就是金钱，那里商业道德必然发展到一定的水平，其所以如此，并不是出于伦理的狂热，而纯粹是为了不白费时间和辛劳。"[①] 恩格斯之所以特别强调这种"商业道德的发展"是"现代政治经济学的规律之一"，并说"通行的教科书里没有明确提出"，乃在于这个"规律"长期以来被人们忽视了。后来，列宁在论述"文明经商"时，特别提出：不能"按亚洲方式做买卖"，要按"欧洲方式做买卖"。可以理解为列宁从过程上解读了这一规律，即亚洲方式是市场经济不发达阶段，经济活动缺乏伦理引导和规制，不文明的伦理和行为盛行；而"欧洲方式"则是发达市场经济伦理的一个标志，信用成为经济活动的道德准则。在今天，经济目标与道德要求的辩证关系，要求我们正确处理社会主义市场道德同市场经济行为结合过程中的种种新问题。

三、经济伦理学的目的性求证

目的性是建立一门人文学科的价值所在，也是一个学科的生命力所在。那么，经济伦理学的目的是什么？为什么有了经济学、有了伦理学，又兴起了一门国内外学者着力探索的经济伦理学？

古典经济学的鼻祖、被誉为现代经济学之父的斯密，把"富国裕民"确定为经济学学科的知识目的。德国学者科斯洛夫斯基将经济伦理的作用和目的概括为：怎样维护好资本主义这一理想的社会制度。在他看来，资本主义代表一个完整的社会制度，"这个社会制度是由市场经济、私有财产和经济个人主义（作为经济目的的个人的利益和收益最大值）来决定的。因此，资本主义比市场经济更好地标示了一个广泛的社会制度，且更适宜于这一社会制度的理想典范的模型"。[②] 但作为社会理论的资本主义的这一模型还是不够用的，它还需要一个内容广泛的社会哲学和社会伦理学的补充，来维护市场经济。这就给每个人提出了极高的道德要求，而经济自身则是无能为力的。通览他的著作我们发现，他之所以研究并强调经济伦理学的重要，其意旨在于探讨如何建立资本主义的经济伦理理念和规范，如何提高个人的道德程度，最终为保护市场经济创造条件。这些论点也正是发达国家经济伦理学者的共识。

中国努力建立和完善的是社会主义市场经济体制，在发展经济伦理学的意旨上，应该说与发达国家有共性，但也有特殊性。共性表现在建立与社会主义市场经济相适应的经济伦理规范，以维护公平竞争的市场秩序，降低交易成本，提高经济效率；特殊性表现在不同的基本经济制度以及由此形成的不同的社会道德价值原则和理念。概括地说，中国经济伦理学既是社会主义市场经济的应有之义，又是为社会主义市场经济体制的建立和运行服务的，为构建社会主义和谐社会服务的。具体来讲，经济伦理

① 马克思恩格斯选集（第 3 卷）[M]. 北京：人民出版社，1995：419.

② [德] 彼得·科斯洛夫斯基. 资本主义的伦理学 [M]. 北京：中国社会科学出版社，1996：3.

学以其学科视野，对经济生活进行伦理研究和道德价值评判，除了规范、约束“经济人”的行为之外，还对经济发展具有引导、支撑、推动和保证的作用。其目的不是抑制经济的发展，不是贬抑人们从事经济活动的积极性与主动性，恰恰相反，经济伦理学通过科学经济伦理理念的倡导、经济伦理规范的制定，试图弥补市场缺陷，防范道德风险，维护市场秩序，激发人们更理性地创造财富的活力，促进经济社会有序发展，最终实现社会主义的目的。需要指出的是，经济伦理理念和规范作为经济道德价值的体现，是社会价值体系中的基础性价值，可谓之道德要求的“底线”，因而它在很大程度上影响着我国的政治、文化与社会建设，影响着人民生活的全面提升和个体的道德进步，因此，我们应该给予足够的重视。

四、经济伦理理念和规范从哪里来

研究经济伦理的目的在于指导生活实践，这就需要建构系统的经济伦理理念、规范。当前，具有国际共识的经济伦理规范尚未形成，符合中国国情的经济伦理规范也正在探索之中。这里，试图就建构原则这一话题提出讨论。恩格斯曾讲：“根据唯物史观，历史过程中的决定性因素归根到底是现实生活的生产和再生产。”[①]“政治、法、哲学、宗教、文学、艺术等的发展是以经济发展为基础的。但是，它们又都互相作用并对经济基础发生作用。并非只有经济状况才是原因，才是积极的，其余一切都不过是消极的结果。”[②]这些论述指导我们：在建构原则上，必须坚持辩证思维方法，把决定论与选择论有机统一起来，不能机械地理解经济关系决定道德这一原理。

为说明问题起见，不妨作一具体分析。笔者曾撰文指出，市场经济条件下，尊重市场运作规律，应是中国经济伦理学大力倡导的经济伦理理念。理由是，我们正在建立社会主义市场经济体制，市场经济有其自身运作的客观规律，学会遵守这一规律并利用市场经济的价值规律、价格规律、竞争规律等，才能形成充满活力的经济运行机制。经济伦理理念必须适应我国经济发展阶段的规律要求，而不是相反。同时，市场机制这只“看不见的手”还有道德调控的作用，如斯密在《国富论》中提出，“看不见的手”是在个人与个人之间、个人与社会之间进行利益调整的无形力量。包括后来的一些西方自由主义经济学家也对“看不见的手”的伦理作用有过论述。如它既能够保护个人利益又能够促进社会公共利益，并能够提供公平竞争的环境，保障个人的自主选择等。这些美化市场的片面性观点仍有一定的启发价值。实践中，有些经济组织和管理部门，恰恰是缺乏这一科学理念，从而造成投资决策失误和经济管理上的缺位、越

① 马克思恩格斯选集（第4卷）[M]. 北京：人民出版社，1995：695-696.
② 马克思恩格斯选集（第4卷）[M]. 北京：人民出版社，1995：732.

位、不到位等问题，从某种程度上干扰了市场的正常竞争与发育。中共十六届四中全会提出的加强党的“五种执政能力”建设的第一条，就是提高驾驭社会主义市场经济的能力。应该说，提出尊重市场经济运作规律这一经济伦理理念，是有客观根据的。同时，在肯定与充分运用市场机制促进经济发展的同时，还要看到市场机制有失灵的一面和有缺陷的一面，而西方自由主义经济学理论对市场机制作用的论述是建立在完全性市场假设之上的，现实中是不存在的，并且它也无法解释在个人利益与社会公共利益发生冲突时，以个人利益为核心的选择又如何保证公共利益不受侵害，因而很难保证现实中市场伦理作用的有效发挥。赫尔穆特曾说过，“市场不是主管道德的机构”。社会主义市场经济条件下，提出将弥补市场缺陷作为政府的伦理责任，可以说既出自经济要求，又高于市场经济要求，这恰恰反映了经济伦理“应当”的特性。因此，经济伦理理念和规范，除了适应主要经济目标外，还要考虑到其他经济利益相关者的需要，特别是要维护社会价值目标的整体性与和谐性，以期保证经济伦理理念和规范的客观性、相关性与整体性。

经济伦理理念与规范的概括，有两方面的制约因素：一是受制于客观的经济关系和经济发展的自身规律，而不是出自经济伦理研究者的一厢情愿。二是它受制于社会价值目标。一般而言，作为社会价值目标，它具有综合性、整体性、长远性的特征，它是对社会整体利益和长远利益的根本性反映，如科学发展观中提出的以人为本，促进人的全面发展等。应该说，这两大制约因素，从根本上讲，均源自于社会基本矛盾及其运动。当前，我们应该致力于这样的工作：在“问题意识”引导下，在认真研究经济伦理基本理论的基础上，尽快建立起适应我国市场经济发展阶段的相对系统的经济伦理规范体系。

（本文原载《中州学刊》2006 年第 1 期）

经济伦理学的研究维度

——在伦理学与经济学之间

研究思考经济伦理学，必须有一个切入的视角，或者说一个研究维度。近几年来，不少学者对此作出了富有成效的探索，如从经济与道德的关系角度，包括从两者之间的互动关系方面来研究；还有从经济与伦理相整合的社会生态文化学方面来探索。这些成果推动了经济伦理学这一新兴边缘学科的建立与生长。本文拟从阿马蒂亚·森（1998年诺贝尔经济学奖得主）关于伦理学与经济学之间关系的思想出发，就经济伦理学的研究维度作些探索性的思考。

长期以来，西方经济学理论一直受到“休谟命题”的影响。西方哲学家、历史学家和经济学家大卫·休谟，在《论人的本质》中提出了一个著名的哲学命题，即“一个人不能从事实判断中推论出应该是”，这就是所谓的“休谟命题”。休谟依据“是——应该是”的一分法的区分，对本来存在密切关联的事实领域和价值领域之间来了个一刀切的区分，也因此被人们喻为“休谟的铡刀”。因此，西方经济学围绕经济学的研究要不要或者说应该不应该涉及伦理道德和价值判断的问题，展开了长期而又激烈的争论。实证经济学是西方经济学的主流学派，其强调经济学不是伦理学的“奴婢”或附属品，认为经济学主要是研究经济发展过程的客观规律，而不是制定或实践道德规范，同时，作为市场经济行为主体的人，也是一种“纯经济动物”，因此，经济学家无须重视“道德关怀”。

规范经济学作为西方经济学的异端学派，批评主流经济学派对道德的“遗忘”，强调经济学不可能摆脱道德的“纠缠”，不可能离开伦理道德原则和回避价值判断。如新剑桥学派的主要代表人物，英国著名经济学家琼·罗宾逊夫人和当代新制度经济学派的冈·缪尔达尔等，认为实证经济学与规范经济学之间并不存在一条不可逾越的鸿沟，经济学绝不可能是一门“纯粹”的科学。

那么，经济学与伦理学之间进行沟通的桥梁又是什么？或者说两者之间的交汇点在哪里？这也是我们探讨经济伦理学的切入点。

1998年诺贝尔经济学奖得主阿马蒂亚·森在《伦理学与经济学》一书中对这一问题作了有益的探索。乔治·恩德勒教授在《面向行动的经济伦理学》一书中指出：“他（指阿马蒂亚·森，笔者注）在伦理学和经济学两方面的学术成就都是杰出的。而且，他非常精细地探索了两者之间的交汇处，建立了一些桥梁，这些桥梁使得不同的观点彼此之间更有意义。”约翰·勒蒂奇在《伦理学与经济学》的前言中这样讲：“对于那些关心当代经济学与道德哲学之间关系的经济学家、哲学家和政治学家们来说，这本书可谓是一个思想‘宝库’。”“在全新的意义上，他阐述了一般均衡经济学能够对道德哲学分析所做出的贡献，道德哲学和福利经济学能够对主流经济学所做出的贡献。”

阿马蒂亚·森首先论证了经济学与伦理学之间的严重分离以及这一分离如何铸就了当代经济学的一大缺陷。阿马蒂亚·森认为，随着现代经济学与伦理学之间隔阂的不断加深，现代经济学已经出现了严重的贫困化现象。揭示这一隔阂的本质，就显得特别重要。他认为必须澄清两点：一是明确认识和评价“工程学”方法在经济学中的应用问题。“工程学”的探索主要专注于逻辑的问题，在一些非常简单的行为假定中，为了最大效率地达到从别处给定的目标，一个人应当选择什么手段。正是由于“工程学”方法的广泛应用，使经济学可以对很多现实问题提供较好的理解和解释，因为经济学中确实存在大量需要关注的逻辑问题，即使在狭隘解释的非伦理人类动机观和行为观的有限形式中，这些逻辑问题也可以在一定程度上得到有效的解释。如一般均衡理论所研究的是市场关系中的生产和交易活动，虽然这些理论非常抽象、简单，而且对人类行为的看法也非常狭隘，但是它们毕竟使我们对社会相互依赖性本质的理解更容易了，这一点是毫无疑义的。同时，他还认为，即使那些回避了伦理考虑的、极为狭隘的行为动机描述，也有助于我们对经济学中许多重要的、社会关系本质问题的理解。也就是说，他并不认为“没有伦理考虑的方法就必定使经济学失效”。但是，他所强调的是，“经济学，如它已经表现出的那样，可以通过更多、更明确地关注影响人类行为的伦理学思考而变得更有说服力，我的目的并不是要列举经济学已经取得的成就和在进行的研究，而是要提出更高的要求”。

需要澄清的第二点是，由经济学与伦理学之间不断加深的隔阂所造成的损失具有两面性：忽视“伦理相关的动机观”和“伦理相关的社会成就观”会给经济学带来的损失；经济学中的“工程学”方法，也是可以用于现代伦理研究的，因此，两个学科的分离，对于伦理学来说也是一件非常不幸的事情。

一、经济行为和动机

阿马蒂亚·森指出，“理性行为”假设在现代经济学中具有十分重要的作用。但他认为，即使标准经济学关于理性行为的描述被认为是正确的，从而被人们普遍接受，也不一定意味着人们一定会照着做。因为现实世界是丰富多彩的，人的行为动机也是多样的。他说，一种理性观会承认其他行为模式，在这种情况下，即使最终目标和约束条件被充分认定，理性行为假设自身也不足以把握某些“必需的”实际行为；必须把理性行为等同于实际行为（无论理性行为如何定义）的问题与理性行为的内容问题加以区别，这两个问题虽有联系，但它们之间的差别还是相当大的。这两个特征在标准经济学中，实际上是作为一种补充的方式被使用的。通过一个共生的过程，这两者都被用于描述人类实际行为的特性：①把理性行为等同于实际行为；②以一种相当狭隘的方式限定理性行为的性质。

一般来说，在主流经济学中，定义理性行为的方法主要有两种：一是把理性视为选择的内部一致性；二是把理性等同于自利最大化。这里的一致性指的是选择和目的的一致。在阿马蒂亚·森看来，理性行为必须要求一定的一致性，但是，一致性自身并不是理性行为的充分条件。因为选择是否具有一致性，不仅取决于我们对这些选择的解释，还取决于这些选择的某些外部条件，如我们的偏好、目的、价值观和动机。

定义理性的一种方法是自利最大化。理性的自利解释有着非常悠久的历史，在很长一个时期，它一直是主流经济学的核心特征。自利理性观意味着对“伦理相关”动机观的断然拒绝。阿马蒂亚·森对此作了有说服力的批评。他说：“把所有人都自私看成是现实的可能是一个错误；但把所有人都自私看成是理性的要求则非常愚蠢。”日本市场经济在生产效率方面所取得的成功，经常被当作是自利理论的证据，但是一个自由市场经济的成功根本不可能告诉我们，在这样的经济中，潜伏在经济行为主体背后的行为动机到底是什么。事实上，有大量的经验证据表明，责任感、忠诚和友善这些偏离自利行为的伦理考虑在其工业成功中发挥了十分重要的作用。他想着重提出的是，说自利行为在大量的日常决策中不起主要作用肯定是荒诞的。事实上，如果不是自利在我们的选择中起了决定性的作用，日常的经济交易活动就会停止。真正的问题应该在于是否存在着动机的多元性，或者说自利是否能成为人类行为的惟一动机。这样，他触及了一个人们似乎都知道但尚未彻底澄清的大问题，即对亚当·斯密提出的追求个人利益的“经济人”的重新讨论。

长期以来，亚当·斯密被不少经济学家尊崇为自利的“宗师”，但这与他实际提倡的正好相反。在讨论自利行为问题时，区分以下两个不同性质的问题是非常重要的：第一，人们的实际行为是否惟一地按照自利的方式行事；第二，如果人们惟一地按照自利的方式行事，他们能否取得某种特定意义上的成功，比如这样一种或者那样一种的效率。这两个问题都与亚当·斯密有关。因此，人们常引用亚当·斯密关于自利行为的普遍性和有效性的观点。事实上，并没有证据表明他相信这两个命题中的任何一个。首先，同情心和自律在亚当·斯密的善行概念中起着重要的作用。如他所说，根据斯多葛学派的理论，人们不应该把自己看作某一离群索居的、孤立的个人，而应该把自己看成是世界的一个公民，是自然界巨大的国民总体中的一员。而且，“为了这个大团体的利益，人们应当随时心甘情愿地牺牲自己的微小利益”。“人道、公正，慷慨大方和热心公益是最有益于他人的品质。”但在拥护亚当·斯密关于自利以及自利成就的经济学家们的著作中，亚当·斯密的“同情心”不见了。斯密看到的，也是任何一个人都能看到的，大多数人的行为的确是受自利引导的，其中一些行为也的确产生了良好的效果。而且，在论述市场中正常的交易活动为什么会发生？如何被完成及为什么会有分工等，斯密强调了互惠贸易的普遍性，但这些并不表明，对于一个美好的社会来说，对于挽救经济来说，他并没有满足于建立在某种单一的动机之上。他曾指责伊壁鸠鲁试图把美德视为精明，并斥责某些“哲学家们”试图把所有事情都简化为某种单一的美德。通过上述分析，阿马蒂亚·森认为，在现代经济学的发展中，人们对亚当·斯密关于人类行为动机与市场复杂性的曲解，以及对他关于道德情操与行为伦理分析的忽视，恰好与在现代经济学发展中所出现的经济学与伦理学之间的分离相吻合。实际上，道德哲学家和先驱经济学家们并没有提倡一种精神分裂式的生活，是现代经济学家把亚当·斯密关于人类行为的看法狭隘化了，从而铸就了当代经济理论上的一个主要缺陷，经济学的贫困化主要是由于经济学与伦理学的分离而造成的。

二、经济判断与道德判断

阿马蒂亚·森依据人们对福利经济学与预测经济学不同关注程度的分析，指出了经济判断与道德判断相通的方面和不同的方面。在古典经济学中，本来并不存在福利经济学和其他经济学研究的严格界限，后来，随着对在经济学中所使用的伦理学的怀疑不断增加，福利经济学变得越来越不明朗了。现代福利经济学的标准定理建立在一个结合体中，它包括两个方面的内容：一是追求自利的行为假设；二是一些以效用为基础的社会成就判断准则。传统福利经济学准则曾经是简单效用主义者的准则，即判断成功与否的依据是效用总和，除此之外，其他任何东西都不具有内在价值。由于离开了伦理分析，这些理论显得非常肤浅和狭隘。19 世纪 30 年代，以罗宾斯为代表的一些学者激烈批评个人之间的效用比较，认为这是“规范的”或“伦理的”考虑，是没有意义的，从此，福利经济学走上了更为狭窄的道路。随着反伦理主义的发展，福利经济学拒绝了个人之间的效用比较，剩下的准则，只有帕累托最优了。

帕累托最优是经济学家们普遍认同的一种对经济运行理想境界的经济学描述，它是由 19 世纪意大利经济学家帕累托用严密的逻辑和数学方式作出的。帕累托深受英国功利主义哲学的影响，他认为功利主义创始人边沁提出的“最大多数人的最大福利”的原则，也是经济学家应该追求的理想境界。在帕累托最优中，资源和财富在每一种用途和每一个人之间实现了最优配置，社会福利实现了最大化，以致没有人愿意改变这一状态。帕累托最优有时也被称为经济效率。阿马蒂亚·森认为，有时这种称谓是恰当的，因为帕累托最优所涉及的仅仅是效用范畴内的效率，而不重视效用分配方面的考虑。然而这一术语又是不幸的，因为这里分析的焦点仍然是效用，这是早期效用主义传统留下的遗产。那么，在为福利经济学所限定的狭窄范畴内，由于帕累托最优成为判断的惟一准则，追求自利的行为则成为经济选择的惟一基础。他进而揭示了福利经济学基本定理，将完全竞争条件下的市场均衡结果与帕累托最优联系起来，深刻地描述了价格机制运行的规律，清晰地说明了建立在人们追求自利基础上的贸易、生产和消费的互惠本质，解释了市场机制中有关的主要经济关系。所以，尽管帕累托最优有着普遍的重要性，但这一准则仅是评价社会成就的一个极有局限的方法。就福利经济学基本定理的意义，他特别提出有一点需要澄清：关于总体社会最优必须是帕累托最优的理论基础是，如果某一种变化有利于每一个人，那么对于这个社会来说它就必定是一个好的变化。在一定意义上，这一概念是准确的，但是要明确地把效用与利益区分开来却是不容易的。相反，如果利益被解释为效用之外的其他东西，那么，帕累托最优——用个人效用来定义不仅不是总体社会最优的充分条件，甚至连必要条件也不是。这些分析表明，帕累托最优在福利经济学中的神圣地位是与功利主义在传统福利经济学中的神圣地位密切联系在一起的。比如，对权利概念的理解也是这样，这是经济理论中常常涉及的，如自然禀赋、交换和契约都会涉及不同类型的权利。然而，在功利主义的传统中，这些权利只是被当作获取其他东西的工具，尤其是当作获得效用的工具。也就是说，传统功利主义只是按照权利取得理想结果的能力来判断权利，而并没有赋予权利满足内在的重要性，可以说，权利满足本身被忽视了。这一传统已经被带入福利经济学的后功利主义阶段，在这里，人们所关注的只是帕累托最优和效率。在经济分析中，较为典型的看法是，权利仅被当作纯粹的法律实体，只具有工具价值而没有任何内在价值。

阿马蒂亚·森认为，与福利经济学和预测经济学有密切联系的伦理思想十分丰富，远比人们在传统上已经认识的或假设的更为丰富。只是一些经济学理论把许多有意义的伦理思想排斥在经济评价和行为预测之外。他还强调说明，我们迫切需要对变量集合和变量的影响集合进行补救性扩展，以便把经济分析中有意义的变量及其影响，如伦理，也考虑进去。对于伦理学来说，许多伦理问题也具有我们称为“工程学”方面的因素，它们中间的一些也的确涉及经济关系。这是伦理研究应注意的。除了经济推理的直接应用之外，经济学对相互依赖和相互联系这类逻辑问题的重视和研究还具有方法论方面的意义。他一再强调，通过更多地关注伦理学，福利经济学可以得到极大的丰富，预测经济学和描述经济学也可以从中受益。同时，伦理学与经济学更紧密地结合，也可以使伦理学的研究大受裨益。

三、经济伦理学的研究维度

阿马蒂亚·森的观点给我们目前的经济伦理研究提供了以下启示：①伦理对于经济来说，它不是一种外部的力量，而是经济增长内生的有意义的变量。因此，经济伦理研究应该注重经济运行过程的分析和经济增长各变量及各变量之间的关系研究，尤其应该注意的是道德这一变量或因素在其中的地位、作用与影响。如人的道德观念与素养在经济体制改革层面上具有什么样的意义，在企业发展战略、企业管理、企业文化建设等方面，又具有哪些意义。②经济伦理研究注重伦理规范的探索，这是十分重要的。问题在于这些规范的提炼与概括，必须基于客观经济关系中形成的伦理关系。如生产、分配、交换、消费等领域中形成的新的伦理关系。这应该是我们目前经济伦理研究所应思考的。因为经济体制的转型，我国经济生活领域出现了许多新的复杂的伦理关系。而且，如果对这些新的伦理关系没有认真而又全面的把握，经济伦理规范的客观性与科学性就难以充分保证。阿马蒂亚·森几次提到经济学理论有其局限性，但他并没有完全否定局限性的合理意义。如他讲的一些经济理论是建立在不完全的经济关系基础之上，仅就这些，也可供伦理学研究参考。③经济伦理研究，应当合理地将认知层面与规范层面相结合。一方面要认识、理解经济活动、经济关系以及企业实践等“是什么”的问题；另一方面要有科学合理的伦理价值导向，解决“应当怎样”的问题，这两者同样重要。研究中，认知层面与规范层面应当加以区别，但不应分裂成两个独立的东西。否则，经济伦理就不可能是“内在的”或“科学的”，要么两者之间的界限模糊不清，使得事实陈述与规范陈述都变得没有意义。因此，认知层面与规范层面的整合，显得特别重要。应该说，其中还有很多难点问题需要探讨。④经济与伦理之间的交汇点之一，或者说结合点之一，是“伦理相关的动机观”和“伦理相关的社会成就观”的价值分析与价值判断问题。如对人的行为的假设，自利是人的行为中重要的动机，但绝不是唯一动机，对社会成就判断，除了效用、利益等之外，还与善和正义这样的伦理问题分不开，与人应当怎样生活以及什么是正义的社会分不开。显然，这些是道德价值判断的问题，同样是经济伦理研究的终极关怀问题。⑤经济伦理研究应真正深入到经济理论和经济实践中。阿马蒂亚·森在文章中主要阐述的是经济学脱离伦理学从而走向贫困化的问题，同时，他也几次谈到伦理学与经济学的分离给伦理学带来了不幸。这就提示我们今天的经济伦理研究，如果不能在经济学与伦理学之间找到相通的语境，不能更好地把经济学中的一些行之有效的方法，如“工程学”的逻辑分析方法、实证的方法运用到经济伦理研究中去，那么，两者的分离同样会导致经济伦理研究的贫困化。

参考文献

[1]［美］阿马蒂亚·森．伦理学与经济学［M］．北京：商务印书馆，2000.

[2]［英］亚当·斯密．道德情操论［M］．北京：商务印书馆，1997.

（本文原载《郑州大学学报》（哲学社会科学版）2002年第6期）

市场经济运行结构中的矛盾与经济伦理学创新

经济伦理学在中国还是一门年轻的学科。但经济生活对经济伦理提出的问题，则不仅仅是中国的，也不仅仅因为学科年轻问题也相对容易解释。恰恰相反，由于经济全球化趋势的逐渐形成并不断强化，当代中国经济生活中存在的问题，可以说既是中国的，又是世界的；既是中国市场经济条件下出现的新问题，也可能是西方发达国家几十年前甚至上百年前遇到过的老问题。问题的普遍性与复杂性从来没有像今天这样更容易引起研究者的关切。基于不同的市场经济发展阶段、不同的文化背景、不同的研究方法，乃至不同的目的，对问题的分析与判断结果往往是多角度和多元化的。这常常给我们的研究笼上一层重重的迷雾。笔者结合自己近些年来对一些经济伦理的思考，参照国内外经济伦理的研究成果，形成了一些理论上的尚不成熟的认识，提出来供学界同仁讨论。

经济伦理是经济生活客观存在和运行规律的反映，又是引领、规范人们经济行为的道德价值准则。以市场经济为平台的经济伦理学研究，必须揭示和研究市场经济运行结构中的深层次矛盾，从而达到深化理论和提高经济运行质量的目的。所谓经济运行结构，就是指整个社会生产和再生产的基本组织形式及其内部的相互关系，包括生产经营的基础组织、经济主体之间的联系形式、宏观调控的组织形式。市场经济的运行结构大体为三个层次：市场处于中心地位（属于联系的基本形式）；市场下边是市场的主体组织形式，包括作为供给主体的企业和作为需求主体的消费者；市场上边是宏观调控主体，即政府。这三个层次之间的联系和运动序列形成社会经济的大循环，而企业内部又有一个小循环。这三个层次和大小循环乃是市场经济的基本运行结构。而大循环和小循环以及它们的各个层次之间，既有协调的一面，又有掣肘的一面，形成补充又互相制约的矛盾运动。中国经济伦理学的创新，必须深入到市场经济运行结构的矛盾之中，研究各个层次联系的多样性及其对大小循环的影响，进而把握规律性的东西，在此基础上，提出引领、规范经济行为的道德理念和准则。本文就按市场经济运行结构的几个层次进行分析。

一、确立市场意识与认识市场缺陷

市场是整个社会经济联系的枢纽，是资源配置的基础。中国正在建立的社会主义市场经济体制，是符合社会化生产规律的，实质上是在社会主义基本经济制度下，运用世界发达国家实践证明了的不是完美无缺的但确实是目前最优的以市场为配置资源的基础性手段，来激活我国经济，推动我国经济的发展。市场经济在发达国家已经运作 300 年了，理论上和事实上都较为成熟，机制协调，运转良好。但就是在理论上主张市场调节的学者，同时也客观地看到了市场自身存在的不可克服的缺陷，即便是今天的发达国家的经济学家，包括 2001 年诺贝尔经济学奖得主、原世界银行首席经济学家斯蒂格利茨，就是在一些经济学派对市场的一片赞美声中，敢于向市场挑刺，提出市场缺陷的理论，包括市场信息不对称理论。从事实上看，目前世界上经济最强大的国家——美国，又是在经济全球化中扮演主要角色的国家，接连爆出财务丑闻，令世人震惊不已，从而暴露出美国的公司内部及其外部监管等方面存在的漏洞（当然也表明了文化的缺陷）。人们自然会提出这样的问题，一个原本市场机制完备、运作良好的经济体制，怎么会存在这些问题。人们寄托在市场上的美梦似乎顷刻间破碎了。如同一些著名的经济学家发出的感慨一样，搞了几百年的市场经济，而我们今天好像“并不懂经济学”。中国的经济伦理学者，依据中国市场化进程，一开始的工作是为市场经济作伦理辩护，为市场经济寻找道德基础，从而为市场经济在中国的建立扫清道路。这些研究都是很有意义的。然而，随着中国市场经济进程的推进，中国人对市场经济的认识应该说较 20 年前比，有了更深刻、更客观、更全面的认识。经济伦理学者的任务，除了在认识市场经济的优越性的同时，认识“伦理经济学或经济伦理学也是一种以经济文化的伦理为前提条件的理论，是一种以发挥市场调节和价格机制作用为前提的伦理规则和行为的理论”[①] 的同时，还要特别警示人们，市场有缺陷，如经济秩序的维护、可持续发展、社会道义和责任等，都不是市场所能承担的。这样就形成一种理论诠释上的困境：理论研究上要求的全面性、辩证性，即市场作用的两重性与中国经济实际发展进程的阶段性、局部性要求，如中国的国企经营管理者首先要有市场意识，在市场中学会盈利，则存在着明显的不一致。这就出现两种现象：理论对现实的干预功能自然大打折扣；而现实仍然按照它自身的逻辑去发展，阶段性的理论观点（尽管它有局限、有偏颇）则恰恰表现了它的合宜性和适应性，更有力量指引经济生活，更符合事物发展的过程。这些说明经济伦理学的问题是复杂的，任务是多重的，必须用辩证思维来思考。市场经济建立的过程中，重在要有适应市场经济的观念和实际操作

① ［德］彼得·科斯洛夫斯基. 伦理经济学原理［M］. 北京：中国社会科学出版社，1997：2.

能力，有适应市场经济运作的一整套游戏规则，又要特别注意，在其发展过程中，市场经济的缺陷和负面作用；对从事经济活动和管理的主体来说，既要倡导树立市场意识，尊重市场运作规律，按市场法则办事的经济伦理理念，同时还要指出，市场不是道德理性的完美代表，缺陷仍然存在，而且是自身不可解决和超脱的，特别是在“经济化的思维方式和行为方式正渗透和支配着越来越多的领域”（乔治·恩德勒）的今天，更要在市场发育期强化树立市场意识，同时必须全面认识市场缺陷。

二、政府经济职能与政府责任的界定

在市场经济运行结构中，政府是宏观调控的主体。国外经济学理论认为，市场缺陷是政府经济职能存在的前提。也就是说，由于市场存在缺陷，主要指在生产社会公共产品方面，如教育、医疗、就业、社会保障、分配公正、经济秩序等，是市场留下的、政府必须承担的责任。在发达国家，政府对经济的干预和调节是为了弥补市场缺陷而产生和发展的。众所周知，市场调节具有自发性，存在很多缺陷，如盲目性大、容易产生短期行为、过度竞争、秩序混乱，特别是容易产生对生态环境的破坏以及社会的不公平（如两极分化、大量失业等）、损害社会赖以维系的社会道义基础等，以致产生很大的负面效应，从而导致经济危机和社会震荡。对于这一问题，西方著名政治家赫尔穆特·施密特精辟地指出：“市场，无论国内市场还是国际市场，是一种合理的机制，应当予以肯定。然而，市场不是主管道德的机构，它不会致力于社会公正、克服失业或者确立金融理性或财政理性。因此，市场经济需要一种由社会保障、税收和预算政策、金融和货币政策所构成的框架，需要一种竞争秩序，还需要种种安全条例，用于保护乘客、储户或环境，等等。”[①] 这些都说明了政府职能存在的必要性。时至今日，选择不同市场模式的国家都在不同的范围和程度上承认政府的经济职能。事实上，作为宏观调控主体的政府，是市场经济运行结构中的重要组成部分。中国处在经济体制转型期，一个决策科学、富有效率的政府是不可缺少的。

从市场这种“合理的机制”所存在的缺陷或失灵的领域来看，政府发挥宏观经济调控职能是完全必要的。但我们同样面对这样的问题：一方面，经济发展需要政府的干预，需要政府宏观调控职能的发挥，以弥补市场的缺陷；另一方面，处在体制转型、政府职能转换中的各级政府，目前还存在着自身要解决的许多问题，如“缺位”、“越位”、“不到位”等问题，同时还要承担市场发育初期出现的各种“道德风险”，担负“道德机构”的责任。这种解决，首先不能简单化，或照搬别国的模式来比照。但无论是理论上，还是实际上的解决，都会遇到难题。据统计，中共十一届三中全会前20多

① [德] 赫尔穆特·施密特. 全球化与道德重建 [M]. 北京：社会科学文献出版社，2001：153.

年，重大决策造成的直接经济损失在 1.5 万亿元以上，“七五”到“九五”期间，投资决策失误率在 30%左右，资金浪费及经济损失为 4000~5000 亿元。按照全社会投资决策成功率 70%计，每年因决策失误而造成的损失在 1200 亿元①。市场有缺陷，政府也有缺陷，两个领域反映出大量的经济伦理问题。如就业、分配公正、竞争秩序等，经济伦理学自然应该探索；政府的决策理念“应当”怎样、政府职能与政府责任的界定、政府行为的自律精神等，都是经济伦理学需要特别关注的。这就要探索，在这些领域，经济伦理占有的特殊位置是什么？经济伦理能做些什么？应该说，这是宏观经济制度、决策层面的问题，其行动主体是政府，即使在法律与制度都发挥作用的条件下，道德的作用也不可或缺。这是经济伦理学所需要关注的一个重要层面。

三、企业的经营目的与企业的责任

市场运行结构中的主体组织形式，包括作为供给主体一方的企业，其行为如何，直接影响到结构中的各种关系，是经济伦理学必须关注的一个基础层面。处在转轨时期的中国国有企业，由于改革进程、市场前景、文化建设等方面呈现出的巨大差异，在市场意识尚不够理性化、科学化的情况下，对于企业经营目的这一重要问题，也都存在不少模糊认识。在改革开放初期，对于从计划经济体制走出来的国有企业经营管理者来说，市场经济还是一个尚未认识的必然王国，他们在观念上不适应，实践上不谙于竞争、效率低、经济效益差。因此，我们在国企发展的特定阶段的任务是认识到，企业是一个经济组织，只有效益、利润才是生存之本；培育企业主体的市场意识，学会竞争，谙于竞争，在竞争中求生存求发展。这就是当时人们讲的“要找市场，不要找市长”、“与狼在一起，就要学狼叫”。经济伦理学要为企业界冲破计划经济观念，树立市场经济观念，扫清思想上、道德上的障碍。

市场经济发展几十年后的今天，一些国企已经走出国门，积极参与全球市场的竞争，企业经营理念在悄然发生变化，企业经营目的发生了质的跃升。从企业要学会盈利到学会正确处理各方利益关系，担负社会责任，将企业经营目的升华到伦理文化层面，并融入企业文化建设中，这无疑是一个巨大的历史性的进步，标志着中国传统企业向现代企业的转换。例如许继集团凝练的“合力文化”、红旗渠集团的“物质文明和精神文明两个文明整合”、中州国际集团的“在嫁接管理中实现中西伦理文化的融合”等，都是公司文化创新的典型。然而，在这一伟大的跨越进程中，却出现了另外一种很值得思考的现象。一些企业在文化战略的宣传上，将企业经营目的完全伦理化，似乎企业只是一个慈善组织，将伦理抬到至高无上的位置，提出在各方利益发生冲突的

① 数据引自《瞭望新闻周刊》2001 年 11 月 12 日的相关文章统计。

情况下，要把他方的利益放在第一位，要让各方都赢从而给自己让出盈利的空间，最后实现“全赢”。这种道德至上的经营目标，在激烈的市场竞争中到底有没有兑现的可能性？事实原本是这样：一些企业家对道德的宣传，并不是要真正去实行，去引导和规范企业行为，去营造企业文化，而是出于造势、树形象以至于采取贴标签的办法来达到其真实目的。这就把道德作为一种策略、一种高级包装艺术，企业对道德的这种扭曲现象很值得分析。这也许是中国市场化进程中一种正常的现象，但却给我们提出一系列值得思考的问题：怎样认识和定位企业的性质？企业的经营目的到底是什么？企业的社会责任如何界定才是道德的？特别是在中国企业改制进程与市场化程度比较复杂的情况下，经济伦理学应该如何回应这些问题？

笔者认为，探索中国企业的社会责任起码有两个因素要考虑：一是企业自由的空间度。没有自由就没有责任。哪里有自由，哪里就有责任；哪里有多大自由，哪里就相应有多大的责任，自由与责任就是这样密不可分地联系在一起。所以要考察企业的责任就要考察我国企业自由活动的空间到底有多大。如企业的人事权、财务权、资产管理权等自由掌握程度的区分，就是我们研究企业社会责任的重要参数。二是责任主体的明晰。首先要厘清哪些是企业责任，哪些是社会责任；哪些是企业应该剥离给社会和政府的责任，哪些又是市场经济条件下，企业所应当承担的社会责任。关于企业责任问题，国外学者的观点可参照：一是为股东的利益，这种观点受到了越来越多的批评；二是为利益相关者。考克斯圆桌会（制定企业伦理规则的国际学术组织）指出：“企业的作用在于它创造财富和就业机会，它亦按与质量相称的合理价格给消费者提供市场产品和服务。为实现这一角色，企业必须保持经济的健康和生存能力，但是仅能生存是不够的。企业也承担了这样的责任：与所有的消费者、雇员和股东分享他们共同创造的财富，以改善他们的生活。”[①] 下面的例子反映出企业选择所面临的道德困境。在激烈竞争的时代，不正当的手段成为常规，这对公司来说意味着什么呢？如果过于高尚，是否意味着一定会输给其竞争对手呢？或者，公司花费大量钱财来达到远高于法律规定的安全或环境保护标准，情况会怎样呢？这是否会降低公司的盈利呢？

一派观点认为，虽然较高的道德标准可能在短时间内损害公司的利益，但从长计议的话就会有收获。那些把原则定得很高的公司，形成了积极的公众形象，获得长期的盈利。

反对者认为，这可能会有太多的事要做。有关研究试图探讨公司的社会责任和利润的关系，结果发现了曲线关系。利润随着一个公司从没有或很少有社会责任感到有中等程度的社会责任感而增加，但是，最有责任感的公司利润却在下降。

---

① 乔治·恩德勒. 面向行动的经济伦理学［M］. 高国希，吴新文等译. 上海：上海社会科学院出版社，2002：293.

四、企业家伦理与"经理人伦理领导"

现在我们再分析一下小循环体即企业内部的关系，最主要的是企业家及其各种关系。委托代理关系，是世界各国公司普遍采取的公司治理结构模式。在我国国有企业有其特殊性，但同样也是个带有世界性的难题。公司内部的委托代理关系，既是一种经济关系，又是一种客观的伦理关系，它的运作环节、机制更依赖于伦理的调适。提出的经济伦理问题是：怎样使公司老总忠诚代表所有者的利益和各种利益相关者的利益，保证资本保值和增值。私有制公司存在这个问题，中国国企同样存在这个问题。这一问题解决得如何，直接关系到企业的生存与发展。

与私有制企业不同的是，国有企业委托代理关系，要求经营管理者实现国有资本的人格化。人格化是客观经济关系的内容通过人的意志和行动体现出来的机制。没有人格化，公有资本就没有灵魂。但公有资本人格化的实现又是一个链条结构，主要有三个层次：企业的全体员工、经营管理层、终极所有者的代表（国家的代表，专门管理公有资产的机关）。这三个层次相互影响和制约，又有各自的分工，形成公有资本人格化系统，真正体现了劳动者同生产资料结合的紧密程度。这一链条结构涉及企业的上上下下，但企业管理者居于重要位置，把握关键环节。"企业是企业家人格的外化"，道出了企业家道德与企业伦理、企业发展之间的关系。由此可见，公有资本人格化既是公有制经济客观运行规律和机制的要求，又内蕴着由这一客观经济关系决定的伦理要求。从前一层意思理解，公有资本人格化的实现必须有与之相配套的生产关系和制度，从后一点理解，公有资本人格化的实现，必须有与之相应的经济伦理和规则。因而，公有资本人格化的实现不是一个纯粹的伦理问题，也不是一个纯粹的经济问题，它必须从经济伦理学的学科角度来研究。链条结构决定了公有资本人格化的道德要求是一个系统；就公有资本人格化的实现来说，它又必须有与之配套的机制，如经济利益上的激励与约束。

公有资本人格化是社会主义公有制与市场经济深层结合的产物和要求，是中国经济伦理学应该特别重视的一个问题。从经济伦理学的理论视角去探索国有企业企业家的道德，不仅要从企业家的职业方面去理解、去规范、去讲"应当"，更要从"必然与应然"的辩证关系中，从经济与伦理的辩证运动过程中，把企业家的道德建立在一个更加客观和坚实的理论基础之上，使之更具有说服力，更具有时代意识。

企业家伦理的建立是为了实践"经理人的伦理领导"。不可回避的问题是，在我国，经理人的伦理领导面临着极其复杂的价值选择上的冲突。不仅存在体制上的原因直接影响到经理人实行伦理领导的自由抉择空间的大小，而且在管理层面也存在比较突出的难题。比如实行人本管理与制度创新的矛盾，经理人决策上面临的公平与效率、经济效益与社会效益、暂时利益与长远利益等矛盾以及伦理如何在管理、决策上发挥作用，在我国还有许多新问题要探索。

参考文献

[1] 陆晓禾. 走出丛林——当代经济伦理学漫话［M］. 武汉：湖北教育出版社，1999.
[2] 斯蒂格利茨. 政府为什么干预经济［M］. 北京：中国物资出版社，1998.
[3] 乔法容. 公有资本人格化的经济伦理学分析［J］. 江苏社会科学，2000（3）.
[4] 乔治·恩德勒. 面向行动的经济伦理学［M］. 上海：上海社会科学院出版社，2002.
[5]［德］彼得·科斯洛夫斯基. 伦理经济学原理［M］. 北京：中国社会科学出版社，1997.

（本文原载《经济经纬》2003 年第 1 期）

开创“中国”模式：经济学的历史丰碑

“中国发展如此神速，奥妙何在？”

“中国将会遇到多种风险，何以化解？”

这是我们在《中国特色社会主义经济学》① 开头提出的两个问题。所做的答案是：中国特色社会主义理论与实践，也就是世人惊谓的“中国模式”之科学。可以说，它的创新和功效，超过任何一项诺贝尔经济学奖及其总和，在世界经济学史上具有划时代的意义，是马克思主义经济学的历史丰碑。正如邓小平当年所说的那样：“中国要在发达资本主义国家垄断的世界上杀出一条血路，将给第三世界发展中国家发展自己，提供可以借鉴的有益经验，也证明社会主义的成功。”② 中国经济学人应当挺起胸来，独具匠心地深入研究属于全人类的这一精神瑰宝。

一、绩效是评判“中国模式”的唯一标准

“政治经济学的基础是事实，而不是教条。”③ 对于经济模式及其支撑的经济学审视，谁优谁劣，不是看人们怎样说，而是看实践，看长远的历史事实。目前国际上经常议论的主要有两种模式：“美英模式”（所谓自由市场模式）和“中国模式”。在前些年国内有些学者膜拜、宣扬前一种模式，称自己为“现代经济学”派。然而，一场百年不遇的金融危机给他们泼了一头冷水。这里引出一个故事：正当新自由主义者打着主流经济学派的名号不可一世时，2008 年 11 月，英国女王伊丽莎白视察经济学院时问道：“为什么当初没有一个人注意到它（经济危机）？”这使那些经济学家十分尴尬，不得不集体道歉，承认“集体失误”，说这件事“已成为人们一厢情愿和傲慢自大的最佳例证”。这场“百年不遇”的大危机是一个很有说服力的试金石。还有一个故事：当世人热议中国崛起时，西方人竟然想起 180 年前拿破仑的名言：“让中国沉睡吧，一旦她醒来，世界将为之动摇。”现在世界上羡慕者有之、嫉妒者有之、害怕者有之，而我们自

---

① 杨承训等. 中国特色社会主义经济学 [M]. 北京：人民出版社，2009 .

② 冷溶. 从政治的高度看科学发展观 [J]. 求是，2005（21）.

③ 列宁全集（第 58 卷）[M]. 北京：人民出版社，1990：86.

己却勇往直前。恐怕最有说服力的是60年特别是近30年的历史性巨变。

从发展基础上看，欧美等老牌资本主义国家通过200~400年的国内残酷剥削和国外疯狂掠夺，即使发展最快的、主要靠掠夺中国暴发起来的日本先后也走过了150多年，它们已经奠定了雄厚的经济基础，曾占有世界财富的3/4；而60年前的中国则是一贫如洗百废待兴的落后国家，人称“东亚病夫”，但短短60年中国却成为世界第二大经济体（见表1）。

表1 1949~2008年中国与几个大国GDP年均增长率比较（按现价计算）

国家和地区	中国	美国	日本	欧洲	印度	俄罗斯	巴西
年均增长率（%）	8.1	3.2	4.0	3.2	5.0	0.4	4.4

资料来源：根据历年《中国统计年鉴》、《国际统计年鉴》、《新中国60年》和麦迪森《世界经济千年史》计算。印度、俄罗斯、巴西为1961~2008年数据。

从工业化、城镇化的进程上看，我国现代工业比重由1950年的17.6%上升为2008年的42.9%，同期城镇人口由10.6%上升到45.7%，主要工业品的位次上升为世界的前列（见表2）。

表2 我国主要工业品居世界的位次

工业产品	1949年		1978年		2007年	
	产量	位次	产量	位次	产量	位次
钢（万吨）	16	26	3178	5	48928	1
煤（万吨）	3200	9	61800	3	252600	1
原油（万吨）	20	27	10405	8	18632	5
发电量（亿千瓦小时）	43	25	2566	7	32816	2
水泥（万吨）	66		6524	4	136117	1
化肥（万吨）	0.6		869	3	5825	1
布（亿米）	19		110	1	675	1
电视机（台）			0.4	8	8478	1

资料来源：联合国数据库。转引自国家统计局. 新中国60年［M］. 北京：中国统计出版社，2009.

从世界发展中最难的粮食问题上看，1949年美国艾奇逊曾断言新中国无法解决数千年都没有解决的中国人的吃粮问题，而恰恰是在这期间我国用世界不到9%的耕地养活了世界22%的人口，农产品总产量也位居世界前列（见表3）。

从科技发展和重大工程看，我国在西方国家的封锁下自己创制了“两弹一星”，拥有可与发达国家相比的导弹、载人飞船，我国宇航员能遨游太空，正在向月球进发；最近又自产了每秒运行千亿次的电子计算机；举世瞩目的长江三峡，青藏铁路，长达6万多公里的输油、输气管道等一个一个地出现在中国大地上。可以说，目前我们几乎涉足了所有的世界前沿领域。

从前进的过程看，我国与美国已成鲜明对比。美国人自称从“9·11”事件到金融

表 3　我国主要农产品居世界的位次

指标 \ 年份	1978	1990	2000	2005	2007
谷物	2	1	1	1	1
肉类	3	1	1	1	1
籽棉	2	1	1	1	1
大豆	3	3	4	4	4
花生	2	2	1	2	1
油菜籽	2	1	1	1	1
甘蔗	7	4	3	3	3
茶叶	2	2	2	1	1
水果	9	4	1	1	1

资料来源：国家统计局. 中国统计年鉴（2009）[M]. 北京：中国统计出版社，2009：1068.

危机使美国陷入“地狱十年”①，各种债务近 10 万亿美元，至今未摆脱危机。英国学者估计，2010 年近半数国家面临动荡：失业率急剧上升、贫困加剧、财政紧缩等。2009 年以来，迪拜的债务危机又引发世界恐慌。而我国虽遇到过世界上许多罕见的自然灾害，特别是两次大地震和长江洪灾，但都一个一个地扛过去了。例如，数千年历史上桀骜不驯、曾被称为水利“癌症”的黄河，实现了 60 年安澜（1947 年解放区接管），堪称人类奇迹。就国际经济危机而言，两次金融危机都与我们擦肩而过，虽然受到很大影响，但我国国内并未发生自身的金融危机，而且善于转危为机，在世界经济低迷、经济衰退之时，我国却是一枝独秀（见表 4），2009 年国内生产总值（GDP）增长 8%的目标保证实现，而多数发达国家则在零增长上下徘徊；我国外汇储备跃居世界第一（2009 年超过 2 万亿美元，见表 5），正在由资本输入国变为资本输出国。

表 4　部分国家 2008 年国内生产总值及其增长率

国家和地区	2008 年国内生产总值（亿美元）	国内生产总值增长率（%）				
		2004 年	2005 年	2006 年	2007 年	2008 年
世界	606898	3.96	3.37	3.93	3.83	2.06
中国	44016	10.11	10.40	11.61	13.01	9.05
美国	142646	3.64	2.94	2.78	2.03	1.11
日本 *	49238	2.74	1.93	2.04	2.39	-0.64
德国	36675	1.18	0.75	2.98	2.51	1.29
法国	28657	2.22	1.92	2.36	2.11	0.72
英国	26741	2.76	2.06	2.84	3.02	0.71
意大利	23139	1.53	0.66	2.04	1.56	-1.04
西班牙	16118	3.27	3.62	3.89	3.66	1.16
加拿大	15110	3.12	2.88	3.11	2.71	0.46

* 安迪·瑟沃. 终于再现了“地狱里的十年”[N]. 参考消息，2009-11-28.

续表

国家和地区	2008年国内生产总值（亿美元）	国内生产总值增长率（%）				
		2004年	2005年	2006年	2007年	2008年
印度	12097	7.90	9.21	9.82	9.30	7.29
澳大利亚	10107	3.85	2.77	2.84	4.02	2.06
韩国	9470	4.62	3.96	5.18	5.11	2.22

注：* 预计日本2009年为负增长。

资料来源：国家统计局. 中国统计年鉴（2009）[M]. 北京：中国统计出版社，2009：1065.

表5 部分国家近年来外汇储备情况

单位：亿美元

国家和地区 \ 年份	2000	2004	2005	2006	2007	2008
中国	1656	6099	8189	10663	15283	19460
日本	3472	8243	8288	8749	9484	10037
加拿大	290	302	307	332	393	415
美国	312	427	378	409	458	496
法国	321	291	240	403	436	304
德国	497	399	398	377	408	386
意大利	224	240	235	244	273	353
西班牙	295	105	86	101	108	115
英国	342	341	359	389	475	416
澳大利亚	168	339	410	528	242	299

资料来源：国家统计局. 中国统计年鉴（2009）[M]. 北京：中国统计出版社，2009：1072.

从人民生活水平上看，城乡人民生活水平呈现质的飞跃，由争取温饱到解决温饱再到迈向总体小康（见表6、表7）。

表6 全国城乡居民家庭人均收入和恩格尔系数

年份	城镇居民家庭平均每人			农村居民家庭平均每人		
	可支配收入（元）	生活消费支出（元）	恩格尔系数（%）	纯收入（元）	生活消费支出（元）	恩格尔系数（%）
1978	343.4	311.2	57.5	133.6	116.1	67.7
1980	477.6	412.4	56.9	191.3	162.2	61.8
1985	739.1	673.2	53.3	397.6	317.4	57.8
1990	1510.2	1278.9	54.2	686.3	584.6	58.8
1995	4283.0	3537.6	50.1	1577.7	1310.4	58.6
2000	6280.0	4998.0	39.4	2253.4	1670.1	49.1
2005	10493.0	7942.9	36.7	3254.9	2555.4	45.5
2008	15780.8	11242.9	37.9	4760.6	3660.7	43.7

资料来源：国家统计局. 新中国60年［M］. 北京：中国统计出版社，2009：627.

表 7 全国城乡居民平均每百户年底耐用消费品拥有量

年 份	洗衣机（台）		电冰箱（台）		彩色电视机（台）	
	城镇	农村	城镇	农村	城镇	农村
1981	6.34	—	0.22	—	0.59	—
1985	52.83	1.90	9.57	0.06	18.43	0.80
1990	78.41	9.12	42.33	1.22	59.04	4.72
1995	88.97	16.90	66.22	5.15	89.79	16.92
2000	90.50	25.58	80.10	12.31	116.60	48.74
2005	95.51	40.20	90.72	20.10	134.80	84.10
2008	94.65	49.11	93.63	30.19	132.89	99.22

资料来源：国家统计局. 新中国 60 年 [M]. 北京：中国统计出版社，2009：629.

总体上可以这样说，中国已经由“东亚病夫”变成了影响世界的巨龙，屹立于东方，没有任何一个国家敢于随意侵犯中国。尽管我们一再申明，中国还是发展中国家，任何时候不会威胁别国，而那些曾多年侵略小国弱国的国家却总是把中国崛起当作一块心病。

二、探索中国特色社会主义的特殊经济规律

在西方人眼中“中国模式”很神秘，实际上它是很朴实的东西。就经济学而言，“中国模式”恰好是中国特色社会主义特殊经济规律的外在表现形式。恩格斯说过：“政治经济学本质上是一门历史的科学。”“它首先研究生产和交换的每个个别阶段的特殊规律。”[①] 新中国经济建设的 60 多年，就是中国共产党人领导中国人民探索、掌握中国特色社会主义经济规律的 60 多年，特别是改革开放的 30 多年实现了马克思主义中国化的第二次飞跃，我们在中国经济发展的实践中弄清了什么是社会主义、怎样建设社会主义，建设一个什么样的党、怎样建设党，追求什么样的发展、怎样发展等一系列基本问题，形成了中国特色社会主义理论体系。胡锦涛同志具体概括的“十个结合”，可谓“中国模式”的精华。

如果用一句话表述“中国模式”的特殊客观经济规律；依笔者之见，就是：顺应生产社会化大趋势在中国经济发展的实际中充分发挥社会主义优势的规律（见图 1）。社会化大趋势包括生产社会化与生产关系、交换方式社会化结合形成一股不可阻挡的历史潮流和经济合力系统，它在具体国度的土壤里生根开花，使这种生产方式和交换方式发挥比旧社会更强大的优势，并由叠加积累加速度地释放，呈现放大效应。这就是社会主义共性与个性的辩证统一。

① 马克思恩格斯选集（第 3 卷）[M]. 北京：人民出版社，1995：489.

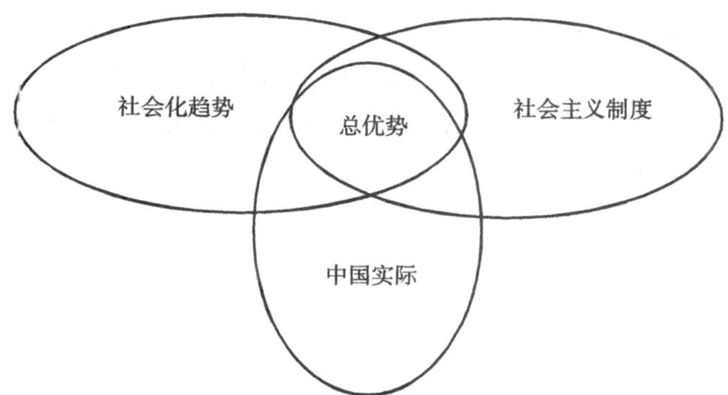

图 1　中国特色社会主义特殊规律

首先，要明确社会主义不是人们空想的产物，它的产生同样是一种“自然历史过程”，其社会经济根芽也是从世界和国内的旧社会内部自然孕育起来的，有其发生发展的客观基础。那么，社会主义经济的存在及其经济范畴的客观依据是什么？科学社会主义创始人的论述和历史实践的检验表明，根本的东西就是生产社会化所要求的生产关系社会化，进而实现经济利益的社会化，即共同富裕。恩格斯说，资本主义的根本矛盾的解决“只能在事实上承认现代生产力的社会本性，因而也就使生产、占有和交换的方式同生产资料的社会性相适应”。[①] 这里所说的“社会本性”也就是指生产社会化。日益提升的生产力社会化要求生产关系的社会化形式来表现它，例如越来越多的社会资本形式（股份公司）和公益事业的发展，都为社会主义经济形态提供准备，但它本身还不是社会主义经济形式，只能说是一种基因。

社会主义经济的特殊性在于它的生成进程是“后发”的，或者形象地称为非“哺乳型”。就是说，它同以往各种以私有制和剥削制度为基础的社会生长形式截然不同，不能在原有的社会内部相当成型地生长。例如，奴隶社会的私有制可以在原始社会末期有基本的发育，封建经济又可以在奴隶社会中生长，资本主义经济更可以在封建社会中萌芽、扩展，成为一大经济势力，发展到一定程度（部分质变）进行革命或改良（例如日本），建立新政权，再促使新型经济形态成为主要经济基础。在它们那里人们没有必要先去弄清自己的本质再去发展，可以靠自发行为生长。社会主义经济形态则不能在资本主义社会内自然发育成型，由母体“哺乳”，因为它与母体根本不同，各种剥削阶级不准它发生和存在，而其完整形态是靠新政权建立后去缔造的。基于这类特殊的生长形式，就必须先有一个设计蓝图的基本雏形，大体按照这个蓝图去建设、去实践，逐步弄清“什么是社会主义”。

那么，社会主义制度的优势在哪里？历史实践的回答是：第一，实现了生产关系社会化，扫除了生产社会化与私人占有（特别是私人大垄断资本占有）的羁绊，消除了私利集团对经济的操纵（表现在政治和市场两大领域）；第二，以人民的共同富裕为

① 马克思恩格斯选集（第 3 卷）[M]. 北京：人民出版社，1995：753.

目标，能够在共同利益基础上充分调动各方面的积极性；第三，将主要靠自发调节变为自觉与自发两个调节相结合，更多地运用自觉的力量实现协调、可持续发展，防止大起大落；第四，能够实现“全国一盘棋”，集中力量办大事；第五，发挥制度的政治优势，更好地整合各种因素形成更强劲的合力；第六，由于共同利益基础上形成的自觉性，可以在内部通过自我完善消除体制和既得利益集团的羁绊，在外部汲取各国之长和人类文明成果，在互利共赢的基础上利用更多的国际资源。

进一步分析，中国的实际又是什么？有两个方面：劣势是由半殖民地半封建社会造成的生产力落后、发展极不平衡、二元结构相当突出、人口负担太重、资源相对短缺而又无国际支援。优势则是国家大、回旋余地大、能够调动的力量大、劳动力资源优势大（人民能吃苦耐劳），在国际上朋友多（不侵略他国），易于创造互利共赢的经济交往关系，特别重要的是在长期革命和建设实践中锻炼出一个成熟的马克思主义政党。

“中国模式”就是创造性地运用生产社会化优势、社会主义优势、中国的优势自觉地聚合起来，形成巨大的合力优势，克服自身的劣势和种种风险，有计划、有秩序地不断推进经济社会分阶段稳定可持续发展。这便是顺应生产社会化大趋势在中国经济发展中充分发挥社会主义优势的大规律。

三、“中国模式”经济规律系统的子规律

中国社会主义特殊经济规律不是一条，而是一个规律系统，包括一系列子规律，最基本的有六条。

1. 社会主义本质及其实现规律

按照列宁的说法，本质就是规律。我们可视为首要的规律。邓小平对此作了完整的表述：“社会主义本质，是解放生产力，发展生产力，消灭剥削，消除两极分化，最终达到共同富裕。”[①] 这个规定涵盖了 8 对辩证关系：①共性与个性的矛盾统一；②社会化生产力与社会化生产关系（公有制）的矛盾统一；③解放生产力与发展生产力的矛盾统一；④最终目标实现与分阶段实施的矛盾统一；⑤消灭阶级、消除两极分化趋势与实践过程的矛盾统一；⑥社会全面发展与人的全面发展的矛盾统一；⑦社会主义宗旨与所选形式、手段的矛盾统一；⑧客观世界的自发作用与人的主观能动性的矛盾统一。这 8 对关系中，核心还是社会主义生产方式内部在特殊条件下的矛盾运动，形成社会主义质的规定性。认识了它，就能够抓住解放、发展生产力与完善社会主义生产关系结合的节点上，从某种固定的单一特征中解放出来，根据实际情况采取多种实现形式，进而更全面地体现社会主义本质。

① 邓小平. 邓小平文选（第 3 卷）[M]. 北京：人民出版社，1993：373.

2. 社会主义自我完善规律

社会主义自我完善规律也是渐进式不断深化的改革规律。恩格斯最早提出，社会主义社会是一个“经常变化和改革的社会”①。毛泽东深化了这个观点，他说：“在社会主义社会中，基本的矛盾仍然是生产关系和生产力之间的矛盾，上层建筑和经济基础之间的矛盾。”但这些矛盾又同旧社会的矛盾具有“根本不同的性质”，是一种“又相适应又相矛盾的情况”，“它不是对抗性质的，它可以经过社会主义制度本身，不断地得到解决，并把社会主义社会的矛盾当作发展的动力”②。后来邓小平进一步升华：“改革是社会主义制度的自我完善”，“坚持改革开放是决定中国命运的一招。”③ 就是说，社会主义制度可以按照生产力发展的需要不断自我更新、自我修复、自我优化，是一种特有的新陈代谢机制。苏联的教训在于没有认识和运用这种机制，使之逐渐僵化了。资本主义国家虽然也有各式各样的改革，但限于小改小革、修修补补，不能解决自身的基本矛盾（发生危机即是明证），也不可能持续不断、一张蓝图绘到底。而中国特色社会主义之所以富有生命力，就是用好了这种自我完善的机制，不断深化渐进式的改革，而又排除国内外的干扰，不走邪路。

3. 社会主义市场经济规律

社会主义市场经济规律主要包括两个结合：社会主义基本制度与市场经济运行形式（交换方式）结合，市场机制与宏观调控（计划）结合。沟通这两个结合的仍然是社会化规律。如果说社会主义基本经济制度是社会化生产力要求的社会化生产关系，那么市场经济则是社会化生产力所要求的交换方式及其运行形式之一。这两个结合既可以充分优化资源配置、焕发经济活力，又能够发挥社会主义优势，弥补市场机制的缺陷。这就要求运用社会主义制度规导市场经济，并且更好地促进“两只手”的最佳匹配，更好地发挥市场机制配置资源的基础性功能，也能防止由此产生的盲目性、短期性、波动性和外部性矛盾。有些倾倒在“西化”的学者说：中国“改革的彼岸就是努力了三四百年所建成的市场经济+法制的模式。对这套模式，西方经济理论已经给了足够的经验总结和理论解释”。他们以此反对壮大国有经济，说“国退民进”是正宗的市场理论。实际上，他们根本不懂得社会主义市场经济，而国际金融危机恰好颠覆了这种逻辑的根基。邓小平说：“计划和市场都得要。”④ 在“中国模式”中，市场作为计划的基础，计划作为市场的向导，形成一种循环运动机制，即“市场调节、调节市场”⑤。我国之所以能够保持平稳发展（特别是近十几年），就在于“结合”得好，保持活力旺盛，避免发生经济危机。这种市场经济是一种世界上史无前例的全新运行体制。鉴于此，我们不应该过多地考虑和迎合美欧是否承认“市场经济国家”的问题，

① 马克思恩格斯选集（第4卷）[M]．北京：人民出版社，1995：693.
② 毛泽东文集（第7卷）[M]．北京：人民出版社，1999：214.
③ 邓小平文选（第3卷）[M]．北京：人民出版社，1993：142、368.
④ 邓小平文选（第3卷）[M]．北京：人民出版社，1993：364.
⑤ 杨承训．论“调节市场、市场调节”的双导向机制 [J]．当代财经，2009（7）.

那本来就是贸易保护主义的一个技术概念和干涉经济主权的大棒，应当坚持走自己的路。

4. 社会主义分阶段发展规律

社会主义社会是一个很长的过程，根据生产力发展水平又区分为若干阶段（主要是两个阶段）。从国情出发，我国长期处于社会主义初级阶段（约100年），又分为若干小的时段，既防止滞后于生产力发展，又防止超越生产力水平导致对生产力的破坏。从基本层面说，社会主义初级阶段的科学论断具有两层含义：①我国已经进入社会主义社会。在社会主义改造基本完成以后，就具备了社会主义的一般特征。当前我国在"一个中心、两个基本点"的基本路线指引下，已经建立起以生产资料公有制为主体的社会主义所有制关系和以按劳分配为主体的社会主义分配制度，"主体"是决定事物性质的根本因素；已经建立起了社会主义工业化的强大基础；劳动人民当家做主的国家主权得以巩固；社会主义精神文明已经得到初步发展。②我国的社会主义社会还处在初级阶段。它强调的是中国在社会主义发展进程中所处的历史方位，即"不发达阶段"，根本原因是中国社会主义社会脱胎于半殖民地半封建社会，没有经过资本主义的充分发展。我们必须正视而不能超越这个阶段。前者表明我国社会的性质有着与社会主义其他阶段共同的本质；后者表明我国社会主义的发展程度有着不同于已经实现现代化阶段的特点。社会主义初级阶段的主要矛盾是人民日益增长的物质文化需求同落后生产力之间的矛盾，最根本的任务是发展生产力。同时，在所有制结构上既不能私有化，也不能追求纯而又纯的公有制，其基本制度为公有制为主体、多种所有制共同发展，基本分配方式是按劳分配为主、多种分配形式并存。这样，既发挥了公有制促进以大型企业为载体的先进生产力发展，也利用多种形式挖掘了既存多种所有制形式（主要是私营、个体经济）尚未释放完的推动生产力的潜力，尤其能够利用中小型企业充分扩大就业。从某种意义上说，社会主义也恰如其分地汲取了资本主义的一些长处为我们所用，但绝对不是资本主义制度（所谓总体上的"国家资本主义"）。

5. 以人为本、全面协调、可持续的科学发展规律

实质上体现了经济发展中的系统论和控制论。因为经济社会是由多种因素、多个领域、多级层次组成的一个整体，需要统一协调。如果有一点、一处被忽略，出纰漏，就会扩展为大漏斗，造成结构性畸形，乃至"溃堤"。科学发展观是对各国发展的历史经验特别是我国自身发展经验的科学总结，其中"五个统筹"、"四位一体"（经济、政治、文化、社会）、"两型社会"（资源节约型、环境友好型）建设、计划生育国策等完全适合社会主义中国的国情。以往所有经济学的一个共同弱点在于就经济论经济，而忽视整体综合因素，以至于像西方经济学的某些分支那样陷入满足数学模型要求、削足适履、头痛医头脚痛医脚的片面境地。这就很难认识和驾驭全局，处理好改革、发展、稳定的关系与经济基础和上层建筑的关系。科学发展观给我们的可谓"整体经济学"。毛泽东在20世纪60年代专门讲过："我们要以生产力和生产关系的平衡和不平衡、生产关系和上层建筑的平衡和不平衡作为纲，来研究社会主义社会的经济问题。”① 实际上，现实的问题范围更广，必须统筹兼顾。例如，“党的建设”似乎与经济学关系不大，但在社会主义整体运行过程中中国共产党是决定和执行的领导中枢。所谓社会经济的“自觉性”首先表现为党的执政能力和党的肌体健康，如果不顾及这个问题，那就可能导致经济出大事（例如腐败、变质）。正如邓小平所说：“风气如果坏下去，经济搞成功又有什么意义。会在另一方面变质，反过来影响整个经济变质，发展下去会形成贪污、盗窃、贿赂横行的世界。”② 科学发展规律就是综合、全面、系统发展的社会主义经济规律。

6. 国内发展与国际经济互动互约规律

生产社会化扩展到世界范围，使各国经济联成一体，只有融入国际市场才能弥补自身的不足，才能有更广大的市场和资源。然而，作为社会主义国家特别是像中国这样的大国，不可能侵略别国，发展不能主要靠国外经济，更不能依附于别国，必须把扩大开放与自力更生结合起来，把基点放在扩大内需的基础上。这也是一条客观规律，是又好又快发展的重要途径。近年来的国际经济危机表明，我国既不能自我封闭，也不能变成“不设防的城市”，必须自觉掌握对外开放的规律，把握一定的度，建立防范和化解国际风险的机制。我们在应对这次百年不遇的危机时采取举世无双的有力措施，成为转危为机的“一枝独秀”，表现了“中国模式”无可震撼的巨大威力。

当然，“中国模式”的真谛还囊括了更多的具体经济规律，而以上几条是构成顺应生产社会化大趋势在中国经济发展中充分发挥社会主义优势规律系统的主要子系统。翻一翻以往所有经济学论著，都没有系统论述过这些内容。这正是马克思主义中国化经济学说的巨大创新，具有里程碑意义，是为实践证明了的真理。

四、正视矛盾，在实践中完善“中国模式”

“中国模式”是一本新书，也是一本读不完的书。毛泽东在新中国成立前夕曾说过：“全世界共产主义者比资产阶级高明，他们懂得事物的生存和发展的规律，他们懂得辩证法，他们看得远些。”③ 辩证法告诉我们，事物总是发展变化的，不可能尽善尽美。我们从来没有宣传过“中国模式”（是外国人提出来的），也没有讲过它是一成不变的模式，更没有强加于人。党中央一而再、再而三地强调树立忧患意识，清醒地认识今后发展的困难、矛盾和风险。中国还处在发展中，人均经济总量很低（世界上排

① 毛泽东文集（第 8 卷）[M]. 北京：人民出版社，1995：130–131.
② 邓小平文选（第 3 卷）[M]. 北京：人民出版社，1993：154.
③ 毛泽东选集（第 4 卷）[M]. 北京：人民出版社，1995：1468.

在 100 名左右)，离我们要达到的目标相差很远。可以说，“中国模式”只是初步的，需要不断提升和完善，一定要克服“停顿下来不求进步的情绪”，必须正视面临的种种矛盾特别是那些十分突出的问题。邓小平晚年曾经警示：“过去我们讲先发展起来。现在看，发展起来以后的问题不比不发展时少。”① 如今中国正进入矛盾多发期，面临着转轨的历史任务，我们应当研究它、化解它。从这个意义上说，支撑“中国模式”的经济学还有很大的深化、拓展空间。

比如，收入分配差距拉大问题。“少数人获得那么多的财富，大多数人没有，这样发展下去总有一天会出问题。分配不公，会导致两极分化，到一定时候问题就会出来。”“解决这个问题比解决发展的问题还困难。”② 2013 年我国的基尼系数已达到 0.47，成为世界上收入分配差距最高的国家之一。正如邓小平所说：“我们讲防止两极分化，实际上两极分化自然出现。”③ 由于分配不公，必然导致内需不足，民生问题突出，反过头来又制约经济又好又快发展。

与之相连的是公有制主体地位弱化，按劳分配的基础愈加萎缩，同时出现一批拥有几十亿、几百亿的暴富者（十万分之一的人口占有 10%以上的资产）。在私营企业主中确有一批社会责任强的优秀企业家，对社会做出贡献。但也有的人不尽社会责任，亏待企业职工，坑害社会上的劳苦大众，少数“黑老板”同黑贪官、黑社会结合成“黑三角”，侵占国有资产，挖社会主义墙脚，并且戴上红帽子，设法使基层政权变成他们手中的工具。此外，还出现一个买办阶层，在为外国资本服务。这使我们想起毛泽东在 1953 年的一段精辟论述，他要求“在社会主义经济法则支配下，适当地利用资本主义法则，资本主义经济法则是受限制的……不执行劳资两利，把它变为一利，就是不了解这个法则”④。在社会主义初级阶段，在鼓励发展多种所有制经济时，应当正确处理这两条规律的关系，强化对私营企业、外资企业的引导。列宁在新经济政策时期，曾经要求发展“训练有素的”、“循规蹈矩的”资本主义，“不得有一丝一毫违背我们的法律”⑤。我们应利用好国家政权的力量规制私营企业。邓小平说过：“我们社会主义的国家机器是强有力的。一旦发现偏离社会主义方向的情况，国家机器就会出面干预，把它纠正过来。开放政策是有风险的，会带来一些资本主义的腐朽东西。但是，我们的社会主义政策和国家机器有力量去克服这些东西。”⑥ 重庆打黑、山西的煤业重组体现了正确方针。

再如，在发展中如何把数量增长与质量提高辩证统一起来，尤其应当把提高质量和效益摆在第一位，加快转变发展方式、调整经济结构，大幅度地提高产品的科技含量和企业核心竞争力，进一步节能减排、发展循环经济和生态文明，从根本上加快农

①②③ 邓小平年谱［M］. 北京：中央文献出版社，2004：1364.
④ 毛泽东文集（第 3 卷）［M］. 北京：人民出版社，1999：289.
⑤ 列宁选集（第 4 卷）［M］. 北京：人民出版社，1995：635.
⑥ 邓小平文选（第 3 卷）［M］. 北京：人民出版社，1993：139.

业现代化的进程，扩大城乡就业空间和扫除城镇化进程中的障碍（突出的是房价太高、大多数人变成“房奴”或根本买不起房）等。总之，面对未来，前进中的矛盾还相当多，有的十分尖锐（包括肃清新自由主义的影响），必须尽快从深层上逐一化解，通过深化改革使经济体制适应生产力发展，走向“定型化”。

实践出真知。我们的中国特色社会主义经济学或称“中国模式”科学，应当在前进的实践中不断升华完善。只要坚持马克思主义中国化的不断深化，办法总比困难多，一定会又好又快发展，而解决矛盾的过程也为经济学发展提供了更多的机遇和空间。我们坚信，被世人称赞的“中国模式”会越来越系统化、完整化。

（本文原载《经济学动态》2009 年第 2 期，与杨承训合作）

论列宁的社会主义市场伦理思想

列宁的市场伦理思想十分丰富，在马克思主义伦理思想和经济思想史上构成了一个特殊的发展阶段，是列宁主义的重要组成部分，是中国特色社会主义市场伦理思想的重要理论来源。列宁是共产主义道德的倡导者，他在新经济政策时期（苏联社会主义初期阶段）恢复和发展了市场关系，初步回答了共产主义道德如何同市场关系结合的问题，既区分了两者的差异性，又指出了两者在特定条件下的联系性。认真研究和借鉴列宁关于社会主义初期的市场伦理思想，对我们立足于社会主义初级阶段的基本国情、建立适应社会主义市场经济的伦理文化和道德规范体系，具有重要的借鉴意义。

一、“按欧洲方式做买卖”：学会经商与文明经商

学会经商与文明经商，是列宁社会主义市场伦理思想中的一个非常重要的思想。

在新经济政策初期，列宁特别指出：“掌握商业，引导商业，把它控制在一定的范围内，这是无产阶级国家政权能够做到的。”① 新经济政策时期，允许私商的存在，虽然当时私商在零售额中所占的比重较大，但他们基本上没有掌握批发权。列宁倡导的“在国家的正确调节（引导）下活跃国内商业”②，就是给予私商一定的监督和限制，包括指定业务范围，不使其经营有关国计民生的特殊产品；规定主要商品的价格范围使其遵守，违者受罚；税收政策上实行累进税；对私人交易进行登记，打击投机倒把活动；运用信贷杠杆控制私人贸易等。更重要的是发展国营商业，改善国营商业。列宁说：“现在整个关键在于迅速发展国营商业（包括它的各种形式：合作社、国家银行的客户、合营公司、代销人、代理人，等等）。”③ 同时，要求共产党员学会做买卖，“做到不让那些没有商业经验的人来领导商业企业”④。

对于社会主义商业，列宁提出了很高的要求，特别值得注意的一点是，列宁逝世前已经觉察到国营商业企业中官商作风的危害。他要求“关闭那些表面上似乎是在经

① 列宁全集（42卷）[M]. 北京：人民出版社，1985：250.
② 列宁全集（42卷）[M]. 北京：人民出版社，1985：248.
③ 列宁全集（52卷）[M]. 北京：人民出版社，1985：301.
④ 列宁全集（43卷）[M]. 北京：人民出版社，1985：13.

营商业，实际上却是官僚共产主义工商业的‘波将金村’”，[①] 即虚假骗人的东西（该典故是指 1787 年俄国女皇叶卡捷琳娜南巡时，一些总督伪造的假繁荣村庄）。为此，他为国家“批发商”和“国家资本主义”商业，提出了一个经营的公式：“为农民市场、农民的消费服务；寻求消费者；满足他们的需要；进行计算；获取盈利；商业核算。总结=以认真的态度即从切身体验中、从效果中‘学习’。”[②] 这个公式要求社会主义商业企业（也包括从事商品生产的企业），把满足消费者的利益与取得好的经济效益统一起来，即通过“寻求消费者”、“使其满足”达到增加盈利，不得损害消费者的利益或者损害商业企业的利益。在公有制基础上的商业经营完全能够使两者达到统一。这一段简洁而精彩的文字，体现了列宁对国营经济（“批发商”）和国家资本主义商业的全面要求，体现了社会主义经营目的、计划指导的要求和正确利用价值规律作用三者的结合。它的基本精神适合于一切社会主义企业和整个社会主义经济机体。他还强调说：“我们跟资本主义国家不同，资本主义国家可以利用烧酒和其他麻醉剂，我们却不能这样做，因为无论这些东西的买卖怎样赚钱，它们却会使我们退回到资本主义去，而不是走向共产主义。”[③] 社会主义商业不能忘记为消费者服务的宗旨，否则就改变了本身的性质。

列宁要求学会经商的本领，反复强调“文明经商”的商业道德，绝不能唯利是图。他在《论黄金在目前和在社会主义完全胜利后的作用》一文中形象地提出：“和狼在一起，就要学狼叫。”他曾经一方面宣传停止退却，另一方面要求继续实行新经济政策、学会文明经商。他特别解释：“我说停止退却，我讲这话的意思绝不是指我们已经学会经商了。我的看法恰恰相反，如果我讲的话给人留下了这样的印象，那说明我的话被误解了，说明我不善于正确表达自己的思想。”[④] 并指出，共产党人“缺少文化，缺少管理（其中包括从事国营商业）的本领。”[⑤] 他最后的重要文章之一《论合作社》更明确提出：“现在全部问题在于，要善于把我们已经充分表现出来而且取得完全成功的革命气势、革命热情，同（这里我几乎要说）做一个有见识的和能写会算的商人的本领（有了这种本领就足以成为一个优秀的合作社工作者）结合起来。所谓做商人的本领，我指的是做文明商人的本领。这一点是俄国人，或者直截了当说是农民应该牢牢记住的，他们以为一个人既然做买卖，那就是说有本领做商人。这种想法是根本不对的。他虽然在做买卖，但这离有本领做个文明商人还远得很。他现在是按亚洲方式做买卖，但是要能成为一个商人，就得按欧洲方式做买卖。他要做到这一点，还需要整整一个时代。”[⑥] 这段论述是列宁对社会主义商业文明提出的新要求。“文明商人”、“按欧洲方式

① 列宁全集（52 卷）[M]．北京：人民出版社，1985：315.
② 列宁全集（42 卷）[M]．北京：人民出版社，1985：243.
③ 列宁全集（41 卷）[M]．北京：人民出版社，1985：320.
④ 列宁全集（43 卷）[M]．北京：人民出版社，1985：88-89.
⑤ 列宁全集（43 卷）[M]．北京：人民出版社，1985：402.
⑥ 列宁全集（43 卷）[M]．北京：人民出版社，1985：364.

做买卖”，就是按发达市场经济的文明和规则从事商业活动。从国家做“精明的批发商”到“按欧洲的方式做买卖”，反映了列宁的社会主义商业文明理论的步步升华。

二、生产与分配的价值原则：“同个人利益结合和个人负责的原则”

列宁作为第一个社会主义建设实践的领导者，当他把马克思关于社会主义的按劳分配原则和巴黎公社原则运用于俄国实际时，提出了“报酬平等”和“直接分配”的分配制度时，遇到了比马克思恩格斯的设想更为复杂的社会情况。战时共产主义后期，列宁省察到平均主义的分配制度不利于经济的发展。1920 年底和 1921 年初，列宁主张实行“重点制”和奖励制，要求逐步取消“平均制”。随着商品交换的恢复、市场的活跃，列宁于 1921 年秋提出新的分配原则。他在《十月革命四周年》一文中总结了以往的经验教训：“不能直接凭热情，而要借助于伟大革命所产生的热情，靠个人利益，靠同个人利益的结合，靠经济核算，在这个小农国家里先建立起牢固的桥梁，通过国家资本主义走向社会主义”，“同个人利益结合，能够提高生产；我们首先需要和绝对需要的是增加生产”，并且讲了商业可以“引起他们经营的兴趣”，“现实生活是这样告诉我们的。革命发展的客观进程是这样告诉我们的。”[①] 这就揭示出分配原则必须符合客观经济规律的要求，阐明了一个极其重要的原理：在社会主义初期，解决调动广大劳动者生产和经营的积极性这一“最重要和最困难”的问题，其办法不能从经济关系之外去探寻，而主要应从经济关系内部去寻找。同时也说明了这是社会主义经济机制自身必须而且能够解决的任务，是同市场关系相联系的个人利益和责任的有机统一。基于这个观点，列宁在 1921 年对社会主义分配关系有一个新的理论概括，这就是：“同个人利益结合和个人负责的原则”，“必须把国民经济的一切大部门建立在同个人利益的结合上面。”[②]

列宁关于同个人利益结合和个人负责的原则，是在考察了苏联经济生活的丰富实践的基础上提出的，这一观点发展了马克思主义的分配理论，发展了马克思主义关于利益调节的道德原则，有着丰富的内涵。特别重要的一点是它同市场关系联结起来，因为商品交换的核心恰好是利益（“私人买卖利益”）和责任的统一，尊重劳动者的利益，体现物的人格化和人格的物化之间的辩证关系。这个原则不仅适用于企业领导者，而且适用于每个劳动者，因为人人都有正当的利益和明晰的责任。其具体内容有下述几个方面：

---

① 列宁全集（42 卷）[M]. 北京：人民出版社，1985：176-177.
② 列宁全集（43 卷）[M]. 北京：人民出版社，1985：191.

（1）强调和明确了社会主义经济发展的内在物质动因。在社会主义制度下，尽管人们的精神有很大的反作用，但经济运动乃是物质的运动，经济建设自身有其特殊的规律，不能照搬政治斗争和军事斗争的经验，推动经济发展的最基本的仍是物质的动因。列宁亲自批注的一份文件中也体现了上述观点，“应当遵循这样一个原则：国家需要产品，而且只有产品可以和应该得到报酬。毫无疑问，只有各工厂的工厂管理委员会不是什么行政事务办公厅，而成为生产和劳动报酬的真正领导者的时候，我们才会有产品。应当彻底终止靠热情和英雄主义来搞建设，因为人们不能够长年累月地处于狂热的兴奋情绪中，而只有经济的需要才能够促使他们工作。只能在这种讲求实际的基础上搞建设。”[①] 列宁在旁边连连批了“对”表示赞同。这段话的意思就是生产的发展不能主要靠精神因素，而是要在生产和分配之间建立正确的经济关系，依靠经济利益关系推动生产的不断发展。

（2）个人利益包括专家的智力劳动报酬，应当将其纳入社会主义分配的范畴。对专家的劳动，列宁不再看作是一种“后退”和不得不实行的“资产阶级方式”。他所说的同个人利益结合包括“农民、工人、专家”，并特别强调：“必须使每个专家也从生产的发展中得到好处。”[②] 这样，列宁就不再把给予专家以较高的工资看作是“不平等”的事情，而是和工人、农民的劳动报酬属于同一个范畴，即符合按劳分配的原则。他充分估计到智力劳动创造的价值。从这个意义上去考虑专家付出的智力劳动，按等量劳动交换的原则给予较高的工薪是完全符合社会主义分配制度的。同时，列宁也不再提专家高薪所产生的“腐化作用”，相反，却认为对专家的重视有利于鼓励工人学习文化和推动科学技术知识的普及。

（3）从制度安排上把物质利益与应负的责任切实统一起来。列宁在“个人利益关心和个人负责的原则”这一命题下这样论述：“我们说，必须把国民经济的一切大部门建立在同个人利益的结合上面。共同讨论，专人负责。由于不善于实行这个原则，我们每走一步都吃到苦头。”[③] 其观点新颖之处在于他把劳动者个人的物质利益和其应负的责任紧紧联系起来并纳入到一个管理体系。这意味着仅从一般意义上，从政治、道德意义上树立劳动者的主人翁责任感还不够，还必须在经济上具体体现出每个人、每项工作上的物质利益，以物质利益关系把工作责任确立下来。这就丰富了“等量劳动相交换”的含义，即不仅以劳动时间作为计酬标准，而且要对全部经济任务、经济效果负责，对整个劳动集体和社会机体承担经济责任。劳动者个人同“劳动联合体”的关系，不仅是劳动上的“交换”关系，而且具体化为一个特定的责任和特定的利益相统一的关系。劳动者个人不再占有生产资料，这和以往私人对私有制财产和产品所负的责任是根本不同的；但要对公有的生产资料中的某一部分及其效用负有特殊责任，而其特

---

① 列宁全集（60卷）[M]．北京：人民出版社，1985：400.
② 列宁全集（42卷）[M]．北京：人民出版社，1985：497，190.
③ 列宁全集（42卷）[M]．北京：人民出版社，1985：191.

殊责任又同特殊利益联系在一起。这就把马克思所讲的在共产主义低级阶段劳动还作为“谋生的手段”具体化为对社会负有一定责任，让劳动者既是公有生产资料的“主人翁”，又在共同劳动中成为“交换”者，把这两重身份统一起来。因而就能更好地利用社会主义经济自身的机制，具体地体现劳动者“为自己工作”，更充分地调动他们生产和经营的积极性。

（4）将职工个人的利益与企业集体的经济效益挂钩。列宁在实践中突破了先前的理论，改变了“整个社会就是一个大工厂”的看法，通过经济核算制扩大了企业的相对独立性。他虽然没有明确地表述为三个利益层次和两个分配层次，但实际上已有这个思想了。由于实行经济核算制企业有了相对独立的利益，职工的收入和福利不只取决于个人劳动的数量和质量，而且与整个企业集体的经济效益相联系。这就进一步克服了平均主义的分配思想。列宁指出，应当随着生产和流通取得的成绩，增加产业工人工资，改善他们的生活。在实际工作中，要使职工的工资收入不仅和国家的经济状况联系起来，而且首先和企业的经营状况联系起来。列宁所说的“把国民经济的一切大部门建立在个人利益关心上面”，就是这个意思。事实证明，忽视了中间这一层次的特殊利益，也是不能很好地克服平均主义、贯彻物质利益原则的。

实践证明，列宁的“同个人利益结合和个人负责原则”的生产与分配价值原则，对于发展社会主义生产、改进经营管理、巩固和发展公有制经济、发展生产力发挥了有力的推动作用。总的来说，列宁是在社会主义建设初期的商品—市场关系中对生产与分配关系的具体原则有重大的理论突破，以“同个人利益结合和个人负责原则”把社会主义分配与交换关系联结起来，把个人利益与个人责任统一起来，初步沟通了按劳分配与商品经济的相互关系，重建了社会主义劳动者“主人翁”的内涵。当然，基于社会主义初期的实践只是初步的，理论上还是不系统的，我们应当在社会主义市场经济的实践中进一步完善。

三、市场推动：“把半亚洲式的国家真正变成文明的、社会主义的国家”

列宁不仅继承了马克思恩格斯早就论述过的商品经济对人类文明推动作用的基本观点，更重要的是在发达商品经济、技术飞速发展的新时代又丰富了这方面的理论，特别是晚年研究了社会主义建设初期商品—市场关系同文化建设、同加强政治思想和道德教育的相互关系。

市场发展与文化建设关系密切。列宁多次强调，建设社会主义必须继承资本主义积累起来的丰富的文明成果，正是资本主义商品经济向广度和深度的扩展，加速了人类文化的进步，形成了近现代的文明成果。以资本主义商品经济而论，它具有剥削的属性，但同时又创造了现代文明，它把文化教育、科学技术推到了一个新的阶段。为了发展社会主义文化，列宁一再要求有分析地、批判地继承资产阶级文化。他认为，资产阶级的文化有两个方面：一是带有剥削性质的腐朽的东西；二是科学的进步的东西。对于前者要摒弃，对于后者要继承。应当重视资本主义商品经济留下的重要文化遗产。在苏联恢复和发展市场关系之后，列宁更加重视文化工作。他提出的一个重要目标，就是“把半亚洲式的国家真正变成文明的、社会主义的国家”。值得注意的是，必须全面理解列宁反复强调的“文化”工作。他所说的“文化”建设、“文明”工作、“文化革命”，实际上包括物质文明和精神文明两个方面。列宁特别注意把文化建设同文明经商结合起来，要求劳动群众通过提高文化懂得合作社的重要性，要求工作人员学会按欧洲方式做买卖，把“文化任务”当作为社会主义奠定基础的政治任务。列宁提出要大力发展教育事业和文化事业，把发展教育当作“文化革命”的重要内容，不让缩减教育事业的开支，注重教育事业的投资，提高教师地位，改善教师待遇，注重发展、繁荣文学艺术事业和出版事业。

充分发挥专家的作用，培养不被私利左右的有益于社会的人才。注重文化和科学技术与尊重人才、发挥专家的作用是分不开的。列宁在《关于工会在新经济政策条件下的作用和任务的提纲草案》的《工会与专家》一节中说：“我们一切领导机关，无论是共产党、苏维埃政权还是工会，如果不能做到像爱护眼珠那样爱护一切勤恳工作、精通和热爱本行业务的专家（尽管他们在思想上同共产主义完全格格不入），那么社会主义建设事业就不可能取得任何重大的成就。在没有达到共产主义社会最高发展阶段以前，专家始终是一个特殊的社会阶层，我们应该使专家这个特殊的社会阶层在社会主义制度下比在资本主义制度下生活得更好，不仅在物质上和权利上如此，而且在同工农的同志合作方面以及在思想方面也如此，也就是说，使他们能从自己的工作中得到满足，能意识到自己的工作不再受资本家阶级私利左右而有益于社会。”① 接着，在全俄苏维埃九大通过决议，对各级政府提出：“更坚持不懈地吸收专家参加经济建设工作是绝对必要的。所谓专家是指科学技术人员以及那些在经营商业、组织大企业、监督经济业务等方面具有实际工作经验和知识的人员。俄罗斯联邦的中央机关和地方机关都应经常关心改善专家的生活待遇，关心由他们指导的培训广大工人农民的工作。”② 列宁说明了专家在社会主义经济中的重要性、社会地位、应享受待遇和本人应持有的价值观。他注意的不只是个别的优秀专家，还非常重视发挥专家群体的作用。他不但尊重、爱护像专家这样的高级人才，而且向全党号召普遍重视、发现、培养、选拔各个层次、各种专业的人才。在列宁看来，尊重知识、尊重科学和尊重人才是不可分割的两个方面。尤其是在国内外市场激烈竞争的条件下，要更加注重人才的培养、挑选和使用，充分发挥人才的作用。从现在来看，在市场经济条件下德才兼备的人才是第一资源。

---

① 列宁全集（42卷）[M]. 北京：人民出版社，1985：374.

② 列宁全集（42卷）[M]. 北京：人民出版社，1985：361.

加强和改进政治思想和道德教育。在苏联的市场关系得到一定的恢复和发展的同时，列宁非常关注政治思想和道德教育。1921年10月17日，他专门作了《新经济政策和政治教育委员会的任务》的重要报告，系统阐述了加强政治教育与实行新经济政策的一系列关系。按照列宁的观点，加强和改善政治教育工作，用先进思想武装群众，是社会主义经济本身的要求，在市场关系成为主要经济形式的条件下尤为重要。首先，结合经济任务进行思想政治教育。政治任务、政治思想工作决定于经济基础，又反作用于经济基础，集中反映经济发展的要求，为经济发展开辟道路，保证经济建设顺利进行。其次，同严格管理相辅相成的思想道德教育。列宁强调在经济建设中严格管理，同时非常重视思想教育工作。他认为，由于部分利益不同、认识不同、价值观不同以及旧的上层建筑的影响，社会主义条件下工人阶级内部仍然会有矛盾。在此基础上，列宁得出两条结论：第一，要进行有效的思想教育工作；第二，要有一个能够解决矛盾冲突的权威机关，加强党的领导作用。这对我们现在也有重要的启示，即不要因为利用市场、发展商品、贯彻物质利益原则，就否定或削弱思想和道德教育工作。当然，在经济管理中经济的和行政的强制手段是不可缺少的，列宁强调必须采用恰如其分的强制手段，不能软弱无力。最后，坚持不懈地进行道德教育和无神论宣传。经济关系是道德的基础。列宁在研究商品经济理论的同时，也论述了马克思主义的伦理观。例如，他早年用马克思主义的伦理观批判了道德上的主观主义；十月革命后，提出和解答了社会主义道德如何为经济建设提供精神动力等重大问题；尤其值得肯定的是，他第一次提出了“共产主义道德”的科学概念，又提出了培养共产主义新人的战略。在马克思主义伦理思想史上，列宁的伦理理论是一个极其重要的发展阶段。

在新经济政策时期，列宁继续倡导社会主义——共产主义道德。这时的新特点表现在三个方面：一是适应现行的政策区分不同的层次，对共产党员尤其是共产党的领导干部要求按共产主义道德标准自律，对整个社会起表率作用；对普通群众则进行爱国主义、遵守纪律和公德的教育，但绝不能“马上把纯粹的和狭义的共产主义思想带到农村去”，这样做是“有害的”、“致命的”[①]。二是强调“结合”，即高尚的道德与物质利益结合，个人利益和国家、集体利益结合，既能把现行的政策同提倡的精神适当区别开来，又能恰如其分地加以联系。三是从事管理工作的领导要把经商本领与革命精神统一起来，既要学会“按欧洲方式做买卖”，又要忠于社会主义事业；既要“和狼在一起，就要学狼叫”，又要保持无产阶级的优秀品德；既要克服因循守旧的保守观念，又要坚持共产主义的信念。与此同时，还要求对广大群众开展无神论教育。

① 列宁全集（43卷）[M]. 北京：人民出版社，1985：359.

四、维护市场秩序：依靠法制与政府素质

在实行新经济政策的过程中面对大量新问题，列宁认真研究经济基础和上层建筑的关系，既借鉴资本主义国家的经验，又在实际中大胆探索，通过法制的作用、国家机关的改革和提高党组织自身的素养等措施，维护市场秩序，推动经济发展。

（1）用法制维护新的经济秩序。首先，制定法律的原则在于维护新经济政策。新经济政策时期，列宁给法律工作者提出的任务就是保证新经济政策得以正确贯彻。他指出：所有立法工作“在我们坚决推行的、我们对之不会动摇的现行政策下，这是一个对广大居民极其重要的问题。你们也知道，我们在这方面一直力求划清界限：什么是法律上满足任何公民与目前经济流转有关的要求，什么是滥用新经济政策……一旦现实生活暴露出我们以前没有预料到的滥用新经济政策的现象，我们会马上作出必要的修正”。[①] 意思是说，法律维护的是新经济政策的正常秩序，而一旦脱离社会主义建设初期市场关系的正确轨道，就用法律手段加以制止。正是基于这个指导思想，列宁反复强调“加强法制”，要“教会人们靠文化素养为法制而斗争，同时丝毫不忘记法制在革命中的界限”。并且指出：“现在的祸患不在于此，而在于有大量违法行为。”[②] 为了贯彻执行法律，用它进行有效的斗争，不能单靠宣传，还要靠人民群众的帮助才行。其次，运用法律规范私商和合作社的市场行为，克服新经济政策的消极影响。列宁多次指出，要认真切实地执行新经济政策，又要善于克服它的一切消极影响。为此，“必须善于精明地安排一切。我国的法律使我们完全可以做到这一点。”[③] 对进行破坏和捣乱的敌对分子，由人民法庭采取最迅速、“最符合革命要求的方式加以惩治”[④]，并进行示范性审判，造成强大的政治影响和政治攻势，以巩固政治秩序；惩办那些“滥用新经济政策的人”，即企图越出国家限制从事违法活动的私商；对于党和苏维埃领导机关中的贪污受贿分子、严重的官僚主义分子，也要根据情节的轻重给予法律制裁。列宁认为，法律手段一方面是强制性措施——这在社会主义时期是不可少的；另一方面，又是一种教育措施。尤其是经济立法，本身就是管理经济、教育职工和干部的重要武器。这对于社会主义条件下的市场关系，是须臾不可少的。最后，强调法律的全国统一性，克服地方对法律随意曲解和不执行的行为。列宁要求认真纠正地方任意曲解和不执行统一法律的行为，严肃地指出：“我们是生活在无法纪的海洋里，地方影响对于建立法制和文明即使不是最严重的障碍，也是最严重的障碍之一。”这种“地方官僚和地方影响的

① 列宁全集（43 卷）[M]. 北京：人民出版社，1985：245-246.
② 列宁全集（42 卷）[M]. 北京：人民出版社，1985：498.
③ 列宁全集（43 卷）[M]. 北京：人民出版社，1985：301.
④ 列宁全集（42 卷）[M]. 北京：人民出版社，1985：425.

利益和偏见"，是"最有害的障碍"，"我们的全部生活中和我们的一切不文明现象中的主要弊端就是纵容古老的俄罗斯观点和半野蛮人的习惯。"[①] 此外，他还坚决反对以本位主义妨碍执法、袒护违法的行为。列宁对法制的论述，启发我们进一步认识法制同市场经济有一种密不可分的关系。正因为存在着市场关系，存在着私人和各种企业的市场行为，才更加需要用法律去规范。这是维持市场正常秩序的重要保证，也是社会主义国家管理市场的有效武器，它符合商品经济发展的客观规律，是运用"看得见的手"调节的重要表现。

（2）有步骤地改革国家机关的作风。在向新经济政策的转变中，列宁围绕改善国家机关作风的问题，大体上抓了三个方面的工作。首先，反对和克服官僚主义作风。1922 年，列宁指出："我们所有经济机构的一切工作中最大的毛病就是官僚主义。共产党员成了官僚主义者。"他认为，官僚主义作风是旧社会遗留下来的腐朽的上层建筑，它以官位、特权和虚张声势的油腔滑调掩盖自己的无能和懒惰。列宁认为，要克服官僚主义必须抓住两条：在经济上发展流转，在政治上发扬民主，加强法制和对干部的教育。他在提出实行粮食税等政策的同时，又提出"反对官僚主义和发扬'工人民主'是一项政治（内部）任务，也是'建设'任务"，官僚主义和工人民主是不相容的"两种政治的上层建筑"[②]。他指出，对官僚主义不可能采取一下子"彻底消灭"的方法，对多数人来说还是要进行经常的深入的教育工作，提高干部的文化水平。其次，精简机关，厉行节约。列宁认为，在恢复市场流转之后，"需要最大限度的灵活性，为了这一点，为了灵活地随机应变，就需要机构的最大的坚定性。"[③] 1922 年 12 月，他在一份讲话的提纲中写道："国家机关的一般情况：糟透了；低于资产阶级的文化。"[④] 直到他最后的几篇文章，还在关心改造国家机关的问题。可见，这样的上层建筑不能适应经济运行的需要，必须认真进行系统的改革。关于国家机构改革的做法，他要求："通过对人的考核和对实际工作的检查同腐败的官僚主义和拖拉作风做斗争；毫不留情地赶走多余的官员，压缩编制，撤换不认真学习管理工作的共产党员，——人民委员和人民委员会，人民委员会主席和副主席的工作方针就应该是这样。"[⑤] 他多次提出反对文牍主义，精简会议、减少文件、精简机构，党的工作和政府工作要明确地划分开，建立高效的政府机关。最后，建立和加强监督机制。1922 年 1 月，列宁在谈到克服官僚主义时形象地说，对新建立的这些政府机关"如果不注意、不督促、不检查、不拿三根鞭子抽打，在我们这可恶的、奥勃洛摩夫式的风气下，两个星期就会'松下来'"[⑥]。列宁当时关心的是两方面的事情：一是提高监察机关的质量，二是全面严格的监督。他

① 列宁全集（43 卷）[M]．北京：人民出版社，1985：196，197，195.
② 列宁全集（41 卷）[M]．北京：人民出版社，1985：362.
③ 列宁全集（41 卷）[M]．北京：人民出版社，1985：368.
④ 列宁全集（43 卷）[M]．北京：人民出版社，1985：325.
⑤ 列宁全集（42 卷）[M]．北京：人民出版社，1985：395.
⑥ 列宁全集（42 卷）[M]．北京：人民出版社，1985：388.

在《宁肯少些，但要好些》一文中提出：“我们应当把作为改善我们机关的工具的工农检查院改造成真正的模范机关。”[①] 他要求高质量地培训人员，既品质好，又懂业务，主要检查、制止官僚主义和各种违纪行为，促进机关的改革，铲除旧习，杜绝浪费，保证国家的正常运行和促进生产力的发展。

（3）加强执政党的自我教育。在新经济政策中如何发挥执政党的领导作用，又如何使自身适应新的商品—市场关系，这是列宁特别关注的问题。他在俄共（布）十一大闭幕讲话中指出：“现在要按新方式来提出我们政策的全部任务了。现在全部关键在于，先锋队要不怕进行自我教育、自我改造，要不怕公开承认自己素养不够，本领不大。”[②] 其核心，还是强调如何学会领导新的经济关系以及由此产生的政治关系。首先，加强执政党的领导不能动摇。在转向新经济政策的过程中，列宁同时强调加强共产党领导的重要性，坚决反对削弱和取消党的领导作用的无政府工团主义（他们主张党组织不能领导整个国民经济）。列宁指出：“只要无产阶级的革命先锋队的统一、力量和影响稍微受到削弱，这种动摇的结果就只能是资本家和地主的政权以及私有制的复辟。”[③] 按照列宁的观点，在社会主义建设初期商品市场关系条件下，绝不能削弱党的领导作用，只能加强、改善。其次，克服守旧思想，学会管理市场和驾驭市场。列宁在俄共（布）十一大报告中反复讲共产党人不会做生意，“这一点证明，我们是多么不灵活、多么笨拙，证明我们还有多少奥勃洛摩夫习气，为此我们一定还要挨打”。作为执政党所缺少的不是政治力量，而是经济力量，“究竟缺少什么呢？缺什么是很清楚的”，缺少“做生意的本领和管理的本领”[④]。他强调虚心学习，掌握驾驭市场、善于经营的技巧。最后，反对贪污，防止脱离群众和蜕化。从共产党执政开始，尤其是实行新经济政策，列宁敏锐地觉察到，由于党的地位变化，会引发许多严重问题。一是许多人脱离广大群众、脱离现实。列宁把共产党员的狂妄自大当作“第一个敌人”来反对，作为政治教育的主要任务。二是力避由于党的地位变化使一些不够格的人涌入党内。列宁建议吸收新党员应当慎重，应当有较长的预备期，以提高党员的素质，特别是加强政治修养，加强在实践中考察。三是反对贪污受贿，防止腐蚀党的肌体。在实行新经济政策后不久，列宁就把共产党员狂妄自大、文盲、贪污受贿作为“三大敌人”。列宁认为，要真正克服腐败现象，不仅要切实加强政治教育和道德教育，而且要运用党纪国法严办。四是警惕和防止共产党向资产阶级蜕变。在实行新经济政策后不久，一批资产阶级知识分子认为实行新经济政策不是策略，而是蜕变。意思是恢复和发展市场关系的结果，必定造成布尔什维克向资产阶级蜕化，使得党和政权变质。列宁向全党敲响警钟：“这种事情是可能的”，“历史上有过各种各样的变化”。他们的这种“直言

① 列宁全集（43卷）[M]．北京：人民出版社，1985：380.
② 列宁全集（43卷）[M]．北京：人民出版社，1985：133.
③ 列宁全集（41卷）[M]．北京：人民出版社，1985：87.
④ 列宁全集（43卷）[M]．北京：人民出版社，1985：89，93，385.

不讳的声明对我们有很大的好处”[①]。

经过了 90 多年，在今天来看，列宁在当时虽然没有提出系统的商业伦理规范体系、没有就调整利益关系的道德原则进行展开阐述，但他的上述思想是在马克思主义伦理思想发展史上第一次对社会主义建设初期市场关系下的文化、文明、道德及其政党与政府自身建设的全面论述，意义十分深远。按照列宁的思路，越是存在市场关系，越要突出文化建设、政治思想和道德教育工作。这就警示我们：在我国社会主义市场经济条件下，要正确理解市场经济发展与政治、文化、社会、生态的多重复杂关系，更加重视文化、文明与道德建设，自觉地、有效地发挥市场关系的积极效应，主动地、积极地抑制其负面效应，建设具有鲜明时代特征的中国特色社会主义市场伦理文化。

（本文原载《伦理学研究》2013 年第 5 期，与杨承训合作）

① 列宁全集（43 卷）[M]. 北京：人民出版社，1985：92-93.

建立与社会主义市场经济相适应的经济伦理规范

努力建立适应社会主义市场经济发展的道德规范体系，是中央从经济和社会发展全局的高度提出的重要理论课题，是坚持依法治国与以德治国方略的重要组成部分。社会主义经济伦理规范是社会主义道德规范体系的最基本、最重要的内容，又是整治市场经济秩序、保证经济健康运行的迫切需要。

一、坚持社会主义的义利统一观

在社会主义市场经济条件下，如何正确处理义利关系，应该说是区别不同经济道德观的一个根本界限。义利问题，作为一种价值观，几乎渗透到每个人的一切活动之中，特别是对经济活动有着直接的支配作用。中共十四届六中全会《关于社会主义精神文明建设的若干问题的决议》（简称《决议》）根据我国的现实情况，明确提出，要“形成把国家利益放在首位，又充分尊重和保障公民个人合法利益的社会主义义利观”。应该说，这是新时期我们处理义利关系的基本原则，是从事经济活动的人们所必须遵守的基本道德观。

在中国古代，义和利主要是指思想道德与物质利益的关系、个人利益与国家利益的关系以及物质生活和精神追求的关系等多方面的意义。我们今天所提倡的社会主义义利观所讲的“义”，主要指社会主义的思想道德要求和国家的整体利益；“利”主要是个人的物质利益和某些单位或地区的利益。在社会主义市场经济条件下，正确处理道德原则、精神追求与现实生活中的个人利益、局部利益的关系，是保证我国经济社会健康发展的一个重要问题。我国正在建立社会主义市场经济体制。市场经济最大的特点或者说优势，就是在市场配置资源的过程中，能充分利用利益机制来调动个人、企业从事生产活动的主动性与积极性，从而带来经济的增长和效率的提高。由于个人利益容易直接显现，个人利益与社会利益、局部利益与整体利益的关系变得日渐紧张，从而直接影响到人们的思想道德追求。正如《决议》指出的：“市场自身的弱点和消极方面也会反映到精神生活中来。”如果人们利用市场机制，不是去发展社会生产力，不断满足广大人民群众的物质文化需求，增强综合国力，而是去谋个人之利，甚至是不择手段去逐利，置社会公义和整体利益于不顾，那么，就完全违背了我们发展市场经济的根本目的。当然，如果一味地强调“义”，对个人正当权益和利益讳莫如深，甚至把社会主义与个人利益对立起来，也是不科学、不客观的，从本意上也不符合社会主义的“义”。由于义利关系贯穿于经济生活的方方面面，影响到一些具体的经济伦理问题的解决，是一个不可回避的基本经济伦理问题，因此，在建立和完善社会主义市场经济体制的过程中，在处理义利关系的问题上，我们必须始终坚持和提倡义利统一的社会主义经济道德观。其基本内容包括三个层次：义利统一，见利思义，以义为上。这就是既要把国家利益放在首位，又要充分尊重和保障公民个人正当权益的社会主义义利观。

二、注重效率，维护社会公平

效率是一个经济学范畴，是指资源的有效使用与有效配置。在经济领域内，任何资源都是有限的，使用得当，配置得当，有限的资源可以发挥更大的作用。反之，有限的资源只能发挥较小的作用，甚至可能产生负作用，这就是高效率与低效率的区别。因此，效率成为经济学理论研究的核心问题。从企业作为市场主体来看，它只有通过创造经济效益，不断提高生产效率，才能获得生存与发展的权利。市场经营如逆水行舟，不进则退。追求高效率自然成为企业发展的经济目标。同时，一些经济学家从经济发展的现实运行中也看到经济发展与道德发展、市场与伦理、效率与公平存在着密切的相关性。如诺贝尔经济学奖得主、著名经济学家 Jaemes M. Buchanan，在反思性著作《经济学家应该做什么》一书中明确指出，市场不应是单一的效率市场，经济学家不应将“资源配置理论”或“选择理论”置于经济学研究的核心地位。市场首先是一种关系，是人们互相进行交换的关系，作为“道德哲学的经济”，还要重点探讨社会秩序理论、个人利益的限制、事实上的平等与规范化的平等等问题。我国正处在由计划经济体制向市场经济体制转变的过渡时期，在体制尚未彻底转变、利益格局尚未合理化、法律法规正在健全的历史条件下，重视经济主体追求高效率的同时，我们应该特别关注社会公平问题。同时，效率解决的是经济问题、生产力的发展问题，因此，理论上和实践上都不能将其作为一个社会所要追求的价值目标。

公平，作为一个社会学范畴，它包含的内容是多方面的，但最重要的则是社会利益分配是否正当的问题。现实经济生活中存在的如靠不择手段谋取暴利、运用公共权力贪污受贿、追求效率破坏生态以及名目繁多的“灰色收入”等反映出的分配不公问题，在不同程度上影响了生产效率的提高，引发了经济秩序混乱，使得社会发展的价值目标不明确，人们的心态不平衡，进而影响到社会的稳定。对于这一问题，中共十五大提出了一个完整的指导性的方针，指出：“以法保护合法收入，允许和鼓励一部分人通过诚实劳动和合法经营先富起来，允许资本和技术参与收益分配。取缔非法收入，对侵吞公有资产和用偷税、漏税、权钱交易的非法手段谋取利益的，坚决依法惩处。整顿不合理收入，对凭借行业垄断和某些特殊条件获得个人额外收入的必须纠正。调节过高收入，完善个人所得税，开增遗产税等新税种。规范收入分配，使收入差距趋向合理，防止两极分化。”按照这一方针，进一步优化分配结构，丰富分配方式，坚持以按劳分配为主体、多种分配方式并存的分配原则，才能真正优化资源配置，促进效率提高。

因此，我们在建立和完善社会主义市场经济体制的过程中，对待和处理效率与公平的关系，必须在坚持社会主义分配制度的前提下，既重视效率，又维护公平，把效率与公平的协调统一作为社会主义道德建设的重要目标。这一规范说明，“平均主义”不是社会主义意义上的“公平”，两极分化也绝不是我们所要追求的价值目标。目前应该特别注意解决事实上已经存在的两极分化、以权谋私、行业垄断等问题。也就是说，收入悬殊过大和通过什么样的手段来谋利是一个社会公平的问题。如果说，我们在经济领域强调“效率优先”有其合理性的话，那么，面对改革30多年后现实生活中存在的新问题，根据国外市场经济发达国家的经验和教训，我们同时还应特别地关注和解决社会公平的实现问题，否则，就会直接制约经济效率的进一步提高。

三、质量第一，消费者至上

质量第一、消费者至上是社会主义生产目的必然提出的道德要求。我国古代道德讲“生财有道”，要求生产者通过为消费者提供货真价实的商品去盈利，而不是其他。市场经济发展的历史也已证明，质量问题是企业生死攸关的大问题，是企业永葆生机的长久之计。企业实施的名牌战略，说到底，就是质量取胜。它通过不断提高产品的质量和文化品位，包括功能及外观设计，以满足不同层次消费者的需要，进而树立品牌形象，提高企业的整体竞争力。由于我国处于从计划经济向社会主义市场经济体制转轨的过程中，在大多数商品生产者和经营者注重质量的同时，也有少数人滋生了商品拜物教、货币拜物教的杂念，从而制假售假，损害消费者的利益。有的地方还没有真正完成由半自给经济向市场经济的转变，一些人的小商品意识相当强，投机取利的侥幸心理和惟利是图的价值观支配着他们以次充好、冒名行诈，破坏市场秩序，直接影响了我国市场经济的发展。同时，实践也告诉人们，这些以假乱真、损害消费者利益的事情，最终会导致一个地方、一个地区的经济受损。

现代市场经济把质量放在第一位，企业市场定位也由“企业价值”向“客户价值”过渡。企业的利润来自于消费群体，特别是随着“消费者主权”时代的到来，企业一定要从重视市场份额向重视消费者份额转变。美国学者菲利普·科特提出，21世纪大趋势之一便是公司正集中精力建立消费者份额，而不是市场份额。针对这一新的变化，国内外一些企业更加重视消费者群体与企业发展的关联，从而把“顾客至上”或消费者至上作为企业发展的一个重要理念。坚持质量第一，消费者至上，同时还是一个经济伦理规则。在这里，经济行为与道德行为是统一的，经济动机与道德动机也是统一的，经济与伦理达到了深层的结合。企业要生存，就必须有效益、有盈利，而企业只有提供优质产品和一流的服务，才能真正赢得市场、赢得消费者。我国建立的是社会主义市场经济，在其运作中，既要遵守发达市场经济的一般准则，还要体现社会主义的本质要求，符合社会主义的生产目的，毫无疑问，应当更加注重质量，更加关心消费者的利益，把经济效益与社会效益统一起来，不断满足广大人民日益增长的物质文化需要。如果不讲质量，以次充好，甚至搞假冒伪劣，坑害消费者，践踏法律和道德，那就彻底背离了社会主义的生产目的，背离了社会主义市场经济的价值目标。因此，我们必须恪守质量第一、消费者至上的道德规则。

四、勤劳敬业，合法致富

勤劳敬业、合法致富是社会主义市场经济对劳动集体或个人提出的伦理规范，主要解决的是生产手段的合理性问题，这也是社会主义分配原则的体现。

热爱劳动、勤劳敬业是中华民族的传统美德，也是具有世界性的经济伦理。如西方新教伦理所提倡的劳动天职观，佛教中的勤勉，日本及亚洲“四小龙”的工作伦理等。在我国发展社会主义市场经济的今天，按劳分配作为分配制度的主体部分，与其相对应的是它的主导道德价值取向——勤劳致富。邓小平同志曾多次阐述“由于辛勤努力成绩大而收入先多一些”，就是说，让一部分人、一部分地区先富裕起来是通过劳动创造，而不是靠坑蒙拐骗，不劳而获，他提出“勤劳致富是正当的”。既反对不管劳动业绩大小、分配上搞平均主义，“吃大锅饭”，又坚决反对通过不正当手段而获利的劳动财富观。需要指出的是，我国进入 20 世纪 90 年代，经济领域出现的炒股热、炒房地产热，这些现象从经济生活方面看，潜伏着危机，它很容易把中国的经济引向虚假繁荣的“泡沫经济”。当时，有同志提出警示，“恐怕市场还未建立，‘泡沫经济’已经泛滥成灾，这必将淹没一切从事劳动生产、创造起初财富的社会经济秩序，也必将难以建立健康的市场经济，其患无穷”。客观上看，目前这一领域存在的突出问题就是不规范，并已影响到投资者和国家等多方利益。当然，这并不是要用行政手段取消或抑制股票市场、房地产市场的发展。同时，也无意以伦理上的某种理由去批判经济活动形式本身，因为这是经济运作的方式。然而，从经济伦理的视角来看，我们则不能因经济领域出现经营形式的多样化和财富积聚形式的多样化，而忽视我们所必须提倡的主导道德取向。因此，我们必须大力倡导勤劳敬业、合法致富的道德准则，反对鄙视劳动、不择手段去谋利的不道德行为，树立与社会市场经济相适应的劳动财富观。

五、诚实守信

诚实守信是在发展社会主义市场经济中，市场主体在交换领域所应遵守的伦理规则。市场经济是信用经济。江泽民同志在2000年中央经济工作会议上提出："要在全社会强化信用意识，加强诚实守信的道德教育。"在以分工、合作为基本特征的市场经济社会中，市场主体之间是通过合同、合约、协议等形式而相互联系起来的，市场主体之间的交易必须建立在守信的基础上。如果一方不守信用，交换关系就会中断。随着交换关系的日益复杂化，信用伦理维系着不断扩大的市场关系和正常有序的市场秩序。可以说，从最初的交换到扩大市场关系，都是以信用为基本准则的。没有信用，就没有秩序；没有信用，就没有交换，没有市场，经济活动就难以健康发展。因此，在市场交换领域，我们应该提倡诚实守信的道德准则。这是保证市场契约关系，从而实现正常的市场交易关系的道德原则，是市场主体之间建立信任、实现交往的基础和基本保证。历史和实践还进一步表明，市场经济越发达，就越需要遵守诚实守信的伦理要求，这是现代文明的重要基础和标志。就金融来说，金融是发达市场经济的核心，而金融本质上是信用经济。它的初始是由日渐发达的市场关系派生出来的借贷关系，而借贷必须以双方恪守信用为前提，如若一方不信守契约，便无法形成借贷关系，失去信用，也就瓦解了金融的道义基础，从而也就葬送了它自身。正是因为这样，人们把金融称为信用制度。再如当代的电子商务、电子货币、电子结算等，更需要信用。连投机性很强的期货交易，也同样首先强调信用，诚实地遵守、履行契约，最后货真价实地实现交割。因此，市场经济本质上是信用经济，市场经济越发达越要强化信用伦理。

六、尊重人，关心人，维护劳动者的正当权益

这是社会主义市场经济条件下企业对待内部员工的一个基本道德准则。员工是企业产品的设计者和生产者，是企业服务的提供者，是企业正常运转的最终动力。以人为本的道德理念要求将人力资源视为企业最重要的经营资源；把激活每一个人的积极性、主动性和创造性作为提高企业经营绩效的动力源；把建立企业共识，增强员工参与决策管理，作为形成管理者与生产者荣辱与共的命运共同体的关键。当代企业文化管理学派把以人为本的价值取向视为优秀企业必备的理念。

在我国企业改革的过程中，管理理论和管理实践都有许多新的创新。我们在吸收借鉴发达市场国家关于以人为本经验的基础上，探索在社会主义条件下如何管理员工，正确处理管理者与员工、员工与员工之间新的伦理关系。这些内容应该包括：尊重人、关心人，特别是尊重人的尊严与价值，关心人的精神文化需求；在对员工的人性化待遇上，不仅把员工看作一个“经济人”，而且还要看作一个“道德人”、一个“社会人”，从而在激励方面，就不仅注意物质方面，还能顾及精神生活方面的需要和追求；员工是被管理者、是劳动者，他们正当的权益以及参与企业决策、监督的权力和地位，应该给予保护，真正依靠员工，办好企业。如一些优秀国有企业实施财务公开、政务公开，在这方面作出了有益的探索。当然，随着企业所有制改革中出现的企业所有制结构的多元化，或混合所有制企业的增多，员工的地位与权益也面临着一些新问题，需要我们认真解决。再者，强调以人为本的管理与人的健康全面发展在价值目标上是协调一致的。实践中，一些优秀企业正在探索如何在新的形势下加强员工的管理工作，特别是如何坚持以人为本的管理理论。管理上坚持以人为本，符合人类道德文明发展的大势，更是社会主义企业应该坚持的道德规则。

七、公平竞争，优胜劣汰

这是社会主义市场经济对政府以及各市场主体竞争行为提出的道德要求。竞争是市场经济的本性，竞争行为是市场行为的共性。规范市场竞争行为，就是要求市场主体之间的竞争应合乎社会主义市场经济的道德准则，这就是平等竞争、优胜劣汰。市场是具有自身独立的意志和利益的经济主体或不同的产权利益主体之间的交易，这就决定了他们在利益上的相互排斥性，决定了市场交易的竞争性。就是说，有市场就有竞争，有竞争才有市场，市场竞争成为一切市场主体的生存条件，也是保证整个市场维持其生命力或活力的重要条件。因此，遵守公平竞争的道德规则，包括下述一些内容和要求。首先，对于政府来说，其责任在于，宏观上的经济决策要尊重市场经济发展的客观规律，防止主观性和片面性。对于地方政府来说，要坚决克服地方保护主义，防止行业垄断，全力营造全国统一、开放、公平、竞争的市场经济秩序。其次，各市场主体要遵守各项经济法规，不哄抬物价，不低价倾销，维护价格的公正性，保证经济的良性运行。这种竞争的结果不是你死我活，而是竞争双方的共生与共荣。最后，各市场主体的竞争应主要体现在为社会提供质优价廉的产品和良好的售后服务上，反对强买强卖、欺行霸市、漫天要价等极端损人利己的败德行为。这些要求说明，无论是政府还是竞争者，都要遵守市场竞争规则，反对各种不正当竞争，维护市场经济的良性发展。

八、反对奢侈浪费，提倡文明健康的消费观

这是社会主义市场经济要求消费主体在消费领域承担的道德责任。消费是社会再生产的一个重要环节。经济学认为，社会消费分为两类，一类是生产性消费，另一类是生活性消费。前一类消费是为了再生产的需要，后一类消费是为了满足人的基本需求。由此看来，怎样消费，树立什么样的消费观，对经济发展乃至社会道德风尚都具有不可低估的意义。因此，在这两类消费中都应当倡导节俭、合理、科学、健康、文明的消费伦理观。如果说，前文所述的“生财有道”指的是生产伦理的话，那么，“用财有道”则属于消费伦理了。而如何对待金钱、如何用财、花钱是与一定的道德观、人生观相联系的。表现在个体上，拜金主义、享乐主义等就是一种消极的道德观和人生观的反映；表现在社会或群体上，则是一种病态的经济运行和道德风尚的反映。

近年来，我国消费生活领域出现了许多突出问题，如对待生产性消费，一些生产单位不注重节约和挖潜，“跑、冒、滴、漏”现象十分严重；不在降低成本核算上下功夫，经济效益不明显。在生活性消费方面，如用公款大肆吃喝、游玩、挥霍造成的极大浪费，还有一些人崇尚奢侈生活、摆阔，甚至不顾经济条件，无限度地追求高消费，其结果是，人的欲望、需求都被囿于对物质利益的追求之中，就只能从消费中认识自己。人生的目的仅仅是为消费而赚钱，除了赚钱、消费的反复循环之外没有更多的精神追求，人变成了经济动物。这些问题的严重存在，要求我们必须重视消费道德规范研究，确立正确的消费价值导向。反对奢侈浪费，提倡健康、文明的消费观，具体来说，就是要求节约生产性开支、降低生产成本，提高经营利润；在资源的开发与利用上，要坚持开源节流并重，把节约放在突出位置，合理使用资源，禁止乱采滥垦，提高资源利用率，实现永续利用；节约生活性开支，增加投资，扩大再生产，正确处理生产与积累的关系，对于个人消费来说，应提倡节俭的美德，反对奢侈浪费，倡导健康、合理、文明、科学的消费价值观。

九、保护生态，树立可持续发展观

这是对国家、部门和个人如何对待、处理经济发展与环境之间的关系而提出的伦理规范。摆脱单纯追求经济增长的片面发展观所造成的人类生存困境，实现全球经济和社会的可持续发展，是21世纪全人类的共同奋斗目标。我国是世界上人均资源占有量极为贫乏的发展中国家，应该说，我们面临的可持续发展问题最为艰巨和紧迫。早

在 1992 年，中国签署了《里约环境与发展宣言》和《21 世纪议程》；1994 年，国务院就颁布了《中华人民共和国环境保护法》；1996 年 3 月，中国政府制定了《国民经济和社会发展“九五”计划和 2010 年远景目标纲要》，明确提出了可持续发展战略。2001 年 3 月 15 日，第九届全国人民代表大会第四次会议批准的《中华人民共和国国民经济和社会发展第十个五年计划纲要》专就环境与生态问题提出：“要把改善生态、保护环境作为经济发展和提高人民生活质量的重要内容，加强生态建设，遏制生态恶化，加大环境保护和治理力度，提高城乡环境质量。”这些都说明我们党和政府在经济增长的同时非常关注环境问题、生态问题。

经济增长造成的环境与生态恶化与人类发展经济的动机背道而驰。同时给人类提出一个严肃的问题，必须从“人类中心主义”转向“生命中心主义”，把片面追求经济增长的单一目标转向以全面、持久地提高人类生活质量为目标。这就意味着我们必须树立一种新的道德理念，即“人类—自然”的和谐共存。面对我国环境污染带来的生态灾难，我们要承担不可推卸的道德责任。从国际上来看，中国作为一个负责任的人口大国、污染大国、有核国家，有保护全球环境的国际义务，要积极参加全球环境与发展事务，实行有利于全球环境改善的政策措施；就国内来讲，要抓紧治理污染源，加快发展环保产业，完善环境保护标准和法规，健全环境监测体系，加强环境保护执法和监督。同时要大力开展全民环保教育，提高全民环保意识，培育可持续发展观。其具体规范是：热爱自然，爱惜动植物，保护生态平衡；优化生产方法，防止环境污染；发展科学技术，合理利用自然资源。应该说，这是一项长期的、艰巨的任务，我们必须从现在抓起。

（本文原载《经济经纬》2002 年第 2 期）

论市场秩序建构中的道德责任共担机制

建立健全市场秩序，是我国社会主义市场经济建设的一项重要内容，也是深化改革的一大课题。过去几十年，出现过市场一管就死、一放就乱的怪事，值得认真总结教训。经过30多年的改革开放，我国的市场秩序逐步走向正常化，但目前仍存在一些突出问题，如假冒伪劣、坑蒙拐骗、环境污染等直接危及人民的生产生活安全与健康，“蒜你狠”、“豆你玩”、“姜你军”等市场秩序乱象出现，严重干扰了人民群众的正常生活，给人们的社会心理、公众文化带来极为严重的消极后果和巨大的道德风险，这些都同市场秩序不健康、不健全、不规范有关。笔者认为，解决当下市场秩序这一道德领域的突出问题，建构统一、公平、公开、良性竞争的市场秩序，必须建构起以政府、企业、公民三类道德主体形成合力的责任共担机制。

一、市场秩序是市场健康运行的要素

市场秩序是符合市场运行规律、通过制度来维系的市场活动的有序状态与环境。市场是一种十分复杂的交换关系，经营者的不当逐利行为经常会使市场出现非均衡和无序状态，妨碍正常交易的进行和正当竞争的开展，再加上一些制度不健全，就使得市场秩序更难以维持。为维护自由和平等交易的状态，必须制定相关制度。市场关系越复杂、越发达，越需要构建和健全市场秩序，而完善、严格的市场秩序又是发展市场经济的保证。

建立正常的市场秩序是市场发育和运行的要素，与市场经济共生共长。要进行等价交换，就必须制定市场交易规则，创造平等竞争的环境。等价交换包括等质、等量的互换，交易双方彼此尊重各自的利益和权利，简单的双方交换是如此，形成多元的交易链条后也是如此，尤其是产生货币这一等价物并形成独立的金融业之后，更需要严格的市场规则和平等竞争的环境来保证。不管发生多么复杂的交易关系，交易的总量还是彼此等价的，即价值总量与价格总量的大体相当。否则，总量不均衡，危机就要降临，一切交易将无法持续进行。追溯历史，从最初级的市场开始，就必须建立相应的市场秩序。随着市场的发育，市场秩序越来越健全，在现代市场经济条件下特别是金融市场发展起来之后，各种市场形态多种多样，更需要日益健全的市场秩序。国内有国内的市场秩序，国际有国际的市场规则，各种专门行业还有各自的行规，包括股票市场、期货市场那种变化异常快速的市场形态，也同样需要严格的市场秩序来保证。没有这种秩序，市场交易就无法进行。从微观（每一个具体的市场）到宏观（国家的宏观调控）都要有规则、有秩序。任何一个环节，不能没有秩序，不能缺少规则，这也是生产社会化规律的必然要求。把市场秩序当作妨碍发挥市场作用的论点，既不符合历史，也不符合理论逻辑。

关于市场秩序的理论，在西方已经经历了200多年的时间，大体有三种代表性观点：第一，以亚当·斯密为代表的自发演进论，认为市场有一种自然引力，在"看不见的手"的作用下，"在自由而安全地向前努力时，各个人改善自己境遇的自然努力，是一个如此强大的力量，以致没有任何帮助，亦能单独地使社会繁荣，而且还能克服无数的顽固的障碍，即妨害其作用的人为的愚蠢的法律，不过这些法律或多或少地侵害了这种自由的努力，或减少了这种努力的安全"。[①] 后来新自由主义把这个信条绝对化了，例如"华盛顿共识"的核心就是"尽可能最大程度地自由化，尽可能快地私有化，并在财政、金融方面采取强硬措施"。[②] 这种观点是片面的。事实上，历史上所有市场秩序都不是自发建立的，即使是小规模的初级集市，发展到一定水平时就要有人去规制。第二，理性构建论，如L.赫维茨创立的经济机制设计理论，认为市场秩序可以主观任意设定，不必尊重客观规律。显然，这一观点走向了另一个极端。第三，立宪演进论。如新自由主义代表人物哈耶克、公共选择理论学派代表人物布坎南，他们批判继承了前两种观点，认为市场秩序是在确立宪章的基础上自发演进的结果，并必须以欧美发达国家为范本。这一理论忽略了发展中国家的社会文化背景与市场交换体系之间的一些价值冲突，结果引起了发展中国家的经济陷入混乱，特别是无序竞争、过度竞争、恶性竞争以及垄断的形成，这就无法确保平等竞争以及消费者与中小企业的合法权益。实践一再证明，市场秩序是市场交换及其多元运作中的客观要求和内生要素，它不是外部主观意愿强加的。但它又不可能完全靠市场的自发力量自然形成（即使是市场，其中活动的也都是现实的人），需要由政府根据市场运行规律制定相应的制度来规制。

立足事实和科学逻辑，可以说市场秩序是市场正常运行的保障，也是市场质量好坏、市场成熟度的标志。它的基本含义是指由制度安排、法律体系和社会观念推动形成、规范和维持的市场经济运行的状态。大体包括以下几个方面的内容：①确保消费者的权益。交易终端主体是广大消费者，没有消费者消费就没有市场，这是首要的前提。②追求均衡价格，防止哄抬价格和通货膨胀。③保证商品和服务质量。维护等质交换，把住质量关，商品优质优价，杜绝假冒伪劣产品。④充分尊重和保护产权。市场交易的实质是产权的交易。产权明晰是市场经济正常运行的一个前提条件。⑤确保交易自由。经济主体必须要有自由交易的权利。生产者有权决定生产什么、生产多少、

① 亚当·斯密. 国民财富的性质及原因研究（下卷）[M]. 北京：商务印书馆，1988：112.

② 李瑞英. 警惕新自由主义思潮 [N]. 光明日报，2004-11-03.

如何生产以及为谁生产；而消费者有权自主选择交易什么、交易多少以及交易的价格。⑥维护契约自由。在经济活动中，各种经济主体间会发生各种经济关系，这些经济关系会形成各种形式的契约。法律应该保护市场主体的契约自由。⑦确保机会均等。在市场经济条件下要做到公平，最重要的是保证各类经济活动主体进入市场的平等地位。最基本的是机会均等，主要包含三个方面的内容：一是市场的公正性；二是法律制度的同一性；三是税负的公平性。⑧确保平等竞争。制止恶性竞争和市场垄断，自由竞争和平等竞争是市场经济的基本要求，也是市场经济的活力所在。⑨完善社会保障制度。为实现社会公平，就必须确保每一位公民维护其自由和尊严的基本生活水平，那么，好的社会就必须针对弱势群体，实行“最少受惠者的最大利益”的“补偿原则”，建立完善的社会保障制度。⑩良好的社会信用体系。这是现代市场经济正常运行的必备条件，也为政府这只“有形之手”应当承担什么样的责任提供了依据。

二、当前我国市场秩序中存在的道德风险与原因

当前，我国的市场秩序令人担忧，市场秩序混乱的后果不仅是经济发展受阻，市场不兴，缺乏活力，而且还有日益加剧的道德风险和社会隐患，如假冒产品、哄抬物价、不平等竞争、价格欺诈、环境污染等，社会信用度降低至社会容忍线以下，公众的社会认同感降低，社会和组织的凝聚力减弱。市场秩序混乱的状况如下：

1. 食品和药品安全问题

目前市场上掺杂着一些有毒食品和药品，其危害比之传染病还要大，有些已经威胁到人民的生命健康。食品、药品的安全问题和环境污染的特点表现为：一是种类繁多，覆盖面广；二是传播速度快，防不胜防；三是生产单位已由公开的分散作业变成一种隐暗的“产业链”；四是手段多样化，尤其是利用高科技作案；五是不法分子与地方官员勾结，受到庇护纵容。另外，连美国最大的零售商沃尔玛、家乐福也在中国搞产品欺诈行为。药品的问题也相当严重。一些企业违规操作，在药品安全链的生产环节就埋下“炸弹”。如“欣弗”生产企业擅自降低消毒时间和温度，增加消毒柜载量，成本降低了，却使9名患者付出生命；“甲氨蝶呤”事件中，制药人员将硫酸长春新碱尾液混于“甲氨蝶呤”，致使药品污染，导致上百名白血病患者下肢疼痛、行走困难。

2. 产品质量下降

现在我国的不少产品质量呈下降趋势，一些厂家偷工减料，制造假冒伪劣产品或缺斤少两。以建筑业为例，许多投资商不认真执行规划和合同而采用劣质钢材、劣质建材降低应有的成本，建造劣质房屋和其他建筑物，包括关系运输安全的桥梁。一些地方在建的房子坍了，桥梁断了，类似问题频频曝光。还有百年老店同仁堂，个别药品也因重金属超标下架。

3. 哄抬物价

这几年的通货膨胀遍布全世界，特别是市场自由化程度最高的美国的通货膨胀已经成了金融危机后最大的问题之一，并且向全世界输出。就中国来说，通货膨胀固然有供求关系的某些影响，但总体上不是内需过旺造成的，其成因在于：一是外国自由市场的输入；二是市场盲目性造成投资过热推动；三是国内流通环节过度投机作祟。以价格涨落最明显的蔬菜来说，主要并非出于供应不足，而是中间商的囤积居奇、层层加价。他们的利润已经占到整个蔬菜利润的60%~70%，一头损害消费者，另一头损害生产者（农民）。还有通过过度包装提高商品价格。近几年曝光的一盒月饼卖几百元甚至上千元，真实产品不过占成本的60%左右，包装费用差不多占商品价格的30%~40%。这不仅坑害了消费者，而且造成木材、纸张、金属、塑料等材料的严重浪费，大量的优质资源变成了垃圾。

4. 诈骗行为流行和升级

经济邪教（传销等）屡禁不止，诈骗行为五花八门，特别是利用网络、ATM 机进行金融诈骗，已成为国际、国内治安的难点。现在人们从事投资活动常会跳进陷阱，连银行都屡遭窃用。

5. 高利贷活动猖獗

现在的高利贷年息高达 30%~50%，又推动借贷经营者设法牟取高利，助推物价上涨，影响价格规律和机制。

6. 贫富差距拉大

市场并未因那只“无形之手”使分配公平起来，反而造成初次分配中劳动者工资过低，出现严重的不公。“市场管效率，政府管公平”一说，推卸了企业作为初次分配主体的责任。据国家统计局和全国工商联的调查，私人企业职工的平均工资相当于社会平均工资的一半多一点，现在出现了所谓劳动力供给“拐点”（实际并非如此），主要还是基于沿海一些商家给的工资过低，还经常拖欠（私企占 50%左右），劳动条件差，造成职业病多发等原因，很多农民工不愿再出去打工。政府在再分配方面也有不到位的方面，如公共产品短缺、教育医疗投入不够、社会保障制度不健全不完善等。

7. 环境污染、生态破坏

我国的环境污染大量地来自于化工、造纸、制革及其他高污染企业，所谓污染企业与环保部门的猫鼠游戏，主要是市场无序造成的。这个问题已成生态灾难，沿海私企集中的地方尤为突出。私商的代表人物提出对小型、微型企业“先活后转”，即先发展后转型，实际上不让淘汰落后企业，保护违法的企业发展，阻止转变经济发展方式，必然妨碍治理环境污染。

8. 生产安全事故

以煤矿为例，私人煤矿发生的事故占全部事故的 80%，无为、无序开采，缺乏安全设施。很多私企没有职工的安全保障。这个问题已经成为私营企业发展中的重大弊端。

9. 腐败滋生

造成腐败的因素很多。在一些地方形成了私商、贪官和黑恶势力互相勾结的“黑三角”，他们垄断市场、欺行霸市。再从国外看，就连市场化程度很高的日本，2011年的福岛核泄漏事件已经暴露出私商东电同政府官员和一些无良知的学者互相勾结、隐瞒信息或制造假信息，致使核泄漏危害愈加严重。

那么，为什么市场活动中会出现上述诸多严重的问题？其深层次原因又是什么？

第一，“理性经济人”的逐利本性使一些经营者铤而走险。经营者一味追求利润最大化，设法钻法律的空子，采取一切手段降低成本，以致不顾消费者利益完全丢弃了应有的社会责任和诚信原则。在市场经济条件下，存在着产生商品拜物教、货币拜物教等意识的经济基础。事实证明，经营主体逐利的内在冲动好像脱轨的高速列车，如不严管约束，它会脱离正道疯狂疾驰，其社会后果可想而知。对于此类行为，马克思当年所揭露的可谓淋漓尽致：“如果有10%的利润，它就保证到处被使用；有20%的利润，它就活跃起来；有50%的利润，它就铤而走险；为了100%的利润，它就敢践踏一切人间法律；有300%的利润，它就敢犯任何罪行，甚至冒绞刑的危险。”[①] 2013年3月19日《郑州晚报》以《京港澳高速修车铺为让车爆胎，沿途47公里撒铁钉》为题报道，3月14日，在鹤壁服务区修车的杨某为了多修车、多赚钱，沿京港澳高速公路抛撒特制铁蒺藜达47公里，造成10多辆车的轮胎被扎破。这不正是新版的惟利是图的典型事件吗！

第二，不公平竞争导致的垄断。市场经济条件下，政府对市场竞争如果不加以管理和规导，就很容易出现过度竞争，进而出现垄断。竞争和垄断是一对矛盾，竞争自身又有正常竞争与恶性竞争，这又是一对矛盾。这两对互相交错的矛盾，经常此消彼长，妨碍市场正常运行且损害消费者和国家的利益，影响利润的平均化和资源配置的效率。这就需要建立起维护自由竞争的秩序。然而，没有绝对的自由竞争，所谓充分竞争也并不多见。有竞争就会有超越正当范围的恶性竞争和破坏竞争秩序的行为（包括以牟取暴利为目的的恶性投机活动）。

第三，过度的金融投机加剧了市场的混乱。金融是现代市场的核心，一旦失控，投机性就会极度疯狂。例如，现在民间的高利贷盛行，造成市场秩序混乱，影响社会安定。再如，房地产投机商抬高物价，大发横财，也是破坏市场秩序的重要因素。加上国际金融的影响，包括热钱的大量流入，使得金融市场相当混乱，进而影响了其他市场。美国金融危机本质上是一种高端型市场秩序混乱，而它们又影响到各个国家，乃至输入市场的紊乱因素，使投机活动猖獗起来。

第四，政府管理中的缺失。在市场活动中由于政府管理不善，产生了小到欺行霸市，大到用暴力等非法手段垄断某一种行业，乃至结成贩毒、诈骗团伙。现在的黑恶势力已经出现了集团化、科技化、跨国化的倾向，它对于正常的市场秩序和社会秩序

---

① 马克思. 资本论（第1卷）[M]. 北京：人民出版社，2004：871.

构成了严重的威胁，乃至扩散到市场经济的机体中。有的地方政府管理不善，除了缺乏经验之外，很重要的是利益关系，有的睁一只眼闭一只眼纵容违法者，有的明目张胆地支持市场秩序的破坏者，有的互相勾结成了黑恶势力和不法商人的保护伞，乃至形成不法商人、黑恶势力、腐败官员的“铁三角”。

第五，公民个体职业操守差，道德素质低。市场经济中活动的主体，无非是政府、企业和公民，但无论是政府公务员、企业从业者还是公民个人，其活动都要归属到每一个体去实施。公民个人法制观念淡漠、道德意识缺失、惟利是图、良心底线屡屡突破（“不讲良心”），正是当今市场秩序混乱的主因。

事实一再说明，缺乏市场秩序，市场就不会“活”，而会“乱”，甚至乱成灾难。“不以规矩，不能成方圆”。我们必须深入认识市场秩序与市场活力、经济发展、社会稳定之间的关系，强调维护市场秩序各有其责，人人有责，形成维护市场秩序的责任共担机制。

三、构建维护市场秩序的道德责任共担机制

对于当前我国市场秩序混乱的原因学界有不同的观点。有的学者认为，市场是无为而治，市场失序是政府管得太多，“管得最少的政府是最好的政府”，这是崇尚市场原教旨主义的观点；有的学者认为，其原因是政府管理缺位、越位、不到位造成的。这是两种颇具代表性的观点各有己见。我认为，当前我国市场秩序中存在的严峻问题，既是经济问题，又是道德问题。经济活动的主体主要包括政府、企业、公民个人，作为监管方的政府承担管理方面的道德责任，企业承担生产经营的道德责任，公民个人承担恪守法律、遵守道德规范的责任。厘清各方主体的道德责任，建构道德责任共担机制，有利于转型中的中国维护市场秩序，建设社会主义市场经济的伦理文化。

政府承担矫正市场缺陷、弥补市场失灵的道德责任。市场这只“无形的手”有其自身运行的客观规律，如竞争规律、价值规律等，是迄今为止人类发现的配置资源的最不坏的手段，市场又是激励主体追求利益最大化内在冲动的一种机制。但市场有缺陷、有失灵的一面。如食品药品安全、公共产品短缺、环境污染、企业行为外部化、恶性竞争、哄抬物价、分配不公等，都是市场管不了也不管的问题与领域。西方著名的政治家施密特就曾经说过：“市场，无论国内市场还是国际市场，是一种合理的机制，应当予以肯定。然而，市场不是主管道德的机构，它不会致力于社会公正、克服失业，或者确立金融理性或财政理性。因此，市场经济需要一种由社会保障、税收和预算政策、金融和货币政策所构成的框架，需要一种竞争秩序，还需要种种安全条例，

用于保护乘客、储户或环境，等等。”[①] 市场缺陷与市场失灵的问题，恰恰就是政府这只“有形的手”的监管责任。德裔美籍学者忧那思（Hans Jonas）1979年在《责任之原则——工业技术文明之伦理的一种尝试》一书中正式提出了责任伦理思想。从本质上讲，道德行为是一种以自由意志为前提，由选择机制和能力共同决定的责任行为。而且，责任伦理是关于行为全过程包括事前、事中、事后，或者行为的决策、执行、后果的伦理，它是整体性的伦理，也是宏观性的伦理。与传统的责任伦理重在事后考量与评估责任相比，他的责任伦理思想更加重视对行为的全过程管理，更加关注对未来的前瞻性的事件作出伦理判断，通过风险评价，作出决策。因而这种责任伦理理论是一种主动的、带有防范性的积极的伦理观。针对我国目前的市场秩序，政府制度的出台，首先应该做到事前科学预测、事中严格监管与评估、事后多方考量与评判（除了经济的效应外，还要考察经济活动的社会的影响与道德的、文化的效应）。政府加强对市场的管理，重在落实以法治市。运用法律法规，在各个环节各个领域通盘考虑，不能当“救火队”，更不能当“睁眼瞎”。对于企业排污，媒体和公众不断质疑，环保、安监等部门在例行检查中难道没看出猫腻？民众频频举报，媒体屡屡曝光，监管者为何没去看看？是否当了睁眼瞎？还有在土地征管中，一些地方政府与商人结合，暴力拆迁，政府部门执法违法。前不久，全国出现三起拆迁伤害人命事件引起公众的强烈不满，是又一例证。

当前，一要严格限定市场主体的进入资格（这与强调机会公平不矛盾），坚决杜绝无责任能力、只能负赢不能负亏的主体进入流通；二要建立公开、公平和公正的市场交易秩序，严格界定流通主体的行为，规定哪些行为合法、哪些不合法。要采取措施防止市场垄断和不正当竞争，消除地区封锁和部门分割，建立统一、开放、竞争、有序的市场。市场交易活动要遵循自愿、等价、互利等原则，严禁欺行霸市、强买强卖行为，对假冒伪劣、偷税漏税等行为要严厉打击，净化市场环境，保证市场经济的健康发展。政府公务员必须要有敬畏法律的意识，做到依法办事，公平执法。因为政府作为宏观经济调控的主体，它的基本职能是在遵循市场规律前提下，承担弥补市场缺陷、市场失灵的责任，维护市场秩序和社会公平。当然，政府也不是万能的，与市场失灵、市场缺陷相应的“政府失灵”、“政府缺陷”也同样存在。这些说明，一个好的政府要担当责任，其前提是防止政府失灵和政府缺陷，否则不仅难以担当纠正市场失灵、市场缺陷的重任，而且还会加剧市场混乱，成为经济发展的“祸害”（马克思语，笔者注）。

企业承担生产、商品质量安全的责任。企业是市场的主体，是生产、销售的源头，从这种意义上讲，在生产保障、产品质量、环境污染、生态安全等方面，企业应该成为首要的责任主体。市场经济的发展已有200多年，关于企业责任的理论也呈现出不同的理论形态。20世纪70年代形成的古典企业社会责任观认为，企业是经济实体，其

① ［德］赫尔穆特·施密特. 全球化与道德重建［M］. 北京：社会科学文献出版社，2001：153.

功能是纯经济性的，“股东们只关心一件事：财务收益率”。经济价值成为衡量企业成功的唯一尺度。“企业的一项也是唯一的社会责任是在比赛规则范围内增加利润。”[①] 社会经济责任观则认为，利润最大化是企业的第二目标，企业的第一目标是保证自己的生存。企业具有法人地位同时也意味着它具有道德人格，“为了实现这一点，他们必须承担社会义务以及由此产生的社会成本。他们必须以不污染、不歧视、不从事欺骗性的广告宣传等方式来保护社会福利，他们必须融入自己所在的社区及资助慈善组织，从而在改善社会中扮演积极的角色。”[②] 与古典社会责任观不同，社会经济责任观认为，企业除了经济责任外，还应承担环境责任、对消费者的义务等社会责任。20 世纪 90 年代以来，人们对跨国企业的社会责任日益关注，在劳工和人权组织等非政府组织和消费者的积极推动下，知名品牌公司纷纷制定自己的生产守则，后演进为生产守则运动，由跨国公司“自我约束”（Self-regulation）的“内部生产守则”逐步转变为“社会约束”（Social Regulation）的“外部生产守则”。企业行动规范运动的直接目的是促使企业履行自己的社会责任。前国际商业、经济伦理协会主席恩德勒指出：“作为一个道德行为者的企业，具有经济的、社会的和环境的责任。”[③] 现代企业社会责任观的观点突破了追求利润最大化的古典责任观，它把企业作为一个伦理实体，具有道德人格，企业在创造利润、对股东利益负责的同时，还要对利益相关者，对全社会承担责任。要求企业遵守商业道德、生产安全、保护劳动者权益、节约资源、保护环境、热爱慈善事业等。这是目前人类对企业承担社会责任的普遍观点。应该说，我国的企业对社会责任的认识，大体也经历了上述过程，这也是伴随着中国改革开放的进程不断深化的过程。一些企业深刻认识到，企业的真正属性是社会性，这正是企业与社会的本质联系。有了消费者，就有了市场；失去消费者，就失去了市场。还有不少企业热心于公众事业和救灾扶贫事业，为公众办了不少好事、实事，在人们的心目中树立了良好的道德形象。但毋庸讳言，企业在履行社会责任（包括道德责任）上，其发展是十分不均衡的。更有甚者，一些企业无视法律法规，失去企业“良心”，为了自身的利润最大化，员工不能获得与劳动付出相应的报酬，危险行业缺乏对员工的有效保护，生产过程污染水源、空气、农产品等问题很是普遍，这不仅损害当代人，而且影响到我们的子孙后代。实践证明，对于此类行为完全依靠政府监管到位也是不切实际的。因此，亟须法律治理，亟须企业加强责任教育和道德自律。存在决定意识。企业作为微观经济活动主体，构成现实的经济生活，是直接影响人们道德观念和文化的基础因素。这是企业行为产生的客观社会影响。鉴于此，在构建市场秩序中，企业这一主体承担着不可替代的责任。

公民个人承担恪守法律、遵守道德规范的责任。发达国家发展市场经济的实践证

① [美] 米尔顿·弗里德曼. 商业的社会责任是增加利润 [N]. 纽约时报，1970-09-30.

② [美] 斯蒂芬·P. 罗宾斯. 管理学（第四版）[M]. 黄卫伟等译. 北京：中国人民大学出版社，1997：96.

③ [美] 乔治·恩德勒. 面向行动的经济伦理学 [M]. 上海：上海社会科学院出版社，2002：223.

明，市场经济是法制经济，也是道德经济。缺乏法律的严格规制和道德自律的境界，公民社会就不会和谐，市场秩序也不可能形成。中共十八大报告提出，全面提高公民道德素质。这是社会主义道德建设的基本任务。要坚持依法治国和以德治国相结合，加强社会公德、职业道德、家庭美德、个人品德教育，弘扬中华传统美德，弘扬时代新风。推进公民道德建设工程，弘扬真善美，贬斥假恶丑，引导人们自觉履行法定义务、社会责任、家庭责任，营造劳动光荣、创造伟大的社会氛围，培育知荣辱、讲正气、作奉献、促和谐的良好风尚。深入开展道德领域突出问题专项教育和治理活动，加强政务诚信、商务诚信、社会诚信和司法公信建设。我认为，当前我国市场秩序混乱也是一个道德领域的突出问题，是推进公民道德建设工程的重要任务之一。这里，提倡社会公德、职业道德、家庭美德当然非常重要，它诉诸于组织，包括家庭这一社会细胞，但最终实现行动的环节还是个体。《新京报》报道一则消息，2013 年 2 月，在公安部统一协调下，江苏无锡公安机关出动 200 余名警力，在无锡、上海两地统一行动，打掉一特大制售假羊肉犯罪团伙，抓获犯罪嫌疑人 63 名，捣毁黑窝点 50 余处，现场查扣制假原料、成品半成品 10 余吨。经查，2009 年以来，犯罪嫌疑人卫某从山东购入狐狸、水貂、老鼠等未经检验检疫的动物肉制品，添加明胶、胭脂红、硝盐等冒充羊肉销售至苏、沪等地农贸市场，案值 1000 余万元。消息中还谈道，陕西凤翔郝某等制售有毒有害食品致人死亡案。[①] 还有，记者在山东潍坊地区采访时发现，有人置国家法律与人民健康于不顾，明目张胆滥用剧毒农药。这些姜他们卖给消费者，另种没有使用该剧毒农药的姜自己吃。[②] 甚至卖烧饼的为了多赚钱，加有毒物致人伤命。这是追求利益最大化所致，也是市场经济的内在本性之一（这是市场经济的负面影响，发展社会主义市场经济就要特别关注这种负面影响对道德、对文化带来的新问题），与公民缺乏法律知识有关，与人们的从众心理有关。因此，市场秩序的有效维护，最终还要落实到公民个人，而提高公民的法律意识和道德素质首先靠法治，之后才是道德。邓小平同志曾多次强调“一手抓建设，一手抓法制”。公民恪守法律，通过社会规约他不能越出底线道德；公民遵守道德规范，形成道德良心，达致道德自律，才真正是自我选择、自我管理、自我评价的道德主体。社会的法与自己“内在的法”（指道德——黑格尔语）有机结合，公民才会成为承担责任的主体、对社会具有积极价值的道德人。两种道德理论：规范论提出做人的标准与应该怎样做，德性论关注行为者自身，从内在的品格与外在的情境考虑如何做一个有德之人。这些理论有着深刻的启示，需要在公民的道德实践活动中创造性地运用与创新。依法治市与以德治市相结合，培育有良知的公民，应是根治市场秩序混乱的良药。

① 公安部. 大量老鼠肉冒充羊肉流入江苏上海［N］. 新京报，2013-05-03.

② 新华网. 山东种植毒姜　姜农称自己都不吃［EB/OL］. 2013-05-06.

由政府、企业、公民个人构建的道德责任共担机制，各负其责，人人有责，相互支持，形成合力，对于建构社会主义市场秩序非常必要。在三方责任主体中，基于政府的地位与职能要求，基于社会主义市场经济是政府主导的市场经济，因此，我们强调政府应率先履行好自己的责任，这对于引导企业与公民个人承担责任意义重大。

（本文原载《中州学刊》2013 年第 7 期）

市场经济是信用经济

江泽民同志曾在中央经济工作会议上提出：要在全社会强化信用意识，加强诚实守信的道德教育。依法严厉制裁制假售假、偷税骗税、经济欺诈、恶意逃废债务等行为，创造良好的社会秩序。毋庸讳言，这是当前我国建立和完善社会主义市场经济体制进程中的一个重大而又迫切的问题。为解决这一问题，我们必须从规律性上、从经济伦理和法制的建设上，认识信用在社会主义市场经济运行中的地位、作用及其健康发展的途径。

一、信用是市场关系的基本准则

商品交换是以社会分工为基础的劳动产品交换，其基本原则为等价交换，交换双方都以信用作为守约条件，构成互相信任的经济关系。假如有一方不守信用，等价交换关系就会遭到破坏。随着交换关系的复杂化，日益扩展的市场关系便逐步构建起彼此相联、互为制约的信用关系链条，维系着错综繁杂的市场交换关系和正常有序的市场秩序。可见，从最初的交换到扩大了的市场关系，都是以信用为基本准则的。没有信用，就没有秩序；没有信用，就没有交换，没有市场，经济活动就难以健康发展。

历史和现实还进一步表明，市场经济越发达就越要求诚实守信，这是现代文明的重要基础和标志。大家知道，金融是发达的市场经济的核心，而金融正是建立在信用的基础上的。它起初是由日渐发达的市场关系派生出的借贷关系，而借贷则必须以双方恪守信用为前提，失去信用，也就毁坏了金融的道义基础，从而也就葬送了它自身。正是因为这样，人们把金融称为信用制度。再如当代电子商务、电子货币、电子结算等，更需要信用，没有信用便会造成恶性的欺诈，谁也不敢相信了，那它本身即会陷入衰亡。就连投机性很强的期货交易也同样强调信用，要求诚实履行契约，最后货真价实地实现交割。基于上述分析，可以说市场经济必然是信用经济，市场经济越发达越要强化信用伦理。这是市场经济的一个本质规定。

进而言之，信誉又是一般信用的升华。诚实守信能够在市场中享有崇高的声誉，这种声誉会形成无形资产，是现代市场经济运行中一种重要的新的资本形态，它蕴含着丰富的文化内涵，标志着企业和产品的崇高品位。所谓名牌效应，也就是信用精神在企业和产品中的凝结，名牌产品不但其使用价值（质量、花色、款式、性能等）可靠，而且成为一种文化品位的标识。名牌产品的生产经营往往长盛不衰、获利丰厚。从一般意义上说，信誉是人类道德文明的果实，是市场经济必备的道德理念；从特殊意义上说，信誉又是一个企业、一个地方乃至一个国家的精神财富和价值资源，甚至能够成为一种特殊的资本。因此，要发展社会主义市场经济，就必须在广泛倡导信用精神的基础上培植和维护信誉，这样才能以良好的形象在激烈的国内外市场竞争中立于不败之地。

我国正在建设的是社会主义市场经济，在其运作中，既要遵守发达市场经济的一般准则，又要体现社会主义的本质要求，因而应当更加注重信用、信誉，更加关心消费者的利益。如果不守信用，不讲信誉，践踏道德，那就彻底背离了社会主义市场经济的要旨。

二、信用与反信用的矛盾和制衡机制

事物总是在矛盾中前进的。从有交换关系之日起，就一直存在遵守信用和破坏信用的矛盾斗争。在大多数商品生产者和经营者遵守信用准则的同时，总有少数利欲熏心的人，在市场上从事种种欺诈勾当，谋取不义之财，而且其手段越来越巧妙，甚至利用高科技造假行骗。尤其在市场经济发展初期，破坏信用的行为更为突出。然而，正常的市场秩序恰恰是在信用和反信用的斗争中逐步完善起来的。欧美国家经过了100多年的时间，付出了巨大代价，市场秩序才逐渐趋于完善。

今天，我国正处于从计划经济体制向社会主义市场经济体制转型的过程中。广大农村有的地方还没有真正完成由半自给经济向市场经济的转变；一些人的小商品生产意识还相当强，不懂得信用准则对自己正常经营和健康发展的重要性。他们只顾眼前，不计未来，只图私利，不顾社会，抱着欺诈取利的侥幸心理，不惜破坏市场秩序，非法追逐暴利。一时间假冒伪劣产品泛滥，严重地损害了消费者的利益。事实上，有的地方靠假货虽曾发财于一时，但最终只会使当地经济受损。事实反复证明，那些见利忘义、破坏信用的不法分子，最终必定搬起石头砸自己的脚，连同其保护者也逃脱不了应有的惩罚。

在市场经济逐步发育成熟的历史进程中，信用必然逐步削弱、克服反信用的破坏干扰，不断开辟正常运行的道路，最终确立自己在市场经济中的主导地位。从深层分析，这是由于价值规律、供求规律、竞争规律在市场经济的发展中会形成一种合力，形成一种客观上的市场制衡机制，促成优胜劣汰。它首先表现为广大消费者的识别力和选购力的不断提高。一人受害，万人为戒，消费者最有效的抵制办法就是拒购，并且形成一种舆论，使假冒伪劣、欺诈行为变成过街老鼠，人人喊打。再者，恪守信用的生产者和经营者为维护自身的利益必然联合起来，为进行正当竞争而严厉反击信用的破坏者，使其无立足之地。恩格斯说得好："现代政治经济学的规律之一（虽然通行的教科书里没有明确提出）就是：资本主义生产越发展，它就越不能采用作为它早期阶段的特征的那些小的哄骗和欺诈手段……这些狡猾手腕在大市场上已经不合算了，那里时间就是金钱，那里商业道德必然发展到一定的水平，其所以如此，并不是出于伦理的狂热，而纯粹是为了不白费时间和辛劳。"当然，全靠"无形的手"是不够的，还需要上层建筑采取必要的措施，加快这一进程，那就是法律的治理和道德的规范。这种制约机制是信用赖以生存的根基和条件，也是市场经济日臻完善的动力所在。

三、强化信用意识，为信用制度开辟途径

实践证明，发展社会主义市场经济，必须规范市场，建立正常有序的市场秩序。为此，我们必须进行综合治理，为信用经济开辟途径。

首先，把强化信用意识作为社会主义市场经济伦理建设的重要内容。要使人们明白市场经济乃是信用经济的原理，弄清信用伦理对完善市场经济的重大作用，懂得没有信用就没有秩序，市场经济就不能健康发展的道理。各级领导干部应当澄清对社会主义市场经济运行的一些模糊观念——似乎守信用不过是市场经济外生的东西，只要能赚钱什么手段都能"发展生产力"。这是一种典型的短视的小生产者意识。这种意识实际上只能是市场经济和社会生产力发展的破坏因素。为了利润，必须首先信守道德，这是国内外市场经济发展所昭示的一条真理。因此，要自觉认识和遵循市场信用的制衡规律，把信用道德作为社会主义市场经济的内生要素和力量，并运用它来规范市场经济秩序。

其次，加强制度建设，把信用意识变为一种法制的力量。信用作为市场经济的基本准则，除了需要以教育手段普遍确立这一理念，还需要用制度和法律的力量来保证。所以，市场经济既是信用经济，也必然是法制经济。最近中央经济工作会议明确要求，各类经济主体都要守法经营，规范契约关系，执法部门要切实加强管理，依法严厉打击制假售假、偷税漏税、经济欺诈、恶意逃废债务的行为，大力规范市场秩序。我们要善于运用法律的武器，同上述种种破坏信用的违法乃至犯罪的行为进行坚决的斗争，以维护社会主义市场经济的健康发展。应该看到，信用同反信用的斗争是长期的，必须常抓不懈。

最后，从我国的实际情况出发，还必须认真克服地方保护主义和各种腐败行为。现在，还有一些地方官员缺乏大局观念和社会主义统一市场的意识，把地方一时的利益看得高于国家、社会和全民的根本利益。他们为创造"政绩"，置法制于不顾，不惜牺牲国家利益，还美其名曰"发展生产力"。更有甚者，竟同不法之徒和恶势力进行权

钱交易，内外勾结，充当保护伞。这样下去，不仅破坏社会主义市场经济的正常秩序，还会使基层政权和党组织变质。因此，必须认真克服地方保护主义，并严厉惩治腐败行为；同时尽快深化财政体制和干部体制改革，为形成健康有序的社会主义市场秩序扫除障碍。

总之，信用制度的日臻完善、信用道德的真正确立、民主法制的不断健全，是我国社会主义市场经济健康发展的重要保证。我们要坚持不懈地为促进这种良性发展而努力。

（本文原载《人民日报》2001年1月18日，与杨承训合作）

社会信用体系的理论升华与制度创新

中共十六届三中全会《中共中央关于完善社会主义市场经济体制若干问题的决定》（简称《决定》）关于“形成以道德为支撑、产权为基础、法律为保障的社会信用制度”的论述，是对社会主义市场经济理论的创新，对于我们在认识上和实践中全面把握社会信用体系的各个要点及其整体关联性具有重要的意义。以产权为基础建立社会信用制度，将建立健全社会信用制度同建立现代产权制度联系起来，是对马克思主义关于经济基础与上层建筑交互作用原理的创造性运用，是对社会信用体系认识的深化。

中共十六届三中全会《决定》指出：“形成以道德为支撑、产权为基础、法律为保障的社会信用制度，是建设现代市场体系的必要条件，也是规范市场经济秩序的治本之策。”这一论述，体现了道德、产权、法律的有机统一，体现了上层建筑与经济基础的交互作用，体现了社会主义制度特性与市场经济共性的紧密融合，既借鉴了国外发达市场经济运作的成功经验，又充分考虑了我国完善社会主义市场经济体制的实际需要，是对社会主义市场经济理论的创新，对建立和完善社会主义市场经济的社会信用体系具有重大的理论和实践意义。

一、社会信用体系在社会主义市场经济体制中具有重要地位

社会信用体系的完善是社会主义市场经济的内在规定性之一。它既是现代市场经济体系得以建立的必要条件，也是规范市场经济秩序的根本保障。

“形成以道德为支撑、产权为基础、法律为保障的社会信用制度”，这个判断既来源于我们党对社会主义市场经济的认识，也来源于我国 30 多年来特别是近 10 年来的改革实践，同时也借鉴了发达国家的历史经验。完善的社会信用系统作为现代市场经济功能系统的重要组成部分，具有无可替代的规范市场主体行为的导向与约束功能，是市场经济正常运行、社会公平得以实现的必备条件。以共同富裕为目标的社会主义市场经济，更要突出社会信用在社会主义市场经济体制建设中的地位，以体现社会主义制度的优越性，充分发挥市场高效配置资源的优势。

从改革实践来看，我国在由计划经济体制向社会主义市场经济体制转轨的过程中

遇到的诸多矛盾，特别是市场秩序、金融风险等突出问题，无不与社会信用体系的不健全有密切的关系。其中许多现象与发达国家在市场经济初期所遇到的问题相类似，表明这些现象在市场经济发展中带有一定的必然性。基于完善市场经济秩序和健全市场体系的需要，欧美国家的社会信用体系从19世纪中期起形成雏形，并在20世纪的经济震荡中逐步发育和完善起来。我国正处在由计划经济体制向社会主义市场经济体制的转轨时期，因而建立健全社会信用体系的任务尤为紧迫和艰巨。

完善的社会信用体系是现代市场体系得以建立的必要条件。由于信息不对称和道德风险带有普遍性，交易的行业和类别越多样、交易的链条越延伸、交易的手段越便捷，就越需要信用系统的切实保障。这在虚拟资本市场表现得最为明显。人们之所以把金融业称为信用经济，就是因为没有信用的保障，一切借贷活动、证券交易、票据业务都无法顺利进行，资本市场当然就不可能建立和发展起来。在现代市场体系中，从商品市场到要素市场，从现货市场到期货市场，从实体市场到虚拟市场，从传统市场到电子商务，都需要将信用作为保障平台，以市场主体相互间遵守契约为市场正常运行的必要条件。

完善的社会信用体系是规范市场经济秩序的根本保障。信用是市场主体必备的一种共同理念，也是必须遵守的一项基本规则。从简单的商品交换到发达市场经济中的金融借贷、期货交易等，都必须以信守契约为成交的基础。市有信则立，市无信则废。市场秩序混乱源于“失信”二字，失信必贻害无穷。我国市场上一时出现的假货盛行、欺诈成灾、私改账目、偷税漏税、不正当竞争以及腐败行为等，都同信用缺失有关。规范的市场经济秩序必须以社会信用体系为根本保障。没有信用，就没有秩序，就不可能有市场经济的健康发展，这是一条客观规律。完善社会主义市场经济体制，必须学会自觉地运用这条规律，把建立健全社会信用体系作为一项重大的工程抓紧抓好。

二、形成道德、产权、法律有机结合的社会信用合力系统

中共十六届三中全会关于“形成以道德为支撑、产权为基础、法律为保障的社会信用制度”的论述，是对马克思主义关于经济基础与上层建筑交互作用原理的创造性运用，也是对社会主义市场经济理论的创新，对于指导我们科学地认识建立健全社会信用体系的各个要点及其整体关联性具有重要意义。

任何社会经济的运行都是多种因素合力作用的过程，上层建筑包括道德在经济运行中并非可有可无，而是经常发挥作用的重要因素。我们正在完善社会主义市场经济体制，在观念上特别是在道德观念上，必须反映新经济体制中的生产关系及其全部社会关系，其中很重要的是根本利益一致的关系、平等协作的关系。以诚信为主要内容的市场道德，应当成为人们经济行为的规范。所谓“以道德为支撑”，就是发挥社会主

义思想道德对经济生活的积极作用，即用社会主义道德价值理念引导、支配、规范各类市场主体的经济行为。应当强调，以为人民服务为核心、以集体主义为原则、以诚实守信为重点的社会主义道德建设，乃是社会主义市场经济有效运作的精神支撑。然而，社会主义道德意识不可能自发形成，需要坚持不懈地进行公民道德和经济伦理教育。只有通过长期的公民道德和经济伦理教育，使适应社会主义市场经济的道德要求变成人们内心的道德信念，才能充分发挥其自律的作用。从这个意义上说，把社会信用体系仅归结为纯粹的经济行为，忽视道德的力量，弱化德治，是片面的。

建立健全社会信用体系，必须把以德治市与依法治市有机结合起来。在大多数情况下，法律规范是道德的“底线”，是一个社会所能允许的最低行为标准。法律的强制功能是道德所无法比拟的。市场经济的核心是契约关系，它既要成为一种道德经济，又要成为一种法治经济。市场经济越发达，交易关系越复杂，就越需要法律的约束和监督。《决定》强调法律的保障作用，就是强调法律与道德规范相配合才能形成他律与自律的合力，把诚实守信变成一种强制性的行为规则。由于法律比道德更具体、更细化、更具有刚性特征，所以，还必须在健全立法、强化执法上下功夫。这同样是发挥上层建筑服务于经济基础的重要作用，即利用国家机器的强制力量为强化社会信用体系提供保障机制。

社会信用体系的核心是社会信用制度。把建立健全社会信用制度同建立现代产权制度联系起来，明确提出社会信用制度的链条以“产权为基础”，这是中共十六届三中全会《决定》的一个新亮点。对此，我们必须予以深刻领会、高度重视。

把建立健全社会信用制度同建立现代产权制度联系起来，表明诚信以生产关系的核心——现代产权关系为发生和运行的根基。道德作为社会意识形态，是经济关系的反映和要求，在社会主义市场经济中，它是公有制为主体、多种所有制经济共同发展的基本经济制度在意识形态上的表现之一，是市场主体之间交换关系所要求的行为规范。而产权则是所有制关系的核心，现代产权制度的基本规定就是“归属清晰、权责明确、保护严格、流转顺畅”。交换主体也正是产权主体，各类商品的交换实质上是产权的互相让渡。只有守信，方能形成以等价交换为基准的、真正意义上的交换关系及其延长的链条；只有产权归属清晰，才能在交换关系中明确各自的权责。

把建立健全社会信用制度同建立现代产权制度联系起来，表明信用法律的落脚点和对象是产权。法律作为上层建筑的组成部分，它所保护的乃是一种利益关系，核心是产权关系。在市场的广阔交换网络中，没有得到严格保护的产权界定，法律保护的对象就不明确，交换主体的权益及其义务便无法规范，其流转也不可能顺畅，特别是在虚拟的资本市场和现代电子商务中更是如此。完善产权制度，能够把经济关系与法律关系联结起来，维系和保护产权主体在日益频繁、越加广泛、形式多样的交易行为中的权益，使得诚信道德准则有了稳定而可靠的实现机制。

把建立健全社会信用制度同建立现代产权制度联系起来，表明在完善的市场经济中社会信用体系的主体是实实在在的经济主体，即排他性的产权主体。这就是说，不能把社会信用仅仅视为道德和法律的“软件”，最根本的它还是经济关系和经济运行的实体系统，本质上属于经济范畴。社会信用链条实质上是发达商品经济关系的链条，属于“硬件”。正如交通规则，其表现形式为公共道德和法规条文，但实际运行的则是各种物流、客流的主体，离开了这些主体，规则就失去了对象。我们由此可以进一步明确，社会信用体系必须牢牢地扎根在产权主体的根基上，真正成为一种经济关系。惟有如此，社会信用体系才能得以建立和完善，并发挥其应有的经济功能和道德功能。

把建立健全社会信用制度同建立现代产权制度联系起来，表明社会信用体系不仅需要道德、法律来维系运行中的产权关系，而且还需要产权清晰的一定实体专门从事实际信用服务业务，并形成特殊的市场关系形式，即信用市场。这又是一种实实在在的经济活动。

（本文原载《人民日报》2004 年 2 月 23 日，与杨承训合作）

以诚信为核心建立社会主义市场经济道德规范体系

关于切实加强思想道德建设，中共十六大报告中提出："依法治国与以德治国相辅相成。要建立与社会主义市场经济相适应、与社会主义法律体系相协调、与中华民族传统美德相承接的社会主义思想道德体系……以为人民服务为核心、集体主义为原则、诚实守信为重点，加强社会公德、职业道德和家庭美德教育。"本文根据这一重要指导思想和原则，仅就社会主义市场经济道德规范体系建立这一新的重大理论课题，作一探索，以适应社会主义市场经济健康发展和全面建设小康社会的迫切需要。

一、诚信是市场关系的灵魂

一定的经济体制需要建立什么样的道德规范，不是取决于人们的主观意愿，而是取决于经济运动的客观要求。正如恩格斯所说：人们是"从他们进行生产和交换的经济关系中，获得自己的伦理观念"的。道德"归根到底都是当时的经济状况的产物"①。市场经济是发达的交换关系的总和，它要求人们以诚实守信的伦理来规范相互的商品交换关系。我国实行社会主义市场经济的实践证明，凡有恪守信用的秩序，市场运行便可稳健、繁荣；凡是欺诈行为盛行、假冒伪劣产品充斥，市场就混乱，最后给经济带来重大损失，甚至酿成大祸。客观规律是不可违反的，经济伦理恰恰是客观见之于主观的理念形式。对此，我们可从以下几个方面加深认识。

首先，厘清商品交换与诚信伦理的联系。商品交换是以社会分工为基础的劳动产品交换，其基本原则为等价交换，交换双方都以信用作为守约条件，构成相互信任的经济关系。假如有一方不守信用，等价交换关系就会遭到破坏，而不等价的交换是不可能维持下去的。随着交换关系的复杂化，日益扩展的市场关系便逐步构建起彼此相联、互为制约的信用关系链条，维系着错综复杂的市场交换关系和正常的市场秩序。可见，从最初的交换到扩大了的市场关系，都是以诚信为基本原则的。没有诚信伦理，就没有平等的交换，没有市场秩序，经济活动就难以健康发展。

---

① 马克思恩格斯选集（第 3 卷）[M]. 北京：人民出版社，1995：435，434.

其次，厘清金融活动与诚信伦理的关系。金融是发达市场经济的核心，而金融正是建立在信用基础上的。它的初始是由日渐发达的市场关系派生出的借贷关系，而借贷则必须以双方恪守诚信为前提，失去信用，也就毁坏了金融的道义基础，从而也就葬送了它自身。正是因为这样，人们把金融称为信用制度，或者信用经济，一般简称为“信用”。这就是说，诚信的观念已经融入经济关系之中，或者说，成为经济关系中的一个因素。进而可以理解为：信用已成为借贷活动的总称。其很朴素的观念就是“有借有还，再借不难”。在商品生产和货币流通条件下，以商品赊销或货币借贷的形式所体现的一种经济关系，是以偿还为条件的价值的特殊运动形式。借贷资本运动形式是信用的基本形式。信用主要有：①以延期付款和预收货款的方式买卖商品的商业信用；②银行将集中起来的闲散货币资本和社会游资，贷放给工商业的银行信用；③公司、商店及银行对个人消费者提供的分期付款售货及消费贷款的消费信用。金融出现的危机，一般称为信用危机，可见，诚信是金融的灵魂。当代的电子商务、电子货币、电子结算等，更需要诚信，没有诚信便会造成恶性欺诈，谁也不敢相信了，那它本身即会陷入衰亡。就连投机性很强的期货交易，也同样强调诚信，要求诚实履行契约，最后货真价实地实现交割。基于上述分析，可以说市场经济必然是信用经济，市场经济越发达越要强化诚信伦理。这是市场经济的一个本质规定。

再次，厘清现代无形资产与诚信伦理的关系。在发达的市场经济与现代科学技术紧密结合的时代，无形资产越来越重要，甚至在知识经济时代能够起决定作用。而一个国家、一个地区、一个企业的信誉，就是它特别重要的无形资产。诚实守信能够在市场中享有崇高的声誉，这种无形资产已成为现代市场经济运行中一种重要的新的资本形态——文化资本，它蕴含着丰富的文化内涵，标志着企业和产品的崇高品位。这正是一般信誉升华的结晶。人们常讲的名牌效应，也就是诚信伦理理念在企业和产品中的凝结，名牌产品不但其使用价值（质量、花色、款式、性能等）可靠，而且成为一种文化品位的标识。从一般意义上说，信誉是人类道德文明的果实，是市场经济必备的道德理念；从特殊意义上说，信誉又是一个企业、一个地方乃至一个国家的精神财富和价值资源。在发达市场经济中，已有专门的机构对经济行为的诚信程度进行监督、评估，确定资信等级，它往往对一个市场主体的命运起着决定作用。

又次，厘清经济效益与诚信伦理的关系。有些人以为，市场经济就是赚钱，为赚钱而不择手段，破坏信用，自以为得计，有的也确实获得了暴利。但是，这些不义行为有可能在市场秩序尚不完善的情况下会取得一时的小利，不可能在这种土壤中生长出长盛型的企业，更不可能长期发大财。就多数而言，不守信者最终是搬起石头砸自己的脚，牌子倒了，客户走了，以致倾家荡产。郑百文的虚报盈利，导致企业崩溃，就是鲜明一例。古语曰：君子爱财，取之有道。只有讲诚信，方可吸引四方来客，获取长远之利。温州就走过这种否定之否定的曲折道路：由于不讲诚信，成了假货的代称，经营滑到了谷底；温州人痛定思痛，决心打假治假，打造诚信温州，然后获得复兴。综观国内外长盛型的好企业，无不以诚信为本，海尔、许继、双汇等都是如此。

铁一般的事实告诉我们：在市场经济下，真正的效益来自诚信生产和经营，忠实地遵守市场道德。这是一条定律。

最后，厘清社会主义市场经济与诚信的关系。我国正在建设的是社会主义市场经济，在其运作中，既要遵守发达市场经济的一般准则，又要体现社会主义的本质要求，它比一般市场经济制度应当更加注重信用制度建设，更加关心消费者的利益。如果不守诚信，不讲信誉，践踏道德，那就彻底背离了社会主义市场经济的要旨。这就要求我们在“三个代表”重要思想的指引下，全面认识社会主义市场经济，用先进文化和道德来引导和规范社会主义市场经济的健康发展，更加突出地强调诚信伦理建设。

综合以上五点，可揭示诚信伦理同社会主义市场经济的内在联系：诚信是市场经济客观的、必然的、内生的要求，社会主义市场经济更加需要突出诚信伦理。没有诚信，市场经济就失去了灵魂，无论从宏观上还是从微观上都不可能健康地运行和发展。

二、市场经济与伦理关系的理论辨析

对于中国这样一个曾长期经济落后的国家来说，尤其是30多年的计划经济体制的影响，人们对于市场经济是陌生的，而社会主义市场经济更是前无古人的新事物。对于它的伦理及其规范存有许多认识上的偏误，是毫不奇怪的，特别是一些理论误区，更妨碍确立诚信的道德理念。正如毛泽东所说：“感觉到了的东西，我们不能立刻理解它，只有理解的东西才更深刻地感觉它。”[①] 为了全面理解和认识诚信伦理，应当扫除一些理论上的误区。

“商品拜物教是市场经济的基本观念。”这种观点认为，崇拜金钱是主要的市场意识。诚然，在市场经济中必然产生商品拜物教，这是肯定的，忽视了这一点就忘记了市场经济下伦理意识上的一个重要特点，在伦理建设中将会出现重大失误。但是，同任何事物一样，市场经济也具有二重性，它既能产生商品拜物教意识，又要求建立起越来越起主导作用的诚信伦理，两者在对立统一中运行，充满着诚信与反诚信的斗争。从市场经济发展完善的过程来看，道德意识是矛盾的主要方面，由此形成矛盾制衡机制。正如恩格斯晚年所指出的：“现代政治经济学的规律之一（虽然通行的教科书里没有明确提出）就是：资本主义生产越发展，它就越不能采用作为它早期阶段的特征的那些小的哄骗和欺诈手段……这些狡猾手腕在大市场上已经不合算了，那里时间就是金钱，那里商业道德必然发展到一定的水平，其所以如此，并不是出于伦理的狂热，而纯粹是为了不白费时间和辛劳。”[②] 恩格斯之所以特别强调这种“商业道德的发展”是

① 毛泽东选集（第1卷）[M]．北京：人民出版社，1991：286.

② 马克思恩格斯选集（第3卷）[M]．北京：人民出版社，1995：419.

“现代政治经济学的规律之一”，并说“通行的教科书里没有明确提出”，乃在于这是他和马克思及其他经济学家之后的新发现，这个“规律”长期被人所忽视了。后来，列宁在论述“文明经商”时，特别提出：不能“按亚洲方式做买卖”，要按“欧洲方式做买卖”。可以理解为列宁从过程上解读了这一规律，即亚洲方式是市场经济不发达的阶段，不文明的伦理和行为盛行；而“欧洲方式”已成为发达市场经济伦理的一个标志。作为社会主义市场经济的伦理学，既要认识以商品拜物教为主要内容的负面效应，又要把握以诚信为主导的积极的道德意识，以后者来抑制和克服前者的消极影响。这就是江泽民同志所说的：我们搞社会主义市场经济，当然要讲效益、讲盈利，重视个人利益，但要防止拜金主义思想的增长。建立以诚信为核心的道德规范，克服拜金主义的消极影响，乃是研究社会主义市场经济的一个大课题。

“‘经济人’是西方经济学的主要范畴，说明市场经济意识主要是个人主义”。这是一个误区。从理论渊源上看，排斥道德在市场经济中的位置和作用，将经济与伦理两者完全对立和隔离的观点，主要来自于西方主流经济学学派对亚当·斯密“经济人假设”的误读。事实上，西方经济学在斯密时代，经济学与伦理学并不具有相互分离或独立的知识特性，两者均属道德哲学的范畴，在他看来，走向“致富之路”与走向“道德之路”是统一的。他在《国民财富的性质和原因的研究》一书中，提出经济人的“利己”是一经验事实，是人们活动的一个强烈的行为动机，但非人性本身。在《道德情操论》中，提出人具有利他的本性和美德。在斯密那里，利己与利他看似对立但又矛盾地统一在他的思想体系之中。他并没有拒绝道德，没有排除经济活动中的道德的考虑。以后到了穆勒，虽然经济学作为一门科学已从道德哲学中分离出来，但他并没有割裂经济学与伦理学的联系。特别应该肯定的是，他提出的一个十分可贵的方法论原则，对我们走出“经济人”假设的困境，具有很深刻的启迪意义。他说，政治经济学把人视为仅仅要取得财富和消费财富，除与此相关的“财富欲望”、“厌恶劳动”和“对当下纵乐欲求”以外，将人类的其他感情和动机全部抽取掉，并假设“人是一种由本性的需要所决定的存在，无论在什么情况下，人都是毫无例外地想得到更多的财富而不是更少的财富”。这就是我们通常讲的“经济人”的含义，在此有了更为明确的界定。但是，穆勒又谨慎地指出，这只是一种抽象，而非现实的人本身。在他看来，人性中有三种法则，即把人看成是单个人，好像除他之外不存在其他人的纯理性自利欲望法则的“经济人”；把人视为相互作用而形成的利他法则；利己与利他法则相互作用的社会人法则。经济学不讨论人性的全部，只以第一种人性法则为假设，从而把其他两种人性法则的内容抽掉了。这样做之所以必要，一方面因为它最接近于真实的市场参与者，另一方面因为它是科学分析得以进行的一种模式。当人们从理论研究转入实际的经济生活时，就要考虑被抽象掉的其他人性法则。他说：一个想制定命题来指导人类思想的人，虽然这么做可以完善他的科学思想，但他仍无法脱离实际知识，要去了解世界事物活动的实际的方式，了解各种个人的真实思想，了解他对自己所处的国家和时代的真实想法、情感、理智和道德倾向。可见，古典经济学家所讲的理性“经济人”假设，揭示的是经济生活中人的一个强烈的行为动机，而并非对现实经济活动中人的完整描述。在他们看来，经济生活和人的经济行为本来就离不开社会制度和道德的影响。但后来的西方主流经济学因受到“休谟命题”的影响，对本来存在密切关联的事实领域和价值领域之间，即“是—应该是”（也即真与善）之间来了个一刀切的区分，长期以来影响到主流经济学派——实证经济学的认识，认为经济学主要是研究经济发展过程的客观规律，而不是制定或实践道德规范，也不涉及伦理评价；同时，作为市场经济行为主体的人，是一种“纯经济动物”，因此，经济学家无须重视“道德关怀”，以免受“道德的纠缠”。规范经济学则批评主流经济学派对道德的“遗忘”，强调经济不可能离开道德原则和道德判断。1998 年诺贝尔经济学奖得主阿马蒂亚·森在《伦理学与经济学》一书中对经济学与伦理学的内在关联作了十分有益的探索，提出经济行为中人的动机不是单一的，这种动机是与伦理相关的，包括对社会成就的评价，也是与伦理相关的。如对经济学提出更高的要求，它就应超出极为狭隘的行为动机的描述，不回避伦理考虑。他还认为，在现代经济学的发展中，人们对亚当·斯密关于人类行为动机与市场复杂性的曲解以及他关于道德情操与行为伦理分析的忽视，恰好与在现代化经济学发展中所出现的经济学与伦理学之间的分离相吻合。实际上，道德哲学家和先驱经济学家们并没有提倡一种精神分裂式的生活，是现代经济学家把亚当·斯密关于人类行为的看法狭隘化了，从而铸就了当代经济理论上的一个主要缺陷，经济学的贫困化主要是由于经济学与伦理学的分离而造成的。

这一历史误解，被经济学家破译之后，人们对现代经济生活的认识发生了一个历史性的飞跃。这就是，道德本是现实的人不可丢弃的经济活动动机之一，人不是“纯经济的动物”，而是一个具有社会性的人。趋利是经济行为的重要动机，但不是惟一的动机，向善也同样是现实人的一种要求。德国著名经济伦理学家 P. 科斯洛夫斯基精辟地讲道：“在当代实证主义经济学理论中有这样的趋势，即把经济学和它的范例变成人的行动和社会的普遍而终结性的理论，甚至通过社会生物学而变成一切生物和理论，这些趋势固然表现出一种有趣的经济学理论帝国主义，但最终不过是经济主义的缩略而已。它们不能论证保护市场经济的条件，而是在危害市场经济。”① 他还讲道：“事实上经济不是‘脱离道德的’，经济不仅仅受经济规律的控制，而且也是由人来决定的，在人的意愿和选择里总是有一个由期望、标准、观点以及道德想像所组成的合唱在起作用。”② 英国著名的经济学家罗宾逊（Joan Robison）夫人精辟地讲：任何一种经济制度都需要一套规则，需要一套意识形态来为它们辩护，并且需要一种个人的良知促使他们去努力实现这些规则。

从发达市场经济国家接连不断爆发的财务丑闻中，人们提出这样的疑问：在市场机制已经比较完善、法律比较健全的美国，为什么会发生如此事件？美国总统从深层即美国文化，特别是道德、价值观方面探寻其原因，以期寻回美国公众和世界人民对

①② [德] P. 科斯洛夫斯基. 资本主义的伦理学 [M]. 北京：中国社会科学出版社，1996：1.3.

美国经济的认同。这都说明，现实的经济活动离不开人的道德支配，离不开道德的规范，市场经济越发达，越需要道德文明来保证。

“市场经济不但可以优化资源配置，还可以自动调节人们的行为。”这是一种盲目崇拜市场自发性的思潮。不错，“无形的手”是配置资源的基础，它会带来很大的生机和效率，但是市场配置是有缺陷的，它的盲目性也会造成很大的浪费。从世界经济发展的历史看，还没有一个国家搞过绝对自由化的市场，从一开始就总是配之以或大或小的“有形的手”调控。而且，人们认识到仅靠政府调控来弥补市场缺陷还不足，还需要有道德的引导和规范（厉以宁先生对道德在市场经济中的特殊作用作了深刻阐述，简称为“第三只手”）。市场经济的一切活动，归根到底都是人的活动。“人总是要有点精神的。”道德是人活动的精神支撑，没有道德的人去从事市场经营，势必把它的消极因素扩张开来，把市场搞乱，让众人遭殃，最终也会毁坏他自身。因此，发达文明的市场经济需要以诚信为核心的道德支持和保证，需要高素质的人创造高度的市场文明。同样，这种道德文明也不能靠市场的自发作用构建。对此，赫尔穆特·施密特讲道：“市场不是主管道德的机构”，其意蕴非常深刻。鉴于此，我们必须善于运用法律规则和道德规范，保护市场经济的积极作用，克服和抑制其消极影响，切实加强以诚信为核心的社会主义市场经济道德规范体系建设。

三、建立以诚信为核心的道德规范体系

市场经济是信用经济，还是规范化的经济。没有规范，就没有信用，就没有秩序，更没有发展。建立以诚信为核心的道德规范体系，是我国市场经济发展的必然反映和要求，是伦理对经济生活的积极响应和必须承担的历史使命。

由于经济生活的多层次性和过程性特征，经济伦理规范也是多方面的，其具体要求的内容也是不同的。但由市场经济的本性所决定，其中又有一个核心范畴，它的精神贯穿在、渗透在其他道德准则之中，这就是诚信道德规范。从社会再生产循环运动的生产、流通、分配、消费诸环节来看，它们都有明确的价值指向和伦理要求。如对于生产而言，诚信道德评价和规范的对象是，生产的目的是什么，用什么样的手段去生产。它要求生产者应该把质量视为企业的生命，为全面满足消费者的需求，精益求精，追求质量上的“零缺陷”等。诚信伦理在社会主义市场经济建立与完善中具有特殊的重要意义，这就要求我们认真探索、尽快建立一套以诚信为核心的经济伦理规范体系。经济伦理规范，概括研究的是人们在经济活动中，包括在生产、分配、交换和消费领域，各经济主体所必须遵循的行为准则。由于现代市场经济与以生产为中心的自然经济的社会再生产方式不同，它的主要特征是以交换（市场）为总枢纽，联结和支配再生产的各个环节，成为配置资源的基础。所以，我们在建立社会主义市场经济

道德规范时必须把市场道德规范放在第一位，来统领生产、分配、消费领域的道德规范。

1. 市场领域的道德规范的主要内容

（1）义利统一的社会主义经济道德观。中共十四届六中全会《关于社会主义精神文明建设若干问题的决议》和中共中央下发的《公民道德建设实施纲要》都明确提出："要形成把国家利益放在首位，又充分尊重和保障公民个人合法利益的社会主义义利观。"这是在市场经济活动中处理义利关系的基本原则，也是从事市场经济活动的人们所必须遵守的基本道德观和准则。

社会主义义利观中所讲的"义"，是指社会的公利或反映整体利益的公义；"利"是指国家、各社会团体、个人的物质利益。义利关系，就是道德和利益的关系，它除了传统意义上的物质生活与精神生活的关系外，主要指的是个人利益与社会利益、局部利益与全局利益、眼前利益与长远利益之间的利益关系。在建立社会主义市场经济条件下，个人利益与社会整体利益、局部利益与全局利益、眼前利益与长远利益的关系出现了许多新情况，因此，在建立和完善社会主义市场经济体制的过程中，在处理义利关系问题上，我们必须始终坚持和提倡义利统一的社会主义经济道德观。其基本内容包括三个层次：义利统一，见利思义，义以为上。

（2）公平交易，反对不正当竞争。竞争是市场经济的本性，竞争行为是市场行为的共性。有市场就有竞争，有竞争才有市场，市场竞争成为一切市场主体的生存条件，也是保证整个市场得以维持其生命力或活力的重要条件。遵守公平竞争的道德规范，包括下述一些内容和要求。首先，对于政府来说，其责任在于，宏观上的经济决策要尊重市场经济发展的客观规律，防止主观性和片面性。对于地方政府来说，要坚决克服地方保护主义，防止行业垄断，全力营造全国统一、开放、平等的市场经济秩序。其次，各市场主体要遵守各项经济法规，不哄抬物价，不低价倾销，维护价格的公正性，保证经济的良性运作。最后，各市场主体的竞争应主要体现在为社会提供质优价廉的产品和良好的售后服务上，反对强买强卖、欺行霸市、漫天要价等极端损人利己的败德行为。

2. 生产、分配、消费领域的道德规范

（1）质量第一，消费者至上。现代市场经济把质量放在第一位，企业市场定位也由"企业价值"向"客户价值"过渡。企业的利润来自于消费群体，特别是随着"消费者主权"时代的到来，企业一定要从重视市场份额向重视消费者份额转变。美国学者菲利普·科特提出21世纪大趋势之一便是公司正集中精力建立消费者份额，而不是市场份额。针对这一新的变化，国内外一些企业更加重视消费者群体与企业发展的关联，从而把"顾客至上"或消费者至上作为企业发展的一个重要理念。坚持质量第一，消费者至上，同时还是一个经济伦理规则。在这里，经济行为与道德行为是统一的，经济动机与道德动机也是统一的，经济与伦理达到了深层的结合。企业要生存，就必须有效益、有盈利，而企业只有提供优质产品和一流的服务，才能真正赢得市场、赢得消费者。社会主义市场经济既要遵守发达市场经济的一般准则，还要体现社会主义的本质要求，符合社会主义的生产目的，毫无疑问，应当更加注重质量，更加关心消费者的利益，把经济效益与社会效益统一起来。

（2）诚实劳动，合法致富。在我国发展社会主义市场经济的今天，按劳分配作为分配制度的主体部分，与其相对应的是它的主导道德价值取向，应该是勤劳致富。邓小平同志曾多次阐述“由于辛勤努力成绩大而收入先多一些”，就是说，让一部分人、一部分地区先富裕起来是通过劳动创造，而不是靠坑蒙拐骗，不劳而获，他提出“勤劳致富是正当的”。既反对先前的不管劳动业绩大小、分配上搞平均主义，又坚决反对不劳而获的劳动财富观。当然，我们不应以伦理上的某种理由去批判经济活动形式本身，如股票、期货等。然而，也不能因经济领域出现的财富积聚形式的多样化而忽视我们所必须提倡的主导的道德取向。中共十六大报告正确地指出：“必须尊重劳动、尊重知识、尊重人才、尊重创造，这要作为党和国家的一项重大方针在全社会认真贯彻。要尊重和保护一切有益于人民和社会的劳动。不论是体力劳动还是脑力劳动，不论是简单劳动还是复杂劳动，一切为我国社会主义现代化建设作出贡献的劳动，都是光荣的，都应该得到承认和尊重。”因此，在经济伦理规范上，我们必须大力倡导劳动光荣的道德观念，勤劳致富，合法致富，反对鄙视劳动甚至不择手段谋利的不道德行为，树立与社会主义市场经济相适应的新型的劳动致富观。

（3）以人为本，保障劳动者的正当权益。坚定以人为本的道德理念，就会将人力资源视为企业最重要的经营资源；把调动每一个人的积极性、主动性和创造性作为提高企业经营绩效的动力源；把建立企业共识，增强员工参与决策管理，作为形成管理者与生产者荣辱与共的命运共同体的关键。当代企业文化管理学派把以人为本的价值取向视为优秀企业必备的理念。

正确处理管理者与员工、员工与员工之间新的伦理关系，应当做到：尊重人、关心人，特别是尊重人的尊严与价值；不仅把职工看作一个“经济人”，而且还要看作一个“道德人”、一个“社会人”，从而在激励方面，注意物质方面的同时还要注意精神生活方面的需要和追求；员工是被管理者、是劳动者，他们正当的权益以及参与企业决策、监督的权力和地位，应该给予保护。管理上坚持以人为本，符合人类道德文明发展的大势，更是社会主义市场经济条件下企业应该坚持的道德规范。

（4）保护生态，树立可持续发展观。摆脱单纯追求经济增长的片面发展观所造成的人类生存困境，实现全球经济与社会的可持续发展，是21世纪全人类的共同奋斗目标。我国是世界上人均资源占有量极为贫乏的发展中国家，应该说，我们面临的可持续发展问题最为艰巨和紧迫。早在1994年，国务院就颁布了《中华人民共和国环境保护法》；1992年，中国签署了《里约环境与发展宣言》和《21世纪议程》；1996年3月，中国政府制定了《国民经济和社会发展“九五”计划和2010年远景目标纲要》，明确提出了可持续发展战略。2001年3月15日第九届全国人民代表大会第四次会议批准的《中华人民共和国国民经济和社会发展第十个五年计划纲要》专就环境与生态问题提出：

“要把改善生态、保护环境作为经济发展和提高人民生活质量的重要内容，加强生态建设，遏制生态恶化，加大环境保护和治理力度，提高城乡环境质量。”这些都说明我们党和政府重视经济增长的同时也特别关注环境问题、生态问题。

经济增长造成的环境与生态恶化，与人类发展经济的动机背道而驰。同时给人类提出了一个严肃的问题：把片面追求经济增长的单一目标转向以全面、持久地提高人类生活质量为目标。这就意味着我们必须树立一种新的道德理念，即“人类—自然”的和谐共存。面对我国环境污染带来的生态灾难，我们要承担应有的道德责任。从国际上来看，中国作为一个负责任的国家，有保护全球环境的国际义务，要积极参加全球环境与发展事务，实行有利于全球环境改善的政策措施；就国内来讲，要抓紧治理污染源，加快发展环保产业，完善环境标准和法规，健全环境监测体系，加强环境保护执法和监督。同时要大力开展全民环保教育，提高全民环保意识，培育可持续发展观。其具体规范是：热爱自然，爱惜动植物，保护生态平衡；优化生产方法，防止环境污染；发展科学技术，合理利用自然资源。

（5）重视效率，维护公平。中共十六大报告在讲到分配制度改革问题时，提出“坚持效率优先，兼顾公平，既要提倡奉献精神，又要落实分配政策，既要反对平均主义，又要防止收入悬殊。初次分配注重效率，发挥市场作用……再分配注重公平，加强政府对收入分配的调节功能”。这是分配方面必须遵循的基本原则，也是从社会道德价值标准上思考公平与效率关系的基础。

效率是经济学理论研究的核心问题。从作为市场主体的定位来看，企业只有通过创造经济利益，不断提高生产效率，才能获得生存与发展的权利。市场经营如逆水行舟，不进则退。追求高效率自然成为企业发展的经济目标。同时，一些经济学家从经济发展的实践过程中，也看到经济发展与道德发展、市场与伦理、效率与公平存在着密切的相关性。市场首先是一种关系，是人们互相进行交换的关系，作为“道德哲学的经济”，还要重点探讨社会秩序理论、个人利益的限制、事实上的平等与规范化的平等等问题。我国正处在由社会主义计划经济体制向社会主义市场经济体制转变的过渡时期，在体制尚未彻底转变、法律法规正在健全的历史条件下，经济主体在追求高效率的同时，应该特别关注社会公平问题。

公平，主要反映社会利益分配问题。无论从改革、发展、稳定的大局来看，还是从社会主义追求的共同富裕的目标来看，目前应该注重的是“规范分配秩序，合理调节少数垄断性行业的过高收入，取缔非法收入。以共同富裕为目标，扩大中等收入者比重，提高低收入者收入水平”（参见《中共十六大报告》）。现实经济生活中存在的如靠不择手段谋取暴利、运用公共权力贪污受贿、追求效率破坏生态以及名目繁多的非法收入等分配不公问题，与我国现阶段实行的以按劳分配为主体，多种分配方式并存的分配制度是相冲突的。它不仅违反法律，同时也违反公平原则。在我国，社会分配不公已经引发许多经济社会问题。它导致经济秩序混乱，社会发展的价值目标不明确，人们的心态不平衡，进而影响到社会的稳定。

因此，我们在建立和完善社会主义市场经济体制的过程中，处理社会道德价值标准的公平与效率的关系，应该按照《公民道德建设实施纲要》中提出的“坚持注重效率与维护社会公平相协调”的指导思想和方针原则。既要重视效率，又要维护公平，正确处理两者之间的矛盾关系，并使之保持一定的张力和平衡。“平均主义”不是社会主义意义上的“公平”，“两极分化”也绝不是我们所要追求的目标。目前应该特别注意解决事实上已经存在的收入悬殊问题，否则，就会直接制约经济效率的提高。

（6）反对奢侈浪费，提倡节俭、合理、科学、文明健康的消费观。消费是社会再生产的一个重要环节。经济学认为，社会消费分为两类：一类是生产性消费，另一类是生活性消费。前一类消费是为了扩大再生产，后一类消费是为了满足人的基本需求。由此看来，怎样消费，树立什么样的消费观，对经济发展乃至社会道德风尚都具有不可低估的意义。因此，在这两类消费中都应当倡导节俭、合理、科学、健康、文明的消费伦理观。“生财有道”指的是生产伦理，“用财有道”则属于消费伦理。如何对待金钱，如何用财、花钱是与一定的道德观、人生观相联系的。表现在个体上，拜金主义、享乐主义、消费主义就是一种消极的道德观和人生观的反映；表现在社会或群体上，则是一种病态的经济运行和腐朽道德风尚的反映。

反对奢侈浪费，提倡健康、文明的消费观，其内容具体说来就是：节约生产性开支、降低生产成本，提高经营利润；在资源的开发与利用上，坚持开源节流并重，把节约放在突出位置，合理使用资源，禁止乱采滥垦，提高资源利用率，实现永续利用；节约生活性开支，增加投资，扩大再生产，正确处理生产与积累的关系；个人消费应提倡节俭美德，反对奢侈浪费，倡导健康、合理、文明、科学的消费价值观。

社会主义市场经济道德规范的建立，是一个随着经济的发展而不断探索的过程，本文对这一重要理论问题的初步研究，还需在实践中检验、修正和完善。同时，实践还向我们昭示，市场经济道德规范的建立也不是一个完全独立的过程，它是在强调法律规范执行的基础上，在与法律规范相互配合、相互作用中进行的，而且，惟有如此，以诚实守信为核心的社会主义市场经济道德规范才能真正发挥其作用。

（本文原载《高校理论战线》2003 年第 2 期）

诚信支撑和谐社会的多维探寻

胡锦涛同志曾提出，要充分认识构建社会主义和谐社会的重大意义，并指出：我们所要建设的社会主义和谐社会，应该是民主法治、公平正义、诚信友爱、充满活力、安定有序、人与自然和谐相处的社会[①]。这是从理论上对社会主义和谐社会内涵的高度概括。诚信友爱作为重要内容之一，充分说明其在和谐社会建设中的地位和意义。本文试从经济发展、社会人际关系、政府公信力等多维视角，探寻诚信道德与和谐社会建设的内在关联及其意义，以及通过营造相应的人文生态条件，建立诚信道德的实现机制，为和谐社会奠立道德基础。

一、诚信是市场经济的重要道德准则

诚信是市场经济的重要道德准则。社会主义市场经济条件下讲的和谐社会，首先要求经济生活的制度化、规范化和秩序化，即人们常讲的市场经济是法制经济，是道德经济。就市场经济是道德经济而论，诚信道德居于核心位置，有着特殊的作用。

市场经济是信用经济。商品交换是以社会分工为基础的劳动产品交换，其基本原则为等价交换，交换双方都以信用作为守约条件，构成互相信任的经济关系。随着交换关系的复杂化，日益扩展的市场关系便逐步构建起彼此相联、互为制约的信用关系链条，维系着错综繁杂的市场关系和正常的市场秩序。可见，从最初的交换关系到扩大了的市场关系，都是以信用为基本准则的。从深层分析，市场经济中的价值规律、供求规律、竞争规律也会形成一种市场制衡机制，优胜劣汰。所以，市场经济是信用经济，市场经济越发达，越要求强化诚信伦理的规范功能。

诚信是市场经济发展不可缺少的文化资源。市场经济下经济主体的主要动机是追求利益最大化，如规范力量不到位，就容易诱发一些人为追逐自利而破坏市场经济的公平交易、诚实守信等规则，如诚信缺失带来的恶性竞争、经济无序化、环境污染等，从而造成人文生态和自然生态这些全社会、全人类共享资源的巨大浪费，造成人与自然、人与社会、人与人自身协同关系的失衡（西方经济学称为“外部性”），引发社会

① 胡锦涛同志 2005 年 2 月 20 日发表在《人民日报》上的讲话稿。

性的道德危机。为规范“经济人”的行为，维护信用关系，欧美国家在经历了一段市场无序化之后，开始加快其法制建设进程，经过了100多年的时间，付出了沉重代价，市场秩序才逐渐趋于正常。这说明，市场经济是比较合理、有效地配置资源的手段，但这只“看不见的手”也不是万能的，它不可能充分利用、有效配置一切形式的稀缺资源，而且还会加剧某些资源的稀缺性，特别是道德资源。因此，以为靠市场机制会自然而然地带来平等、自由、公正、诚信、和谐的观点，是市场原教旨主义在当代的反映，是市场乌托邦，即新自由主义（西方称为保守主义）。事实上，市场经济离不开诚信等道德资源的支撑和保护。关于这一点，发达资本主义国家的学者早有研究。为维护资本主义经济的健康运行和持续高速发展，德国伦理学家彼得·科斯洛夫斯基在《资本主义的伦理学》一书中讲道：“在当代实证主义经济学理论中有这样的趋势，即把经济学和它的范例变成关于人的行动和社会的普遍而终结性的理论，甚至通过社会生物学而变成一切生物的理论，这些趋势固然表现出一种有趣的经济学理论帝国主义，但最终不过是经济主义的缩略而已。它们不能论证保护市场经济的条件，而是在危害市场经济。”[①]“事实上经济不是‘脱离道德的’，经济不仅仅受经济规律的控制，而且也是由人来决定的，在人的意愿和选择里总是有一个由期望、标准、观点以及道德想像所组成的合唱在起作用。”[②]这一论述很有启发意义。我国的社会主义市场经济正处在一个不断完善的过程中，需要全面认识和把握市场经济内在本性的两重性，即市场经济是信用经济，又是追求利益最大化的经济，由此反映在道德上的诚信与失信的冲突将是我们长期面临的道德难题。因此，尽快建立以法律规范为保证、以诚信为重点的市场道德规范体系就成为当务之急。实践中，人们已经充分意识到，由诚信经营凝聚而成的信誉，就是一种无形资产或特殊的文化资本，是一个企业、一个地方乃至一个国家宝贵的精神财富和道德资源。因此，社会主义市场经济离不开社会主义诚信道德的支撑。

诚信是建立社会主义新型人际关系的道德纽带。构建社会主义和谐社会，最突出的任务是要建立诚信友爱的人际关系。胡锦涛同志曾指出：诚信友爱，就是全社会互帮互助、诚实守信，全体人民平等友爱、融洽相处。诚信就是处理人际关系的道德规范，是维系人际关系的道德纽带。

诚实守信是中华民族的传统美德。孔子说：“自古皆有死，民无信不立。”“人而无信，不知其可也。”说明诚信是个人立身之本，也是处理人际关系的首要德行。但在市场经济条件下，诚信这一传统美德遇到了前所未有的挑战。市场经济在带来效率的同时，也加剧了社会利益阶层的分化，新时期的人际关系出现了许多新特点。此外，经济生活中的诚信缺失、“潜规则”作用力的日益扩张，逐步蔓延到政治生活、社会生活和人际关系领域，如弄虚作假、言而无信、尔虞我诈甚至怀疑一切等问题。诚信友爱的社会主义和谐人际关系建设，就成为当前构建和谐社会的又一艰巨任务。

①② 彼德·P.科斯洛夫斯基. 资本主义的伦理学［M］. 中国社会科学出版社，1996：1，3.

以诚信为重点，加强“三德”建设。社会公德是全体公民在社会交往和公共生活中应该遵循的行为准则，涵盖了人与人、人与社会、人与自然之间的关系。在现代社会，公共生活领域不断扩大，人们相互交往日益频繁，诚信道德在维护公众利益、公共秩序方面的作用更加突出，成为公民个人道德修养和社会文明程度的重要表征。只有人人讲诚信，取信于别人，也信任他人，公共生活领域中的和谐人际关系才能形成。职业道德涵盖了从业人员与服务对象、职业与职工、职业与职业之间的关系，是所有从业人员在职业活动中应该遵循的行为准则。以爱岗敬业、诚实守信、办事公道、服务群众、奉献社会为主要内容的职业道德，有利于建立企业与消费者之间、政府与公民之间的信任关系。家庭美德是每个公民在家庭生活中应该遵循的行为准则，涵盖了夫妻、长幼、邻里之间的关系。融洽和谐的关系是一个稳定社会不可或缺的微观基础。诚信规范是中华传统美德，又是当代经济社会生活的内在要求，它是建立和谐人际关系的根本。

诚信是政府行为的基本道德规范。《中共中央关于完善社会主义市场经济体制若干问题的决定》中强调：“增强全社会的信用意识，政府、企事业单位和个人都要把诚实守信作为基本行为准则。”温家宝在《政府工作报告》中提出了提高政府公信力的问题。政府的诚信状况关系到民主法治、公平正义，关系到社会信用体系建立，也就从根本上决定着和谐社会建设。建设诚信政府，主要体现在两个方面：一是制度的公正性问题；二是政府从业人员自身行为的诚信问题。

制度公正是政府公信力的核心。当下影响政府公信力的原因有许多，但制度的公正性是其重要原因。制度有失公正，不仅会造成社会权利和义务的不平等和社会利益分配不公，还会为各种不法行为、失信行为提供滋生和蔓延的土壤。胡锦涛同志强调：必须注重社会公平，正确反映和兼顾不同群众的利益，正确处理人民内部矛盾和其他社会矛盾，妥善协调各方面的利益关系；公平正义，就是社会各方面的利益关系得到妥善协调，人民内部矛盾和其他社会矛盾得到正确处理，社会公平和正义得到切实维护和实现。这都反映了我们党和政府对制度公正的重视，阐明了社会主义国家政府的执政宗旨。社会主义国家政府的公信力，将主要取决于其制定的制度是否符合最广大人民群众的根本利益。《正义论》一书的作者罗尔斯，曾把正义作为社会制度的首要价值，认为社会分配基本权利和义务的主要制度应该首先合乎正义，并把制度的公正合理视为社会发展、个人道德进步的必要前提和基础。因此，以科学发展观为统领，处理好“五个统筹”的关系，提高“五种执政能力”，集中解决分配公正、司法公正、教育公正等群众特别关切的突出问题，弥合权力不对等、起点不公平、信息不对称、事实上的不平等等制度安排缺陷，就成为诚信政府建设的重中之重。

提高政府的公信度，关键在于政府自身。随着我国民主政治的推进和诚信道德建设的深入，公民格外关注政府的公平、公正与诚信度。然而，当前政府职能，特别是地方政府职能实施中存在的不作为、乱作为、作为不到位等问题，已经严重地影响到政府的形象和公信度，如现实中出现的上下政策信息不对称，一些地方政府的形式主义、官僚主义、弄虚作假和奢侈浪费等。因此，必须高度重视政府自身的诚信建设。

按照中共中央保持共产党员先进性的要求，建设诚信政府，就要坚持全心全意为人民服务的宗旨，坚持以最广大人民群众的根本利益为各项工作的出发点和落脚点；就要科学执政，民主执政，依法执政；就要以诚为本，严格规范自身行为。可见，诚信政府建设，关系到政府的执政能力，关系到社会主义经济、政治、文化和社会建设“四位一体”战略布局的实施，最终决定着社会主义和谐社会建设的大局。

二、探寻诚信道德的实现机制

民无信不立，经济无信不兴，社会无信不和。这是公民的共识。但为什么实际社会生活离诚信要求还差得比较远呢？原因自然是多方面的。针对现状，我想下述三方面的问题值得关注。这三个问题，可归属为诚信道德生存的人文生态环境和诚信道德实现机制中的要素。

诚信道德培育，需要公民具有科学理性精神。一般而言，真是善的基础，科学理性是道德理性的基础。公民诚信道德的确立，同样需要一种科学理性精神作为哲学基础和信仰基础。所谓科学理性精神，最根本的就是马克思主义的世界观，也就是遵循客观规律，追求真。用中国化的马克思主义的语言来概括，就叫“实事求是”，就是讲老实话，办老实事，做老实人。可见，诚信道德蕴含的科学理性精神就是真。因此，从某种意义上讲，公民诚信意识的培育，首先要求对公民科学理性的培育，要求全社会尊重科学理性氛围的形成。公民科学理性精神的形成，需要对公民生存的人文环境进行解析、检验和批判，需要在实践中进行正确引领。体现在经济社会生活中，科学理性精神就是面对新情况、新问题，根据事情的本来面目，探索规律，找寻方法，设计思路，检验成效。不主观，不武断，不盲目，不浮躁，不作假。面对当今社会中的种种问题和矛盾，如分配不公、司法不公、不同利益阶层间的心理冲突等，人们应该客观地、理性地看待，并通过合法的程序，理性地表达自己的利益诉求，妥善处理好各方面的利益关系。特别要求政府要民主决策、科学决策，不断提高“五种能力”建设，为诚信道德的培育营造环境。

诚信道德培育，需要公民树立规范意识。和谐社会是一个以规范为基础的社会。从相对的意义上说，法律规范是外在社会调控的手段，道德规范是内在调控的手段。其目的都是通过规范控制，建立一个有秩序的社会。公民诚信道德的培养，首先要求公民必须具备起码的规范意识。当前社会中存在的一个突出问题，就是一些公民的无规则意识或所谓的“潜规则意识”直接或间接地左右其行为方式和生存方式，加之社会奖惩机制尚不完善，出现失信者甚至违法者未能受到应有的惩处，守信者则得不到应有的肯定与激励，也是导致一些公民的规则意识弱化、淡化的原因之一。当然，这一问题还有其深刻的经济、文化与社会原因。市场经济追求利益最大化的本性，驱动一些人为了利益以身试法，铤而走险；中国传统文化中的重“人治”的传统；体制、制度、法制等方面的缺陷，以及由于一系列的经济改革，大量的“单位人”向“社会人”特别是“社区人”转变，社会管理方面出现的漏洞等。因此，根据胡锦涛同志提出的加强对社会管理规律探索的要求，我们应该把诚信放到新时期社会管理，包括社会道德调控中去认识、去思考、去解决。诚信作为社会公德、职业道德、家庭美德建设的重点，实质上是“三大特殊领域”道德建设的核心价值。我们一方面要把诚信作为公民道德建设的重点和难点，另一方面要与社会管理相结合，使之形成合力，形成良性循环机制。如在社会不断分化和重组，在人民根本利益一致的基础上，出现不同的社会利益群体和不同的利益诉求的情况下，尽快建立健全以利益调节为核心的社会整合机制，建立健全规范的社会表达和对话机制，就是社会管理的重要内容。可见，诚信不仅是一个道德意识问题，更是法制建设、制度建设的问题。诚信道德的培养，迫切需要强化公民的规范意识和制度文化意识，从而将公民的诚信道德意识牵引到制度建设层面。

诚信道德培育，需要建立社会信用体系。诚信主要是一个道德范畴，它是市场经济发展对主体行为的客观要求，因此，诚信道德建设，有赖于市场体系的进一步完善。中共十六届三中全会通过的《中共中央关于完善社会主义市场经济体制若干问题的决定》明确提出：“建立健全社会信用体系。形成以道德为支撑、产权为基础、法律为保障的社会信用制度，是建设现代市场体系的必要条件，也是规范市场经济秩序的治本之策。”显然，这段话揭示了道德、产权、法律的有机统一，体现了上层建筑与经济基础的交互作用，体现了社会主义制度特性与市场经济共性的统一。这一辩证关系说明，社会信用体系是建立和完善社会主义市场经济的内在规定性，它是客观的、制度化的；诚信道德作为道德意识，它是意识层面的，非制度化的“软约束”。因此，在道德论域内解决诚信问题是有局限性的。具体来讲，它需要市场信用关系的建立，社会信用体系的健全，包括产权、法律法规等问题。同时，诚信是社会信用体系建立的道德保证和精神支撑，也是不可或缺的，它们之间是一个相互联系、相互作用的辩证关系。总之，社会信用体系以“制度性”和“规范性”来管理经济活动，对经济交易秩序作出“应然”的安排，要求公民切实兑现承诺，履行义务，从根本上维护着市场经济秩序和社会公平；诚信道德则以“非制度性”的软约束来规范人们的行为，两者互生互补，相得益彰。

（本文原载《中州学刊》2005 年第 4 期）

循环经济伦理：经济社会可持续发展的伦理范式

回顾历史，经济增长方式呈现出一个不断进步的嬗变进程，这是人类对经济发展与环境、经济与社会、经济与人自身之间诸种关系的深化认识、自觉选择的结果。发展循环经济，摒弃单纯追求经济增长的发展方式，已成为当今世界各国发展经济的共识。毫无疑义，循环经济昭示并必将催生一种崭新的经济伦理观。本文从以下三个方面展开：循环经济是经济发展方式演进史上的一场革命；循环经济催生新的伦理关系与道德诉求；循环经济伦理深蕴的价值原则等。

一、循环经济是经济发展方式演进史上的一场革命

循环经济的概念最早出现于20世纪60年代，是美国经济学家鲍尔丁针对日益恶化的环境问题提出的。循环经济是指在人、自然资源和科学技术的大系统内，在资源投入、企业生产、产品消费及其废弃的全过程中，把传统依赖资源消耗的线性增长的经济，转变为依靠生态型资源循环来发展的经济。他分析了环境问题产生的根源，提出人类经济发展模式有必要从单向线性经济转移到循环经济上来。直到可持续发展概念提出后，人们才开始深入探索这种新型的经济发展模式。可见，我们选择循环经济发展方式的直接目的是为了缓解发展经济所带来的环境污染、资源稀缺的矛盾与冲突问题。

循环经济建立在“减量化、再利用、资源化”为内容的“3R”原则基础上。减量化原则（Reduce）旨在减少进入生产和消费流程的物质量；再利用原则（Reuse）属于过程性方法，目的是延长物品在消费和生产中的时间强度；再循环原则（也称资源化原则）（Recycle）是输出端方法，通过把废弃物再次变成资源以减少最终处理量。“3R”原则是循环经济的核心内容，循环经济以生态学原理为基础，要求把经济活动组织成一个“资源—产品—再生资源”的反馈式流程，使资源能够得到合理的循环使用，从而保护环境，减少污染，实现经济和社会的可持续发展。与传统线性经济相比，循环经济是发展方式史上的一场革命。

首先，循环经济倡导的是一种与地球和谐的经济发展方式。传统线性经济的发展

是“资源—产品—污染排放”的单向线性过程。随着工业的发展、生产规模的扩大和人口数量的增长、环境自身净化能力的削弱，环境问题日益加重，资源短缺的危机更加突出。传统线性经济正是通过把资源变成垃圾的过程，以牺牲环境、浪费资源为代价来实现经济的粗放型增长。与此不同，循环经济遵循生态学规律，合理利用自然资源和环境容量，采用“自然资源—产品和服务—再生资源”的反馈式流程，在物质不断循环利用的基础上发展经济，把经济系统和谐地纳入到自然生态系统的物质循环过程中；这一学说揭示，经济不是人类活动的全部，而只是自然生态系统中的一个子系统，从而实现经济活动的生态化。

其次，循环经济追求的是内涵型、科技型、节约型和清洁型的经济发展方式。传统线性经济追求数量型的经济增长方式，在开发与节约的关系上，重开发轻节约，单一追求 GDP 增长；在速度与效益的关系上，重速度轻效益；在发展的外延与内涵关系上，重外延扩张轻内涵提高。“三高一低”（高开采、高利用、高排放、低效益）的增长方式就是如此。在经济与环境的关系上，传统线性经济是一种对环境不友好的经济增长方式。循环经济追求的是内涵型、科技型、节约型和清洁型的发展，自然资源的低投入、高利用和废弃物的低排放，有利于推动污染预防和生产全过程控制，是环境友好型的经济发展方式，有可能从根本上消解长期以来环境与发展之间的尖锐冲突。

最后，循环经济采用的是绿色核算体系（绿色 GDP 等）和评价指标。在对经济的核算与评价上，传统线性经济采用的是单一的经济指标（GDP、GNP、人均消费等），其 GDP 核算体系难以客观地反映出循环经济伦理的价值原则、生产与消费道德准则，资源的消耗和环境的污染。2011 年 5 月 20 日《中国青年报》以“GDP 巨人血铅超标”为题，报道了浙江省湖州市德清县发生的 332 人血铅超标的污染事件。根源是当地政府为 GDP 增长大量上马高污染企业，且对由此造成的环境问题不闻不问。此次惹祸的浙江海久电池股份有限公司年产值 4.5 亿元，职工 1000 人。据当地媒体报道，这是德清县规模最大的企业并于 2010 年通过上市前的环保核查。除德清外，经媒体披露的血铅超标事件还有安徽怀宁儿童血铅超标事件和浙江台州血铅超标事件。2010 年，全国也发生了 6 起影响较大的血铅超标事件，这些血铅超标事件大多与铅蓄电池及再生铅行业的污染密切相关。传统线性经济对国民经济可持续发展带来的负面影响，特别是给人民群众带来的身心伤害一再说明，这种牺牲环境、危害人民健康的经济增长方式必须改变。循环经济采用的是绿色核算体系。所谓绿色 GDP 是指从现行 GDP 中扣除环境资源成本和对环境资源的保护服务费用，其计算结果可称为“绿色 GDP”。绿色 GDP 核算可以促进资源的重复、合理利用，实现产业组合的最优化和经济效益的最大化，同时，还会鼓励消费者进行绿色消费，促进工业的绿色生产。

概言之，循环经济发展理念倡导经济与环境、经济与生态、经济与社会相协调，以缓解自然资本对经济增长与人类福利发展的约束性作用，建立经济、社会和生态（环境）三者之间互相支持的良性发展关系。因此，循环经济为工业化以来传统经济转向可持续发展的经济提供了战略性的发展范式，它有可能从根本上消解长期以来发展与资源、环境、社会之间的尖锐矛盾与冲突，既符合自然规律又符合经济规律。

二、循环经济催生新的伦理关系与道德诉求

循环经济作为一种经济发展方式，其运行结构有三大层次，各层次之间是环环相扣的产业链条，由此形成经济运行的有机整体，由此形成与传统线性经济不同的新的伦理关系与道德诉求。

循环经济的运行结构包括三个层次的循环：企业内部的小循环、生产企业之间的区域中循环和社会经济层的大循环。三个运行层次既重构了产业关系，也重建了企业内部、企业之间、企业与社会（环境）之间新的伦理关系。

企业内部的小循环。在企业内部，要求从清洁生产、绿色管理和“零消耗”、“零污染”抓起，实施“物料闭路循环”和能量多级利用，使一种产品产生的废物成为另一种产品形成的原料，根据不同的对象建立水循环、原材料多层利用和循环使用、节能和能源的重复利用、“三废”的控制与综合利用等良性循环系统（如图 1 所示）。清洁生产是一种全新的发展战略和创造性的思想，它是企业发展循环经济的重要基础。

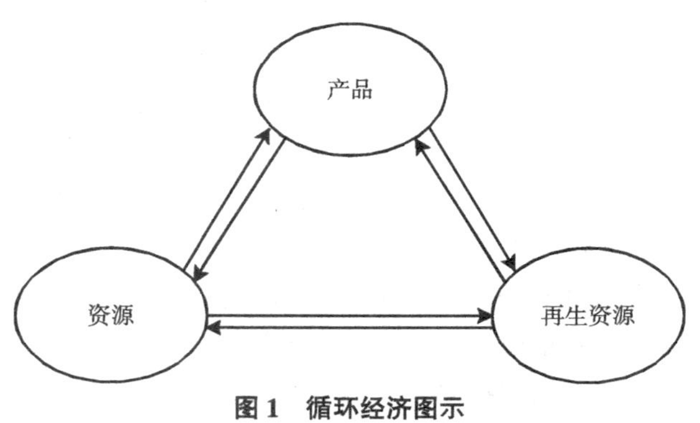

图 1 循环经济图示

区域层次上生产企业之间的中循环。在区域层次上，循环经济主要表现为共生企业或产业间的生态工业网络，即区域生态工业园内企业间废弃物的相互交换。生态工业园区是生态工业和循环经济发展的重要途径和载体，它通过工业园区内物流和能源的正确设计，模拟自然生态系统，形成企业间的共生网络，使一个企业的废弃物成为另一个企业的原材料，实现企业间能量及水等资源梯级使用。具有明显集约利用资源和能源、保护和改善生态环境质量的特征。

以河南商电铝业集团的“铝—电—热—化”生态链为例，它是把循环经济原理同工业生态学原理相结合的新型工业组织形态。它以热电厂为中心，辅以铝厂、化肥厂和水泥厂等相关行业，通过产业链的循环和流动，在一个相对固定的区域内使上一个

环节的二次能源成为下一个环节的一次能源（见图2），实现了物质能量利用最大化和废物排放最小化，从而形成了一个较为封闭的能量循环链和环保产业链，既提高了能源利用率，又减少了环境污染，体现了循环经济效益。

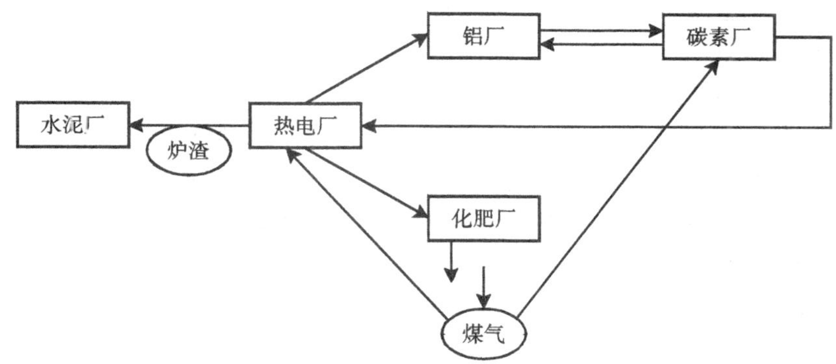

图2 “铝—电—热—化”生态流程图

社会经济层的大循环。该循环是指全国性的若干大的生态循环体系，如治理“三河”、“三湖”、退耕还林还草工程、治沙治碱工程、优化能源结构工程以及发展生态农业等。再如我国的天津、山西等地，作为全国循环经济的示范区建设。以“资源—产品—资源再生利用”为核心的产业循环链，是实现资源社会“大循环”的重要保证。循环经济在社会层次的大循环体系主要由政府主导。

可见，循环经济模式下的三个层次，实际上是一个产业结构及其有机的循环运行系统，并促成企业集聚，由此形成了一个企业与社会的联合体。在联合体内，结成了相互联系、相互制约、相互促进的经济利益关系链条和道德关系纽带，与此相适应，循环经济伦理具有诸多新的道德诉求。

清洁生产、减少排污、节约资源。循环经济所要求的清洁生产本身就是一种生态化、绿色化的生产全过程污染控制模式，它将整体预防的环境战略持续应用于生产过程、产品和服务中，以增加生态效率和减少人类及环境的风险。清洁生产体现的是“预防为主”的方针，要求企业从产生污染的源头抓起，以推行清洁生产、减少排污为责任，从产品设计、原材料选用、改革和优化生产工艺和技术装备、物料循环和废弃物利用等多个环节入手，在生产的工艺技术和管理中，综合考虑经济效益和环境保护，力争用最少的资源产出最大的经济效益。通过加强管理和技术创新，积极采取无害或低害的新工艺和技术，有效降低原材料和能源的消耗，实现少投入、高产出、低污染，把影响环境的污染物尽可能消灭在生产过程之中，达到“节能、降耗、减污、增效”的目的。在企业内部，要优先考虑“减量化”原则。总之，要根据生态效率的理念推行清洁生产，使所有的资源、能源都得到有效的利用，最终达到污染无害排放或零排放的目标。

环境保护与企业发展相统一。自然资源并非取之不尽、用之不竭，自然环境对人类废弃物的吸纳、净化能力也是有限的，以浪费资源和牺牲环境为代价的发展是不可持续的。循环经济旨在追求发展与环境的和谐统一，以人类发展的整体利益、长远利益为重，以最小的环境成本实现经济的跨越式发展。自然资源和生态环境是一个国家经济社会发展的基石。人类基本生活资料的供养以及建设所需的一切原材料，无不是大自然的恩赐。对企业来说，环保责任是其最主要的、义不容辞的社会责任。尤其对于我国这个处于工业化和城市化、城镇化发展加速、人均资源占有量不足、环境恶化趋势未得到根本性扭转的发展中国家来说，保护生态环境更是企业义不容辞的责任。

短期利益与长远利益相兼顾。随着近年来我国经济的快速发展，严重的环境污染和生态破坏现象屡屡出现，究其原因，主要是由于企业的短期行为所致。一些企业为追逐利润最大化，对社会和企业资源透支式利用，不惜破坏生态、污染环境，在发展模式上重短期产出轻长期投入，不仅危害当代人的利益，还过度消耗了后代人的生存资源。短期行为给社会带来诸多危害：一是对资源的过度开采使用及对环境的污染导致资源“瓶颈”和基础资源的稀缺；二是由于基础资源的稀缺导致社会发展的宏观和微观相脱节。追求短期利益的短期行为必将给社会自然资源带来灾难性的破坏，阻碍优化经济结构和转变经济发展方式，这种损害长远发展和全社会利益的价值取向是不可取的。对于发展循环经济的重要微观主体——企业来说，要正确处理短期利益与长远利益、局部利益与整体利益的关系，坚持兼顾原则，坚持以环境保护为重、共同利益高于单个企业和个人利益、社会价值高于企业利润的观念作为核心理念，以此来实现共同发展，绝不能再搞杀鸡取卵的短期行为。只有这样，才能实现企业和社会的可持续发展。

共存共荣、互利共赢。生态工业园区是循环经济的重要载体，由此形成循环经济的中循环层次。园区内的企业之间进行原材料、能源、信息、技术、人员或资本交换，并通过包括这些资源要素在内的环境与资源方面的管理与合作，来实现生态环境保护和经济的双赢。传统线性经济只强调企业之间存在某种交换关系，而不考虑交换关系的具体内容，这是生态园区与传统经济的重大区别。如图 2 所示的生态链中，有热电厂为中心的电力行业，同时还辅以铝厂、化肥厂和水泥厂等相关行业。对于单个企业来说，处于循环经济产业链条上或生态园区中的同行企业、不同行业企业之间的经济发展已形成密不可分、息息相关的利益关系，可谓一荣俱荣、一损俱损。只有处理好共同体内同行业之间以及不同行业之间的利益关系，互相合作和支持，在对产业链上别的企业负责的同时，也给自身的发展带来更大的发展空间，才能构建一个良性发展的生态平台，实现共存共荣、互利共赢。

循环经济发展方式催生了一些新的伦理关系，提出了诸多与传统线性经济不同的伦理理念与道德要求，一方面要求生态圈内或生态区域内的企业之间必须形成相互认同的价值观，另一方面对企业与公民提出了许多需要共同遵守的生产生活方式和行为道德准则。

三、循环经济深蕴的价值原则

循环经济与传统线性经济不同，它深刻蕴藏着的内在伦理精神是整体性价值原则、可持续价值原则。具体体现在对资源、环境、生产、消费、利益、公正等全新的认识和应抱的伦理态度，表现出人类在生态约束面前的主动精神和对人类未来的责任意识。循环经济的价值原则是缓解经济与环境、经济与社会的紧张关系，从而实现经济、资源、环境、社会各方协调共存。

循环经济伦理的整体性价值原则是基于世界普遍联系的学说与对经济的新认知。恩格斯说，辩证法是“关于普遍联系的科学”。世界是一个由无数具体事物及其过程所构成的相互联系的总体，其中每个事物和过程都是这个总体中的一个有机成分或环节。这就使得从个别事物到复杂体系，从非生命界到生命界，到社会，再到无限的宇宙，形成一个由无穷无尽的层次、中间环节的相互连接交织而成的普遍联系之网，而其中每一个别事物的存在、运动和变化又都是普遍联系的具体体现。因此，任何具体事物的发展，都要考虑其联系的相关方面，否则，只能是畸形的发展，而畸形发展则必然是短命的。循环经济这一发展方式，内蕴的、客观的、核心的要求就是考虑与经济活动相互关联的环境、资源、社会的结构性影响，从这个意义上可以说，循环经济伦理便具有“普遍伦理”的价值。

具体而言，循环经济伦理的整体性价值原则，是把经济视作全球大系统中的一个开放的子系统，它既具有相对的独立性，又与环境、生态、社会以及人类整个大系统其他子系统相互作用、相互制约，经济发展必须与系统整体协调发展。如前所述，循环经济是基于当代环境问题日益严峻的现状而提出的，目的是如何在资源少消耗、环境不恶化甚至得到改善的情况下促进经济发展的方式。因此，当代人类就必须摒弃仅关注经济效率与增长速度的单向度发展观，更加关注资源与环境的承载力，更加重视生态环境的价值和人类自身的价值。美国著名学者莱斯特·R.布朗认为，“从破坏生态的经济转入持续发展的经济，有赖于我们经济思想的哥白尼式改变，认识经济是地球生态经济的一部分，只有调整经济使之与生态系统相适应才能持续发展。”① 著名生态经济学家赫尔曼·E.戴利于1996年在《超越增长——可持续发展的经济学》一书中认为，现存经济的“主导模式完全排除了生态成本”②，造成市场不能反映生态学的真理。美国经济学家鲍尔丁发表了一篇题为《一门科学——生态经济学》的文章，首次提出了“生态经济学”概念。这种理论以生态学原理为基础，从整体上去研究生态系统和生产

---

① ［美］莱斯特·R. 布朗. 生态经济——有利于地球的经济构想［M］. 上海：东方出版社，2002：4.

② ［美］赫尔曼·E. 戴利. 超越增长——可持续发展的经济学［M］. 上海：上海译文出版社，2001：7.

力系统的相互影响、相互制约作用，研究生态和经济的结合，揭示自然和社会之间的本质联系和规律，改变传统的生产和消费方式，节约利用一切可用资源。

在传统线性经济运行的各要素中，生态环境要素是作为一种没有限制和约束的可利用资源来使用的，这也是导致人们在追求经济效率的同时破坏生态环境的理论原因。整体价值原则不仅弥补了先前人类对环境、对自然资源价值的认知漏洞，而且突破了生态伦理与经济伦理的严格界限，它要求经济发展必须尊重生态学规律。从空间维度来看，整体价值原则还表明，资源与环境问题已成为一个超越国界的全球性话题。一个国家一个民族，相对于整体价值观要求，都是局部，因而必须要有全球视野，正确认识和处理局部与全局的关系，遵守国际公约，承担道德义务。由此可见，整体价值原则彰显了追求经济、社会、环境和人类自身和谐发展的内在伦理精神，倡导的是经济价值、生态价值与人类自身价值相统一的新的系统整体伦理观。

循环经济伦理的可持续价值原则，也是这一经济发展方式自身内蕴的。整体性价值原则与可持续价值原则从空间与时间两个不同维度反映了循环经济的内在伦理精神。前者体现的是事物的联系本性，后者体现的是事物的发展本质。那么，什么是发展？人类需要什么样的发展？

循环经济内蕴的核心是人类的可持续发展。在当代，无论是发达国家，还是欠发达国家与发展中的国家，无一不在关注着发展问题。那么，什么是发展？如何发展？就循环经济的内在要求而言，可持续发展是其目的。其要义是通过清洁生产、减少排污、节约资源实现经济增长，实现自然生态的可持续性、社会的可持续性与经济的可持续性的发展目标。传统线性经济增长方式是一种基于追求 GDP 的经济增长方式，它具有明显的伦理缺陷，如忽视对经济增长的质量与效益的考量、忽视对经济“外部性”的内部消解、忽视对人的发展需求与社会的福祉的全面考虑，这些缺陷导致这一经济增长模式很难实现经济社会的可持续发展。莱斯特·R.布朗 2002 年在中国出版的《生态经济——有利于地球的经济构想》一书中提出，必须“将一种以市场力量为导向的经济转变为一种以生态法则为导向的经济”。[①] 如果我们不能实现这种转变将要付出巨大的代价。他在书中引用开发挪威和北海油田的埃索公司前副总裁厄于斯泰因·达勒的看法来表达自己的观点：“中央计划经济崩溃于不让价格表达经济学的真理，自由市场经济则可能崩溃于不让价格表达生态学的真理。”[②] 循环经济基于生态经济学原理，要求资源、环境、健康生活的可持续发展。在选择经济增长方式上，人类在严峻的资源紧缺、环境污染面前，其认识在不断深化。1990 年，国际上达成共识，可持续人类发展才是发展的完整含义，人类必须走可持续的发展道路。可持续价值原则以人为中心，是既满足当代人的需求，又不对后代人满足其需求的能力构成危害的人类延续不断的发展。

可持续价值原则，体现为对生产、消费、自然等不同方面的新的伦理态度和要求。循环经济内蕴的可持续价值原则，需要全方位、全过程地实现可持续发展要求。

①② [美] 莱斯特·R. 布朗. 生态经济——有利于地球的经济构想 [M]. 上海：东方出版社，2002：88，24.

第一，要确立新的生产伦理准则。可持续发展价值原则要求发展循环经济的主体——企业必须抛弃大量生产、大量消费、大量废弃型的传统生产模式，选择具有持续性的经济增长模式——循环经济发展模式，按照工业生态学的原理，在一定区域内将这些企业或部门联结起来，构建产业链条，建立生态园区，形成产业共生组合和企业间的工业代谢、共生关系。与这种要求相应的，企业必须遵守清洁生产、减少排污、节约资源的生产道德准则，把企业发展与环境保护统一起来，坚持短期利益与长远利益相兼顾，充分考虑生态系统的承载能力，节约、循环使用自然资源，以此来追求经济效益的最大化。

第二，要树立新的消费道德观。循环经济的可持续性价值原则在如何消费、应当树立什么样的消费观问题上与传统线性经济根本不同。马克思曾经说过："人从出现在地球舞台上的那一天起，每天都要消费，不管他在开始生产以前和生产期间都一样。"① 历史上，由于经济增长方式不同，人们的消费道德也存在明显差异。在传统线性经济模式下，追求的就是"拼命生产、拼命消费"，即"从摇篮到坟墓的经济"；循环经济发展方式本质上是一种生态经济，主张提高资源的再循环、再利用率，因此被称为"从摇篮到摇篮的经济"；体现在消费环节，前者是一种不可持续消费模式，后者则是一种可持续消费模式，两种消费模式在其伦理向度及其道德诉求上呈现出根本差异。循环经济发展方式要求企业与社会成员的消费行为应遵循适度消费与绿色消费等道德准则，并在消费的同时就考虑到废弃物的资源化，选择了一种与环境承载力相适应的生活方式——绿色生活方式，确立了循环生产和消费的新观念。循环经济的消费观内蕴着可持续的价值理念，体现了经济价值、生态价值和道德价值三者的内在统一性，注重经济与社会的协调发展，是当今走可持续发展之路、建立环境友好型社会应自觉选择的一种经济伦理观。循环经济的消费伦理观是基于生态伦理理论和人们的社会责任感而形成的，应该说，循环经济的消费伦理观是一种具有前瞻性的、先进的伦理观念。

第三，要形成一种全新的自然伦理观。循环经济建立于生态学原理和自然规律基础之上，是一种与地球和谐进化的经济发展模式，其运行模式不像传统工业经济那样，将自然环境作为"取料场"和"垃圾场"，也不仅视其为可利用的资源，而是将其作为人类赖以生存的基础，视为必须维持好的良性循环生态系统。发展循环经济，不仅考量对自然的开发能力，而且还必须考虑对生态系统的修复功能，使经济发展符合人类社会整体价值的需要、有益于人类整体生态环境、有益于人类利益与自然权利的平衡、有益于当代人与后代人的资源权益的公正等。这就是循环经济内蕴的可持续价值原则对待自然的伦理态度。

循环经济中的可持续发展价值原则，把能否促进经济社会的可持续发展作为判断善与恶的标准，主张把利益的获得建立在人类的生存延续、人类长远的共同利益的可持续发展基础之上，拒绝经济第一主义，反对急功近利的短期行为。由此可见，是否

---

① 马克思恩格斯全集（第 23 卷）[M]. 北京：人民出版社，1972：191.

内蕴可持续价值原则是循环经济伦理范式与传统线性经济伦理观的区别所在。

循环经济伦理范式是一种新的经济发展伦理理论，它具有十分丰富的内涵。其最主要的整体性价值原则和可持续发展价值原则，包含环境伦理与生态伦理思想，又包括新的生产伦理与消费伦理等，它揭示的是经济、生态（环境）与社会发展相互关系的内在伦理精神；反映的是经济、自然与社会共生共荣而不是此消彼长的关系；体现的是以人为本、全面、协调、可持续的科学发展观，从而把人类的经济需求与生态规律内在地统一起来，把满足当代人的暂时需求与虑及后代人的长远利益统一起来，把人类与自然有机地统一起来。这一伦理范式，依据经济、生态、人类自身三大发展规律，融生态学、经济学、环境学、伦理学等诸多学科思想为一体，把经济价值、生态价值（环境）与道德价值有机统一起来，因而，不能囿于在经济范畴的意义上去理解它，我们应该从 21 世纪经济社会发展的高度来审视循环经济伦理这一新的伦理范式的意义，把它作为一种协调经济与环境、经济与资源、经济与社会关系的新的经济发展伦理观，在全社会大力倡导并努力探索其实现机制，以期更好地引导中国经济社会的发展走势。

（本文原载《中州学刊》2011 年第 4 期，与周林霞合作）

试论循环经济伦理的价值原则

摒弃传统粗放型的经济增长方式，大力发展循环经济，走人与自然和谐发展之路，已成为当今世界各国发展经济的共识。实践中，循环经济也逐步成为经济发展的主流模式。不同的经济发展方式，昭示和催生不同的经济伦理价值观。不同的经济伦理价值观又总是作为一种精神引领和道德力量，支撑和维护着某种经济发展方式。探寻发展循环经济的必然之理与应然之则，就成为21世纪发展中国经济伦理学的一个重要理论话题。

一、转变传统经济增长方式是客观经济规律的要求

我国改革开放的30多年来，经济快速发展，国内生产总值年均增长约9.6%，经济总量跃居世界第二位，对外贸易总量居世界前三位。然而，以资源消耗为动力、以严重污染为特征、以牺牲生态环境为代价的传统粗放式经济增长方式，已经让我们付出了沉痛的能源和环境代价，成为制约我国经济增长和社会发展的一个“瓶颈”。

传统经济增长方式加剧了我国资源能源的短缺。我国虽然地大物博，但是资源总量和人均资源都严重不足。据有关资料显示，我国人均淡水资源量为2200立方米，仅为世界人均占有量的1/4；人均耕地只有1.4亩，仅为世界平均水平的39%；人均森林面积为1.9亩，仅为世界人均占有量的1/5①；45种主要矿产资源人均占有量不到世界平均水平的一半，其中铁、锰、铜、铝铁矿、钾盐等关系国家经济和安全的大宗矿石未来将严重短缺；煤、石油、天然气分别只占世界可开采资源量的12%、3%和2%，人均占有量分别只占世界人均占有量的56%、15%和10%。我国能源工业除了满足不断增长的能源需求外，还面临能源发展和环境保护尖锐矛盾的严峻挑战。2003年我国已经成为世界第一煤炭消费大国和第二石油、电力消费大国，消耗占世界当年消耗总量近50%的水泥、35%的铁矿石、20%的氧化铝和铜，却创造了只占世界4%的GDP。

我国在面临资源能源短缺的情况下，传统的“高能耗、高开采”的经济发展模式又加剧了这种资源能源的短缺。传统经济的运行方式是物质单向流动的开放式线性经

① 胡昌升. 应当构建和谐社会指标体系［EB/OL］. 人民网，2009-03-06.

济（资源消耗→产品工业→污染排放），对资源的利用状况是高开采、低利用、粗放型经营、一次性利用；在资源、能源短缺的同时，对资源的破坏和浪费又非常突出，滥采滥挖屡禁不止，资源的产出率、回收率和综合利用率低，生产、流通、生活和消费的浪费惊人，进一步加剧了资源不足的矛盾。

传统经济增长方式造成环境污染、生态破坏严重。与世界上所有的工业化国家一样，我国的环境污染问题是与工业化相伴而生的。由于传统的经济增长方式采用的是单一的经济评价指标（如 GDP、GNP、人均消费等），单纯追求产品利润最大化的目标，废物高排放，成本外部化，污染环境，破坏生态。20 世纪 50 年代以后，随着我国工业化的大规模展开和重工业的迅猛发展，环境污染问题已初见端倪。到 80 年代，随着改革开放和经济的高速发展，我国的环境污染渐呈加剧之势，特别是乡镇企业的异军突起，使环境污染向农村急剧蔓延，同时，生态破坏的范围也在扩大。2006 年在我国国内生产总值构成中，第二产业占 48.7%，其中工业占 43.1%，分别比 1991 年提高了 6.9 个和 6 个百分点。特别是近几年一些消耗资源多、污染大的行业发展过快，这是经济发展与资源、环境矛盾日益突出的重要原因。另外，消耗资源较少、污染较轻的第三产业比重明显偏低，2006 年仅占国内生产总值的 39.5%，只比 1991 年提高了 5.8 个百分点。时至今日，资源与环境成为我国经济和社会发展的两大难题。近年来，我国环境保护工作虽然取得多项进展，但形势仍然非常严峻。大气污染程度在加剧，水污染、酸雨污染也日益突出；环境污染从城市向农村扩展；物种灭绝、植被破坏、土地退化和沙漠化以及全球性的环境问题正严重地威胁着我国经济的发展和环境的改善。

传统经济增长方式侵害后代人的利益。传统的线性经济发展模式对环境的治理采用的是末端治理，即先污染后治理的方式，而且在市场经济中，由于每个“经济人”都在追求自身效益的最大化，在生态环境可以作为免费的生产条件使用时，生产者并不考虑环境保护和生态平衡，更关注于创造更多的利润，由此所造成的严重的资源浪费和环境污染问题，已经严重侵害了后代人的利益。根据国家统计局公布的我国首份绿色 GDP 报告，2004 年我国环境退化成本（因环境污染造成的经济损失）为 5118 亿元，占 GDP 的 3.05%。而且上述结果只是将部分环境成本统计在内，对环境资源损失的估计明显偏低。据世界银行测算，20 世纪 90 年代中期，我国每年仅空气和水污染带来的损失占 GDP 的比重就达 8%以上。以上数据说明，当代人的资源消费和环境污染行为，正在严重地侵害着后代人的资源环境权益，如果我们不转变传统的经济发展模式，不转变对环境和自然资源的价值观的认知，那么，这种对环境利益的侵占和对生态环境的破坏对后代人来说无疑是不公平的。

目前，我国的经济发展正处于高资源消耗和高污染排放的阶段，传统的粗放型经济增长方式造成的资源的破坏和浪费，使原本稀缺的资本、矿产资源、能源等要素变得更加稀缺；环境的负荷已经达到了极限。中共十七大报告指出，“坚持节约能源和保护环境的基本国策，关系人民群众切身利益和中华民族生存发展”。为了保证经济社会的可持续发展和子孙后代人的正当权益，就必须加快转变经济增长方式。这反映了我党对经济发展规律认识的深化，揭示了转变经济发展方式、大力发展循环经济这一必然之理。

二、循环经济：一种全新的经济发展方式

循环经济是对传统线性经济的革命，是一种全新的经济发展方式。

循环经济的概念最早出现于20世纪60年代，是美国经济学家鲍尔丁提出的，是指在人、自然资源和科学技术的大系统内，在资源投入、企业生产、产品消费及其废弃的全过程中，把传统的依赖资源消耗的线性增长的经济，转变为依靠生态型资源循环来发展的经济。他分析了环境问题产生的根源，提出人类经济发展模式有必要从单向线性经济转移到循环经济上来。可持续发展概念提出后，人们才开始深入探索这种新型的经济发展模式。可见，循环经济的实质是为了解决经济过程中的环境和资源问题。

循环经济倡导的是一种与地球和谐的经济发展模式，既强调价值流也强调物质流。循环经济建立在“减量化、再利用、资源化”为内容的行为原则（3R原则）的基础上。减量化原则（Reduce）旨在减少进入生产和消费流程的物质量；再利用原则（Reuse）属于过程性方法，目的是延长物品在消费和生产中的时间强度；再循环原则（资源化原则）（Recycle）是输出端方法，通过把废弃物再次变成资源以减少最终处理量。3R原则是循环经济的核心内容，循环经济要求把经济活动组织成一个“资源—产品—再生资源”的反馈式流程，使资源能够得到合理持久的使用，从而保护环境、削减污染，实现经济和社会的可持续发展。

与传统经济比较，循环经济的特征是：以系统论作为理论基础，以生态学作为实践基础，以科技创新作为循环经济的实施保障，以水、能源、土地和材料等资源为对象，通过资源进入经济系统中的输入端、生产和消费中的循环利用和输出端的过程，以“减量化、再利用、资源化”为原则，以低消耗、低排放、高效率为基本特征，以政府、企业和社会（包括市民、非营利组织等）为主体，以资源的高效利用和循环利用为目的来实现可持续发展的经济增长模式。循环经济所涉及的过程旨在通过输入端的物质减量化或减物质化，在生产和服务过程中尽可能地提高资源利用效率、减少资源消耗和废弃物的产生；“通过循环端的再利用或反复利用，使产品多次使用或修复、翻新或再制造后继续使用，尽可能地延长产品的使用周期，防止产品过早地成为垃圾；通过输出端的资源化或再利用，使废弃物最大限度地转化为资源，变废为宝、化害为利，减少自然资源的消耗，减少污染物的排放”①。

---

① 诸大建. 中国循环经济与可持续发展［M］. 北京：科学出版社，2007：45.

循环经济所涉及的对象是自然资源，循环经济旨在通过“在经济系统的输入端提高自然资源的利用效率，在生产和消费过程中提高对产品和半产品的循环利用率，在经济系统的输出端提高对废弃物的再利用率”① 来实现自然资源的节约循环使用。循环经济所涉及的主体是政府、企业和社会（包括参与的公众）。对于政府来说，需要以政策支持和制度约束来保障循环经济的发展；对于企业来说，在发展循环经济中需要在环保的基础上进一步推动废弃物等的合理循环利用和处理，提高资源利用率，减少废弃物排放；对于社会（尤其是公众）来说，需要通过环保教育以及对绿色产品、服务的选择和使用，减少日常生活中的环境压力，并以此来支持和监督循环经济的良性发展。

可见，循环经济是一种新的生产观、消费观和价值观，“3R”原则构成了循环经济的基本发展思路，循环经济不是简单地强调通过循环利用实现废物资源化，而是强调在优先减少资源消耗和减少废物产生的基础上综合运用 3R 原则。循环经济的目的是从根本上减少自然资源的耗竭，减少由线性经济引起的环境退化，“为工业化以来的传统经济转向可持续发展提供战略性的理论范式，从而从根本上消解长期以来环境与发展之间的尖锐冲突”②。

循环经济的三大运行层次缓解资源环境矛盾。目前，循环经济的实践模式主要是运用“3R”原则实现三个层面的物质循环流动。企业是发展循环经济的重要微观主体，循环经济的宏观体系主要包括企业内部的循环（小循环）、生产之间的区域循环（中循环）、社会整体的循环（大循环）三个层次，以“3R”为原则的三个层次的循环把经济活动组织成一个“资源—产品—再生资源”的反馈式流程，缓解了资源和环境的矛盾。

小循环是指企业内部的物质闭路循环。在企业内部，要从清洁生产、绿色管理和“零消耗”、“零污染”抓起，实施“物料闭路循环”和能量多级利用，使一种产品产生的废物成为另一种产品形成的原料，根据不同的对象建立水循环、原材料多层利用和循环使用、节能和能源的重复利用、“三废”的控制与综合利用等良性循环系统。循环经济在单个企业内部要求污染排放最小化，其具体活动主要集中在推行清洁生产上。清洁生产是实现循环经济的基本形式，它将整体预防的环境战略持续应用于生产过程、产品和服务中，通过工艺改造、设备更新、废弃物回收利用等途径，实现节能、降耗、减污、增效，增加生态效率和减少人类及环境的风险，从而实现经济的可持续发展，它是企业发展循环经济的重要基础。

中循环指区域性的现代循环经济。各区域单元要根据本身的自然、经济特点，建立个性化的经济与生态的良性循环体系。“在区域层次上，循环经济主要表现为共生企业或产业间的生态工业网络，即区域生态工业园内企业间废弃物的相互交换。生态工业园区是生态工业和循环经济发展的重要途径和载体，它通过工业园区内物流和能源的正确设计，模拟自然生态系统、形成企业间的共生网络，一个企业的废物成为另一

① 诸大建. 中国循环经济与可持续发展 [M]. 北京：科学出版社，2007：45.
② 戴备军. 循环经济实用案例 [M]. 北京：中国环境科学出版社，2006：8.

个企业的原材料，企业间能量及水等资源梯级使用，具有明显集约利用资源和能源、保护和改善生态环境质量的特征。"[①] 中循环中企业之间通过产业链的循环和流动，使上一个环节的二次能源成为下一个环节的一次能源，把废弃物变为资源加以利用，实现了资源利用最大化和排污最小化，从而形成了一个较为封闭的能量循环链和环保产业链，既提高了能源利用率，又最大限度地减少了废弃物排放和环境污染，体现了循环的经济效益。

大循环指全国性的若干大的生态循环体系，如治理"三河"、"三湖"、退耕还林还草工程、治沙治碱工程、优化能源结构工程以及发展生态农业等。循环经济在社会层次的大循环体系主要由政府主导。政府是建设循环社会的决策主体，政府通过有步骤地建立完整的、配套的法律政策体系，加强制定相应科学的指标体系和规划体系，来引导循环经济的持续健康发展；同时，通过宣传教育引导公众参与，促进大众消费取向、生产观念、生活观念、价值观念等向着环境友好、资源节约和适应循环经济发展的方向转变。政府和大众的支持和监督是循环经济发展的最重要、最有力的推动力量。

可见，循环经济模式下的三个层次，实际上是一个产业循环系统，它"通过物质循环流动的方式最有效地利用自然资本，实现了不超越人类的生态环境容量的减物质化发展"[②]。因此，发展循环经济，摒弃传统经济增长方式，建立资源节约型社会和环境友好型社会，可以从根本上解决经济与资源、环境之间的矛盾，走经济、自然与社会协调、可持续发展之路。联合国《里约宣言》明确要求，世界各国必须放弃传统的经济发展模式，建立经济与生态相结合的可持续的经济发展模式；中共十七大报告强调"建设生态文明，基本形成节约能源资源和保护生态环境的产业结构、增长方式、消费模式。循环经济形成较大规模"。可以预见，一种全新的经济发展模式将主导中国经济发展的未来走向。

三、循环经济伦理的三大价值原则

循环经济是实现经济社会可持续发展的必然选择。作为一种新的经济发展方式，循环经济内蕴着整体、可持续发展与综合公正三大价值原则，具体体现在对资源、环境、生产、消费、利益、公正等全新的认识和应抱的伦理态度，表现出人类在生态约束面前的主动精神和对人类未来的责任意识。

1. 整体价值原则

循环经济伦理的整体价值原则是从整体意识的角度出发，来考虑相互关联和本质

① 戴备军. 循环经济实用案例 [M]. 北京：中国环境科学出版社，2006：11.

② 诸大建. 中国循环经济与可持续发展 [M]. 北京：科学出版社，2007：6.

上的整体性的“普遍伦理”规则体系。世界是普遍联系的，任何事物的发展必然与其他事物相互联系、相互制约，只有协调好各方面关系，才能实现健康发展，否则，只能是畸形的发展。

整体价值原则指包括经济、社会、环境和人类的系统整体的和谐发展。由于循环经济是人们基于对当代环境问题日益严重的认识，而提出的在资源环境不退化甚至得到改善的情况下促进经济发展的方式。因此，循环经济伦理观的整体原则，是把经济视作全球大系统中的一个开放的子系统，它不仅关注经济效率与增长速度的单向度发展，更加关注资源与环境的承载力，更加重视生态环境的价值和人类自身的价值。美国著名学者莱斯特·R.布朗2002年在中国出版的《生态经济——有利于地球的经济构想》一书中这样指出：从破坏生态的经济转入持续发展的经济，有赖于我们经济思想的哥白尼式改变，认识经济是地球生态经济的一部分，只有调整经济使之与生态系统相适应才能持续发展。必须将一种以市场力量为导向的经济转变为一种以生态法则为导向的经济。如果我们不能实现这种转变将要付出巨大的代价，他在书中引用开发挪威和北海油田的埃索公司前副总裁厄于斯泰因·达勒的看法来表达自己的观点：“中央计划经济崩溃于不让价格表达经济学的真理，自由市场经济则可能崩溃于不让价格表达生态学的真理。”[①] 美国著名生态经济学家赫尔曼·E.戴利于1996年在美国波士顿出版社出版了他的生态经济与可持续发展的集成之作《超越增长——可持续发展的经济学》。他认为现存经济的“主导模式完全排除了生态成本”[②]，造成市场不能反映生态学的真理。

在传统经济运行的各要素中，生态环境要素没有同资本、劳动力等要素投入循环，而是作为一种没有限制和约束的可利用资源来使用。这也是导致人们在追求经济效率的同时破坏生态环境的根本原因所在。整体价值原则不仅突破了经济伦理对环境和自然资源价值的认知桎梏，而且突破了生态伦理与经济伦理相冲突的界限，它要求人们在追求经济效率的同时，还要根据生态学规律，在考虑工程承载能力的同时，还要考虑生态承载能力，实现经济效率与生态利益的最佳结合模式。因此，整体价值原则注重在经济、社会、环境各系统之间全面和谐发展的伦理导向。整体价值原则还包括用整体思维对待一个国家、民族与全球的关系，即局部与全部的关系。资源与环境问题已超越国界成为一个沉重的全球性话题。因而我国必须要有全球视野、全球责任意识，正确认识和处理局部与全部的关系，承担道德义务，遵守道德法则。由此可见，整体价值原则彰显了追求经济、社会、环境和人类自身和谐发展的内在伦理精神，倡导的是经济价值、生态价值与人类自身价值的统一，是人与自然和谐相处的新的系统整体伦理观。

2. 可持续发展价值原则

循环经济伦理的可持续发展价值原则，是指既满足当代人的需求，又不对后代人满足其需求的能力构成危害的人类延续不断的发展。在当代社会，人类不仅对要求实

---

① [美] 莱斯特·R·布朗. 生态经济——有利于地球的经济构想 [M]. 上海：东方出版社，2002：24.
② [美] 赫尔曼·E.戴利. 超越增长——可持续发展的经济学 [M]. 上海：上海译文出版社，2001：7.

现经济、社会、环境的和谐发展，而且需要追求人类文明的可持续发展。可持续发展价值原则体现为对生产、消费、自然等各个不同层面的伦理态度和要求。

首先，树立新的生产伦理观。可持续发展价值原则要求发展循环经济的重要市场微观主体——企业必须抛弃大量生产、大量消费、大量废弃型的传统生产模式，选择具有持续性的经济增长模式——循环经济发展模式，尽量减少能源和资源消耗，把生产活动相关联的众多企业按照工业生态学的原理，在一定区域内将这些企业或部门联结起来，建立企业与企业之间废物的输入、输出关系，形成产业共生组合和企业间的工业代谢、共生关系，并要求生态工业园区内的所有企业严格坚持互动和谐的伦理原则，达到充分利用资源、减少废物产生、物质循环利用、消除环境破坏、提高经济发展规模和质量的目的。在传统工业经济模式下，人们为了最大限度地获取利润和创造社会财富，总是不顾自然的承载能力而最大限度地开发利用自然资源，以致对自然环境和资源造成了不可逆转的破坏。而循环经济伦理观则要求企业遵循“3R”原则，在充分考虑自然生态系统的承载能力的前提下，尽可能地节约、循环使用自然资源，不断提高自然资源的利用效率，并以此来追求经济效率的最大化。循环经济伦理观不同于以往的生产伦理观，它是一种新的生产伦理观，它要求企业在生产过程中，从生产的伦理性和道德性的角度来认识生产，并尽可能利用高科技，用知识投入来替代物质投入，以达到经济、社会与生态的和谐统一。

其次，可持续发展价值原则要求人们树立新的消费伦理观。马克思曾经说过：“人从出现在地球舞台上的那一天起，每天都要消费，不管他在开始生产以前和生产期间都一样。”① 消费不仅是一个经济问题，还是一个道德问题，循环经济的消费伦理观基于人们的生态道德观和社会责任感而产生，它要求走出传统经济模式下“拼命生产、拼命消费”的误区，提倡适度、文明、健康、可持续的消费，在消费的同时考虑废弃物的资源化，建立循环生产和消费的观念。要求消费者必须选择一种与环境承载力相适应的生活方式——绿色生活方式，提倡适度消费，减少对自然资源的消耗和对环境污染物的排放；提倡从使用环境不友好的物质、“品牌”向追求环境友好的物质和精神的生活方式转化；提倡购买耐用的并可循环使用的物品等。也就是说，循环经济伦理观的可持续发展理念要求人类的消费必须遵循生态系统的循环规律，并能够促进生态系统的良性、持久循环。可以说，循环经济的消费伦理观是一种具有前瞻性的、先进的观念，是建立在较高的环境道德意识和绿色消费意识的基础上的观念。

最后，与传统的经济伦理观相比，循环经济伦理的可持续发展价值原则也是一种全新的自然伦理观。循环经济倡导的是一种与自然和谐的经济发展模式，既强调物质流也强调价值流，循环经济运行模式不再像传统工业经济那样将自然环境作为“取料场”和“垃圾场”，也不仅仅视其为可利用的资源，而是将其作为人类赖以生存的基础，视为需要维持良性循环的生态系统。循环经济伦理观要求企业在考虑科学技术时，

① 马克思恩格斯全集（第23卷）[M]．北京：人民出版社，1972：191.

不仅考虑其对自然的开发能力，而且考虑它对生态系统的修复能力，使之成为符合人类社会整体价值需要的、有益于人类整体生态环境的技术；同时，它还要求人类在考虑自身的发展时，不仅考虑人对自然的征服能力，更要重视人类利益与自然利益的平衡需要，考虑利益相关者的环境权益以及后代人的资源权益，从而使人与自然和谐相融，促进人的可持续的、全面的发展。

循环经济伦理中的可持续发展价值原则，把能否促进社会的可持续发展作为判断善恶的标准，把利益的获得建立在人类生命延续以及共同利益可持续发展的基础上，要求人们提高环境保护的自觉性，拒绝急功近利、透支和浪费地球资源的行为。

与之相适应，循环经济伦理的价值原则对政府、企业和社会提出了相应的道德责任。它要求政府以政策支持和制度约束来保障循环经济的发展，为循环经济伦理观的树立提供正确的价值导向；要求企业积极推行清洁生产、减少排污，树立生态安全意识，积极承担环保责任，更多地关注“利益相关者”和后代人利益，以最小的资源消耗来实现最大的经济效益；要求社会形成良好的道德舆论环境，消费者增强循环利用意识，形成环境友好型的消费观念，增强生态道德责任意识，把对环境的污染和影响降到最低。传统经济模式下的伦理价值观并没有过多地关注环境和后代人的资源权益问题，其高开采、低利用的粗放型经营模式是对自然资源的极大浪费，而且对生态环境也造成了巨大破坏。因此，对环境问题和后代人资源权益问题关注与否以及关注多少，是循环经济伦理价值观与传统经济伦理价值观相区别的根本所在。

在我国，坚持可持续发展价值原则，就是要促进人与自然的和谐，实现经济发展和人口、资源、环境相协调，坚持走生产发展、生活富裕、生态良好的文明发展道路，保证一代接一代地永续发展；在推进经济发展的同时，必须充分考虑资源和环境的承受能力，既重视经济增长指标，又重视环境资源指标；必须统筹考虑当前发展和未来发展，既积极满足人民群众现实的物质文化需要，又为子孙后代留下充足的发展条件和发展空间，使人民在良好生态环境中生产生活，实现经济、社会的永续发展。

3. 综合公正价值原则

在循环经济伦理中，公正是一个重要的价值原则范畴，它不仅是处理各种利益关系的普适性道德原则，也体现了以人为本的思想内涵。公正是人类社会发展的一种进步的价值取向，是衡量经济社会进步的重要尺度。循环经济伦理的公正理念是融经济公正、社会公正、生态公正为一体的综合公正观。

综合公正观要求人类在开发利用自然资源、发展经济的同时，要体现出“代内公正”、“代际公正”和“人地公正”，既要考虑当代人的正当利益，又要不危及贫困地区以及后代人的资源环境权益。“代内公正”是指“当代人在利用自然资源满足自己的利益的过程中要体现出机会平等、责任共担、合理补偿的原则，强调公正地享有自然资源，平等地享有权利”[①]；“代际公正”要求“当代人在满足自己的需要时，不剥夺后代

① 卢风. 应用伦理——现代生活方式的哲学反思［M］. 北京：中央编译出版社，2004：148.

人满足其需要的权利，要求在消耗自然资源时为子孙后代保留满足其需要的自然条件”；“人地公正”是指“人类在满足自己的需要时，以奠基于生态学的自然观和价值观去看待自然，从而公正地对待自然”，并以此来实现经济、社会、环境的和谐可持续发展。它包括：第一，公正理念要求人类把开发利用自然资源的权利和保护自然资源的义务统一在经济活动中。第二，公正理念也要求人类在进行经济活动时尽量减少和避免对自然生态环境的侵害，并对已造成的污染和侵害自觉给予受害者有效的补偿。在这一问题上，我国面临着来自国际、国内两个方面的压力。发达国家的有毒垃圾和有害工业企业想方设法寻找各种途径在我国“安家落户”。从国内看，存在着“城乡不公平”、“区域不公平”、“阶层不公平”现象。中国环境污染防治投资几乎全部投到工业和城市，而中国农村还有 3 亿多人喝不上干净的水，农村环保设施几乎为零。几十年来，中国资源富集的不发达地区源源不断地将资源输往发达地区，如今积累了发展力量的发达地区却没有给予不发达地区足够的补偿，富裕人群人均资源消耗量大、排放的污染物多，贫困人群往往是环境污染和生态破坏的直接受害者，且难以享受医疗保障。第三，公正还要求经济的发展必须摒弃新古典经济学的观点——通过经济增长来解决公平问题。公正问题的解决途径应是发展更好的经济系统，转变经济发展方式，提高资源的利用回收效率。第四，机会公平。没有投资能力的人（地区）缺乏与有投资能力的人（地区）在平等条件下运用生态环境获利的机会，因此，必须对穷人、对不发达地区或国家提供必要的资源，发展循环经济，减少资源消耗和环境污染，为他们和后代留下更多的资源利用和发展空间。这样做不仅是对发展中国家的支持，而且是发达国家自身保持生态平衡所必须的。同时，社会的再分配应当使不同阶层的人对自然资本的占有尽可能公平，从而减少贫富差距，实现共同富裕和经济、社会、自然的和谐发展。所以说，循环经济伦理的公正原则体现的是个人利益与社会整体利益、局部利益与全局利益关系相协调，其目的是实现人与自然、社会关系的和谐。

循环经济伦理的价值原则，反映的是经济、自然与社会发展相互联系的内在伦理精神，揭示和维护的是经济、自然与社会应是共生共荣而不是消长互损的关系，体现的是以人为本、全面、协调、可持续的发展观，从而把人类的经济需求与生态规律内在地统一起来，把满足当代人的暂时需求与虑及后代人的长远利益统一起来，把人类与自然有机地统一起来。循环经济的伦理价值原则，依据经济、生态、人类自身三大发展规律，融生态学、经济学、环境学、伦理学等诸多学科思想于一体。我们应该从 21 世纪经济社会发展的高度来审视循环经济伦理价值原则的意义，把它作为一种新的经济发展伦理观，在全社会大力倡导并努力探索其实现的机制，使之具有强大的道德力量，更好地引导与调控中国经济的发展走势。

（本文原载《道德与文明》2008 年第 3 期）

论循环经济发展模式下的消费伦理

循环经济发展方式是对传统线性经济发展模式的革命。体现在消费领域，两种不同的经济发展方式具体表现为线性消费模式与循环消费模式，其伦理向度及其道德诉求也呈现出根本性的差异。循环消费内蕴着可持续消费的价值理念，体现经济价值、生态价值和道德价值三者的内在统一性，注重经济与社会的协调发展，是当今走可持续发展之路、建立环境友好型社会应自觉选择的一种经济伦理观。关于消费伦理问题的研究，国内已有不少有价值的成果问世。本文以一种新的经济发展方式——循环经济发展模式为分析视角，探讨其消费领域的伦理问题。

一、可持续消费：循环经济的消费伦理理念

与传统经济增长方式相适应的传统线性消费模式，是以资源消耗型消费和环境污染型消费为特点的。经济系统致力于把自然资源转化为产品，以满足人们生存、发展和享受的需求，用过的物品则被当作废弃物抛弃，正如《增长的极限》所指出的，只要人口和经济增长的正反馈回路继续产生更多的人和更高的人均资源需求，这系统就被推上它的极限——耗尽地球上不可再生的资源。传统经济是一种“资源—产品—污染排放”单向流动的线性经济，其特征是高开采、低利用、高排放，其运行的轨迹是一种线性模式，即资源→生产→消费→废物排放→生态环境破坏+资源短缺，甚至枯竭。这就是所谓的“从摇篮到坟墓的经济”，也就是不可持续消费模式。循环经济发展方式与传统经济发展模式不同。循环经济本质上是一种生态经济，它遵循自然生态系统物质循环的能量流转规律，重构经济系统，形成以产品清洁生产、资源循环利用和废弃物高效回收为特征的新型发展方式。它要求把经济活动组织成一个“资源—产品—再生资源”的反馈式流程，其特征是低开采、高利用、低排放，从而有可能从根本上缓解经济发展与资源、环境之间的尖锐矛盾。因此，循环经济被称为“从摇篮到摇篮的经济”。循环消费作为循环经济中的一个重要环节，其中内蕴着可持续消费的伦理理念。可持续发展理念，重在构建人与自然的和谐关系。所谓可持续消费，按联合国环境署一项报告的界定，即提供服务以及相关的产品以满足人类的基本需求，提高生活质量，同时使自然资源和有毒材料的使用量最少，使服务或产品生命周期中产生的废

物和污染物最少，从而不危及后代人的需求。主张最大限度地减少自然资源消耗和对环境的污染及对生态的破坏，消除富国消费过度、贫国消费不足的代内不公平和毫无顾忌地消耗自然资源、破坏生态环境的代际不公平，不断提高人类的生活质量，确保代内公平和代际公平。可见，依据可持续价值理念来处理消费与发展、资源、环境的关系，人与自然才能达至和谐。不可持续消费与可持续消费模式对环境指标的影响①，参见表 1。

表 1　消费对环境指标的影响

指　标	不可持续消费模式	可持续消费模式
资源消耗	资源耗竭型消费，资源利用率低	减量化地使用自然资源，对使用后的新产品进行回收和废物资源化
环境质量	污染严重，环境退化，生态破坏	产业结构的调整、优化和升级，减少环境压力，改善环境质量
环境建设	环境建设费用高，效果差	以预防污染为主，结合地区特点，使环境建设具有可持续性
生态环境	"非生态消费"，无节制地开采	从消费角度建立一种人与自然的和谐关系，追求生态系统的可持续发展
污染控制	环境污染型消费	绿色消费，使用可回收和易降解的环保材料，减少有毒有害物质的排放

可持续发展理念倡导人类树立良好的生存价值观。发展循环经济，走可持续发展之路，要求人类在生产方式、生活方式与价值理念等方面发生根本性的转变，从而建立当代人健康生存与发展的良好的生存价值观。1991 年，由世界保护自然同盟、联合国环境规划署和世界野生生物基金会共同发表的《保护地球：可持续自生存战略》指出，在生存不超出维护生态环境涵容能力的情况下，提高人类的生存质量，提出可持续生存的九条原则。其中，既强调了人类的生产方式和生活方式需与地球承载力保持平衡，保护地球的生命力和生物多样性；同时，又提出了人类可持续发展的价值观和 130 个行动方案，着重讨论了可持续发展的最终落脚点是人类社会，即改善人类的生活质量，创造美好生活环境。生活水平与生活质量是两个既有区别又有联系的概念。生活水平主要用人均收入水平、消费水平等指标来衡量。而生活质量则在人均收入和消费之外，还要通过消费品质量状况、消费环境状况、消费者自身状况等来反映。生活质量的内容更深刻、更广泛，其核心是充分满足人的需要，从而提高人的素质，使人本身获得全面发展。可持续消费从缩小贫富差距、减少自然资源消耗、持久地提供各类消费品及服务来满足人类的基本需求、创造良好的生存环境等方面，来满足人类提高生活质量的要求。由此可见，可持续消费的宗旨与发展经济的目的是一致的。中国已进入全面建设小康社会的新阶段。2008 年 12 月 18 日，胡锦涛同志在纪念中共十一届二中全会召开 30 周年大会上更加强调，"我们的伟大目标是，到我们党成立 100 年时建成惠及十几亿人口的更高水平的小康社会，到新中国成立 100 年时基本实现现代

① 诸大建. 中国循环经济与可持续发展［M］. 北京：科学出版社，2007：241.

化，建成富强民主文明和谐的社会主义现代化国家”，从而把提高人民的生活质量提到了更加重要的议事日程上。

可持续发展理念，体现综合公正原则。关于可持续发展的内涵，1989年5月第十五届联合国环境理事会期间发表的《关于可持续发展的声明》中作了明确界定：可持续发展，是指满足当前需要又不削弱子孙后代满足其需要之能力的发展。可持续消费模式中就包括公平消费。它要求人们消费时不仅要考虑到当代全人类的利益，还应该自觉地承担起不同代际之间进行合理分配与消费资源环境的责任，当代人无权剥夺后代人平等享有环境资源的消费权利。循环经济在对待消费资源与承担环境保护责任的关系上，充分体现了代际公正与代内公正相兼顾的原则。1992年联合国在《21世纪议程》这一全球性共同纲领中正式提出了可持续发展命题，并将可持续消费模式置于其实现机制之中。1994年，在经济合作与发展组织会议上，联合国可持续发展委员会提出了“可持续消费”的一般概念，论述了其中的基本要素，说明“可持续”的实质就是要求人们坚持代际公正与代内公正的行为准则。即我们讲的不搞短期行为，当代人“不要吃子孙饭”；资源利用要坚持权利与责任的统一，实现公平配置。现实中有的企业急功近利，把“外部不经济行为”转嫁于其他企业与社会，伤害社会公共利益和长远利益，这必将带来严重后果。

显然，循环经济视角下的消费问题，除了其经济意义之外，还有生态意义与伦理意义。坚守可持续价值理念，就必须改变把人类的经济活动独立于生态与社会之外的思维方式，形成经济、社会与生态是相互联系并有机统一的思维方式，以整体性的观点去考量去评价。因此，引导公民树立循环消费理念，倡导可持续消费模式，可以有效地促进循环经济的发展，推动我国经济社会的协调发展。

二、适度消费：循环经济的消费道德准则

与循环经济相适应的消费行为，与传统的原始生态消费模式不同，与传统经济发展模式下的“大量生产、拼命消费”的线性消费模式也有着明显的区别。它有“应当”与“不应当”的价值标准，有具体的道德要求，其中适度消费就是其道德准则之一。

循环经济的适度消费道德准则，是基于人们的生态道德观和社会责任感而形成的。适度消费是指与经济发展水平及个人收入水平相一致的合理消费，要求消费水平的提高要与经济发展的水平相适应。适应资源和环境的压力，有利于降低废弃物的排放和资源化，树立循环消费的观念。同时，适度消费准则还要求从宏观上保持经济增长与消费增长的同步，保持总供给和总需求的平衡。适度消费属于可持续性消费观的基本内容之一，同样也是推动循环经济发展的动力之一。可见，循环经济提倡的适度消费道德准则，是一种具有前瞻性的观念，是建立在较高的环境道德意识和绿色消费意识

基础上的先进观念。

适度消费道德准则与过度消费观念相对立。过度消费的代价巨大，后果十分可怕。据统计，人们为包装食物消耗大量的金属、玻璃、纸张和塑料，在美国有1/4的铝用来制造罐头，其中一半以上被当成垃圾扔掉。在日本制造饮料罐是增长最快的使用铝的方法。每年全球制造和扔掉了至少2万亿个瓶子、罐头盒、塑料盒、纸箱和纸杯。食品包装在美国，按重量计算，将近占家庭垃圾的一半，占城市固体废物的1/5。美国消费者对食品包装的开支已达到甚至超过了农民的纯收入。在我国，包装废弃物也已成为社会关注的焦点之一。

除了包装废弃物之外，石油、天然气、水资源等的过度开发和使用以及森林的破坏等都导致了生态环境的破坏、水土流失、土地沙漠化。而消费过程产生的大量废弃物还造成了严重的环境污染。据有关资料统计显示：以家庭饮水为例，一般包括生活饮用、洗衣、洗澡、冲厕所、打扫卫生等，随着城市人口的膨胀、住房面积的扩大和生活水平的提高，用水量不断增加，排出的废水量也随之不断增加。据统计，目前全世界每年约有4200亿立方米污水排入江河湖泊，使得55000亿立方米水资源受到污染，约占全年净流量的14%以上，许多流经城市的江河水失去利用价值。高消费阶层所使用的矿物燃烧释放的二氧化碳占了2/3，释放的硫化物和氮氧化物约占3/4，他们的空调机和工厂则释放了约90%的氟氯化合物。城市垃圾正以每年10%的速度增长，其中90%以上被运到附近乡村填埋，造成垃圾包围城市的现象，并使土地和地下水受到污染。

此外，传统的消费模式在带来环境污染的同时，又对社会生产和人类生活造成极大影响。对资源的掠夺性使用使地球生态系统受到严重破坏，反过来又作用于人类本身。例如，一些激素类的药物、化妆品等的大量使用，使环境激素发挥着类似雌性激素的作用，干扰人体内激素，使人生殖功能失常。又如，燃烧过程中飘入大气的浮尘微粒对健康产生严重危害，引起呼吸道疾病，这在汽车集中的大城市尤为严重。可见，传统的消费模式对生态环境、社会生产和人类生活的危害是巨大的，我们必须摒弃过去的消费模式，选择适合经济、社会、生态和谐发展的消费模式。

适度消费道德准则倡导和谐的消费观。1992年联合国环境与发展大会通过的《21世纪议程》指出："地球所面临的最严重的问题之一，就是不适当的消费和生产模式，导致环境恶化、贫困加剧和各国的发展失衡。"中国消费者协会将"消费和谐"确定为2007年的主题，强调维护消费者权益、公平正义、诚实守信、营造和谐消费环境、搞好消费教育等；2008年的主题为"消费与责任"。"一方面，人类必须从自然界索取资源来满足生产和生活的需要；另一方面，消费的最终结果便是把大量的废弃物排放到自然界。人类通过这种周而复始的消费行为影响、作用于生态环境。适度的消费能带动生态系统中的物质流动和能量流动，促使大自然系统向有序方向流动；反过来，如果过度消费或消费不足，则会导致大自然系统的功能紊乱，向无序化流动，破坏生态平衡，破坏人类赖以生存或发展的生态环境。”① 因此，认识人类消费活动对自然界的影响，提倡适度消费对于推动循环经济的发展以及人与自然的和谐相处有着深远的意义。

适度消费道德准则与炫耀性消费、奢侈性消费的观念明显不同，适度消费道德准则体现了人类消费文明的进步。但工业文明中占主流的线性增长模式滋生的消费主义文化对人们的消费观念产生了很大的影响，如一些不良的消费行为与观念：攀比性消费、挥霍性消费、奢侈性消费、炫耀性消费等。马克斯·韦伯认为“消费超过需求就是浪费”。这些消费行为与观念，从根本上不适应循环经济这一新的经济发展方式的要求。中国传统消费思想崇尚节俭，以“黜奢崇俭”为主流，“俭，德之共也；侈，恶之大也”，“俭以养德”。自 20 世纪 70 年代末以来，在改革开放、发展社会主义市场经济的条件下，中国传统的崇俭消费的伦理观受到了严峻挑战，中国人的消费观念悄悄地发生着变革。消费更多地成为个人自主选择的行为，享受生活已被广大消费者所普遍认可，人们的消费行为和消费生活方式可谓发生了根本性的变化。这是适应经济发展要求的消费观念，也反映了社会的进步。但不可否认的是，消费主义产生的一些不良的消费意识也在滋生蔓延。在当前，提倡适度消费，需要从思想上摒弃“消费至上”、炫耀性消费和奢侈性消费等不良意识，引导人们依据经济发展状况、资源与环境的承载能力以及家庭因素等量力消费。

因此，应通过宣传引导，增强消费者的环境安全和环境保护意识，构建科学文明的，有益于人体健康和经济、社会、环境协调发展的消费结构，引导公众树立科学的消费理念和消费模式。应当把注意力放在引导人们选择适合循环经济发展的正确的消费方式上，并力保人们的规模消费水平保持适当的增长幅度，如提高我国广大农村地区的消费能力等，特别是在全球经济不景气的背景下。但又不能单纯地把消费数量增长的指标作为衡量社会和个人生活进步的唯一标准，这些都要求企业、家庭、消费者个人树立环境道德理念，承担消费道德责任。

三、绿色消费：循环经济的消费道德规范

绿色消费是一种体现长远性、公平性、适度性、节约性和效益性的新型消费伦理观念，也是循环经济发展方式对消费的道德要求。

绿色消费是当今人类的价值共识。绿色消费的重要内涵在于它是一种循环消费的模式，是可持续的消费，它与不合理的短期消费和一次性消费相对立，它注重对资源的回收和再利用，是一种有利于节约和保护自然资源的消费方式。生活中一次性饭盒、一次性杯盘、一次性牙刷、一次性筷子、一次性衣物、纸餐巾、纸抹布等充斥市场，

① 诸大建. 中国循环经济与可持续发展［M］. 北京：科学出版社，2007：237.

有限的资源仅参与了一次消费过程就被列入垃圾行列，这些不良消费方式必须被淘汰。自 1992 年地球高峰会议正式提出“永续发展”主题以来，绿色消费被视为达成全球永续发展目标的重要工作。绿色消费，不仅包括绿色产品，还包括物资的回收利用、能源的有效使用、对生存环境和物种的保护等，可以说涵盖了生产行为、消费行为的方方面面。绿色消费是一种以适度节制消费、避免或减少对环境的破坏、崇尚自然和保护生态等为特征的新型消费行为和过程。绿色消费不仅包括绿色产品，还包括物资的回收利用，能源的有效使用，对生存环境、物种环境的保护等。绿色消费的重点是“绿色生活，环保选购”。它包括三层含义：一是倡导消费时选择未被污染或有助于公众健康的绿色产品。二是消费者在转变消费观念，崇尚自然，追求健康，追求生活舒适的同时，注重环保，节约资源和能源，实现可持续消费。三是在消费过程中注重对垃圾的处置，不造成环境污染，符合“3E”和“3R”原则，即经济实惠（Economic）、生态效益（Ecological）和平等人道（Equitable）原则，减少非必要的消费（Reduce）、重复使用（Reuse）和再生利用（Recycle）资源和产品。相对于传统的线性消费模式，循环经济中的绿色消费是一种负反馈消费，其特点是：对人类消费过程中产生的废弃物进行回收、再生和利用，旨在减少对原始自然资源的消耗和环境污染。与此同时，对环境的治理从末端治理发展到生产过程控制和清洁生产，体现“3R”原则，大大减少了生产过程中废物的输出。它把传统的、依赖资源消耗线性增加的发展，转变为依靠生态型资源循环来发展的经济。循环消费是对线性消费的重大修正，是一种进步。中国人口多，底子薄，自然资源人均占有量十分有限，资源利用率又低，人口与经济高速增长对资源环境的压力日益紧迫。顺应经济发展方式转变，中央适时提出科学发展观，提出要大力发展循环经济，倡导绿色消费理念，是十分及时的。绿色消费主张科学、文明、健康的消费理念和消费行为，既满足人的正当需求，又不损害他人与社会的利益，有利于促进人的全面发展，最终实现人与人、人与社会、人与自然的和谐相处。

对于企业而言，绿色消费要求企业应承担合理引导消费者的社会责任。在市场经济条件下，消费行为会引导生产行为。企业作为社会经济活动的微观主体，既是社会财富的直接创造者，也是自然资源的主要利益者和工业污染的源头。面对当今潜力巨大的绿色消费市场，对于企业经营者来说，无疑是一个新的难得的市场机遇，这就要通过循环经济的生产模式，更多地制造绿色食品，既满足人们的市场需求，又在维护生态利益的同时赚取更大的经济利润，最终实现企业的经济目的与社会价值。通过对绿色市场的创造，鼓励企业改进技术、优化管理、提高质量，增强竞争力，创造绿色利润，从而提高自然资本效率。这对于中国打破国际绿色贸易壁垒、促使产业结构优化、加快经济增长方式转变、创造新的就业机会、促进循环经济的大发展，都是尤为重要的。同时也应该逐步通过规模化生产降低成本，使绿色消费产品的价格逐渐降下来，让广大消费者乐于购买，以此来促进循环经济的发展、缓解我国资源环境恶化的趋势，并引导公众树立绿色消费观念。

对于消费者而言，应树立绿色消费的道德意识。首先，要在全社会倡导绿色消费方式。提倡消费者食用绿色食品，是当前消费发展的新趋向。消费者是否采取绿色消费方式，直接决定着绿色消费的社会化程度。例如，如果没有一次性物品的消费，就绝不会存在一次性物品的生产。“如果每一个消费者都能自觉地抵制一次性物品的使用，那么任何一家企业就绝不会再继续生产一次性物品，整个社会就会减少资源消耗、减轻环境污染，就有利于可持续发展。又如，消费者对绿色食品消费的增加，将有力地影响农业向绿色农业方向、有机农业方向发展。”① 其次，消费者应增强节约资源、保护环境的自觉性。鼓励有利于降低纸币消费污染的信用型消费，倡导健康文明，抵制过度包装等浪费资源的行为，把节能、节水、节材、减少一次性用品的使用和保护环境人人有责的宣传逐步变为每个公民的自觉行动，可以促使消费者增加那些有利于环境的绿色产品的需求，减少对环境有害的产品的需求。如采用“家庭代谢”的分析方法来研究可持续性家庭消费模式，可以使自然资源不断地从物理环境中提取出来，在满足家庭消费的各种物质和精神需求之外，在家庭消费中实现循环，使大部分废弃物能够返还到环境中被循环再利用，从而减轻消费对环境的压力，促进循环经济的发展。最后，鼓励使用绿色产品。要求在消费时选择未被污染或有助于公众健康的绿色产品，防止对自然资源的不必要浪费。例如，在食品消费上，提倡食用绿色食品和有机食品，不食用野生动物；在建筑材料上，注重使用绿色建筑材料；在生活用品上，鼓励购买通过环境标志论证的商品，通过调整消费结构，扩大绿色产品有效需求。如现在日本市场上的牛奶、饮料、酒类等大多已改为纸质包装，法国的食品货架上已经看不到塑料、玻璃等难以回收的包装，绝大多数都采用了无菌包装纸盒。可见，绿色消费与公众息息相关，提高公众的循环消费理念，进而把可持续消费理念转化为公众的直接消费需求，这将是推动我国循环经济发展的有效途径。

可持续消费伦理理念、适度消费与绿色消费道德准则，是循环经济这一新的经济发展方式对人类消费模式和消费行为提出的伦理新要求，也是从控制最终产品来促进循环经济发展的关键。因此，我们应高度重视循环经济发展方式下的消费伦理及其实践层的机制研究。

（本文原载《郑州大学学报》（哲学社会科学版）2009 年第 8 期）

① 倪瑞华. 可持续发展的伦理精神［M］. 北京：中国社会科学出版社，2005：160.

坚持集体主义才能建设社会主义
——关于刘庄人的价值观

我国实行改革开放以来，随着商品经济的发展和利益关系的调整，价值观念成了大家十分关注、反复思索和经常争论的热点问题。那么，在社会主义建设和改革的大潮中，我们究竟应当选择、提倡和确立什么样的价值观？这是社会主义精神文明建设中的一个十分重要的问题。河南省新乡县七里营乡刘庄党总支书记史来贺同志说，价值观这个问题，光在名词概念上兜圈子是扯不清楚的，离开集体和社会追求个人价值更是行不通的，必须把人们的所想所愿、所作所为同国家和集体的前途命运紧紧地联系在一起，坚持集体主义原则，正确处理个人、集体和国家的利益关系，才能找到正确答案。40 年来，刘庄人在党的领导下，坚定不移地走社会主义道路，自力更生，艰苦创业，依靠集体的智慧和力量，终于把一个贫穷落后的“佃户庄”，建设成率先共同富裕起来，并在“小康”基础上继续向更高目标前进的新农村。社会主义以集体主义为核心的价值观深深地扎根于刘庄人的心中，并持久地指导和规范他们的思想和行为。

一、坚持集体主义的价值取向

价值取向是人们在多种利益关系中所倡导和选取的基本方向，反映人们在对待个人、集体和国家的利益关系上所采取的基本原则和一贯态度。它对人们的思想和行为具有重要的指导、规范和调控作用，直接关系着人们追求什么价值、走什么道路。在这个重大原则问题上，刘庄人倡导和确立了集体主义的价值取向。这是他们坚持社会主义道路的必然选择。

刘庄地处黄河故道，历史给这里留下的是“耷拉头”、“侧棱地”、“蛤蟆洼”等 1800 多亩高低不平的荒芜土地。新中国成立前夕，粮食亩产不过 50 公斤，皮棉亩产只有 10 多公斤，一遇上灾荒，许多人逃荒要饭、卖儿卖女；好年景，大部分人家也是糠菜半年粮，终年劳苦，不得温饱。当时流传着这样的民谣：“方圆十里乡，最穷数刘庄。”1948 年，刘庄人获得了解放。1952 年冬，21 岁的史来贺当选为刘庄党支部书记。他积极响应党的号召，先后在刘庄组织了互助组、初级社，1953 年全村合并成一个高级社。从此，刘庄人走上了社会主义道路，翻开了新的历史篇章。社会主义集体所有制的建立，把全村人的前途命运和集体经济的发展壮大紧紧地联系在一起，个人利益和集体利益从根本上实现了一致。以主人翁的姿态关心集体、爱护集体，巩固和发展集体经济，建设社会主义新农村，成了刘庄人共同的价值追求。彻底改变人贫地瘠的旧面貌，是刘庄人的根本利益所在。从20世纪50年代中期开始，在史来贺的率领下，全村男女老少，心往一处想，劲往一处使，肩挑车拉，挖土填沟，兴修水利，整整大干了20个年头，投工40万个，动土200万方，硬是把700多块沟壑不平的土地改造成四大块平展展的丰产田。如此艰巨的改天换地的工程，祖祖辈辈，一家一户连想都不敢想，如今在刘庄人手里竟然变成了现实。它充分显示了集体主义的威力，体现了社会主义制度的优越性，刘庄人也从中获得了自己的利益，看到了自己的价值。

在前进的道路上，刘庄人发扬集体主义精神，依靠集体力量，战胜重大自然灾害，排除种种干扰，使集体经济不断得到巩固和发展。三年困难时期，有些人在集体化道路上开始动摇，而刘庄人却心不散，志不移。全村没有一户离开集体自找出路，也不向国家伸手要救济，而是在党支部的领导下，发扬集体主义精神，同甘共苦，团结互助，积极开展生产自救，坚决抵制“五风”错误，终于战胜了灾荒，渡过了三年困难时期，巩固和发展了集体经济，支援了国家的经济建设。“十年动乱”期间，刘庄人紧紧团结在党支部的周围，排除“左”的干扰，在继续大搞农田基本建设、发展农业生产的同时，从事多种经营，全面发展。到1978年，粮食亩产达到825.2公斤，棉花亩产达102公斤，集体总收入126万元，人均分配280元，成为全国有名的富裕村。随着集体经济日益壮大，村民生活不断改善，集体主义思想观念越来越深入人心。刘庄人常常以“大河没水小河干，大河有水小河满”来比喻集体利益与个人利益的关系，自觉地把集体利益放在首位，坚持个人利益服从集体利益的原则。

在实行改革开放、发展商品经济的大潮中，刘庄人不仅没有脱轨转向，而且使集体主义精神进一步发扬光大，在社会主义道路上大踏步前进。中共十一届三中全会以后，农村普遍推行了家庭联产承包责任制。当初，有的人误认为要解散集体，恢复单干；有人担心来个“一刀切”。刘庄怎么办？史来贺组织干部群众一字一句地反复学习和领会中央文件的精神，最后大家一致认为，改革不是走回头路，而是社会主义制度自身的完善；也不搞“一刀切”，允许因地制宜，实行不同形式的生产责任制。他们从刘庄的生产力发展水平和集体经济实力的具体情况出发，在改革实践中探索和选择了集体经营、专业承包、分级管理、联产计酬的新的生产责任制。这项改革，合乎村情，顺乎民意，应乎时势。它既能充分发挥集体经济的优势，又能调动每个单位和个人的积极性，从而把刘庄的社会主义建设推向一个崭新的发展阶段。从几十年的实践中学习和锻炼出来的刘庄人，在各行各业都有一批懂技术、会管理、有经验的骨干。但是，在发展商品经济的热潮中，他们心里装着集体，想着群众，没有一个人离开集体搞单干、捞大钱，始终为发展刘庄、建设刘庄共同奋斗。1980年，刘庄已成为河南第一个“小康村”。1990年，全村集体总收入5000万元，比1978年增长38.6倍；人均集体分配2400元，比1978年增长7.6倍；公共积累达到8000万元，比1978年增长17倍。

十年的巨大变化，使这个先进集体更具有强大的吸引力、向心力和凝聚力。刘庄人说："不管在啥时候、啥情况下，你就是用 18 头牛拉，也甭想让我们离开集体一步，离开社会主义一步!"

前几年，有人把无产阶级的集体主义同封建社会的"群体至上主义"混为一谈，说什么强调集体主义就是抹杀个人利益、压抑人的个性、阻碍个人的发展。然而，刘庄的事实恰恰相反，坚持集体主义原则，不仅没有否定个人利益、压抑人的个性发展，而且为实现个人的正当利益、促进人的健康发展提供了保证，创造了条件。刘庄人说得好，个人离不开社会，有国才能有家。没有国家和集体的兴旺发达，就不可能有个人的一切；只有把个人的追求和才能融入广大群众建设社会主义实践的洪流之中，才能找到自己的应有位置，实现自我价值。

二、坚持共同富裕的价值目标

价值目标具体反映人们的向往和追求。人们朝着什么目标前进才会具有真正的价值，朝着什么目标前进就不会有任何价值呢？刘庄人对此做出了回答。他们把实现共同富裕确定为奋斗目标，认为共同富裕是在集体主义价值取向指引下的必然选择，体现了全村人的根本利益，是社会主义的本质要求。

史来贺常说，我们党领导群众闹革命、搞建设，根本目的不仅在于消灭剥削制度，更重要的是发展生产力，壮大集体经济，让大家都过上富裕文明的幸福生活。几十年来，他一直用这个基本观点教育党员、宣传群众，使之逐渐成为刘庄人孜孜追求的价值目标和自觉意识，并且在任何情况下从不动摇和转移。

早在 20 世纪 50 年代走合作化道路之时，刘庄人心里就明白，实行生产资料公有制，从根本上杜绝了重新出现贫富悬殊的两极分化现象，但这绝不是把大家捆在一起受穷，而是为了解放生产力、发展生产力，在不断壮大集体经济的基础上共同富裕起来。于是，他们充分发挥集体所有制的优越性，同心协力，大搞农田基本建设，发展农业生产。到 1957 年粮食亩产达到 215 公斤，棉花亩产达到 53.5 公斤，总产量分别比解放初期增长了 5 倍和 10 倍，初步解决了全村人的温饱问题。1957 年底，史来贺以全国劳模的身份，带着全村人的喜悦，出席了全国棉花会议。周总理紧紧握住他的手勉励说："千亩棉花平均亩产百斤以上，你们带了个头，希望你们认真总结经验，找出差距，先进更先进，高产再高产，彻底改变贫困面貌，给全国树立个榜样。"从此，史来贺一头扎进庄稼地里，搞起田间实验室，带领群众苦干加巧干，使粮棉产量年年有新的突破，村民生活逐步改善。

正当刘庄人治穷致富，向生产的广度和深度进军的时候，全国陷入"十年动乱"之中。有人诬蔑史来贺是"走资派"、"黑劳模"；胡说刘庄人"只埋头生产，不抬头看路”，是给“唯生产力论”贴金，走歪门邪道，搞福利主义。各种“帽子”满天飞，史来贺响亮地说：“社会主义不是要大家贫困，而是要为全体成员争取富裕文明的生活。咱是凭自己的双手干出来的，没有错!”驳斥了谬论，顶住了压力，稳定了人心，维护了局面。在这十年间，他们进行大面积的粮棉合作试验，千亩棉田单产突破了100公斤，800亩粮田亩产达到650公斤；先后改造和扩建了畜牧场、木器厂、机械厂、食品厂、奶粉厂。刘庄人在摆脱贫困的基础上，继续向共同富裕的目标前进。

刘庄人在长期实践中体会到，一个村庄要共同富裕起来，必须不断壮大集体经济。中共十一届三中全会以来，城乡商品经济蓬勃发展。刘庄人感到要使全村人更快富裕起来，把眼睛只盯在庄稼地上不行，还要进一步兴办企业，开发农村资源，促进专业分工，大搞商品生产，使低水平的集体经济向高水平的集体经济发展。他们从每年集体总收入中提取60%左右的公共积累，拿出大部分用于扩大再生产。十年来，他们依靠集体自身积累，采取滚雪球的办法，先后新建和扩建了30多个企业。1986年兴建的华星制药厂，是全国生产肌苷的最大厂家，年产值达到4000万元，即将投产的第二分厂，年产值可达5000万元。集体经济的实力壮大了，就向农业投资260余万元，购置农业生产机械，兴修水利工程。如今，刘庄农业生产全部实现了机械化、水利化。务农劳力41人，仅占全村劳力的6%，绝大部分劳力已转移到其他行业。

集体经济日益壮大，致富路子越来越宽，刘庄成为我国农村率先共同富裕起来的典范。现在，全村700个整半劳力，都有一份工作，各尽所能，按劳分配。从干部到群众，全部实行工资制。在这里，找不到贫困户，也没有“暴发户”，实现了有合理差别的共同富裕。目前，刘庄村民银行存款720万元，户均存款2.5万元；二三户就有一部录像机、一辆摩托车；彩电、冰箱、洗衣机、地毯家家齐全；每户独门独院，人均免费居住35平方米的两层单面向阳楼房；子女从入托到高中毕业，全部免费；65岁以上的老人除每年发给生活补贴费120元外，生老病死，集体全包；男女老少在村办的合作医疗卫生所就医治病全部免费；还免费供应吃水和一大部分肉、油、瓜果、蔬菜。村里有一所设备比较完善的学校，已普及到高中教育；有一座科技大楼，设置了农业、工业、畜牧业科研室和图书阅览室，为成年人学习科学知识、开展科研活动创造了条件；全村有107人受过各种行业技术培训，有117人获得了专业技术职称；村里安装了电视差转台，还有青年之家、电影放映队、篮球队，经常开展丰富多彩的文化活动。刘庄人虽然过上了富裕文明的生活，但并不满足。他们在共同富裕的价值目标驱动下开始了新的追求，向更高的目标攀登。他们计划再用5~10年的时间，使集体总收入达到1.5亿元，村民的物质文化生活水平赶上或超过经济发达国家目前农村的水平。刘庄人高兴地说：“有老史领着俺越干越有劲，日子越过越称心。”

刘庄人富了，没忘记帮助周围村庄脱贫致富。几年来，他们先后无息借出5万元、无偿支援8万元，扶持13个村建了38个厂，提供技术援助950人次；拿出18万元同两个村联合办建材厂，安排那里的剩余劳力；史来贺还经常到邻村，同那里的干部群众一起学习党的方针政策，帮助他们分析情况、制定发展规划。这些村的干部和群众感动地说："是史来贺和刘庄人的奉献精神，把我们带上了富裕道路。"刘庄人率先富起来之后，主动帮助其他村民脱贫致富，带动更多的农民兄弟走上共同富裕的道路，在全国又带了个好头。刘庄人的理想追求和优秀品格创造了巨大的道德价值和社会价值，充分体现了社会主义的本质。

三、坚持以奉献大小作为衡量人生价值的尺度

人生价值的大小，主要取决于人们在贡献与索取的天平上把砝码向哪一边倾斜。人们的价值观念不同，对待这个问题的态度也就不同。有的人，只求贡献，不思索取，大公无私；有的人，贡献多少，就要索取多少，斤斤计较；有的人，只想索取，不愿贡献，甚至巧取豪夺。刘庄人，坚持把个人对他人和社会的贡献大小作为衡量人生价值的尺度，提倡和发扬无私奉献精神，形成了助人为乐、奉献为荣的社会道德风尚。

史来贺就是一位为民造福、无私奉献、深受广大人民敬佩和信赖的共产党人的优秀代表。他牢记党的宗旨，把全心全意为人民服务作为自己最高的价值追求和行为准则。他说："为民造福是我的最大乐趣。"几十年来，为了党的事业，为了把刘庄建设成为富裕文明的社会主义新农村，他不计名利，不思索取，人不离刘庄，心不离群众，身不离劳动，脚踏实地带领群众为实现美好的理想而奋斗。史来贺同志多次主动放弃担任更高领导职务的机会，始终以普通劳动者的身份同刘庄人劳动在一起，生活在一起。他说："我是修地球的人，不能上天。全国 4000 多万党员，每人都把脚下那块地球修好，中国就兴旺了！"他是这样说的，也是这样干的。修黄河大堤，他同民工一样吃住在工地，干在工地；在田间、工厂，不论脏活重活，他都同小伙子们摽着膀子干。他还说："当干部是为群众谋利益的，不光劳动带头，吃亏也要带头。"从 1953 年起，他同村干部商定，一概取消干部补贴。他当上国家干部开始拿的工资比村民平均收入高，就把工资交给集体，按劳力平均水平参加分配；后来村民的分配水平超过他的工资收入，他只拿自己的工资，从来不要任何补贴和村里发给人人一份的十多种福利。他心里装着集体，处处想着群众。逢年过节时，他领着干部把准备好的肉、油、面、菜和糕点分送到各家各户；群众有了病，他去看望；谁家有了难处，都乐意找老史商量。从初级社开始，每年除夕，他都带领干部到饲养室值班，替下饲养员，让他们回家团聚。刘庄人说："40 年来，老史为我们刘庄的发展、为给子孙后代造福，熬了多少夜，吃了多少苦，啃了多少书，担了多少风险和压力，谁也说不清！"

在以史来贺为代表的干部和共产党员这种高尚品格和无私奉献精神的带动和影响下，刘庄人人争做贡献，积极参加义务劳动。1976~1981 年，刘庄人"白天种棉粮，夜间盖楼房"，拆除了 200 多户的全部旧房，新建起 1800 多间单面双层向阳楼，男女老少投入了 144 万个义务工。每年春秋大忙季节，全村人都争先恐后地参加义务劳动。

如果是计酬劳动，有的人倒不一定参加；要是抢种抢收，突击其他公活，谁也怕失去为集体做贡献的机会。就连一些年老体弱的人也是这样。史来贺总是劝他们说：“你们心有余而力不足了，回家去照料好娃娃们，做好饭菜，支持年轻力壮的去尽义务，这也是对集体的贡献。”他们共同回答：“国家和集体给我们的太多了，我们为国家和集体贡献的太少了。哪怕是少尽一点点义务，全家都感到不安。”人的能力有大小，但只要尽其所能，肯向社会做贡献，就获得了人生价值。然而，在现实的社会生活中却有这样一种人，在资产阶级个人主义价值观诱导下，把“一切向钱看”作为信条，唯钱是逐，唯利是图，损公肥私，损人利己。这种被铜臭玷污了灵魂的人，连寡廉鲜耻都不顾，还谈得上什么人生价值！

更可贵的是，刘庄人不仅不谋私利，更不图虚名，在荣誉面前，他们是“多做贡献，少要荣誉”。多年来，在刘庄开展的争先创优活动中，每年都要涌现出一些先进人物，获得各种奖励和荣誉。史来贺的儿子史世领就是其中之一。他一贯表现很好，工作成绩突出，为刘庄的建设和发展作出了显著的贡献，曾连续四年被评为模范。当团组织和青年们推选他当全国青年突击手时，史来贺却不同意，并向大家说：“年轻人需要的是多做贡献，少要荣誉。”这件事对刘庄人教育很深。奖励和荣誉，绝不是引导人们去追名逐利，更不是沽名钓誉，而是对先进人物的创造性劳动和突出贡献的一种承认和肯定，激励人们比、学、赶、帮，共同前进，为社会创造更多更好的物质财富和精神财富。这正是刘庄人所理解的无私奉献的精神实质和所掌握的衡量人生价值的标准。

如今的刘庄，物质丰富，精神富有，环境优美，呈现着一片生机盎然的繁荣景象。它显示出来的集体主义凝聚力、战斗力和社会主义的巨大优越性，无疑是对鼓吹个人主义、诋毁集体主义、美化资本主义、攻击社会主义的种种谬论的最有力的驳斥。刘庄人的实践告诉人们：社会主义的集体主义原则是指导我们的思想和行为的规范，只有在实践中大力倡导和贯彻集体主义原则，才能建设社会主义。

（本文原载《求是》1991 年第 16 期，与徐必珍合作）

农村“两个飞跃”和集体主义教育

党中央曾多次提出，在改革开放和现代化建设过程中，仍然要重视对农民的教育问题，其中非常重要的一条是加强集体主义教育。应当说，在这一问题上一些同志还存在着不少模糊认识，比较突出的就是认为实行联产承包责任制没有集体主义赖以生长的经济基础，集体主义教育只能流于说教，或者这种教育本身就有悖于市场经济。有鉴于此，特别需要用建设有中国特色的社会主义理论统一这方面的认识，并探索新的教育方式。

一、“两个飞跃”是集体主义教育的理论武器

在我国农村实现联产承包责任制十年之后，邓小平同志从战略高度将农村改革发展的道路概括为“两个飞跃”。他说：“中国社会主义农业的改革和发展，从长远的观点看，要有两个飞跃。第一个飞跃，是废除人民公社，实行家庭联产承包为主的责任制。这是一个很大的前进，要长期坚持不变。第二个飞跃，是适应科学种田和生产社会化的需要，发展适度规模经营，发展集体经济。这是又一个很大的前进，当然这是很长的过程。”① 此后，他反复论述了“两个飞跃”的发展路子。

邓小平“两个飞跃”的论述，指明了我国农村改革和发展的道路，也为我们对农民进行集体主义教育提供了强大的思想武器，有利于澄清许多流行的糊涂观念，防止“左”和“右”的种种倾向和干扰。我们应当善于运用这个理论武器对农民进行深入的教育。

首先，要以“两个飞跃”的理论武装党员特别是干部，把社会主义农村发展趋势、必经道路、远大前景当作集体主义教育的重要内容，引导广大群众拓宽视野，提高发展新的集体经济的自觉性。由于过去那种“大呼隆”、“大锅饭”式的集体化在农民心目中留下的恶感较深，所以必须向农民讲清，一方面集体化是社会化生产力发展的客观要求；另一方面新式的集体化与过去那种旧的集体形式有重大区别。新的集体化同高度集约化及农村工业化、城市化进程相联系，以农民群众的自觉自愿为前提，能够

① 邓小平文选（第3卷）[M]. 北京：人民出版社，1993：355.

充分调动群众进行现代农业规模经营的积极性，实现共同富裕而不搞平均主义，生产力水平、经营形式、劳动方式、分配关系和农民的生活状况，都同以往有重大区别。这是农业现代化发展、农民共同富裕的一条必经之路。

其次，“两个飞跃”的理论也从发展趋势上回答了解决小生产与大市场矛盾的出路。随着社会主义市场经济体制的建立、完善和市场化程度的提高，我国农业所面向的不仅是村际间的小市场，而且是全国的大市场、世界的大市场，要发展外向型农业，要进行农产品多层次深加工。这就需要用现代科学技术和先进的生产手段武装农业（包括种植业、养殖业）以及与此相关的加工工业，逐步实现集约经营，取得规模效益，提高抵御自然灾害和市场风险的能力。如果长期停留在现有一家一户的手工劳动基础上，那就无法适应大市场的要求，当然也就不能使农民在高水平上富裕起来。这个道理要给农民讲清楚，帮助他们明确新集体化同大市场的内在联系。

最后，“两个飞跃”的理论有充分的实践基础。我国各地都涌现出大量成功的典型，应当运用先进的典型解释“两个飞跃”的理论，用活生生的实例对农民进行集体主义教育。苏南集体化经济的飞速发展，参与国际市场竞争的事实，已经享誉全国。河南的老典型刘庄也是人们所熟知的，而实行联产责任制后出现的新集体化典型，如河南巩义市的竹林村、临颍县的南街村、新乡县的京华公司等，同样应当做广泛宣传。广大农民了解到这样一些新集体的典型，就会增强实现“两个飞跃”的信心，树立集体主义的观念。

同时，对于先富起来的农民也要理直气壮地进行“两个飞跃”、“先富—共富”的教育。要让先富起来的农民树立集体主义美德，树立帮助集体经济发展的责任感。这本身对于这些农民和全体农民都是有说服力的集体主义教育。

二、多形式多层次的合作组织是进行集体主义教育的经济基础

毛泽东说过：“马克思列宁主义的基本原则，就是要使群众认识自己的利益，并且团结起来，为自己的利益而奋斗。”用“两个飞跃”理论武装农民，不只是让他们认识未来发展的集体利益，而且以现实的经济为基础认识目前的利益。这也是农村集体主义教育的一个重要内容。

有些同志把农村联产承包责任制同农村集体经济绝对割裂开来，认为没有进行集体主义教育的经济基础，这种认识是不全面的。邓小平同志所说的第一个“飞跃”，并不是完全取消集体经济，而是对旧集体经济的一种扬弃，它是双层经营，即联产承包责任制的发包方仍然是集体，土地属于集体，还有其他的集体资产，特别是水利设施。不少农村有集体园林、牧场、集体工业企业。作为双层经营一个层次的集体经济还有

组织有关增进集体利益的经济活动，如兴修农田水利、集体防治病虫害、推广先进技术等。尽管不少地方集体经济比较薄弱，但是总体上它还是存在并起作用的。随着农业生产力的不断提高，尤其是乡镇工业的迅猛发展，集体经济都将会逐步壮大。所以，不能说实行联产承包责任制后就完全没有进行集体主义教育的经济基础，而实际上恰恰需要的正是利用这个基础让农民认识和关心集体利益。

不仅如此，这些年随着社会主义商品经济的迅速发展和改革的不断深入，又出现了多种多样、多层次的服务性合作组织。尽管这些合作组织现在各地发展很不平衡也不够完善，但新的合作制雏形层出不穷，表现出一种新的趋势。所有这些正在构建的新型合作经济网络，也是对农民进行集体主义教育新的经济基础之一，这里同样凝结着农民的共同利益。

除了多种有形的经济组织关系之外，农民之间还有多方面的互助、联合、协作、社交等往来共事活动。由于自然经济和封建宗法关系的长期统治，过去农民之间的互助交往关系有不少带有家族宗法甚至封建迷信的色彩。如今在社会主义市场经济环境中，公有制为主体，应当体现新型的互助关系。现在应当在农民中大力倡导人与人之间的互助共济、团结友爱、协作联合的精神风貌，这也是对农民进行集体主义教育和社会主义精神文明建设的一个基本内容，是巩固社会主义经济基础、抵制各类落后意识和丑恶现象的有力保证。

社会主义制度形成、巩固和发展中有一条十分重要的规律，就是思想领先。早在新中国成立前夕，毛泽东就强调：“严重的问题是教育农民。”这个论点现在还没有过时。尤其在社会主义市场经济和实行联产承包责任制条件下，用集体主义教育农民不但是巩固现有经济基础的要求，而且是实现第二个“飞跃”的必要准备。

三、党员干部率先垂范是集体主义教育的关键环节

诚然，农民实行联产承包责任制之后，对农民进行集体主义教育的条件出现了许多新情况、新特点、新问题，确实存在一定的难度。不过，大量的实践表明，对农民进行集体主义教育，关键还在于发挥党组织和党员的作用。不仅那些在农村实行联产承包责任制后新涌现的集体化、集约化先进典型，主要是依靠那里的党组织带领（包括像史来贺、王洪斌、刘志华等先进人物的巨大作用），而且在广大的农村也主要取决于党组织和党员干部作用发挥的程度。例如河南省舞阳县，就是通过发挥党支部的战斗堡垒作用和党员带头作用开展“富民工程”的。许多地方的成功经验告诉我们，现在对农民进行集体主义教育，促进共同致富，一定要抓住党组织和党员干部这个关键环节。

为了提高农村党组织的整体素质，应当有计划地组织党的基层干部和广大党员学

习邓小平建设有中国特色社会主义理论，特别是“两个飞跃”的论述，提高他们带头维护集体利益的自觉性，学会发展集体经济和进行集体主义教育的本领。现在有许多党员干部不懂得“两个飞跃”的理论，只顾眼前，不看长远，盲目性很大。以其昏昏使人昭昭是不可能的。

在提高党员干部思想理论素质的基础上，还要采取一定的组织形式和规章制度，落实对农民进行集体主义教育的具体责任。干部包村、党员包户、定期检查、奖罚分明，就是许多地方的成功经验。当然，对农民进行集体主义教育，我们并不提倡空洞的说教，应当把思想教育同发展、深化改革密切结合起来，把农民的长远前景教育同眼前的利益结合起来，但是绝不能丢掉、削弱思想政治工作，放弃教育农民的责任。我们应当在实践中积极探索把集体主义教育变成激励和约束两种机制有机统一的有效途径，在大力发展社会主义市场经济中用先进的思想占领农村阵地。

（本文原载《高校理论战线》1996 年第 9 期）

当代中国农村集体主义道德的新元素新维度

我国的改革开放以农村改革为突破口。这场改革通过调整农村生产关系为进一步解放社会生产力开辟了前进道路，农民专业合作社就诞生在这场如火如荼的改革中。这标志着中国农村的生产方式、经济结构、社会组织方式发生了深刻变化，与之相适应，深深植根于新型经营主体间形成的经济关系、人伦关系沃土之中的集体主义道德，更是发生了深刻变化，平等、互利、公平、民主等新道德元素和价值维度日益凸显，迫切需要理论上的新解读。经过实地调研和考察，发现在我国农村，真实的合作组织在经济社会生活中发挥着重要的组织功能，新的伦理元素与价值维度以及道德实践方式，极大地丰富了集体主义道德，并在社会主义新农村文化建设中发挥着引领、整合和凝聚功能，彰显出强大的生命力。

一、制度变迁下的农村集体主义道德演进

我国改革开放前后历经 60 多年，在农村生产方式不断变迁和政治制度不断演化的大背景下，中国农村集体主义道德与其相伴共生共长。集体主义道德是农民合作基础上的产物。那么，农民为什么要合作？从经济学意义上来说，为了适应市场环境发展农业生产、农民增收、获得资料和实现幸福。从伦理学意义上来说，使农民通过这种自由的联合，从自我或一家一户的狭隘思维中走出、实现利己与利他的道德超越，形成集体主义观念，并在这种真实的集体中获得个人道德素质的提升。我国是农业大国，农业人口长期以来是全国人口的主要部分，不论是革命时期还是建设时期，农业和农民的贡献都是不可磨灭的。从农民群众支持全国解放形成的革命集体主义精神，到新中国成立以后，逐渐引导农民从合作化再到“人民公社”运动，农民合作方式的改变又使农民对集体主义道德有了更深的理解，把“大公无私”、“无私为公”理解为“集体主义”。中共十一届三中全会以后，实行家庭联产承包责任制，土地包产到户，激发了农民的生产积极性，大大提高了农业生产效率，于是有人就认为，农民之间不需要大规模的合作，一切要以“自我为中心”。但是，到了 21 世纪，农民、农村、农业问题如同毛泽东早年讲的，中国的问题就是农村问题一样，仍然是我国经济社会发展中

的突出问题之一。农民个体的温饱不是问题，一家一户富裕也有可能，但如何在市场竞争日益激烈的今天实现可持续的农民增收、农村社会进步则是迈不过去的坎儿。人是社会性动物，农业历来又是弱势产业，这就更需要一种合作、一种权利保障来维护个人、集体和国家的利益。来自于农民中的自发联合倾向，以一种不同于传统合作化运动的方式在中国大地上生长和扩展开来，正是这种不同于以往的改革实践大大丰富了集体主义道德的内涵。

土地制度改革奠定了集体主义道德在农村的经济基础和制度基础。中华人民共和国成立前夕，《中国人民政治协商会议共同纲领》顺利通过，发挥了新中国“临时宪法”的作用。《共同纲领》规定：“有步骤地将封建半封建的土地所有制改变为农民的土地所有制。”在新解放区的土地改革运动中，所依靠的基本力量只能是贫农、雇农，土地改革的主要直接任务就是满足贫农、雇农群众对土地的要求。农民摆脱了对地主阶级的生产依赖后，获得了属于自己的基本生产资料和条件。农民获得土地后思考的问题首先是解决温饱的问题，其次才是发展的问题，想发展就必须合作。基于农民的生存诉求，农民合作方式的演变必须遵循两个原则：一是合作方式的变化必须能产生更多的经济收益，一定要比个体经营时更赚钱；二是合作方式的运行必须尽量保障农民个体的利益，让农民得到更多的实惠。卢梭在《论人类不平等的起源和基础》中所表达的观点是：在土地私有制没有出现以前，农业的出现是不可想象的。他限于当时资产阶级的思想范畴，认为在自然状态中，只有一些孤独的个人，因此他不能设想远在私有制出现以前，已经有公社所有制的形式。

我国农村土地所有制是农民土地集体所有制。从实质上看，农民分得的土地仍是只具有使用权的生产资料，土地使用权尚需要农村集体分配，从而保证了农民个体的机会平等、身份平等、权利平等，这就为社会主义条件下的集体主义道德提供了生长前提。新中国成立初期的土地制度改革是农村生产关系的革命性变革，从而为农村社会和农民之间产生新道德奠定了物质基础。集体主义道德与历史上其他类型的道德原则不同，它形成的基础是个人利益与社会整体利益的根本一致性，是“真实的集体”，它能达致个体与社会、局部与整体意志的统一。在有产阶级和无产阶级或阶层之间、局部与全局之间利益冲突和对立的基础上，这个集体必定是“虚幻的集体”。

合作化运动确立了集体主义道德的地位。土地改革之后，农民分配了土地，实际上已经成为独立的商品生产者，但是由于当时的农业劳动生产效率极为低下，农民迫切需要发展生产，提高生活水平，这就表现在两个方面：一方面是个体经济的积极性；另一方面是劳动互助的积极性。由于当时我国农村的生产力水平非常低下，并且生产的发展水平也很不平衡，在农村仍存在着较为明显的贫富差别，一部分底子较厚、又善于经营的农民在土地改革之后逐渐发展起来，并开始购置较大的牲畜，有的把小毛驴卖了，添一些钱再买一头大骡子，有的把小板车拆了，再购置一辆大车，根据当时的生产条件，这一小部分发展较快的农民很快就遇到了一个发展极限，如果他们不再增加自己的土地，生活水平的提高速度就会放慢，他们就有了购买土地的欲望。而另一部分农民，特别是土地改革前的贫农和雇农，由于他们的底子薄，缺乏必要的生产工具和牲畜，本身就比那些生产工具充裕的农户发展慢，如果遇到灾荒，那些劳动力少，有老、弱、病、残成员的家庭为了维持最起码的生活条件，不得不出卖自己最主要的生产资料，那就是土地，如果任其发展下去就会回到土改前的悲惨状况去。这时农民的道德状况依然是个人是生产的中心，农户个体利益至上。党在领导合作化运动的初期一切为了增加生产，并充分考虑群众的觉悟和实际情况，用群众的切身体验教育群众，引导农民走互助合作的道路，逐渐发展成为较高级的农业合作社组织。通过引导和民主建设，集体主义道德观念逐渐在农民群众中树立和发展起来，1957 年 2 月，毛泽东同志发表了《关于正确处理人民内部矛盾的问题》的讲话，1957 年 8 月，中央发出《关于向农村人口进行一次大规模的社会主义教育的指示》，中央要求各级党委都必须有准备地、有次序地、自上而下地派遣工作组，协助乡社的党组织有力地批判富裕中农的资本主义思想，坚持民主办社，反对一切不顾国家利益和集体利益的个人主义和本位主义思想，使集体主义道德逐渐深入农民的内心。

“人民公社”化运动产生的集体主义道德，也显露了抑制维护个人正当利益和个人创造的倾向。“人民公社”化运动是 1958 年 8 月《中共中央关于在农村建立人民公社问题的决议》后发动起来的。在公社的范围内实行贫富队拉平，平均分配，对生产队的某些财产无代价地上调，以公共积累的名目，过多地搞义务劳动，把生产队甚至社员的一些财产无偿地收归公社所有，破坏了等价交换的契约原则，在公社内部片面强调“一大二公”，从而损害了群众的利益，挫伤了社员群众的积极性。这样发展的后果就是“政社合一”，即经济组织和政权组织结合在一起，不分彼此，农民在这种生产合作方式下会产生一种什么样的道德呢？只能是一种集体利益远大于个人利益且渐离于个人利益，平均化的、缺乏个人创造的绝对平均主义的道德。事实上，这种道德陷入了既损害个人利益又损害集体利益的“双亏”尴尬境地。“经济人”开始向“政治人”转变，一切平等的经济活动受到行政命令的指挥而不是供求关系的驱使，需求与供给之间的关系严重扭曲，集体主义道德因此也受到了急躁冒进的极“左”思想影响，过于强调对集体利益的服从，淡化了对个人正当利益的维护，个人的劳动被集体严重地低估，也就抹杀了个人创造的积极性，这种“集体”本质上还不是真正意义上的“真实的集体”，农民内心不答应、不赞同，农村经济社会进步受到影响，因为“贫穷”终究不是社会主义和集体主义道德的初衷。

农民家庭联产承包责任制使集体主义道德获得新生。1978 年中共十一届三中全会以来，党中央在总结农民群众伟大创造的基础上，积极推行各种形式的农业生产责任制，农民之间的合作方式发生了根本性的变化。生产单位明确规定岗位责任、生产任务、经济权利和物质利益，使责任、权利、利益紧密结合起来，同时考虑产量的提高，这就叫做联产承包责任制。农民在不改变土地集体所有制性质的情况下，采取这种生产方式，明确分工、责任，迅速实现了粮食增产的目标，解决了温饱问题。个人的存在和利益被充分重视，个人与集体、集体利益与个人利益不是对立的，而是相互包含、相互促进的，只有在合理的调适中才能共同向前发展。农民在新的生产组织方式下越来越认识到，个人与集体之间应该具有的本质性关系，即只有在充分发挥个体的积极性的基础上才能最大限度地实现集体的发展，只有在充分尊重和实现个体利益的基础上才能最大地实现集体利益。社会主义社会在本质上应该比历史上任何社会形态既能够更加充分地实现集体利益，又能够更加充分地实现个体利益。到了新世纪、新阶段，在我国农村出现了一种新的农民生产合作方式，在自愿与民主基础上的生产合作，即农民专业合作社组织这一新型经营主体，其目的是壮大合作经济，使农民增产增收，在合作中谋求发展和进步。不容置疑，一个具有共同利益的群体一般会为实现这种共同利益而采取一些共同行动，农民生产合作实践告诉我们，集体的人数越多，产生集体行动的行为越不容易形成，这是由于农民本身或者可以说大多数人本身都有着一种自利、理性的行为倾向，都不愿为集体利益作出贡献，这就是奥尔森曾经提到的集体行动的困境。但是，我们发现，随着市场机制的进一步深入，这种农民合作组织自发采取一种核心社员领导下的理事会体制，按照民主决议一人一票的形式，在促进农民增收和文明意识方面起到了积极作用，政府只是引导，农民自由联合，尊重自愿原则，成为集体经济的一种重要的实现方式，既承认个体的差别，又强调合作统一，在个人和集体的关系中强调双赢、互利，极大地丰富了集体主义道德的内涵。

二、农村集体主义道德的人文生态景观审视

随着我国农户家庭经营主体地位的确立，小农家庭随之演变为一个社会经济功能合一的实体，它既是从事农业生产和经营的经济组织，还是独立的生产消费单位，又承担着扩大再生产的积累功能，同时它还是建立在血缘关系上的社会组织细胞，承担着一定的村落社区角色和社会职能。农户家庭的这种多重功能决定了农户行为目标的多重性，包括改善家庭生活、增加家庭收入、扩大生产经营规模、提高社会地位等，对这一系列目标的轻重权衡构成了农户的基本行为框架。农村土地制度的不断变革和农民财产权利的获得，使农村的生产和劳动过程实现了劳动者和生产资料最直接的结合，小农生产方式再度回归，小农意识也有一定的反弹。一般认为小农经济是落后的、封闭的、非商品化的，但随着农村市场化进程的不断推进，中西部地区小农不仅为自己生产，而且为市场生产，不断地面向市场调整自己的生产经营行为和资源配置行为，建立在自愿合作基础上的农民合作社应运而生，进一步推动农民生产的社会化程度的提高，农民的合作观念和集体主义道德意识也在悄然发生变化。

以河南省滑县为例，2008 年 10 月至 2009 年 2 月我们选取了 621 户农户为样本，做了一些调查。滑县位于河南省安阳市东南部，辖 10 镇 12 乡，1019 个行政村，全县人口 125.1 万人，其中农业人口 115 万人，区域面积 1814 平方公里，耕地面积 195 万

亩，是一个人口大县、农业大县、产粮大县和国家级扶贫开发工作重点县。截至2009年8月底在滑县工商部门登记注册的各类农民专业合作社有18家，覆盖农业人口6余万人。合作社规模小、农产品品种单一、血缘地缘关系重是这些合作社的共同特征，在全国中西部地区比较典型。其中发展较好的有滑县绿缘温棚瓜菜农民专业合作社和滑县瑞刚瓜菜种植农民合作社，这两个合作社均为1000户农户以上的合作组织，采取入社自愿、退社自由、民主管理、民主决策的方式参与市场经营，主要搞好统一技术服务，统一购买农资，统一销售服务。两个合作社2007年为社员统购农资430万元，在保证每亩600斤小麦产量的基础上，同年为社员分得收益2~3万元，经营上采取记工制、二次分包和按照作物产量高低奖惩的做法，根据作物不同特点和劳动量的大小确定用工及工资，日均工资约20元，实行分包制，分包户每亩瓜棚另外还可增收1万元。

在国家政策的大力引导与支持下，适应农民合作意愿的农民专业合作社快速健康发展，以河南省濮阳市为例，到目前，农民专业合作社已成为该市发展农村经济的有效载体。2011年3月10日，濮阳市农民专业合作社发展工作领导小组的成立，标志着该市农民专业合作社进入了一个新的发展阶段。自2007年《中华人民共和国农民专业合作社法》颁布施行以来，该市农民专业合作社的发展呈现出以下几个特点：第一是发展势头较为迅猛。濮阳市各类农民专业合作社由2007年的10余家发展到2012年底的3000余家。其中，省级农民专业合作示范社19家（濮阳县7家、清丰县4家、华龙区3家、南乐县2家、范县2家、高新区1家），市级农民专业合作示范社44家，县级农民专业合作示范社125家，已初步形成了省、市、县三级示范社引导体系。第二是涉及领域日渐广泛。全市农民专业合作社涉及种植、养殖、农机服务等60余个行业领域。从行业分布看，种植业473家、畜牧业291家、供销类222家、农机服务类109家、其他类41家，分别占总数的41.6%、25.6%、19.5%、9.6%、3.7%。2010年农民专业合作社统一销售农产品23.6亿元，统一组织购买生产资料13.8亿元。如濮阳市新农村合作社由最初的几十户发展到现在的12个自然村3000多户，入社农民达40000人，以濮阳市农业局和市农科所专家为依托，拥有20多人的科技服务队，为社员提供产前、产中、产后的技术、信息、生产资料购买和产品的销售、加工、运输、储藏等服务，每年仅种子、化肥、农药三项就为社员节约30多万元。第三是服务内容日趋增多。农民专业合作社从过去的单纯技术推广服务，开始向技术、信息、加工、销售、储运等全程综合服务转变。如濮阳市清丰县河山农业机械专业合作社拥有83台各类农业机械，实行订单作业，预约上门，为种粮大户提供土地托管和耕、耙、播、收、脱、运等农机作业系列服务，同时还建立了“河山农机合作社农机调配交易中心”，开展二手农机交易服务。2010年共托管土地1200亩，开展免耕播种2000亩，不断提高农机的社会化服务水平。第四是带动能力不断增强。合作社成员13.3万个，带动农户19.8万户。全市农民专业合作社辐射带动8400多户特色经营农户入社，入社“龙头”企业21家，合作社成员出资总额达50.97亿元，年产值达11.5亿元。全市农业产业化龙头企业达到502家，其中省级重点农业产业化龙头企业达到23家，较2009年增加12家，市级重点企业达到104家。如濮阳县绿源有机蔬菜专业合作社不断扩大合作社覆盖面，社员已发展到110户，涉及子岸、五星、渠村、海通等乡镇的十几个村，建设基地1000亩，辐射带动基地3000亩，间接带动农户1500户，仅此一项每户年均增收1000元。发展和创新农民专业合作社，有效增加了农民收入，加快了新农村建设的进程。农民专业合作社把从事专业优势产业的农户组织起来，通过推进农业结构调整，参与农产品加工、营销活动，规模购买农业生产资料，降低生产成本，减少交易费用，有效地保证了收入的稳定增加。“十一五”期间，濮阳市农民人均纯收入年平均增长15.52%，2010年该市农民人均纯收入5076.54元，比2009年的4410.50元增加666.04元，增长15.1%，其中，相当一部分是农民专业合作社的贡献。农民合作社的发展使农民得到了实惠，降低了交易成本，“龙头企业+企业+专业合作社+农户”的运作模式，解决了一家一户办不了、办不好的农业发展问题，逐步形成规模生产和规模经营，通过日益密切的生产联系和市场联系，新的合作集体具有了更多实实在在的内容，集体主义意识在自觉与不自觉的专业经济合作组织环境中悄然生成。

农村合作社从带有自然经济状态的简单协作或合伙的合作组织，发展成为今天日益分工明确、运作协调、联系紧密的生产组织。在我国农村，农户家庭是农业生产中最基本的组织单位，对于中西部地区农民来说，非农产业发展较为有限，土地耕作仍是维持生计的基本手段，土地和家庭劳动力是主要的生产要素，劳动力来源基本上是自我雇用，家庭是最基本的组织单位。就农业田间劳动过程来看，仅麦收农忙时节由跨区作业的大型收割设备统一收割外，其他工作由农民家庭独立完成，农户生产活动的分工和专业化是以家庭为单位进行的，分工协作程度很低，使大量农户处于高度分散状态。邓小平同志在概括中国农村改革和发展的历史进程时指出：“中国社会主义农业的改革和发展，从长远的观点看，要有两个飞跃。第一个飞跃，是废除人民公社，实行家庭联产承包为主的责任制。这是一个很大的前进，要长期坚持不变。第二个飞跃，是适应科学种田和生产社会化的需要，发展适度规模经营，发展集体经济。这是又一个很大的前进，当然这是很长的过程。”① 就当前来看，农民专业合作组织发展还不够，大量农户虽然处于分散状态，当然不排除农户之间初级的互助合作关系，比如通过“换工”等来调节劳动力的余缺，或者调剂农具等生产资料的余缺，在这种互助合作中农民更多的是以血缘或地缘为纽带。这种联合是经常的、普遍的，在我国小农经济的历史上也是一直存在的。不可否认，农民的大多数合作仍是一种典型的带有自然经济状态的简单协作或合伙，并体现了一定的村落文化。调查中问到“在生产生活中你经常和别人合伙吗？”25.6%的人回答“需要并经常”，55.9%的人回答“需要但不经常”；在问到合作的规模问题时，65%的人回答在5人以下，这种规模和目前农村家庭规模和户均农业生产经营规模及生产力水平有关，也和合作的领域和范围有关。农户

① 邓小平文选（第3卷）[M]. 北京：人民出版社，1993：355.

的合作方式虽然比较落后，大多数通过口头协议来进行，但由于合作的范围和人数比较少，合作相对比较稳定，血缘关系和地缘关系网络内的“礼尚往来”十分普遍，部分农户离开农业生产后其耕地经营权大多数也是通过这种关系来解决的，这既是村落文化的一种“礼”或“人情”关系，也是一种交换方式，并随着各家各户外出打工率的提高而越来越频繁。

为抵抗市场给农产品带来的风险，农民的合作愿望十分强烈。通过调查，我们发现农民在农业中市场效率损失是明显的，也就是说通过农户生产的农产品不是卖不上去价，就是卖不出去，如近几年出现的橘子腐烂卖不出去、大白菜廉价处理、牛奶倒掉等。为了提高效率，增加抵抗市场风险的主动性和力量，农民在和市场的博弈中产生了强烈的合作意愿和要求。在家庭经营的基础上，农民在不断地寻求各种合作、联合与组织，从耕地连片、换工协作、共同购买农机到各种各样的新经济联合，农民的自组织过程一直在进行着，但非正规组织在农民进入市场中的作用是有限的，随着市场化进程的加快，农民对正规组织的要求越来越高，调查显示，虽然农民对各种经济组织的参与程度还不够高，但农民合作的意愿是十分强烈的，在回答“你是否想加入像农民协会或者合作社等互帮互助的农民组织”时，有55.6%的农民有合作的愿望，在回答“你是否参加了‘公司+农户’等农业产业化组织”时，有59.2%的农民准备参加，有11.5%的农民已经参加，从农户对“你加入合作组织，主要想解决哪些困难”和“如果你已经加入了上面这些组织，它们都为你做了什么”这两个问题的回答，可以发现当前农户想通过加入农民经济组织急需解决的一些共同问题，如提供技术和信息、帮助买卖农产品和化肥、提高产品价格和市场地位等。奥尔森关于集体行动的困境和“囚徒困境”似乎都说明了“三个和尚没水吃”这种农民合作的困境，但是这两种困境的逻辑都忽视了市场体系和法律制度约束对“困境”的影响，忽视了非正规制度对个人行为的约束，忽视了政府的功能，而“囚徒困境”则忽视了多次博弈对个人的影响，通过多次博弈，博弈双方最终会从不合作走向合作均衡。2014年中央1号文件提出农村改革的新举措，推进土地制度改革。实践中我们看到，土地流转政策的推广正在给我国的农业带来崭新的变化，据2014年6月18日中央电视台财政频道《经济半小时》报道：以前在国外才能看到的各种收割机、旋耕机、秸秆打捆机开始出现在渭南的农田里；1000多万元的大型节水喷灌设备也开始陆续应用；面朝黄土背朝天的农民一辈子都不敢想的飞机在承包大户眼里也不再是问题。最为重要的是，这种变化给我们带来了更稳定、更高的粮食产量。这些说明我国农业正在迈向现代化，农民看到了合作经济组织的美好远景，有经济实力并愿意投资，把眼前利益与长远利益有机地结合在一起。

从农民当前的道德水准看，人民公社化运动的思想影响还是比较深，仍存在平均主义意识、眼界狭窄的小农思想等。在回答“你是否认为参加合作社是回到了以前的人民公社”时，仍有35.4%的农民认为新型合作社与人民公社没有区别，在回答“对集体主义的认识”时，有88.5%的人认为集体主义就是大公无私，有58.9%的人认为集体主义是平均主义“大锅饭”。可见农民群众把集体主义的最高要求当作了普遍要求，把尊重个人利益、保护个人利益和实现集体和个人利益统一的要求看作了非集体主义，把集体主义与平均主义画了等号，把维护社会公平正义是集体主义的特征排除在外。集体主义道德就是在人们的生产合作中产生发展的，我们也欣喜地发现在回答“你认为参加合作社能否促进农民道德水准提高”和“如果合作社使农民收入增加，在农民思想道德领域会产生什么变化”这两个问题时，农民中都有大比例的积极正面的答案。通过合作组织的机构运作管理，农民的诚信意识和团队精神有所提高，合作生产是一个事业，为了大家的利益，应该摒弃小农意识。通过政府和组织的引导，在保证机会公平的基础上，最终可以实现个人和集体协调发展。谈到对合作经营结构的认识时，大多数农民也认为在制度约束下保证核心社员的利益也是理所应当的，这实际上是对公有制实现方式的一种解释，是对集体主义道德的新认识。

农民群众有自觉选择合作发展方式的倾向，特别是在不改变公有制为主体和土地集体所有制，长期坚持农民土地承包责任制不变的情况下。经过对农民合作方式变迁的考察，我们发现合作组织已经萌生出许多新的伦理元素与价值向度，我们对集体主义道德的认识也必须有一个理性回归和跃升。

三、对当代中国农村集体主义道德的新认识

集体主义道德同其他文化范畴一样，它不是不变的道德原则，而是伴随着当代中国农村的深刻变革在传承中不断地增添新元素，展现新形态。它不是封闭的思想体系，而是随着时代的脉动呈现出动态的日益丰富的变革过程。即使是同样的原理、原则与要求，其具体内涵也在不断变化。植根于农村经济生活沃土之中的合作伦理，既传承了传统集体主义道德的基本特质，又体现了农村集体主义道德在中国的阶段性特征，需要重新认识与解读。

1. 合作共赢、平等互惠

农民在新的合作方式下形成的道德，在人与人之间的关系方面体现出的是合作共赢和平等互惠。农民专业合作社中的成员可以通过联合生产、共同生活而应对市场环境，通过相互支持和鼓励形成合作共赢、平等互惠和诚实守信等道德准则，从而获得个人成长及适应社会生活变化所需的社会资本。首先，平等和互惠是合作伦理能够维持的基本条件。在集体主义价值观中，平等表达了这样一种态度：集体中的每一个个体在权利、人格和所承担的义务方面是相同的，集体中有分工，这是一个合作的体系结构运作所要求的，但是分工并不等于个体在集体中所享有的权利和义务随之增减，在道德关系上每个人都是平等的。互惠则表达了这样的态度：集体中的个人与市场中的个人不同，后者是一种理性“经济人”角色与其他人结成的一种利益交换关系，这

种交换关系的目标是在市场中寻求个人利益的最大化，而对于前者而言，互惠关系没有直接明确的利益对等补偿，只有对等义务的期待。也就是说，在集体环境中，每个人的利益不是直接来自于与他人的交换行为，而是通过集体获得的。集体是人类平衡其个体需要的基本机制，在集体中生活，个人的需要必须和他人的需要结合起来，集体不能无视其某个个体暴富而另一些个体生活在赤贫当中，它总要采取某种措施或制度来保证其成员的基本平等，农民合作组织更是如此，失去平等，集体就失去了它的基本价值。其次，平等和互惠是一种互动机制。只讲平等不讲互惠会导致平均主义，没有平等作基础，互惠关系也不能成立，集体就是一个以平等与互惠为条件的个人联合体，它的价值就在于把个人的利益联合为一个整体的利益，整体利益之所以大于个人利益之和，其原因就在于整体利益的形成不是个人利益的相加，而是每个人的贡献之和等于社会整体利益。当然，如果失去了平等和互惠这两个前提条件，整体利益可能就会小于个人利益之和，甚至可以产生负利益，如一些不具备平等和互惠条件的农民专业合作社以短命告终，其原因也在于此。因此，平等和互惠构成了集体主义道德的基本内容和基本要求。

2. 社会公正基础上的社会和谐和个人自由

公正是社会制度的道德基础。不可否认，社会公正在集体主义价值观中具有重要地位。公正应当作为处理集体和个人关系的根本原则，这不仅要求个人对集体要有明确的义务，而且要求集体为个人的自由发展提供各种保障。因此，集体主义不仅是对个人的道德要求和约束，不仅强调个人和集体关系中集体利益优先的原则，更重要的是，它是社会和谐的最高道德形式，这种和谐的本质就是马克思所说的“自由人的联合体”。在这样和谐、团结的集体中，个人的自由同集体的约束之间达到了有机的统一，而不是互相的对峙。有机团结的集体是在分工合作基础上形成的，分工使人们变成异质的个体，使他们具有了各自的独特性，他们必须按照这种独特性去发展自己才能成为社会的一部分，才能拥有在集体中的独特地位。从这一点上讲，按照人们各自的特性自由地发展，是有机团结的集体存在和发展的前提与基础，但是，他们又是作为有机体的一部分独立存在的，他们的独特性又必须在集体环境中、在合作的体系中才有价值，这样的集体不再是只讲统一、不允许多样发展，而是承认多种异质特征的联合体。这样的复合体自然包含多重目标，在多元分配正义原则的支配下，赋予人们行为方式的不同意义，从而满足个体对他们的个性自由发展的需要，正是因为个人自由的发展而使社会和谐的有机性质不断增强，使集体主义道德环境有了进一步发展，使个人自由的保障有了宽厚的基础。在这样一个集体里，倡导平等地对待每一位成员，帮助那些由于各种原因处于弱势地位的群体和个人实现他们的合理权利，有机会并且有能力去实现其自我价值，为集体贡献力量，这是集体主义道德的责任。

3. 集体利益和个人利益的有机统一

合作伦理体现集体利益与个人利益之间的辩证关系，决定了两种利益之间互相规约与互相引导的关系。一方面，集体利益作为个人利益的总的代表形式，并不等于资产阶级功利主义所说的个人利益的简单相加，而是从集体利益的根本性质这个角度来理解个人利益的性质，即把集体利益看成是个人利益的过滤器和价值导向目标，使分散的个人利益在汇成集体利益时，成为经过筛选的个人正当利益的总汇，而不是个人非正当利益的总汇，并同时使个人利益不至于游离于集体利益之外，不至于流为一己私利。另一方面，个人利益的实现程度与实现方式也不仅仅是个人的事，而是要求集体或组织尽可能地担负起实现个人利益的责任。如果在集体中，大多数个人利益与集体利益是相和谐的、能够基本实现的，那就表明这个集体利益不是虚幻的，不是反个人利益的；相反，如果在集体中，个人利益普遍与集体利益相分离甚至相抗衡，个人正当的利益普遍得不到实现，那就反映了这个集体利益的虚幻性与反个人性。正是在这个意义上，个人利益也成为集体利益的过滤器与价值导向目标，即从个人正当利益受到保障的程度这个方面来筛选真实的集体利益和引导集体利益向真实的方向发展。从根本上说，在社会主义的集体主义道德中，集体利益不能成为绝对架空在个人利益之上的虚幻的整体利益形式，而必须是具体的个人利益在社会主义大家庭中的有机总汇，它既统摄个人利益，又不与个人利益相异化，而是成为个人利益之间普遍愿望的真实体现。个人利益则不能成为游离于集体利益之外的绝对孤立的利益形式，不能成为反他人利益、反整体利益的一己私利，它既独立于集体利益，又只能依赖于集体利益。因此，绝对的集体利益与绝对的个人利益是不存在的，存在的只是类似于有机体与各细胞、各分子之间的相互依赖性与统一性，即黑格尔所说的“生命存在于每个细胞中”，而“如果离开了生命，每个细胞都变成死的了”。总之，在集体利益与个人利益的统一关系上，两者的作用是互补的。脱离了集体利益的个人利益，往往流于一己私利，在理论上演变为个人主义或利己主义；而脱离了个人利益的集体利益，则异化为虚幻的集体利益，在理论上演变为专制主义、极权主义，其实质是阶级利己主义或集团利己主义。

4. 利益关系调节彰显契约论向度

合作伦理中凸显一种新的利益调节向度，即契约论。高国希教授曾在《道德理论形态：视角与会通》一文中说：“如何通达幸福？功利主义是不管路径，直取幸福本身，而对于如何达到幸福，它只考虑行动的效果和目标；而其他理论则更多地在通达幸福的途径上作了不同的探讨。如德性论是选择了品性，认为它是人类幸福不可或缺的品格；契约论探讨了合作的方式与一致行动的协约；义务论则认为只有坚守那些能够普遍化的规则，才能保证人的德性与幸福相匹配，德性地享有幸福。”① 农民在不断的生产合作实践中，会形成一种自觉、自主的协约来约束人们的行为，虽然这种协约从不写在纸上，但这是一种道德现象，用道德理论形态解释的话，就是一种契约论约束下的通达幸福的途径。

① 高国希. 道德理论形态：视角与会通［J］. 哲学动态，2007（8）：14.

表1可以简要说明各种道德理论形态[①]：

表1 三种不同道德理论形态的根基范畴、价值载体与基本命题

理论形态	义务论	目的论		契约论
根基范畴	正当义务	the good（好处/善）		权利自由平等
		后果论	德性论	
伦理价值基本载体	行动原则	后果结果事态	行为者品性	契约制度
基本命题	道德的最高原则：按照能成为普遍规律的准则去行动	最大多数人的最大幸福	德性品格＋具体情境运用	基于正义的权利不可侵犯

从各种道德理论形态分析，农民合作的方式和一致行动的协约是普遍存在于农民生产生活中的。农民如何实现自己的利益，如何通达幸福？在社会契约论者看来，农民在生产合作中秉承平等、互惠、自由理念，依据一定的契约和制度，必定能逐步实现个人利益和集体利益的和谐统一。人不是生来自由的，而是自主自觉成为自由的，是在一定的社会条件下并借助一定的社会形式才能获得自由的。正是为了使个人的自由与所有其他人的自由相一致，自由的个人才会共同缔结契约，允许国家来调整他们行使自由的行为。合作伦理作为集体主义道德的新形态，从本质来说就是追求一种平等和社会正义的道德原则，合作经济组织的形成和决策过程彰显出契约论的向度。要实现真正的集体主义，就要特别注意马克思在《共产党宣言》中所说的"首先应当避免重新把'社会'当作抽象的东西同个体对立起来"[②]。必须在处理个人与集体关系中体现一种平等和正义，集体利益高于个人利益并非体现一种集体强加于个人的权势，而是既体现了集体利益对个人利益的满足和发展的平等与正义，又体现了个人利益对集体利益的维护和贡献的平等和正义。

罗尔斯指出："正是通过建立在社会成员们的需要和潜在性基础上的社会联合，每个人才能分享其他人表现出来的天赋才能的总和。我们达到了一种人类共同体的概念，这个共同体的成员们从彼此由自由的制度激发的美德和个性中得到享受；同时，他们承认每一个人的善是人类完整活动的一个因素，而这种活动的整个系统是大家都赞成的并且给每个人都带来快乐。"[③] 罗尔斯是一个契约论者，他在《正义论》中设计了这样一种原初状态，即在原初状态那里聚集着一些条件使人类合作成为可能和必需，比如人类社会同时具有利益一致和利益冲突的特点——利益的一致在于人们的社会合作能使所有人都过一种比他们各自努力、单独生存所能过得更好的生活；利益的冲突是由于人们谁也不会对怎样分配由他们的合作所产生的较大利益无动于衷，对他们所追求的目的来说，不管这些利益是什么，较大份额的利益总比较小份额的利益要好。这样，

① 高国希. 道德理论形态：视角与会通［J］. 哲学动态，2007（8）：13.
② 马克思恩格斯全集（第3卷）［M］. 北京：人民出版社，2002：302.
③ 约翰·罗尔斯.正义论［M］. 北京：中国社会科学出版社，1988：510.

一些原则的出现成为必要，只有得到广泛接受的原则才能抑制冲突，实现一致的利益。罗尔斯通过原初状态的设计，认为人们真正达到了自由和平等的基本处境，在这种状态中的人们所达成的契约和协议才能真正称为符合公平正义的协定，他们在合作之中所达成的基本原则即体现了公平正义，能够成为公平正义的原则和基本内容。从罗尔斯的论证中，我们可以看出解决平等和正义问题，需要一种“真实的集体”的道德原则，这就是个人与集体关系中契约论向度中体现的平等和正义的原则。

真实的集体不是为了反对某一部分人而将一些个人联合起来，而是个人为了自由的联合。在真实的集体中，个人与集体的关系是积极的、相互的、建设性的。集体为个人的发展创造条件，使个人自由得到有效保障；而个人则通过联合为集体而获得在单个人的状态下不可能得到的自由。对于真实的集体而言，它不是一种凌驾于个人之上的超然力量，相反，“它使一切不依赖于个人而存在的状况不可能发生”①。把集体的存在看作依赖于个人，依赖于个人自由和创造的社会现象。因而，他把历史活动中的个人当作自己的实现基础，从而避免了那种没有历史前提的抽象的个人自由的虚假性。同时，它也把将人从阶级的局限性中解放出来当作这种真实的集体主义的历史使命，主张通过消灭阶级和阶级对立，来使人获得真正的解放。从马克思所表达的关于个人自由的集体主义观点可以看出，他着眼于人的自由的更深层次的价值，即那种以人类的自由为前提的个体自由，那种建立在人类普遍平等和个性充分发展基础上的自由。平等、自由、正义是契约论的向度，也是其重要特征。通过分析可知，真实的集体主义道德同时也具有这样一种契约论的向度，体现一种平等和正义。

（与张博合作）

① 马克思恩格斯文集（第3卷）[M]. 北京：人民出版社，2009：574.

公有资本人格化的经济伦理学分析

“公有资本”是社会主义公有制与市场经济相结合的一个重要经济范畴，它反映了社会主义市场经济的根本特性。在我国学术界，它还是一个有待研究的前沿性理论课题。“公有资本”的健康运营，除了市场、政府的调节外，经济伦理也在其中有着特殊的地位和作用，这就是公有资本人格化的道德力量。本文对这个问题的经济伦理学分析，作为一次尝试供大家讨论。

一、确立“公有资本”范畴

中共十五大的一大理论贡献，就在于确立了“公有资本”这一范畴。过去把资本视为以私有制为基础的市场经济的特殊范畴，而社会主义市场经济的形成及其理论的创立，改变了市场经济只同私有制相联的事实和观念，从而也必须改变对这一基本范畴的认识。资本以市场为依托，市场以资本为主体，这是市场经济的普遍规律。在以公有制为主要基础的市场经济中，必然表现为公有资本，或者说公有经济必然以资本形态在市场中运行、流动、组合（在以往计划经济体制下不承认市场经济，也不承认公有资本）。这样，资本就成为市场经济一切形态中的普遍范畴。

马克思将资本定义为：能够带来剩余价位的价位；西方经济学认为，资本是生产性“财富”，“现代先进的工业技术是以使用大量的资本为基础的：精致的机器设备，大规模的工厂，成品与半成品仓库与存货”。资本品作为三大经济要素（土地、劳动、资本）之一，它同其他要素的不同之处在于：它“是一种投入，同时又是经济社会的一种产出”。实际上就是把资本视为能带来收益的价位。私有资本所带来的剩余价值归资本家占有，具有剥削性质。公有资本带来的剩余价值则归劳动者（或部分劳动者）共享，是实现共同富裕的经济源泉。这两种阶级属性表现了两类资本的特殊性。但其共同的属性则在于资产的经营性、价值的增值性、市场的流动性、形态的多变性、趋优的组合性、人格化的主宰性（均要求以一定的人作为它的灵魂），而且两种不同的性质的资本在市场上可以对接。认识和把握资本的上述二重属性（特殊性、普遍性），方可认识和把握社会主义市场经济下的公有资本的二重性（既具有一切资本的共性，又具有公有经济的个性），进而认识和把握公有资本的基本内涵。

公有资本运营的外延有广狭之分。狭义的公有资本运营，是指公有企业（国有和各种形式的集体所有以及公有经济控股的混合经济）的资本增值运动，包括生产经营、商业经营、货币经营、投资扩张、各种融资行为等，其宗旨在于使公有资本增值。广义的公有资本运营包括它在金融市场中的运行和增值，主持或参与货币市场（一年之内）、资本市场（股市、债券、借贷市场等）、外汇市场等，其中公有商业银行是经营货币的公有企业；中央银行则是管理、监督、引导以资本为主的全部货币资本运营的国家机关，它按照社会主义的宗旨和市场经济运行的要求以货币手段和政策实施宏观调控。从现代资本形态上看，又可分为有形资本和无形资本（包括商标、商誉；先进的技术、人力资本等）。不过，不管是狭义的公有资本运营，还是广义的公有资本运营，都需要以实现其人格化作为最根本的保证，这也是客观经济规律所决定的。

马克思在分析商品交换时指出："物的人格化和人格的物化——这种内在的矛盾在商品形态变化的对立中取得了发展的运动形式。"[①] 资本作为人格的物化形态，它的配置主要由市场机制调节，同时又需要政府的调控手段（经济、法律和行政手段），以弥补市场的缺陷，这就是"看不见的手"加"看得见的手"。而作为物的人格化，作为占有和支配资本的人，它是有精神的，其行为还一定受道德所支配。于是产生了超越市场和政府的调节经济的"第三只手"，即经济伦理。虽然它在总体上起着辅助作用，但它可弥补前"两只手"的缺陷，并在一定领域和场合起着决定作用，而且市场经济的发展程度越高，其影响也就越大，特别是对公有资本的调节具有举足轻重的作用。这就是公有资本的人格化力量。

二、什么是公有资本的人格化

作为经济学术语的"人格化"，是指客观的经济关系通过人的意志和行为忠实地体现出来的一种机制。马克思在《资本论》中指出："人们扮演的经济角色不过是经济关系的人格化，人们是作为这种关系的承担者而彼此对立着的。"[②] "作为资本家，他只是人格化的资本。他的灵魂就是资本的灵魂"[③]。这是马克思对私有资本人格化的论述。在社会主义市场经济条件下，公有资本同样存在人格化的问题。所谓公有资本人格化，就是具体的人对公有资本的命运和运行负责的一种特有机制，它是公有资本的灵魂，这些人的命运同公有资本的命运一荣俱荣，一损俱损。两种资本的人格化存在着本质的差别。私有资本是私有制经济关系的反映，体现少数人与资本的结合，它与市场经济有着自然的联系，其人格化是内生的，但自所有权和经营权分离后，人格化的实现

① 马克思恩格斯全集（第 23 卷）[M]. 北京：人民出版社，1972：133.

②③ 马克思. 资本论（第 1 卷）[M]. 北京：人民出版社，1965：103，260.

也开始趋于复杂化。公有资本是社会主义公有制经济关系的反映，体现劳动群众与资本的结合，其人格化便更加复杂化。因为作为资本的所有者是全社会的劳动者或劳动者集体，但也要派出某些个人充任代表（如董理会—董事长）；作为资本职能的执行人，又必须委派经营管理者；同时，企业员工是企业的主人，每项改革能否推进和成功，最终还取决于员工。质言之，公有资本人格化呈现一个链条结构，即从众多的所有者到所有者的代表人，再到经营管理者和个体员工，都必须对公有资本负责，履行资本职能，保证公有资本不断增位，真正同公有资本的命运融为一体，实现公有资本人格化。其中执行公有资本职能的经营者则是关键环节。显然，没有人格化，公有资本就没有灵魂，就会出现人们常说的“人人所有，人人所无”、“无人负责”，甚至个别人大肆吞噬公有资产的局面。亏损企业的教训，成功企业的经验，都昭示了这一点。可以说，这是更深一层的生产关系，体现生产资料同人的直接结合。国企改革面临的一个突出问题、一个亟待攻坚的问题，就是抓住社会主义与市场经济的结合点，实现公有资本人格化。

实现公有资本人格化，需要许多条件，主要是企业领导干部的竞争遴选机制、利益激励机制、监督约束机制和道德支撑，四者缺一不可。竞争遴选，要求改革公有资本经营者的培养、选择、任免制度，引入竞争机制，培育企业家市场。人格化的实现，必须建立合理的利益机制，这就要求将经营者的经济利益同公有资本的保值增值紧紧联系起来，例如实行年薪制、股票期权制等。再就是有效的约束条件和多层次的严格监督、依法管理和奖惩。而履行公有资本职能的人，具有什么样的道德观和伦理理念，则是一个核心问题，因为公有资本人格化与私有资本人格化的一个不同点在于它高度的道德自觉，而不是靠自发形成的。

三、公有资本人格化实现的伦理理念

具体说，构建公有资本人格化实现的伦理理念（特别是各类企业的经营管理者），应当包括如下几个方面：

第一，对管理者来说，必须具备“全心全意为人民服务”和“无私奉献”的道德精神。公有企业法人形态，主要是要具体落实到企业（包括银行）经营管理者身上。作为社会主义企业的代表，应该以社会的整体利益为最高利益，全面提高自身的道德素质。如中共十五届四中全会所指出的：“发展社会主义市场经济对国有企业经营管理者提出了更高要求”，并要求企业家“思想政治素质好，认真执行党和国家的方针政策与法律法规，具有强烈的事业心和责任感”，“倡导奉献精神”。实践说明，一个国企当家人的道德境界和人格力量，在现代企业管理中具有示范、激励、凝聚等重要作用。因此，他们应该具有更高的道德觉悟，即对企业、对职工的高度负责精神，拼搏精神和牺牲精神，要树立起社会主义企业家的光辉道德形象。

第二，以实现企业经营目标为己任，追求收益最大化，确保公有资本的保值增值。这是社会主义市场经济条件下企业生存、发展所必须遵守的，一个企业在生产经营过程中，如果不能为社会创造剩余价值来维持和扩大自身的再生产，那么，这种企业生命的延续就是对社会资源的浪费。公有制企业也不例外。在市场经济条件下，公有企业是在同各种所有制企业的竞争中生存与发展的，不进则退，不进则亡。因此在企业的经营目标上，必须增强公有资本意识，激发资本价值增值这一企业的内在动力，把捍卫公有资产、追求利润最大化作为一面旗帜。企业只有多创利润，国家才能多得，企业才能多留，职工才能多得；企业的发展有了后劲，它才有可能实现结构调整，开发新产品，进行技术创新，从而进入一个良性发展时期。因此可以说，追求收益最大化是企业活力的来源、标志和灵魂。国有企业的优秀带头人傅万才说："人生最得意的事，是看到技改项目投产赚了钱，看到职工手里有了钱"。当然，公有制企业并非把追求利润最大化作为企业的唯一价值目标，它与其他几方面的道德要求是一个有机的联系整体。

第三，在企业参与竞争中，必须遵守"平等、守信、进取"的竞争规则。竞争是构成市场经济的一种本质属性，各利益主体参与竞争的出发点是自身利益的增值，其实现条件则是满足社会需求的优质产品和良好的售后服务以及在此基础上形成的信誉，归根结底就是为社会服务，为消费者服务。就竞争双方来讲，竞争又是在法律和道德的维护下进行的，不正当竞争有可能得逞于一时，但不可能长久。因此，靠损人利己、靠欺诈经营，企业总有一天要垮台。作为公有资本的经济主体，要谙于竞争，善于竞争，不仅要在经济实力、科技水平、规范化管理等方面同各利益主体展开竞争，而且要在遵守竞争道德上作出表率，注重产品的服务质量，杜绝假、冒、伪、劣产品。

第四，在处理公有制企业与国家的关系上，必须树立集体主义道德意识，维护国家的整体利益，增强团体的凝聚力。这是由公有制企业的性质和双重职能所决定的，我国的公有制企业，为国家的经济改革付出了很大的代价，承担了改革开放的主要成本。为了支持改革的健康运行，公有企业在一定时期还要让利生产甚至亏本生产，如一些大型企业中的产品价格不能依照市场来定价，从而维护国家经济发展的大局。因此，局部利益服从全局利益、企业服从国家的整体利益，甚至作出暂时的让步与牺牲，也是必要的。这种伦理要求体现了社会主义本质，体现了人民群众的根本利益和长远利益。

第五，处理企业内部人与人的关系，要致力于建立平等、竞争、互助、团结的社会主义新型人际关系。这一要求根植于公有制企业的职工是企业的主人，是企业改革和发展的主体。无论企业体制怎样变，管理形式怎样变，工人阶级主人翁地位不能变。经营管理者在重大决策和经营管理中，要相信群众，依靠群众，切实贯彻民主集中制原则，尊重群众的首创精神，实现"厂务公开，民主管理"等。

第六，在处理产业、产品与环境的关系上，要有生态意识，树立可持续发展的观念。这是科学技术发展到今天，为人类社会整体提出的重大课题，是自然规律和经济规律合力形成的客观要求，公有资本的人格承担者应当自觉地为之奋斗，为社会着想。这在本质上也是小局利益服从大局利益，目前利益服从长远利益，着眼于提高人民的生活质量，关心全民族、全人类的健康和安全。绝不能以小团体和个人的私利危害生态环境。

公有资本人格化既是一个经济学问题，又是一个伦理学问题，两者共同统一于经济活动之中。唯有建构与公有资本人格化相适应的伦理理念，培育公有资本人格化的真正承担者，公有资本的运作乃至经济发展，才有了可靠的保证；而公有资本人格化的实现，经济关系、利益机制仍居于基础地位。我国在建立社会主义市场经济体制的进程中，理应达成这样的共识：经济伦理之于经济发展，不是可有可无，不是贴标签，更不是外在于经济活动的规则。它为经济发展提供价值导向和精神动力，为调整经济利益关系，维护市场的有序有效运行，提供道德规范，它是不断成熟的社会主义市场经济的内在要素，不可或缺，不可漠视。

（本文原载《江苏社会科学》2000 年第 3 期）

公有资本人格化中的若干伦理问题
——微观经济伦理研究

国有企业改革是全党和全国人民关注的一个重大问题，它的成败影响到我国社会的稳定与未来的发展。部分国有企业亏损、破产，原因是多方面的。其中，如何适应市场需要，抓住公有资本这一社会主义公有制与市场经济的结合点，按照公有资本的运行规律转换机制、优化产权结构，寻找公有制多种多样的实现形式，使企业实现商品经营和资本经营互补，实现公有资本的人格化，则是一个迫切需要解决的重大问题。实现公有资本人格化既是一个富有创新的经济理论课题，又是一个必须深入研究的伦理问题。

一、适应社会主义市场经济，必须实现公有资本人格化

公有资本范畴是江泽民同志在中共十五大报告中第一次正式提出的。他说："不能笼统地说股份制是公有还是私有，关键看股权掌握在谁的手中。国家和集体控股，具有明显的公有性，有利于扩大公有资本的支配范围，增强公有制的主体作用。"在中共十五大报告中，共有八处使用"资本"范畴，主要指的也是公有资本。这一科学概念的提出，有着深刻的历史与现实必然性。

从经济学发展角度看，这是一大理论创新，是在新时期坚持和发展马克思主义的成功范例。众所周知，在马克思主义的经济学说中，"资本"是一个最具震撼意义和历史意义的范畴。今天，全面理解马克思对资本的分析，就应该从资本的一般属性和特殊属性出发。

资本的一般属性是，它是带来剩余价值的价值。"资本只有一种生活本能，这就是增值自身，获取剩余价值"①。现代西方经济学权威萨缪尔森认为，资本的品质是"产生资金或者随着时间的进程而得到收益"②。产业资本作为一种货币，它转化为商品，然后通过商品的出售再转化为更多的货币。这种属性可以说是发达商品经济所共有的。马

---

① 马克思恩格斯全集（第 23 卷）[M]. 北京：人民出版社，1972：260.
② 萨缪尔森·诺德豪斯. 经济学（第 12 版）[M]. 北京：中国发展出版社，1992：1090.

克思指出："生息资本或高利贷资本，和它的孪生兄弟商人资本一样，是洪水前的资本形式，它在资本主义生产方式以前很早已经产生，并且出现在极不相同的社会经济形态之中。"[①] 可见，资本先于资本主义社会而存在，并非资本主义社会所独有。就是说，私有资本必须增值价值，公有资本也必须增值价值；私有资本把价值增值作为经营目标，公有资本也必须同样把价值增值作为企业的经营目标。列宁说得好："在商品生产的社会里，没有资本就无法经营。"[②] 在社会主义市场经济条件下，资本同样是生产发展的根本要素，因而，企业的行为也必须以价值增值为目标。马克思在《共产党宣言》中就提出过无产阶级"通过拥有国家资本和独享垄断权的国家银行，把信贷集中在国家手里"。[③] 列宁在论述社会主义经济时曾多次使用资本概念，如在讲到发展重工业时就说道："工人还是有了明显的改善，并且我们看到，我国的商业活动已经使我们得到了一些资本。"毛泽东同志也同样使用了资本范畴。他在中共七大报告中讲到未来新社会的建设时说："为着发展工业，需要大批资本。从什么地方来呢？不外两方面：主要地依靠中国人民自己积累资本，同时借助于外援。"[④] 可见，资本概念并非是资本主义的专利，资本是市场经济的共有范畴，社会主义市场经济同样可以运用。当资本为私人所有，就形成私有资本，当它为劳动人民共有，就会形成公有资本。

资本的特殊属性，是指它的生产关系属性。马克思有经典的论述。"资本不是物，而是一定的、社会的、属于一定历史社会形态的生产关系，它体现在一个物上，并赋予这个物以特有的社会性质。"[⑤] 这里的核心问题是资本的归属，即资本是私有还是公有。在资本主义私有制条件下，资本是被资本家所占有并作为剥削工人剩余价值的工具，从而造成了工人和资本家两大阶级的根本对立。正如马克思所说："资本来到世间，从头到脚，每个毛孔都滴着血和肮脏的东西"。[⑥] 如果资本属于公有，或全体劳动者，或部分劳动者，剩余价值归他们所有，目的是实现共同富裕，那就不是剥削关系，这种资本就具有了新的特定的社会属性。

我国确立经济改革的目标是建设社会主义市场经济体制。公有资本是社会主义公有制和市场经济的主要结合点。它是社会中多数人与大资本的结合，私有资本是社会中的少数人与大资本的结合。我们应该在坚持社会主义市场经济体制的前提下，高度重视发挥资本追求自身增值的本能，积极参与市场竞争，建立科学、规范的国有企业内部经营机制，真正使企业摆脱困境，重振雄风。这里的问题是，必须实现公有资本的人格化。

私有资本的人格化是内生的、自然的，即资本家的灵魂是资本的灵魂，资本家是

① 马克思. 资本论（第 3 卷）[M]. 北京：人民出版社，2004：671.
② 列宁全集（第 16 卷）[M]. 北京：人民出版社，1988：276.
③ 马克思恩格斯选集（第 1 卷）[M]. 北京：人民出版社，1995：272.
④ 毛泽东著作专题摘编（上）[M]. 北京：中央文献出版社，2003：493.
⑤ 马克思恩格斯全集（第 25 卷）[M]. 北京：人民出版社，2001：920.
⑥ 马克思. 资本论（第 1 卷）[M]. 北京：人民出版社，2004：829 .

人格化的资本。资本的本性只有通过现实的人格化，即通过人的动机、意志和行为体现出来。公有资本的人格化，则是一个较为复杂的问题。无论是国有企业，还是集体企业，或是混合经济企业，代表公有经济的所有者和经营者，都必须以公有资本的有效运营和利润最大化作为自己的生命意识，履行资本职能，同公有资本的命运融为一体，真正成为公有资本的职能承担者，实现公有经济关系的人格化。

二、公有资本人格化的道德支撑

道德源于经济生活，又高于经济生活，它是社会经济高效、有序运行的价值支撑，任何社会莫不如此。公有资本人格化的道德保证是什么？我国在计划经济时代对公有企业的所有者和经营者提出的道德要求在今天仍有参鉴价值。但这毕竟又是我国改革和发展市场经济提出的新课题，要求我们认真探究。

企业是经济活动的最基本单位。从微观经济伦理的视角分析，公有资本人格化的道德要求，主要体现在下述几方面：企业经营的目标；企业的竞争；企业与国家利益的关系；企业领导的人格力量。

追求利润最大化，实现公有资本保值增值，是公有资本人格化的首要道德要求。企业是以盈利为目的的经济组织。一个企业在生产经营过程中，必须为社会创造剩余价值来维持和扩大自身的再生产，公有制企业也毫不例外。在市场经济条件下，公有企业是在同混合经济企业、私有企业的竞争中生存与发展的，不进则退，不进则亡。因此可以说，追求利润最大化是企业活力的来源、标志和灵魂。在这方面，私有资本给我们许多有益的启示。马克思在揭露私有资本的人格本性时讲："资本害怕没有利润或利润太少，就像自然界害怕真空一样。一旦有适当的利润，资本就胆大起来。"[①] 可以说，私有资本是高度人格化的资本。公有资本要和私有资本在市场上一比高低，最主要的差异往往就在于此。从社会化大生产发展的客观要求看，社会主义公有制从本性上更适应生产力不断发展的需要，而且，还由于社会主义公有制反映了大多数人的根本利益，公有资本的人格化力量比私有资本应更强大、更高尚。然而，现状并非如此。其原因在于，私有资本是少数人与资本的直接结合，所有者与经营者的身份相统一，利益主体又是单一的。公有资本在改革中逐步获得独立性的同时，由于长期计划经济体制的影响，企业在市场经济中的生存能力和应变能力都比较低，体制与机制方面并未完全理顺；从主观方面看，人们的主人翁意识还有待强化，对经营公有资本还缺乏责任感、使命感，更不具备资本的冲动。因而，公有资本人格化的首要道德要求，就是为国家、为企业追求利润最大化。

---

① 马克思. 资本论（第1卷）[M]. 北京：人民出版社，2004：829.

市场经济是竞争经济，竞争是构成市场的一种本质属性。公有资本人格化的另一道德要求就是遵守“平等互利”的竞争规则。市场是具有自身独立的意志和利益的经济主体或不同的产权利益主体之间的交易，这就决定了他们在利益上的相互排斥性，决定了市场交易的竞争性。这种竞争如同“动物界中一切反对一切的战争一样”，是激烈的、残酷的，甚至是你死我活的。因此，竞争是内生于市场的一种必然现象。有市场就有竞争，有竞争才有市场，市场竞争成为一切市场主体的生存条件。这包含着双重意义：第一，由于市场竞争是优胜劣汰，所以，它对于市场主体而言，是一种有益的生存压力和强制。经验告诉我们，正是在市场竞争的压力和强制之下，市场主体才会释放出主动性、能动性、创造性。第二，由于竞争是内生于市场的必然现象，市场本身就是充满竞争的环境，所以，所有市场主体只有真正学会竞争，谙于竞争，才能在市场经济的环境中获得生存和发展的条件。如列宁所说，和狼在一起，就要学狼叫。简言之，竞争是整个市场得以维持生命力或活力的重要条件。然而，竞争作为一种有意识有目的的经济活动，它又是有规则的。只有竞争才能使作为消费者的人们从经济发展中受到实惠。它保证随着生产力的提高而俱来的种种利益，终于归人们享受。这种说法内含有一前提，这就是各市场主体之间的行为必须遵守一定的道德规则，竞争关系才有可能更多地趋向大家都赢得“正和”关系。如果没有一定的道德规则，市场竞争就会演变为相互掠夺的市场混战，结果对谁都没有好处。发达而健全的市场经济应该是大家都赢都受益，这也正是市场经济的优越性所在。我们所要建立的社会主义市场经济就是这种市场经济。德国著名经济学家罗普克说得好：如果没有这些（道德）原则，商业社会的本身终会解体。所以我们不要忘记这些道德的克制这一点很重要……商业界随着这些道德克制的存亡而存亡。商业是文明的产物，如果没有一些特殊条件——尤其是支持我们的文明的道德条件，它是不会长期存在的……自由竞争的发生作用，必须大家都愿意接受下列的一些行为规范：遵守竞赛规则，尊重别人的权利，保全职业的尊严，不欺诈、不贿赂、不利用政治权力以谋私利。

那么，社会主义市场经济条件下的公有资本人格应该遵循什么样的竞争道德呢？这就是平等守信和满足社会需要的道德规则。市场竞争的各利益主体参与竞争的出发点是自身利益的增值，其实现条件则是满足社会需求的优质产品和良好的售后服务以及在此基础上形成的信誉。就竞争双方来讲，竞争又是在法律和道德的维护下进行的，不正当竞争有可能得逞于一时，但不可能长久。作为公有资本的经济主体，不仅要在经济实力、科技水平、规范化管理等方面，同各利益主体竞争，而且要在遵守竞争道德方面作出表率。平等竞争，利人利己，才能在市场上永远立于不败之地。

在公有企业与国家的关系上，公有资本人格化的道德要求是树立集体主义意识。这是我国社会主义市场经济的必然要求。我国的公有制企业，为国家的经济改革付出了很大的代价，承担了改革开放的主要成本。在改革开放初期，当私有经济享受着放权、让利、减免税收和低息贷款等优惠政策的同时，还免费享用着由国家财政支出的各种事务费用，而这些都是从国有企业以很高的税率征收上来的。为了支持改革的健康运行，公有企业在一定时期还要让利生产甚至亏本生产，如一些大型企业是国民经济的支柱行业，其产品价格不能依照市场来定价，从而维护国家经济发展的大局。因此，局部利益服从全局利益，公有企业服从国家的整体利益，甚至做出暂时牺牲也是必要的。这种伦理要求是社会主义本质的体现，是人民群众的根本利益和长远利益所要求的。

公有资本人格化的集体主义意识要求，奠基于公有资本人格是一种有组织的、集体的人格，不像私有资本是个人人格。更深层的原因则是由公有制经济所决定，人们具有共同的利益基础。这是集体主义意识产生和培育的土壤。如果我们的公有制企业的所有者、管理者和全体职工，都能以主人翁的姿态关心公有制资本的经营与动作，把自己的命运与企业的命运紧紧地联系在一起，充分调动每一个人的主动性和自觉性，公有资本的人格智慧和力量一定会大大超过私有资本的人格力量。因此，社会主义市场经济条件下的公有资本人格与私有资本人格的一个根本区别在于，在局部利益与全局利益的关系上，前者必须奉行集体主义道德。

公有资本人格化对企业领导人的道德提出了更高的要求，这就是对国家、对人民的高度负责精神和牺牲精神。公有企业人格化主体“企业法人形态”，主要是要具体落实到企业经营管理者身上。现代企业是由领导者和被领导者组成的具有高度组织性的社会群体。领导者是企业的大脑和神经中枢，决定和指挥企业发展行为。企业的成败，关键在于领导。当然，不可否认，在计划经济向市场经济转型过程中，制度方面的问题对企业的生存发展有着至关重要的影响。但制度是可以改革的，而且始终是在“领导”的作用下改革的。因此，问题的关键在于领导层是否具有强烈的事业心、责任感和奉献精神。《中共中央关于进一步加强和改进国有企业党的建设工作的通知》指出：“建设好的企业领导班子，造就一支高素质的经营管理者队伍，是搞好国有企业的关键。”经验也告诉我们，一个企业的领导对企业和社会有责任心，就能在逆境中顽强奋争，对工作精益求精，带领企业不断地为社会做出贡献。许多企业亏损了、破产了，往往是那里的领导缺乏责任心所致。据调查，深圳市市属大中型企业 67 家，都是特区建设以来发展的新兴工业，发展的外部条件是相同的，但仍然有 20 多家亏损，亏损面达 35%。其中有 15 家严重亏损的企业主要是由于领导班子问题造成的。因此，我们现在讲公有企业领导干部的“德”，最重要的是看他对公有资本的责任心。一些出色的公有企业的领导，他们想的是发展社会主义经济，振兴民族工业。长虹集团公司就是一个典型。目前，长虹彩电的年销售额已接近 500 亿元，而且正在为争取年销售额达到 1500 亿元、跻身于世界 500 强而加紧进行技术、资本、人才等方面的储备，长虹提出的“以产业报国、民族昌盛为己任”的企业宗旨，不正是公有资本人格化道德精神的集中体现吗！

三、实现公有资本人格化道德要求的难点与条件

如上所述，私有资本的人格实现是市场自发培养的，它于市场具有天然的适应性。从我国近几年私营企业的迅速发展就可看出。全国的私营企业数量，1991 年有 10 万家，1993 年有 23 万家，1994 年有 43 万家，1995 年已超过 60 万家。从工业总产值增长率看，更是发人深省。国家统计局、第三次全国工业普查办公室《关于第三次全国工业普查主要数据的公报》说："国有工业发展速度低，困难较多。1995 年国有工业企业生产（按工业总产值计算）比 1994 年增长 8.2%，而同期集体工业增长 15.2%，个体工业（含私营）增长 51.5%，'三资'等其他经济类型工业增长 37.2%。"从近几年来看，国有企业（包括公有制企业）的经营状况不仅没有明显好转，而且有恶化之势。因此，实现公有资本人格化及其道德要求的难点是，如何将公有资本的命运与企业的所有者、经营者、劳动者的命运融为一体。

破解这一难点，需要相应的条件和机制。从外部环境分析，由于计划经济的影响，企业体制的配套改革正在进行，市场发育尚未成熟，资本市场刚刚起动，经济秩序有待整顿；还有一个不容忽视的问题是，公有制的企业法人代表是在与代表不同所有制的人格的比较中生存的；从微观环境分析，企业领导体制、干部制度及企业内部的机制问题、产品结构问题、技术创新问题、人员素质问题等，尤其是在营销环节上，要使营销人员成为公有资本的忠实代表极为不易。由此看来，有三个方面的问题对公有资本人格化道德要求的实现具有决定性的影响。一是合理的利益机制及其实现；二是如何在新时期发挥我党思想政治工作的优势；三是建立科学的领导干部体制。简言之，公有资本人格化道德要求的实现，既存在一个思想道德教育问题，又有一个利益问题、体制和机制的建构问题。因此，我们不能仅仅诉诸于道义。

建立利益激励和约束机制。激励包括精神激励和物质激励，我们应该实行列宁所说的"同个人利益结合和个人负责的原则"。对于公有制企业的领导来说，当他们突出地完成生产任务，创造了超额的价值，他们就应享受奖励，政府也应该给予他们一定的社会地位和荣誉。目前，我国有些企业领导的奖励是按政府系列执行的，与其他所有制企业管理者的所得相差甚远；有的企业对企业领导的奖励有明文规定，但由于各种原因，不少人又不敢要。管理三四万人的企业，创造上亿元的税利，年收入也比较微薄。相比之下，私有企业的经营者就优厚得多。近几年，国有企业经营管理人才的大量流失已经引起了人们的重视。利益激励机制没有形成，约束机制也没有实现，从事实上看，既存在不承担经营风险的一面，又有物质激励力度不够，厂长、经理收入偏低的一面。这样，就很难调动起企业领导层的积极性和主动性，而且，还出现了许多违纪、违法现象，少数人堕落为腐败分子。当然，重视利益的激励作用，丝毫不意

味要将金钱抬到至高无上的位置，中国的现代管理和激励理论已经远远超出了X理论框架。事实证明，即使在“拜金主义”、“享乐主义”极其盛行的工业化初期的西方社会，真正的优秀企业组织也不是把激励的赌注全部押在物质刺激方面。我们现在所讲的利益机制，应该说是一种根据贡献大小所得的合理收入，并不是单一的物质刺激。企业家的管理劳动是风险性强、人力资本投入较多的复杂劳动，如果从分配上不能得到回报，对于多数人来说，就难以具有付出全部精力去经营企业这样一种强大的、持久的动力。在这一问题上，邓小平同志有明确的论述：“为国家创造财富多，个人的收入就应该多一些，集体福利就应该搞得好一些。不讲多劳多得，不重视物质利益，对少数先进分子可以，对广大群众不行，一段时间可以，长期不行。革命是在物质利益基础上产生的，如果只讲牺牲精神，不讲物质利益，那就是唯心论。”又说，对那些干得好的，给他们“颁发奖牌、奖状是精神鼓励，是一种政治上的荣誉。这是必要的。但物质鼓励也不能少。”[①] 因此，建立利益机制，物质激励和精神激励不可或缺；物质激励应体现精神价值，精神激励要辅有物质手段，两种手段相互依存、相互补充、相得益彰。这种互动形成的整体效应是积极的、健康的。

对于劳动者来说，也应依照按劳分配为主体，多种分配方式并存的制度，引入竞争机制，打破平均主义，体现效率优先、兼顾公平的原则，建立、完善利益机制，使企业真正成为为增进共同利益而奋斗的、充满活力的利益群体。

建立多层面的企业思想政治教育体系。党组织是培植公有资本人格的基本载体。坚持党对公有制企业的政治领导，充分发挥企业党组织的政治核心作用，是一个重大原则问题，任何时候都不能动摇。党组织通过认真贯彻党的路线方针政策，发挥党组织的战斗堡垒作用和党员的先锋模范作用，提高各个层次企业领导人的人格品位。特别是对那些严重亏损、内部矛盾突出、职工意见比较大的大中型企业领导班子，更应该注意加强企业的思想政治工作，把树立正确的世界观、人生观、价值观作为主要内容，使企业的领导和职工形成坚定的理想和信念。我们要结合实际向职工进行爱国主义、社会主义和集体主义的教育，以为人民服务为核心的思想道德教育，积极探索新时期企业思想教育的方法与途径，把我党的这一工作优势继承下来，发扬光大。

公有制企业职工是国家的主人，也是企业的主人，他们中蕴藏着巨大的创造力。因此，企业党组织要通过切实的措施，把党全心全意依靠工人阶级的路线落到实处，依法保护职工的合法权益。同时，要加强对职工的业务、技能的培训，不断提高他们参与市场的能力和意识。对于职工来说，要有强烈的民主意识和权利意识，积极参与企业管理，关心企业的命运，发挥监督作用，以主人翁的态度对待劳动。从某种意义上说，公有资本人格化道德要求的实践，关键在领导，最终成功与否在广大职工。因此，企业党组织要始终把职工作为实现公有资本人格的主体。

此外，还要特别注意对管理、营销人员的思想政治教育。引导他们把自己的工作

① 邓小平文选（第2卷）[M]. 北京：人民出版社，1993：146，102.

同社会主义大目标联系在一起，同广大职工的根本利益联系在一起，妥善处理各方利益关系，如经济效益与社会效益、眼前利益与长远利益、外部利益与内部利益等关系，培育企业集体主义精神。

改革干部制度，完善法人治理结构。企业改制前的企业厂长、经理由上级主管部门任免，享有行政级别，他们的任免是视其级别高低按照党和政府的干部管理制度来管理的，这是计划经济的产物，和企业作为国家高度集中计划管理下单纯生产单位的性质相一致。改制后的大型国有企业的董事长仍然是由党的组织部门或政府的人事部门任免，这样，就出现了以下问题：一是企业难以脱离行政的干预，造成企业干部对上负责、对下不负责的局面。二是组织部门不管企业的业务，只管人事任免，它能否选择出最合适的人选去任职，从而实现公有资本的人格化，不能不说是一个问题。加之目前人事制度上的一些腐败问题，仅靠组织部门一个途径，弊端很多。三是企业的厂长、经理由上级任命，其他干部也由人事主管部门按计划分配，厂长、经理无用人权，常常造成企业需要的人进不来，想选择更好地发挥自己作用岗位的干部又出不去，直接影响企业管理人员的配备和素质的提高。四是机构庞杂，人浮于事，效率低下，互相掣肘，使原本国有企业产权关系人格的问题进一步恶化，形成无人负责的尴尬局面。现代企业制度以“资本的联合”为特征，如何按照《公司法》的建制要求，逐步形成适应市场经济要求的选拔人才机制，确立企业内部合理的权力配置，无疑成为公有资本人格化道德要求的一个重要的制度保证。

在干部的选拔上，应当采取组织部门与企业董事会、职代会相结合的方法，把上级人事考核与下级民主选举结合起来。对选择出的企业领导干部实行聘用制，其基本内容是：根据实际需要科学合理地设置各类干部的工作岗位；规定明确的职责、任职条件和任期；在定编定员的基础上确定各干部的合理结构，经过考试与考核，在符合条件的人员中择优选聘；以合同形式确定应聘干部与企业的契约关系。聘用制引进竞争机制，改变国有企业干部由人事部门选派的做法，打破“论资排辈”，取消干部终身制和干部、工人的固定身份，有利于人才的最佳配置，使人才管理社会化。此外，要严格考核与奖惩制度，把激励机制与竞争机制统一起来，实现企业内部干部的竞争优化，优胜劣汰，这是形成我国职业企业家的有效手段。同时，依照民主程序，健全对经营者的监督、约束机制，它与干部的选拔机制同等重要。因为人是变化的，唯有强化制度约束，方可避免或减少经营人员由放任导致的腐败变质现象。如果说，所有者、经营者与劳动者的利益融为一体是实现公有资本人格化道德要求的经济基础，那么，干部体制能否体现民主，则是其重要的政治条件或体制保证。

（本文原载《经济经纬》1998年第6期）

许继的启示：公有资本人格化

国有企业改革能否成功？许昌继电器集团有限公司（以下简称“许继”）的发展实践做出了肯定的回答。许继的经验是多方面的，但最根本的一点是实现公有资本人格化。

所谓人格化，指的是客观经济关系的内容通过人的意志和行动体现出来的机制。马克思在《资本论》中指出：“人们扮演的经济角色不过是经济关系的人格化，人们是作为这种关系的承担者而彼此对立着的。”① “作为资本家，他只是人格化的资本。他的灵魂就是资本的灵魂”②。这是马克思对私有资本人格化的论述。在社会主义市场经济条件下，公有经济（含国有经济、集体经济以及混合经济中的公有成分）必然表现为“公有资本”（中共十五大报告第一次提出这一重要范畴），而公有资本同样存在一个人格化的问题。但两者存在着质的区别。私有资本是对私有制经济关系的反映，体现的是少数人与资本的结合，它与市场经济有着自然的联系，其人格化是内生的，但是当所有权和经营权分离后，人格化的实现也开始出现复杂化倾向。公有资本是对社会主义公有制经济关系的反映，体现的是劳动群众与资本的结合，其人格化便更加复杂。可以说，公有资本人格化是更深一层的生产关系，体现生产资料同人的直接结合。国企改革面临的一个突出问题，一个亟待攻坚的问题，就是抓住社会主义与市场经济的结合点，即实现公有资本人格化。

跻身于全国500强之列的许继，经过28年的努力，从不起眼的小厂变为如今10.1亿元的大型企业集团。国家对许继的总投资为1200万元，到1998年利润达到1.12亿元，以占全国同行业人数19%的职工创造了全国同行业70%的利润。特别是近10年来，连续争得了全国同行业的十个第一。在国企大多陷入困境、效益下滑之际，许继却走出了一条国有大中型企业自我加压、自我否定、自我完善的高效快速发展之路。其要缔就在于，它系统构建了公有资本人格化的实现机制。

①② 马克思. 资本论（第1卷）[M]. 北京：人民出版社，1965：103，260.

一、充分发挥领导的人格力量，赢得广大职工的信任

国有企业的命运首系于企业领导集体，公有资人格化尤其需要崇高的人格导向来实现。许继首先抓住企业领导班子的思想建设。公司党委大力提倡领导干部要有“三感”、“三量”，并把它作为选聘干部的重要依据。“三感”，就是要有坚定贯彻执行党的基本路线的责任感，始终扭住发展经济和改革开放不放；要有“为官一任，致富一方”的使命感，不断提高经济效益；要有只争朝夕、加快改革的紧迫感，不等不靠，主动探索。“三量”，就是要有胆量，敢于从实际出发，打破常规决策；要有能量，有搞经济工作的真才实学，能卓有成效地工作；要有力量，不怕困难，不惧逆境。公司主要负责人淡泊名利，甘当职工公仆，特别注意在房子、票子、孩子等方面不搞特殊化；他们忠于职守，一心扑在事业上，把国企的改革、发展和振兴民族工业作为自己崇高的使命。在他们的带动下，班子团结、廉洁、开拓、实干，赢得了广大职工的信任。一位受聘于许继的研究生曾动情地说：“我是在许继领导人的敬业精神和人格力量感召下，加盟许继事业的。”许继十多年高速发展的一条根本经验，就是有一个好的领导班子，领导班子有一位好的带头人。

二、竞争上岗，将干部的升迁与企业的兴衰扭在一起

许继通过干部制度改革，建立了一套日趋完善的竞争、激励机制，不断强化干部对经营公有资本的责任意识。一是推行中层以上干部招标竞聘制。早在 14 年前，许继就在内部打破了干部、工人身份和部门界限，对所有中层干部实行公开招标、择优聘用制度。符合条件的员工均可参加竞聘。原任干部在岗是官，下岗是民。二是推行定量考核比例淘汰制，即在市场经济条件下，对每个干部工作的好坏评价以市场效益为标准，在德、能、勤、绩四项考核中，突出工作业绩的考核。每年通过综合考评，按 5%的比例淘汰考核分数靠后的中层干部，使干部队伍始终处于动态优化之中。三是推选首长负责制。在公司所属单位中，只有一位行政领导，一律不设副职。

三、强化国有资产管理，确保国有资产保值、增值

国有资产的保值、增值，既是公有资本人格化内蕴的价值目标，也是实现公有资本人格化的基本条件。许继通过强化国有资产管理，确保国有资本的保值、增值，解决了人们特别关注的一大难题，即谁来对国有资产负责。

（1）建立完善资产占有责任制的考核与评价体系。在对集团公司全部资产进行评估的基础上，根据各经营单位对资产占用情况，分别落实资产的使用权力与使用责任。通过实施资产占用责任制，以核实国有资产为基础，以明确责任为动力，以考核资产回报率为手段，以实现资产增值为目的的资产管理制度，进一步达到优化资产配置的目的，盘活集团工地内部的全部资产，使所有资产由没有效益的地方向有效益的地方、由效益低的地方向效益高的地方聚集。对完不成利润率、业绩平平（或较差）的经营者进行警告、处罚或撤换；对两年内达不到利润率指标、不能在自己所处的行业或领域中名列前茅的子公司坚决关、停。

（2）实行会计人员委派制。向子（分）公司委派财务主管和专业人员，授予相应职权：参与制定本单位财务管理办法，监督检查公司各项财务运作和资金收支情况；参与拟定本公司年度预、决算方案；审核本公司新项目投资的可行性；每半年向集团公司财务部报告本企业的资产和经济效益情况，并及时报告有关经营的重大问题，同时承担相应责任。委派的会计人员在全公司范围内招聘，接受集团公司财务部的平时考核、年终考核，其考核结论作为续聘、解聘、奖惩的重要依据。通过实行会计人员委派制，达到促进企业管理水平提高、解决会计信息失真的目的。

四、建立新的运营机制，实现经济增长形式的多样化

在市场经济条件下，私有资本的经济目标就是价值增值；公有资本也必须去竞争，善经营，同样把价值增值作为国企的经营目标。列宁说得好：“在商品生产的社会里，没有资本就无从经营。”因此，公有资本人格化作为一个机制系统，要求企业遵循资本运营规律，建立新的运营机制，实现公有资本增值形式的多样化，保证了企业发展的活力。

许继在探索公有资本人格化时，不惑于既有体制，不囿于现成形式，积极探索公有制经济的多种实现形式。按照建立产权清晰、权责明确、政企分开、管理科学的现代企业制度的要求，逐步形成一个以资本为主要联结纽带的、完善的母子型公司运行

机制。1993 年，许继以国家控股、法人参股、内部职工持股形式，组成许继电气股份有限公司，完成了从工厂制到公司制的改造，股金总额 8800 万元。1996 年 12 月，企业确立了以资产为纽带，供、科、贸、金（融）相结合的母子型集团，完成了股票上市工作的新目标，成立了许继集团有限公司。目前许继集团公司下属的 21 个子公司中，有集团控股的上市公司——许继电气股份有限公司，有中外联营的自动门有限公司、许继电源有限公司、许继变压器有限公司等 6 家合资企业，还有员工内部持股的许继印刷板有限公司等，形成了许继集团经济增长实现形式的多样化，使子公司直接成为自主经营、自负盈亏、自我约束、自我发展的经济实体。许继电源公司综合效益连年以 50%的速度递增，每年都上一个新台阶，1998 年实现销售收入 1.32 亿元，居同行业之首。许继变压器有限公司仅组建三年，1998 年实现销售收入 1.4 亿元，跃居全国同行业前三名。四方分公司全员劳动生产率达到人均 150 万元。各子公司的成功运作，保证了集团公司主体的良性循环。

五、探索国资主导型、产权多元化的混合经济形式，使公有企业真正成为劳动者利益共同体

近年来的实践告诉我们，国企不改革不行，改革不坚持社会主义方向也不行，尤其是产权制度改革，必须坚持正确的方向。许继坚持社会主义公有制占主体，走出了一条新路，一条充满生机与希望的国企改革之路。它们大胆提出试行“共有制”形式，即以产权为纽带，以股权为表现形式，使职工的劳动联合与职工的资本等生产要素有机结合，将国有资产法人股（由法人单位出资或生产经营性净资产作价投入公司的股份）、内部职工股份结合为利益共同体。职工股份包括三部分：一是内部职工个人出资人购买公司的股份，二是由公司根据职工的劳动成果和贡献分配给职工的股份，三是按照《设计开发新产品奖励办法》规定资金所折的科技股份。国有法人股、集体法人股和内部职工股，三者同股同权，同股同利。为使利益共享、风险同担，中层以上干部与高级管理人员，要用现金购买 3 倍以上量化到职工个人共有制股份的额度，以增加经营管理者的风险程度，确保国有资产的有效增长。这样，许继便由国家的独资企业变为产权多元化的混合经济形式，而国有资产仍占绝对优势，体现了社会利益、集体利益、个人利益以及外商利益多层次有序整合。特别重要的是增强了职工对企业的主人翁地位。这也正是公有资本人格化得以实现的利益基础。

六、完善严格的监督约束机制，为公有资本人格化筑起牢固的堤防

许继的领导本着对国有资产真心负责的精神，通过强化监督约束机制，充分保障职工的民主权利，使经营者与管理者切实履行职责，严防国有资产流失和各级领导失职。

（1）加强民主管理与民主监督。许继建立了以职代会为基础的公司、分厂、班组三级民主管理网络，使民主管理和民主监督的工作程序化、规范化、制度化。凡是关系到企业发展的重大问题和职工切身利益问题，都交职代会讨论和通过，使决策民主化、科学化，实行企务公开。每年有员工对干部进行的德、能、勤、绩四个方面 11 个要素的综合考评，实行末位淘汰制，增强了每个干部的紧迫感和危机感。职工的民主权利在许继得到了切实保障。

（2）实行审计制度。公司每年要对下属经营单位进行一次经营责任审计，检查主要财务指标完成情况，评价盈亏的真实性；检查财经法规的执行情况，有无逃漏国家税收等违纪行为；检查重大投资活动是否合理，投资效益是否达到预期目标；检查内控制度是否完善、有效，评价管理是否有序。同时，对公司各职能部门主要负责人及各子公司经理进行干部离任审计。审计离任干部在原单位的各项经济指标完成情况和单位经济效益是否真实、核发；审议离任干部执行财经纪律和单位制度的实际情况；审查财产物资借出和借入情况，有无严重损失浪费现象；审查国有资产的管理使用及保值增值情况。

（3）建立稽查制度，维护公司利益。公司成立了由监察室、审计室、保卫处等有关部门人员组成的公司稽查小组，对公司所属各单位和职工个人所承担的公司内的任何经营活动和经营业务进行稽查、取证。对以权谋私、高价采购、收取回扣等损害公司利益的行为，一经查证属实，即予以责任人经济处罚并一律解除劳动合同。

同时，公司还加强对无形资产的管理。抓好商业秘密和职务技术成果的侵权防范工作。运用法律武器，保护企业的知识产权和技术权益，防止国有资产的流失。

七、创建企业文化，培植企业集体主义精神

公有资本的人格是一种有组织的、集体的人格，它是公有制经济关系的反映，公有资本人格化必须有集体主义精神作道德支撑。许继在自己的发展过程中，通过创建

企业文化，着力培养全体员工的集体主义意识，从而将公有资本人格化的实现落实到每个员工。20 世纪 80 年代中期，总经理王纪年提出了“理想、纪律、勤奋、向上”的许继精神。经过这些年的不懈努力，逐步形成了“团结一致、坚忍不拔、力争上游”颇具许继特色的企业文化。最近，王纪年总经理又在许继企业文化建设的基础上，提出了《许继使命宣言》，概括了许继的使命、价值观、发展目标，努力造就一支具有高度凝聚力、高水平创造力、高素质原动力的许继职工队伍，为中国的民族工业增添光彩。

上述诸项做法构成一个互动机制，关键环节在于主要领导和领导层，同时又从各个方面调动了广大干部、职工的积极性。许继的成功实践表明，公有资本人格化是国有企业改革发展的一条光明之路。

（本文原载《河南日报》1999 年 7 月 29 日）

公有资本人格化的伦理构建

——许继集团有限公司发展的重要启示

一、伦理理念是实现公有资本人格化的重要因素

资本是市场经济的一般范畴。在社会主义市场经济条件下，公有制经济（含国有经济、集体经济以及混合经济中的公有成分）必然表现为公有资本。它具有资本的一般属性，即增值价值；也具有公有资本的特殊属性，即作为实现共同富裕的基础，其财富的存量和增量归劳动者共有。

资本具有增值性、流动性和组合性，同时它又是一定的生产关系，必须有一定的人对它铁心负责，承担它运作的职能，同它的命运紧密地联系在一起。这就是一般意义上的资本人格化。没有人格化，资本就没有灵魂，犹如断线的风筝，无法在市场经济中实现增值性、流动性和组合性。

资本家是私人资本的灵魂，是私人资本的人格化，他不仅作为所有者的身份出现，而且作为资本的运作者行使资本的职能。公有资本则不是这样简单，作为资本的所有者是全社会的劳动者或劳动者集体，但也要派出某些个人充任代表（如董事会—董事长）作为资本职能的执行人；必须委派经营管理者。因此，公有资本人格化呈现一个链条结构，即从众多的所有者到所有者的代表人，再到经营管理者以及整个管理系统，这个链条中的关键环节是所有者代表和经营者，最关键的又是经营者。概言之，公有资本人格化就是实现所有者和经营者对公有资本铁心负责、认真执行公有资本职能的机制。

现今，国有企业多数经营欠佳，在外部是由于缺少宽松的生存环境（负担过重）；在内部是由于缺少适应市场经济的经营机制，其中最重要的是未能实现公有资本人格化。据调查概算，国有企业亏损因素75%是由于经营管理不善，而经营管理不善又主要是因为企业领导不负责，不善于经营管理，或企业领导更换频迭，或个别领导品质欠佳造成的，领导原因约占60%以上。相反，凡是经营状况一直很好的国有或集体企业，大多有一个忠于职守，道德高尚，又善于经营管理、坚持改革的企业家和他主持的领导集体。许继集团有限公司（以下简称“许继”）就是一个典型的范例。

跻身于全国500强之列的许继（原为许昌继电器厂）始建于1970年。经过28年的努力，到1998年已由一个年销售额不足百万元的小厂变为10.1亿元的大型企业集团。国家对许继公司的总投资为1200万元，到1998年许继的国有资产市值16.5亿元，国有资产增值137.5倍。上缴利润是全国同行业其他企业上缴利润总和的4.7倍，以占全国同行业19%的职工人数创造了全国同行业70%的利润。特别是近10年来主要经济指标以年均35%的速度递增，走出了一条国有大中型企业自我加压、自我否定、自我完善的高效快速发展之路。近3年来，连年争得了全国同行业的九个“第一”：第一个荣获首届“中国机械”十大杰出企业；第一个进入全国综合经济效益评价500优企业（排名第297位）；第一个进入中国机械百强企业（排名第46位）；第一个被批准成为国家重点支持的300家企业；第一个被列入继电保护产品生产的国产化基地；第一家通过了ISO-9001国际质量体系认证；第一家被命名为全国机械工业文明单位；第一家被批准为国家级企业技术中心；第一家被确定为博士后工作站。许继之所以连续多年蒸蒸日上，效益倍增，关键在于几任厂长（经理）品质优秀、严于管理、经营有方，有科学的发展理念，锐意改革、勇于创新，他们是许继健康发展的决定性因素。

公有资本人格化是一个机制系统，在经济上，包括利益激励机制（如年薪制）、约束监督机制等；在政治体制上，要有适应市场经济的干部制度，建立竞争优选机制、企业家市场机制等，使得企业家形成一个特殊的知识阶层；在伦理上，当务之急是要建立适应社会主义市场经济的伦理理念和价值系统，为公有资本人格化的实现机制提供思想基础精神支撑。

公有资本人格化所要求的伦理理念，主要体现在下述几个方面：

（1）企业经营的目标。追求利润最大化，实现公有资本保值增值，是公有资本人格化首要的道德要求。企业是以盈利为目的的经济组织。公有制企业作为产权、经营利益的主体，也毫不例外。在市场经济条件下，我们的公有企业在企业的经营目标上，必须增强公有资本意识，激发资本价值增值这一企业的内在动力，把捍卫公有资产、追求利润最大化作为一面旗帜。

（2）企业的竞争。市场经济是竞争经济，竞争是构成市场的一种本质属性，是公有资本人格化的另一道德要求。不同意志和利益的经济主体或不同的产权利益主体之间的交易，决定了它们在利益上的相互排斥性，决定了市场交易的竞争性。所以，所有市场主体只有真正学会竞争，谙于竞争，才能获得生存和发展的条件。这里，蕴含有一前提，这就是各利益主体竞争，必须遵守一定的道德规则，即“平等”与“守信”。

（3）公有企业与国家利益的关系。我国的公有制企业，为国家的经济改革付出了很大的代价，承担了改革开放的主要成本。局部利益服从全局利益，公有企业服从国家的整体利益，甚至做出牺牲，也是必要的。这种伦理理念是社会主义本质的体现，是人民群众的根本利益和长远利益所要求的，它奠基于公有资本人格化是一种有组织的、集体的人格。

（4）企业领导的人格力量。公有资本人格化对企业领导人的道德提出了更高的要求，这就是对国家、对人民的高度负责精神和牺牲精神。许继集团的领导以中国工人阶级能够办好社会主义企业的坚定信念，以“一事不容疏忽，一日不敢懈怠”的敬业精神，倾心于企业的经营与管理。许继对党员、干部、员工提出了“五个一”的要求，即脚踏实地从一点一滴做起，一元一元地增加销售收入，一分一分地增加利润，一厘一厘地节约挖潜，一事一事地做起表率。在“许继电气”股票发行、上市工作中，从资料准备、上报审批到发行上市，仅用了100天时间，创造了中国股票发行时间最短、速度最快、效率最高的纪录。许继干式变压器有限公司的筹建，创下了3天征地，30天开工，300天建成的发展速度。在引进进口设备时为国家节约外汇80多万元。

二、公有资本人格化的伦理构建

实现公有资本人格化及其伦理理念的难点是，如何将公有资本的命运与企业的所有者、经营者、劳动者的命运联在一起，这是一个利益关系问题，还是一个社会责任问题。从许继的成功经验看，有以下几个方面。

（1）抓好领导班子的伦理建设。公有资本人格化需要崇高的人格导向来实现。许继十多年高速发展的一条根本经验是政通人和。政通人和是班子伦理建设的核心与最集中的表现。公司党委大力提倡和身体力行“三感”和“三量”，坚定贯彻执行党的基本路线，紧紧扭住改革开放和发展经济不放松，不等不靠，主动探索，不惧逆境。公司领导班子正确对待权力和分工，党政领导交叉任职，拧成一股劲，争当生产经营的行家里手。

（2）积极探索“共有制”形式，使公有企业真正成为劳动者利益共同体。这恰恰是公有资本人格化实现的利益基础。许继坚持改革，而国有资产仍占绝对优势，体现社会利益、集体利益、个人利益以及外商利益的结合。它们大胆地提出试行“共有制”形式，即以产权为纽带，以股权为表现形式，使职工的劳动联合与职工的资本等生产要素有机结合，将国有资产法人股（由国家授权给集团公司的生产经营性净资产折后形成的股份）、集体资产法人股（由法人单位出资或以生产经营性净资产作价投入公司的股份）、内部职工股份结合为利益共同体。国有法人股、集体法人股和内部职工股，三者同股同权，同股同利。为防止单位吃集团的“大锅饭”，按许继各单位实现利润的多少、技术水平高低、新产品转化为商品后的效益计算，防止个人吃单位的“大锅饭”。各单位再按个人贡献、技术、业务水平，按1~8倍的分配方法量化到每个职工应得的职工共有制股份额。为使利益共享、风险共担，中层以上干部与高级管理人员，要用现金购买3倍以上量化到职工个人共有制股份的额度，以增加经营管理者的风险程度，确保国有资产的增长。

（3）建立新的运营机制，实现经济增长形式的多样化。公有资本人格化作为一个机制系统，要求企业建立新的运营机制，从而实现公有资本增值形式的多样化。许继集团在探索实现公有资本人格化及其伦理理念时，不惑于体制，不囿于形式，积极探索公有制经济的多种实现形式和新的运营机制，把公有资本人格化的道德要求贯穿于生产经营的全过程。按照建立产权清晰的要求，逐步形成以资本为主要联结纽带的、完善的母子型公司运行机制。目前许继集团公司下属的21个子公司中，有集团控股的上市公司——许继电气股份有限公司，有中外联营的昌威自动门有限公司、许继电源有限公司、许继变压器有限公司等6家合资企业，还有员工内部持股的许继印制板有限公司等，形成了许继集团经济增长实现形式的多样化，使子公司真正成为自主经营、自负盈亏、自我约束、自我发展的经济实体。许继电源有限公司综合效益连年以50%的速度递增，每年都上一个台阶，1998年实现销售收入1.32亿元，居同行业之首。许继变压器有限公司仅组建三年，1998年实现销售收入1.4亿元，跃居全国同行业前三名。四方分公司全员劳动生产率达到人均150万元；各子公司的成功运作，保证了集团公司主体的良性循环。

（4）深化内部改革，引入竞争机制，将干部与职工的命运同企业的兴衰扭在一起。在干部制度改革方面，旨在建立一套充满竞争、激励、约束的运行机制。一是推行中层以上干部招标竞聘制、竞聘上岗的中层干部一律实行三年任期制，三年期届满，进入下一轮任期重新招标，符合条件的员工均可参加竞聘。原任干部在岗是官，下岗是民。二是推行定量考核比例淘汰制。经过多年探索、改进，许继在定性的基础上，探索出了一套以中层干部定量化考核为主要内容的人事考评标准。每年通过综合考评，按5%的比例淘汰考核分数靠后的中层干部，使干部队伍始终处于动态优化之中。十多年来，先后有百余名中层干部被尾数淘汰下岗，同时也有50多名普通员工通过竞聘走上了公司中层干部岗位。三是推行单首长负责制。在公司所属单位中，只有一位行政领导，一律不设副职。1985年许继员工1800人，中层以上干部120余名，而今员工增加少，工作效率则大大提高。四是不设虚职。取消了"协理员"、"助理员"等虚职及保留某种级别的做法，并且待遇也随着岗位的变化而变化。

在用工制度改革上，着力建立一个能上能下、优胜劣汰的用工机制。1992年3月，该企业率先在河南省的大型企业中实行了全员劳动合同制。为避免使合同制成为新的"铁饭碗"，从1996年开始，对每年劳动合同到期的员工，其中1/4不再续签劳动合同。1997年又试行了内部转岗、分流制度，经过综合测评和员工打分，300多名员工被尾数淘汰转岗。转岗人员通过培训提高素质可以重新竞争新的岗位，使企业在流动与循环中迸发出活力。

在分配制度改革上，以调动企业所有人员的积极性为目的，建立一个向贡献倾斜的合理分配机制。对一线工人实行工时计件制；对销售人员实行提成制；对管理岗位人员实行百分考核制；对设计人员按新产品转化为商品后实现的利润提成。同时，实行超定额劳动奖励制。目前，许继员工的总收入中，活的奖金部分已占到个人收入的50%以上。

（5）强化国有资产管理，确保国有资产保值、增值。国有资产保值、增值，既是公有资本人格化的价值目标，也是实现公有资本人格化的重要路径。许继集团公司通过强化国有资产管理，确保国有资产保值、增值。

第一，建立完善资产占用责任制的考核与评价体系。在对集团公司全部资产进行评估的基础上，根据各经营单位对资产的占用情况，分别落实资产的使用权力与使用责任，其资产回报率=利润总额+净资产占用总额×100%。经营单位则按照资产占用量与资产回报率的乘积数额向集团公司上缴利润。通过实施资产占用责任制这种以核实国有资产为基础，以明确责任为动力，以考核资产回报率为手段，以实现资产增值为目的的资产管理制度，进一步达到优化资产配置的目的。

第二，实行会计人员委派制。向子（分）公司委派财务主管和主要财务人员，授予相应职权：参与制定本公司财务管理办法，监督检查公司各项财务运作和资金收支情况；参与拟定本公司年度预、决算方案；审核本公司新项目投资的可行性；半年向集团公司财务部报告本企业的资产和经济效益情况，并及时报告有关经营的重大问题。同时承担相应责任：对上报给公司的各种财务报表和报告的真实性承担责任；对公司投资项目决策失误而造成经济损失，或未能达到集团公司下达净资产回报率承担相应责任；对本公司严重违反财经纪律的行为承担相应责任。委派的会计人员在全公司范围招聘，接受集团公司财务部的平时考核、年终考核，其考核结论作为续聘、解聘、奖惩的重要依据，为避免财务人员在一个单位长期工作产生利益关系，影响其正确履行职责，对其实行轮换制，任职期限视具体情况 2~3 年轮换一次。通过实行会计人员委派制，达到促进企业管理水平提高、解决会计信息失真的目的。

（6）完善监督约束机制，防止国有资产流失。许继集团的领导以对国有资产铁心负责的精神，通过强化监督约束机制，使经营者与管理者切实履行职责，从而达到防止国有资产流失的目的。他们的做法是严厉的，有时近乎无情，但是十分有效，具体有三点。

第一，加强民主管理与民主监督。公司建立了由职代会为基础的公司、分厂、班组三级民主管理网络，使民主管理和民主监督的工作程序化、规范化、制度化。凡是关系到企业发展的重大问题和职工切身利益问题，都交职代会讨论和通过，使决策民主化、科学化。近十年来，总经理每年就企业的改革与发展给公司员工发一封征求合理化建议的信，累计收到 4350 多条建议，采纳 1735 条，年均创产值 650 多万元。

第二，实行审计制度。公司每年由审计处对下属经营单位进行一次经营承包责任审计。检查主要财务指标的完成情况，评价盈亏的真实性；检查财经法规的执行情况，有无逃漏国家税收等违纪行为；检查其重大投资活动是否合理，投资效益是否达到预期目标；检查内控制度是否完善、有效，评价管理是否有序的同时，在公司各职能部门主要负责人及各子公司经理离职时，进行干部离任审计；审议离任干部在原单位的各项经济指标完成情况和单位经济效益是否真实、合法；审议离任干部执行财经纪律和单位各项规章制度的实际情况；审查财产物资借出和借入情况，有无严重损失浪费现象；审查国有资产的管理使用及保值增值情况。

第三，建立稽查制度，维护公司利益。公司成立了由监察室、审计室、保卫处等有关部门人员组成的公司稽查小组，对公司所属各单位和职工个人所承担的公司内的任何经营活动和经营业务进行稽查、取证。对以权谋私、高价采购、收取回扣等损害公司利益的行为，一经查证属实，即予以责任人经济处罚并一律解除劳动合同。公司还明文规定，凡是在物资采购活动中所购物资的价格高于同类物资、同等质量条件下的最低价格，即视为高价采购。公司还建立了举报制度，公司员工、家属及社会各界人士都有权举报公司有关人员的违纪行为。凡是举报属实的，一律按其被追回的经济赔偿额的30%直接奖励给举报人。同时，公司还加强对无形资产的管理。抓好商业秘密和职务技术成果的侵权防范工作。运用法律武器，保护企业的知识产权和技术权益，防止国有资产的流失。

（7）创建企业文化，开展富有成效的思想教育。许继在自己的发展过程中，通过创建企业文化提出企业的使命宣言，将公有资本的命运与员工的命运融为一体，发挥精神激励作用。

20世纪80年代中期，许继提出了“理想、纪律、勤奋、向上”的许继精神。经过一整代人的不懈努力，逐步形成了“团结一致、坚韧不拔、力争上游”颇具许继特色的企业文化。最近，又在许继企业文化建设基础上，提出了《许继使命宣言》，概括了许继的使命、价值观、发展目标，以此激励许继人为中国的民族工业增添光彩。为此，企业的思想政治工作围绕着企业精神与使命，在求实效上下功夫，为了企业的改革与发展，净化内部环境，营造良好氛围，努力形成相互尊重、相互理解、坦诚和谐的人际关系，使员工保持最佳的工作状态，为企业的发展尽心竭力，致力于建立起一支具有高强度凝聚力、高水平创造力、高素质原动力的许继职工队伍。

上述诸项建设和活动构成一个联动机制，从各个方面调动了广大职工的积极性，形成了良性循环，探索出一条公有资本人格化伦理构建的成功之路。可以说，许继是以先进的伦理理念，为公有资本人格化的实现提供伦理支撑的典型案例，其经验表明公有资本人格化的实现是可能的。

（本文原载《经济经纬》1999年第5期）

“合力文化”内蕴的道德价值观
——许继集团个案分析

中国是一个发展中国家，企业正从传统向现代转换，随着中国加入世界贸易组织，更深层意义上的改革已经开始。面对经济全球化的发展趋势，中国公司文化如何建设，特别是择取哪一种道德价值观，无疑成为公司文化创新的一个焦点。为提高企业的整体竞争力，国内企业的文化建设处在积极探索、整合的阶段。这里仅以一个老国有企业的成长历程和合力文化的建设为个案进行分析，也许会给我们带来一些有益的启示。

一、许继集团“合力文化”的内涵及功能

倡导和实践“合力文化”，是许继集团的特征之一，也是创新管理的重要内容。“合力文化”是以合力为核心价值观的企业文化，是企业文化理念的核心、灵魂和基石部分，是企业在追求成功的过程中对其行为做出的价值判断及奉行的行为准则。它直接决定着企业的各种决策行为，关系到企业的取舍抉择、成败得失和绩效，关系到企业的生存能力和发展目标的实现，是企业的生存发展观，也是企业的经营理念和经营哲学。

合力文化由物质层面、精神层面和行为层面构成，是一个有机整体。合力文化对企业的影响和渗透作用是全方位的，它贯穿于企业价值创造链条的始终。公司的供应、制造、营销、客户形成一个价值创造的平台，是靠企业合力文化所引导、凝聚的。具体来说，第一，合力文化已经突破了企业传统的经营理念，贯穿于企业价值创造的全过程。合力文化是现代企业的标征，它适应市场运作规律的需要，以开放、务实、合作为基本特征，走出了小而全、大而全的封闭式经营理念，企业内部实现整合。如原来在公司内部，一种产品就是一条生产线，从硬件、软件开发、技术支持、售后服务等都是一个科室干，不但部门之间相互保守、不通气，信息无法得到共享，而且师傅和徒弟之间也缺乏有效合作，基础的、简单的、大量的重复劳动在浪费资源的同时，也限制了许继集团的发展速度。从宏观角度看，现代市场经济已经由商家之间“丛林”式的弱肉强食、对抗式的竞争，转向强调以合作为主，企业与企业之间的主流关系是合作与协作。许继集团将供应商、客户甚至竞争对手均纳入为客户和社会创造价值的

流程中，实施合作竞争战略，优势互补，强强联合，将企业变成一个开放式、能与外部环境广泛进行能量交换的动态系统，以取得快速发展。第二，合力文化整合企业内部资源，对企业内部价值链进行整合。倡导合力文化、积蓄内部能量，是形成企业核心竞争力的基础。企业内部价值链包括选择价值（市场细分、目标市场、产品定位）、提供价值（产品开发、服务开发、产品制造、制定价格、分销服务）、沟通价值（人员推销、销售推广、广告）三方面，在价值链核心业务流程上整合企业人力、产品、技术、服务等资源，剥离或释放非主业资源，促进企业形成不易被竞争对手模仿的能带来超额利润的独特的核心竞争力。第三，合力文化吸附企业外部资源，对企业外部价值链进行整合。除了自身内部的价值链外，企业还需要通过供应商、营销中介和最终顾客的价值链来寻求竞争优势。未来社会分工越来越细，产业间的协调与联系越来越重要，顾客从最终产品中所得到的价值，是价值链中有机组合的各项活动所创造的价值。外部价值链是企业整个运行机制不可或缺的组成部分。内部价值链与外部价值链有着密切的关联。事实上，内部价值链越有合力，对外部价值链就越有辐射、吸引作用。合力文化主要从两个方面吸附外部资源和支持：一是积极同供应链中的参与者改善关系，获得支持，发展合作，共同改进顾客价值让渡系统，并试图实行利益均沾战略；二是通过综合的营销战略，增加顾客总价值，减少顾客总成本，提高其满意度，竭诚与顾客建立更牢固的契约和忠诚关系。

许继集团的合力文化建设促进了许继价值创造的全面提升。首先，从许继的发展来看，许继原是"一五"期间建立的国民经济的重点项目之一，可以说是个老国有企业，目前已成为中国电力装备最大的企业，也是国内综合实力最强的企业。其销售收入从1984年的1920万元增长到目前的28.8亿元人民币，利润从1984年的200万元增长到目前的2.5亿元，1984年国家累计投资1200万元，而2010年许继集团的市值达到30多亿元，资产净值13亿元，增长了100多倍。许继集团之所以能够取得如此快速的发展，离不开许继集团的合力文化的支撑。

从许继的核心竞争力看，其核心竞争力集中体现在许继的核心产品上，并且随着时间的推移，产品档次、技术含量不断提升。15年前，许继集团的核心产品是保护继电器，现在仅占销售收入的3%；七八年前，许继集团的核心产品是电力系统的继电保护及其自动化；两三年前，许继集团的核心产品是电力系统自动化；现在许继集团的核心产品是电网技术；许继集团未来的核心产品目标是电力系统IT全面解决方案。核心竞争力的不断提升是许继集团快速发展的保证。

从管理的角度来看，许继集团的管理水平是随着许继集团的发展而不断变革和提升的。十多年前，许继集团在管理方面做的事情是转变计划经济时期的陈旧观念；5~10年前，许继集团在管理方面做的事情是管理制度的完善；最近几年包括正在做的事情是如何提升管理水平和提高管理效率，即向现代企业管理转变。管理也是生产力，管理水平的提升是许继集团快速发展的加速剂。管理水平的高效和现代化将使许继集团更加有效配给资源，加快许继集团向现代企业管理的转变，加速许继集团做强、做大的步伐。管理和技术是企业发展中两个必不可少的“轮子”，而且它们的作用是互动的，企业要发展，缺少任何一个都是不可行的。许继集团在发展的过程中紧紧抓住这两者不放才取得了今天的成绩，从许继集团的发展中我们可以提炼出许继集团合力文化的精髓。

二、许继集团“合力文化”中的道德价值观

任何一种文化都内蕴着道德价值观，这是文化的核心、文化的精髓，也是区分一种文化不同于另一种文化的根本分界。许继集团的合力文化有明确的道德价值原则，这就是人的价值高于物的价值；集体价值高于个人价值；社会价值高于企业价值。

1. 人的价值高于物的价值

以人为本，坚持人的价值高于物的价值，是公司内部人力资源管理和协调人际关系的一个基本道德准则。

许继集团通过企业“三项制度”，即干部制度、分配制度、用工制度的改革，建立了充满生机与活力的用人机制。在许继集团，人被视为最重要的资源，员工被视为企业产品的设计者和生产者，是企业服务的提供者，是企业正常运转的最终动力。他们坚定以人为本的理念，将人力资源视为企业最重要的经营资源；把激活每一个人的积极性、主动性和创造性作为提高企业经营绩效的动力源；把建立企业共识、增强员工参与决策与管理，作为形成管理者与生产者荣辱与共的命运共同体的关键。许继集团力倡岗位职业化，其中心思想是每一个许继人都要把自己的岗位工作视为终身事业，没有高低贵贱，不分三六九等，皆以高度职业化精神在不断提高自己的基础上不断创新，提高自己的工作效率和工作质量，把工作做得尽可能完美、尽可能精彩。与此同时，提高自己的多种素质与业务能力，为公司提供更大的事业平台做好准备。因此，重视人，关心人，为人的需求的全面发展和价值提升创造最优良的条件，是许继集团坚持以人为本的具体内容。

2. 集体价值高于个人价值，全局价值高于局部价值

许继集团之所以力倡“合力文化”，是顺应了公司发展的需要。中国企业的竞争，已经面对的是一个大市场，企业外部面临的环境更加不确定，技术更新速度及客户需求变化越来越快，企业只有更具灵活性和适应性，才能生存和发展。企业内横向合作的频度与深度空前增加，出现了生产技术等层面高度组织化的局面。与 10 年前相比，公司内外部环境发生了巨大变化。就许继集团来讲，公司曾存在的资源配置分散、产品重复开发的局面，有过产品开发周期长、研发经费的投人产出率和项目的成功率低，售后服务费用高，人力财力资源浪费，总公司与子公司之间的责、权、利及管理界面的不清等影响效率的沉痛教训。例如，产品重复开发不仅造成直接、间接的经济损失，

而且容易滋生"鸡头文化"(宁当鸡头，不当凤尾)、诸侯经济思想，这是产生封闭自我、小农意识、个人英雄主义的土壤，严重地侵蚀着组织的机体。再如总公司与子公司管理上的问题，容易产生本位主义等，都在不同程度上制约着企业的健康运行。在这种条件下，一个基于个人利益和局部利益而缺乏合作价值观的企业，必定在文化上没有吸引力、在经济上缺乏效率，并最终走向死亡。所以，集团总裁王纪年多年来一直反对"鸡头文化"，提倡合力文化，提倡集体价值高于个人价值、全局价值高于局部价值的价值观。

许继集团对集体价值高于个人价值的理解有三层内容：一是集团在与国家的关系上，强调在该行业做到最大、最优、最强为目标，保证国有资产的保值增值；二是集团在与员工的关系上，一定要为每一位员工积极性、创造力的发挥提供更高的平台，中层单位领导组织能力，主要体现在有没有把下属及员工的能力发挥得淋漓尽致；三是在子公司、员工与集团的关系上，特别强调每个子公司和每位员工都要具备服从的道德意识。子公司要接受总公司的统一领导和管理，每个人也要为构筑许继事业发展的新平台贡献力量。不能只讲权利，不讲责任；只讲一己利益得失，不讲企业、社会整体利益的损益。

3. 社会价值高于企业价值

为社会提供优质产品和服务，是企业生存的基础，也是企业的社会责任。企业的社会价值高于自身价值，集中地表现在企业如何对待客户。许继集团提出了"客户价值至上"的理念和独具个性的内涵。在许继人看来，秉承客户价值至上的理念，并不仅仅因为企业的命运在客户手中，客户是企业利润的最终决定者，更重要的是他们把为客户创造价值视为许继存在的意义之所在。《许继使命宣言》明确指出公司的使命是"让我们的客户充分享受高可靠性、高科技的装备"。为落实这一使命，王纪年总裁进一步明确了集团公司客户理念的四个方面内容：①客户是我们的上帝，他们的需求对于我们是第一性的，推动他们的发展是我们的目标，我们奉献给他们的必须是"精品"和"优服"！②客户的来访和对我们提出的任何要求都是我们的荣幸！③对客户的任何埋怨都是自掘坟墓。不要与客户争辩，要站在他们的角度去思考、去完善自我！④让客户满意是我们全体员工的毕生追求！为此，追求产品质量的零缺陷和服务的零抱怨，要求自己为客户所提供的超出客户所期望的。这一价值理念，反映了许继高度的社会责任意识，公司的生存价值意识，更重要的也表现了合力文化所体现的对人和人类的终极关怀。

"合力文化"中道德价值观的提出和践行，标志着许继集团的文化建设进入了一个新的更加成熟的发展时期。这一道德价值观继承了中华民族的优良文化传统，强调人的价值、集体的价值和社会的价值的优先性，同时，又是针对中国现代企业内部出现的新的组织关系和伦理关系而提出的。一个国家创造财富体系的背后有它的价值观，一个公司成功的背后同样有一个价值系统作为精神支撑。企业生存在于不同的文化背景下，自然形成了不同的道德价值观，如美国社会主流强调个人主义，日本社会主要强调团队精神，许继集团则在“文化上的价值两难”上找到了结合点，它汲取了两者的优长并注入了新的内容，应该说为学界研究公司文化创新提供了一个典型案例。如果从某种意义上可以说，成功公司的关键在于管理与整合价值观上的冲突，如整体规则与个体、部分与整体等这些共性问题，那么，价值观的选择和确立对一个公司就具有举足轻重的地位了。

许继集团的合力文化建设之所以成效显著，是因为它创造了一定的条件：一是为合力文化建设创造制度和体制环境。这是合力文化得以形成、运作的基础，又是其强有力的制度保证。许继作为全国模范国有企业，它今天的成功首先取决于企业“三项制度”的彻底改革，形成了一个适应市场的内部机制。二是管理理念的不断创新。该公司引入经济增加值（EVA），推行关键绩效指标考核（KPI）和中期述职制度，不断强化为客户和社会创造财富的价值意识，避免利己的文化倾向，从制度上牵引员工和管理者形成合力文化。三是注重价值观上的系统整合。从观念到环境、从技术到生产、从管理到组织，以创建合力文化为主要内容、以研发系统为主的再造和整合，迅速地全方位地渗透到公司的每一个角落。整合带来了客户满意度的提高、重点项目研发的重大突破、新产品研发周期大大缩短、人力资源浪费明显减少，销售收入大幅度增长，合力文化建设已成为员工的高度共识。

（2002年5月29日国际经济伦理学术研讨会中文发言稿）

循环经济分析框架下的企业社会责任

发展循环经济是我国21世纪经济发展的重要战略之一，循环经济既不同于以往的以大量消耗、大量生产、大量废弃为特征的传统线性经济，也不同于一味反对GDP的环境经济主义，它是一种全新的经济发展方式，一种经济增长理论。从历史上看，企业社会责任在不同的经济发展时期有不同的内涵。在现阶段，循环经济的发展对企业提出了诸多新要求，为我们探讨企业社会责任提供了新的研究视阈、新的分析框架。

一、循环经济与传统线性经济的区别

循环经济是一种全新的经济发展方式，是对传统线性经济的革命。

从物质流动的角度看，传统经济方式采用的是“资源—产品—污染排放”的单向线性开放式过程。随着工业的发展，生产规模的扩大和人口数量的增长以及环境自身净化能力的削弱，导致环境问题日益加重，资源短缺的危机更加突出。线性经济正是通过这种把资源不断变成垃圾的过程，以牺牲环境为代价来实现经济的数量型增长。与此不同，循环经济倡导的是一种与地球和谐的经济发展方式。循环经济遵循生态学规律，合理利用自然资源和环境容量，采用“自然资源—产品和服务—再生资源”的反馈式流程，在物质和资源不断循环利用的基础上发展经济，使经济系统和谐地纳入自然生态系统的物质循环过程中，实现经济活动的生态化。

从经济增长方式的角度看，传统线性经济追求数量型增长，重开发、轻节约，片面追求GDP增长；重速度、轻效益；重外延扩张、轻内涵提高。而循环经济则追求内涵型、科技型、节约型和清洁型的经济增长方式，强调在增强企业实力和效益的同时，实现资源节约、污染减排，从而把经济活动对自然环境的影响降低到尽可能小的程度。

从对资源的利用状况上看，传统线性经济实行的是粗放型经营和对资源的高开采、低利用或一次性利用；循环经济则推行科学经营管理，对资源进行低开采、高利用，实现资源的循环利用。

从废物排放及对环境的影响上看，在传统线性经济方式下，由于企业以追求产量最大为目标，在其粗放式经济增长方式下对环境的利用是不用付费的，因此造成废物高排放、成本外部化和对环境的破坏；而循环经济倡导的是一种建立在物质不断循环利用基础上的经济发展方式，其特征是自然资源的低投入、高利用和废弃物的低排放，有利于推动污染预防和生产全过程控制，是环境友好型的经济发展方式，有可能从根本上消解长期以来环境与发展之间的尖锐冲突。

从环境治理方式上看，传统线性经济采用的是“生产过程末端治理”方式，其具体做法是“先污染、后治理”，强调在生产过程的末端采取措施治理污染，其治理的技术难度很大，不但治理成本极高，而且生态恶化难以遏制，经济效益、社会效益和生态效益都很难达到预期目的。而循环经济则要求遵循生态学规律，合理利用自然资源和环境容量，在物质不断循环利用的基础上发展经济，使经济系统和谐地纳入自然生态系统的物质循环的过程中，实现经济活动的生态化。其倡导的清洁生产从根本上扬弃了末端治理的弊端，它通过预防为主、全过程控制的处理方式，减少甚至消除污染物的产生和排放，是一个“资源—产品—再生资源”的闭环反馈式循环过程，实现了“排除废物”到“净化环境”再到“利用废物”的过程，达到“最佳生产，最适消费，最少废弃”。

从评价指标上看，传统线性经济采用的是单一的经济指标（GDP、GNP、人均消费等），其 GDP 核算体系没有正确客观地反映出资源环境的耗减和恶化以及由此对国民经济可持续发展带来的负面影响；而循环经济采用的是绿色核算体系（绿色 GDP 等），所谓绿色 GDP 是指从现行 GDP 中扣除环境资源成本和对环境资源的保护服务费用，其计算结果可称为“绿色 GDP”。绿色 GDP 核算可以促进资源的重复、合理利用，实现产业组合的最优化和经济效益的最大化，同时，还会鼓励消费者进行绿色消费，促进工业的绿色生产。

从循环经济与传统线性经济的比较来看，循环经济倡导的是一种与自然和谐的经济发展方式，以此来达到环境与经济的双赢。它要求把经济活动组织成一个“资源—产品—再生资源”的反馈式流程，其特征是低开采、高利用、低排放，以“减量化、再利用、再循环”（3R）为其最重要的实际操作原则，以生态产业链为发展载体，以清洁生产为重要手段，达到实现物质资源的有效利用和经济与生态的可持续发展，以缓解自然资本对经济增长与人类福利发展的限制性作用，达到经济、社会和环境之间的协调发展。

二、企业社会责任内涵的演变

企业社会责任观在不同的历史和经济发展阶段有着不同的内涵。在市场经济的发展过程中，人们对企业的社会责任的认识经历了一个由古典社会责任观到现代企业社会责任观的历史演变过程。这些说明，企业社会责任不是一个孤立的范畴，而是特定经济社会发展阶段的要求；也不是一个内涵不变的抽象命题，而是随着社会的变迁不断发生演革的具体概念。

1. 古典企业社会责任观：盈利至上

古典企业社会责任观认为，企业的功能是纯经济性的，经济价值是衡量企业成功的唯一尺度。1970 年 9 月 30 日，古典企业社会责任观的代表人物、经济学家米尔顿·弗里德曼在《纽约时报》刊登题为《商业的社会责任是增加利润》的文章，指出“极少趋势，比公司主管人员除了为股东尽量赚钱之外应承担社会责任，更能彻底破坏自由社会本身的基础”，“企业的一项、也是唯一的社会责任是在比赛规则范围内增加利润”。在弗里德曼看来，在自由企业、私人财产体系中，一个公司主管是企业所有者的一个员工，他对他的雇主负有直接的责任，那个责任就是依照他们的欲望去经营企业。企业主管无权慷他人之慨，擅将企业的资金用于社会。因为，企业的资金是股东所有，企业的经营者只是接受股东委托来加以经营而已，因此，没有权力将企业的资金和利润用于社会行为，否则便会损害股东及消费者的利益。他认为，“股东们只关心一件事：财务收益率”。在以股东利益最大化为企业目标理念的古典企业责任观的牵引下，企业不愿承担履行社会责任的成本，并认为企业承担社会责任会给企业经营增加成本，这些成本最终会转嫁给消费者和企业股东。古典企业社会责任观反映了 20 世纪 70 年代资本主义市场经济发展阶段人们对企业社会责任的认识。

2. 社会经济责任观：经济责任以外的责任

与古典企业社会责任观相反，社会经济责任观认为，利润最大化是企业的第一目标，企业的第一目标是保证自己的生存。企业具有法人地位同时也意味着它具有道德人格，而作为具有道德人格的企业，其社会责任是指经济责任以外的责任，如企业对环境的责任、对政府和公众的责任、对顾客和雇员的责任等。“为了实现这一点，他们必须承担社会义务以及由此产生的社会成本。他们必须以不污染、不歧视、不从事欺骗性的广告宣传等方式来保护社会福利，他们必须融入自己所在的社区及资助慈善组织，从而在改善社会中扮演积极的角色”①。同时，著名管理学家罗宾斯还提出了社会义务问题，企业的社会责任“是一种工商企业追求有利于社会的长远目标的义务，而不是法律和经济所要求的义务”。社会经济责任观的提出，意味着人们对企业社会责任的认识上升到了一个新阶段。

3. 现代企业社会责任观：对全社会的责任

20 世纪 90 年代以来，由于人们对跨国企业社会责任的日益关注，美国服装制造商 Levi-Strauss 制定了第一份公司生产守则。在劳工和人权组织等 NCO 和消费者的推动下，许多知名品牌公司也相继建立了自己的生产守则，后演变为“企业行动规范运动”。企业行动规范运动的直接目的是促使企业履行自己的社会责任。但这种跨国公司自己制定的生产守则有着明显的商业目的，而且其实施状况也无法得到社会的监督。在劳工组织、人权组织等 NCO 组织的推动下，生产守则运动由跨国公司“自我约束”

---

① [美] 斯蒂芬·P. 罗宾斯.管理学（第四版）[M]. 黄卫伟等译. 北京：中国人民大学出版社，1997：96.

(Self-regulation) 的“内部生产守则”逐步转变为“社会约束”(Social Regulation) 的“外部生产守则”。企业社会责任较历史又前进了一步，其内涵也变得更加全面和完善。虽然学术界对“企业的社会责任”的内涵存在争论，至今仍未形成统一的认识，但目前国际上普遍认同的概念是：企业在创造利润、对股东利益负责的同时，还要承担对相关利益人，即影响和受影响于企业行为的各方的利益，并对全体社会承担责任。企业社会责任包括遵守商业道德、生产安全、保护劳工权利、保护环境和节约资源、发展慈善事业、公众安全责任等。著名经济伦理学家乔治·恩德勒把这种观点概括为：“作为一个道德行为者的企业，具有经济的、社会的和环境的责任。”[①]

现代企业社会责任观突破了传统的利润观，看到了企业的生存是社会的需要，如果企业的存在对社会没有好处，甚至有害于社会，企业就没有存在的必要。而以企业的力量造福于大众，回报社会，达到企业与社会的完美统一，这正体现了企业作为伦理实体与“法人人格”的本质内涵，即企业的自主权益与社会责任的统一。

三、循环经济分析框架下的企业社会责任

循环经济作为一种新的经济发展方式，一种新的增长理论，已在全球范围内达成共识。同时，循环经济体现的是经济、环境、社会之间的关系，因而不能仅在经济范畴的意义上去理解它，还应从它还是一种社会发展模式、发展理念层面上去认识。循环经济发展方式与企业社会责任存在着内在的关联性。循环经济内蕴着确定的价值诉求，企业社会责任则是其外在的体现或实现。因此，循环经济可以作为一个新的分析框架来诠释企业社会责任观。循环经济将不同层面上的生产和消费纳入一个有机的可持续发展的整体中来，以生态经济为理论支撑，从系统、整体的利益出发，统筹整体和局部利益的关系，构建一个社会、经济、环境良性发展的生态平台。循环经济宏观体系主要包括三种意义的循环，即企业内部的小循环、生产之间的区域中循环和社会经济层的大循环。在不同的循环层面对企业社会责任有不同的要求。

（一）企业内部小循环中的企业社会责任

发展循环经济要求企业内部要从清洁生产、绿色管理和“零消耗”、“零污染”抓起，实施“物料闭路循环”和能量多级利用，使一种产品产生的废物成为另一种产品形成的原料，根据不同的对象建立水循环、原材料多层利用和循环使用、节能和能源的重复利用、“三废”的控制与综合利用等良性循环系统。循环经济在单个企业内部要求排污排废最小化，其具体活动主要集中在推行清洁生产和科技创新。清洁生产是实

① [美] 乔治·恩德勒. 面向行动的经济伦理学 [M]. 上海：上海社会科学院出版社，2002：223.

现循环经济的基本途径，是一种全新的发展战略和创造性的思想，它将整体预防的环境战略持续应用于生产过程、产品和服务中，通过工艺改造、设备更新、废弃物回收利用等途径，实现节能、降耗、减污、增效，增加生态效率和减少人类及环境的风险，从而实现经济的可持续发展。清洁生产是企业发展循环经济的重要基础，科技创新是完善循环经济发展的基本保障。发展循环经济，需要突破原有的技术方式，研发适应资源节约型和环境友好型的科技创新，研究清洁生产管理、资源利用最大化和排污最小化的技术创新，研究生态工业和产品生态设计的理论创新和技术创新，实现循环经济的生产全过程控制，促进产业升级和经济增长方式根本的转变。

1. 对投资者、员工、消费者和利益相关者的责任

在企业的社会责任中，首先是企业对员工、投资者、消费者和利益相关者承担的责任。企业在对投资者负责的同时，应承担起对员工、消费者和利益相关者的责任。对员工，企业要在“以人为本”的前提下关心人、尊重人、提升人，不断改善员工的待遇和工作环境，因为消费者需要的不仅是物美价廉的商品，更是有益于社会的商品。企业不仅要对员工的物质利益关心，还要不断满足其社会需要和心理需要，增强员工的归属感、自治感和责任感，从而增强企业的凝聚力和向心力，提高企业的整体实力和竞争力。对消费者，企业要尊重消费者主权，维护消费者权益，提供令顾客满意的、有利于身心健康的产品和服务，让消费者获得最大的满足，以此来取得企业的长远发展；对利益相关者，企业的经营决策必须要考虑他们的利益或接受他们的约束。任何一个企业的发展都离不开各利益相关者的投入或参与，企业追求的是利益相关者的整体利益，而不仅仅是某些投资主体的利益。在循环经济方式下，这些利益相关者不仅包括企业的股东、债权人、雇员、消费者、供应商等交易伙伴，还应包括政府、居民、社区、生态环境权益和后代人的资源权益。企业勇于承担对员工、投资者、消费者和利益相关者的责任，不仅可以带来自身经济利益的提高，还会由于人的素质和生活条件的改善间接对社会做出贡献。

2. 科技创新的责任

发展循环经济需要企业进行科技创新。从技术经济学角度讲，循环经济是一种技术范式的革命。有专家指出循环经济的支撑技术体系由五类构成：替代技术、减量技术、再利用技术、资源化技术、系统化技术。替代技术是旨在通过开发和使用新资源、新材料、新产品、新工艺，替代原来所用资源、材料、产品和工艺，以提高资源利用效率，减轻生产和消费过程中环境压力的技术；减量技术是用较少的物质和能源消耗来达到既定的生产目的，从源头节约资源和减少污染的技术；再利用技术是延长原料或产品的使用周期，通过多次反复使用来减少资源消耗的技术；资源化技术是生产或消费过程产生的废弃物通过回收处理，成为有用的资源；系统化技术是指主要从系统工程的角度出发考虑，通过构建合理的产品组合、产业组合、技术组合，实现物质、能量、资金、技术的优化使用的技术，如多产品联产和产业共生技术。因此，在循环经济方式下，进行科技创新的责任无疑是企业的一项重要社会责任。

按照《中国循环经济与可持续发展》一书的观点，循环经济方式下企业的科技创新要服务于资源节约和环境友好，要更多地关注产品替代和系统革新这两种结构性的改进方式。循环经济需要发展的科技创新是“资源节约—污染减少型”的新技术，要求是环境友好型和利于生态发展的；同时，在我国目前条件下发展循环经济需要更多地关注产品替代（产品概念的变革和功能开发）和系统革新（实现产品经济到功能经济的转换）这两种结构性的改进方式。只有沿着这个方向进行科技创新，才有可能在环境与发展的关系上实现跨越式发展，降低环境污染，取得环境效益和经济效益的双赢。

3. 推行清洁生产、减少排污的责任

循环经济的思想萌芽于20世纪60年代的环境保护运动，以生态经济为主要理论支撑的循环经济作为一种新的经济发展方式，已不再将环境作为一种无限免费使用的资源游离于经济循环过程之外。清洁生产、减排降污已经成为发展循环经济、保护环境的重要手段。因此，在循环经济方式下，要求企业把推行清洁生产、减少排污作为履行社会责任的重要内容。

清洁生产是企业发展循环经济的重要基础。清洁生产体现的是“预防为主”的方针，要求企业从产生污染的源头抓起，以推行清洁生产、减少排污为责任，从产品设计、原材料选用、改革和优化生产工艺和技术装备、物料循环和废弃物利用等多个环节入手，在生产的工艺技术和管理中，综合考虑经济效益和环境保护，力争用最少的资源产出最大的经济效益，通过技术更新，积极采取无害或低害的新工艺和技术，有效降低原材料和能源的消耗，实现少投入、高产出、低污染，把影响环境的污染物尽可能消灭在生产过程之中，减少废弃物的排放量，并对最终废弃物进行综合治理，通过不断加强管理和技术进步，达到“节能、降耗、减污、增效”的目的。企业减排的责任则要求企业淘汰有毒原材料，削减所产生废物的数量和毒性，加强物质的循环，最大限度可持续地利用可再生资源，提高产品的耐用性，提高产品与服务的服务强度。例如，下游工序可回收利用的废物，返回上游工序，作为原料重新利用。在企业内部，要优先考虑“减量化”原则。总之，要根据生态效率的理念，推行清洁生产，使所有的资源、能源都得到有效的利用，最终达到污染无害排放或零排放目标的经济运行方式。

4. 提供生态安全产品的责任

在循环经济方式下，企业生产的产品不仅要利于生命安全，还要在较高的环保意识和绿色消费意识的基础上有利于生态安全。产品生态化，要求企业研发环境友好型产品、开发替代产品、改良产品设计、简化包装、使用可回收利用的包装材料，“通过可拆卸性、可回收性、可维护性、可重复利用性等一系列设计方法，延长产品使用周期、提高重复使用率，在产品完成其使用功能后，经过回收处理，又重新变为可以利用的资源，参与生产的再循环，提高资源利用率”①。

① 诸大建. 中国循环经济与可持续发展［M］. 北京：科学出版社，2007：205.

企业承担提供生态安全产品的责任，是由循环经济的“3R”原则所决定的。循环经济的减量化原则，不仅要求企业在生产过程中减少产品的物质使用量，通过技术创新来节约资源和减少排放，而且要求企业所提供给消费者的产品是对自然资源压力小、可循环、包装环保的健康型和安全型产品；循环经济的再利用原则，要求企业生产的产品以标准尺寸进行设计并尽可能地以多种方式被多次利用，以防止产品过早地成为垃圾，例如标准尺寸设计能使电脑、电视、手机充电器等电子产品的电路可以很容易地得到更换，而不必更换整个产品，以此来达到再利用的目的；循环经济的再循环原则，要求企业生产的最终产品在成为废弃物时可以返回到经济过程中的生产端，经粉碎后能够融入新的产品中，或者其生产的最终产品经消费后依然能够返回到自然界的生态循环之中，例如，肥皂水、清洁剂等洗涤产品可以被设计为有新陈代谢功能的生物养分，在消费之后经由排水管道来到江河湖海中时，可以继续维持生态系统的平衡。

（二）中循环（生态园区）中的企业社会责任

循环经济在区域层次主要表现为共生企业或产业间的生态工业网络，即区域生态工业园内企业间废弃物的相互交换。生态工业园区是生态工业和循环经济发展的重要途径和载体，它通过工业园区内物流和能源的正确设计，模拟自然生态系统、形成企业间的共生网络，使一个企业的废物成为另一个企业的原材料，企业间能量及水等资源梯级使用，具有明显集约利用资源和能源、保护和改善生态环境质量的特征。

1. 与园区企业之间进行信息共享和交换的责任

生态工业园区是发展循环经济的重要形式，生态工业园区是在生态学、生态经济学、产业生态学、循环经济学和系统工程理论指导下，由在一定地理区域内的多种具有不同生产目的的产业，按照物质循环、生物和产业共生原理组织起来所构成的一个企业生物群落。园区内一个工厂或企业产生的副产品用作另一个工厂或企业的投入或原材料，通过废物交换、循环利用、清洁生产等手段，最终实现园区的污染“零排放”，最大限度地降低对生态环境的负面影响。网络化是循环经济方式下生态园区的主要特征之一，企业作为园区大系统中的子系统，其信息是开放的，园区内的各种产业或企业，不受产业生产方式等的限制，在原料供应、产品分配和信息技术等方面享有同等权力，以获得共同发展的机会。发展循环经济要求园区内的企业之间进行原材料、能源、信息、技术、人员或资本交换，并通过包括这些资源要素在内的环境与资源方面的管理与合作，来实现生态环境和经济的双赢。生态园区与传统经济的重大区别在于：传统经济只强调企业之间存在某种交换关系，而不考虑交换关系的具体内容。因此，承担园区企业之间进行信息共享和交换的责任，是循环经济方式下企业社会责任的重要内容之一。

2. 与生态园区内企业间互利共赢的责任

对园区企业来说，园区为企业提供了提高材料和能源效率、再生利用废物和降低生产成本、提高效率和信息共享的平台，这种共享成本的方法使园区企业间通过合作获得了更大的经济效益，企业之间是一荣俱荣、一损俱损的关系。因此，生态园区内的企业担负有以系统内的整体利益为重、促使企业之间互利共赢的责任。

循环经济生态圈中的各个企业宜采用基于生态互动理念的新的生存与发展策略，注重调和，重视共存共荣、互利共赢，以此来实现共同发展。这要求企业：①要更新观念，树立共存共生的理念。当两个或多个企业为了生存与发展进行竞争时，要明确"互利共荣"是更重要、更人道的生态学原则。②处于同一生态园区的企业之间要在可能的情况下分工协作，互助互动。分工协作，是当今企业经营管理活动中的基本策略，也是当前建立循环经济生态园区的重要条件。分工协作可以使企业间人、财、物、信息等资源在更大范围得到交换和共享，从而降低自然资源的使用成本，增加效益。③企业之间要采取互惠互利的长远策略。虽然同一生态园区的企业之间会存在竞争的关系，但是只考虑当前利益，视对手如敌手，不考虑共生互利的做法是不可取的。在循环经济方式下，企业之间的竞争更应该从互惠互利、共存共赢的角度出发，寻求从长远的、环保的角度建立"在竞争中合作、在合作中竞争"的新型"竞合关系"。

（三）社会大循环中企业的社会责任

社会大循环指全国性的若干大的生态循环体系，如治理"三河"、"三湖"、南水北调中线工程、退耕还林还草工程、治沙治碱工程、优化能源结构工程以及发展生态农业等，涉及一定区域或社区。循环经济在社会层次的大循环体系主要由政府主导。政府是建设循环社会的决策主体，要在政策、技术、财政方面提供有力的支持和约束；有步骤地建立完整的、配套的法律政策体系，加强制定相应科学的指标体系和规划体系，并在此基础上强化监督机制。通过宣传教育引导公众参与，促进大众消费取向、生产观念、生活观念、价值观念等向着适应循环经济发展的方向转变；借助大众趋向的选择作用，引导循环型产品的生产、技术的开发和产业发展潜力的外显，这是循环经济发展的最大、最重要、最有力的推动力量。对于企业来说，树立社会责任意识，自觉遵守法规、加强自身的道德自律，是以"资源—产品—资源再生利用"为核心的产业循环链实现资源的社会"大循环"的重要保证。

1. 保护环境的责任

自然资源和生态环境是一个国家经济社会发展的基石。人类基本生活需要的供养以及现代化建设所需的一切原材料，无不源自大自然的恩赐。自然资源并非取之不尽、用之不竭，自然环境对人类废弃物的吸纳、净化也是有限的，以浪费资源和牺牲环境为代价的发展是不可能长久的。对市场经济的重要微观主体——企业来说，环保责任是其最主要的、义不容辞的社会责任。尤其对于我国这个正处于工业化和城市化发展加速、人均资源占有不足、环境恶化趋势未得到根本性扭转的发展中国家来说，企业所承担的保护生态环境的责任是贯彻落实科学发展观、发展循环经济、实现可持续发展的重要内容。

发展循环经济旨在转变以高资源消耗、高耗能、高污染排放为基本特征的粗放型经济增长方式，改变以生态环境破坏为代价换取经济增长速度的现象，实现经济、社会、环境的协调发展。发展循环经济要求企业承担环保责任，要求企业推进清洁生产、减排降耗、节约资源和能源，采用绿色核算体系，坚持预防为主、综合治理，强化从源头防治污染和保护生态。

2. 引导消费者的责任

企业不仅担负有为消费者提供安全产品的责任，同时企业还有通过其产品引导大众消费取向、生活观念和价值观念向适应循环经济发展的方向转变的责任。企业可以通过改变消费者的认知框架和信念体系来改变消费行为，并以此来推动循环型产品的生产和技术开发，促使循环经济更快、更好地发展。企业通过产品引导消费者，需要立足于发展循环经济，和消费者对健康、环保的关注，对更高品质生活的追求这些价值点，针对我国目前存在的不理智消费行为，从产品研发和产品定位入手，通过高品质、健康、无污染、少废物产生的产品来引导消费行为从对物质消费的需求向更高层次的精神文化消费需求转变，促使消费者增加对那些有利于环境的产品的需求，减少对环境有害的产品的需求，引导消费者树立可持续消费、绿色消费的观念，增强消费者的绿色消费和环境保护意识。国外的实践经验证明，由于消费者对绿色环保产品的青睐和需求的增加，环境保护成为企业主动、积极的发展目标，并反作用于企业，成为企业自身发展循环经济、推行清洁生产、提高绿色产品研发技术、推进绿色环保科研和科技创新的动力，促使企业不断通过技术创新来降低生产成本、提高产品质量，从生产劳动密集型到技术密集型转变，使整个社会的经济效益和产业结构水平得以提高。可见，企业以其产品引导大众消费取向、生活观念和价值观念向适应循环经济发展的方向转变的责任，不仅能够推动循环型产品的生产和技术开发，还可以促使循环经济更好、更快地发展。

可见，循环经济分析框架下的企业社会责任，包括三部分内容，一是循环经济链条上的企业内部的，二是区域生态工业园区内企业之间的，三是社会大循环中的。在我国，发展循环经济，企业切实履行社会责任，既是经济实现又好又快目标的迫切要求，又是构建和谐社会的基础性内容。因此，确立经济发展新理念，树立适应当代经济社会发展的企业社会责任观，应该成为经济活动主体的理性选择。

（本文原载《伦理学研究》2008 年第 1 期，与王丽阳合作）

论循环经济模式下的企业义利观

循环经济是当今一种新的经济发展形式，一种新的经济增长方式。中共十七大报告指出，“坚持节约能源和保护环境的基本国策，关系人民群众切身利益和中华民族生存发展。必须把建设资源节约型、环境友好型社会放在工业化、现代化发展战略的突出位置”，并第一次在中央文件中提出“建设生态文明，基本形成节约能源和保护生态环境的产业结构、增长方式、消费方式。循环经济形成较大规模，可再生能源比重显著上升”。发展循环经济的微观主体是企业，由于循环经济体内的企业与企业、企业与社会（包括自然）之间的关系，与传统线性经济不同，所要求的企业义利观也就具有许多新内涵。因此，循环经济模式下的企业义利观，就成为一个突出的经济伦理问题，需要认真探索。

一、循环经济的特征

循环经济既不同于以往的以大量消耗、大量生产、大量废弃为特征的传统线性经济，也不同于一味反对 GDP 的环境经济主义，它以“减量化、再使用、资源化”为原则，通过物质循环来创造更多价值，以缓解自然资本对经济增长与人类福利发展的限制性作用，达到经济、社会和环境三者之间的协调发展。循环经济是对传统线性经济的革命。“20 世纪 90 年代以来，包括中国在内的国内外学者及政府有关部门，越来越清晰地认识到当代资源环境问题日益严重的根源在于工业化运动以来以强物质化（高的资源消耗和高的污染排放）为特征的线性经济模式，为此在综合‘零排放企业、产业生态系统、社会功能经济’等理论与实践的基础上，提出了人类社会的未来应该是建立一种以生命周期经济为特征的经济，即循环经济，从而实现可持续发展所要求的环境与经济双赢，即在资源环境不退化甚至得到改善的情况下促进经济增长的战略目标。”

循环经济倡导的是一种与地球和谐的经济发展模式，既强调价值流也强调物质流。循环经济建立在“减量化、再利用、资源化”为内容的行为原则（3R 原则）的基础上。减量化原则（Reduce）旨在减少进入生产和消费流程的物质量；再利用原则（Reuse）属于过程性方法，目的是延长物品在消费和生产中的时间强度；再循环原则

（资源化原则）（Recycle）是输出端方法，通过把废弃物再次变成资源以减少最终处理量。3R 原则是循环经济的核心内容，循环经济要求把经济活动组织成一个“资源—产品—再生资源”的反馈式流程，其特征是低开采、高利用、低排放。所有的物质和能源要能在这个不断进行的经济循环中得到合理和持久的利用，以把经济活动对自然环境的影响降低到尽可能小的程度，从而保护环境削减污染，实现经济和社会的可持续发展，具体发展走向如图 1 所示。

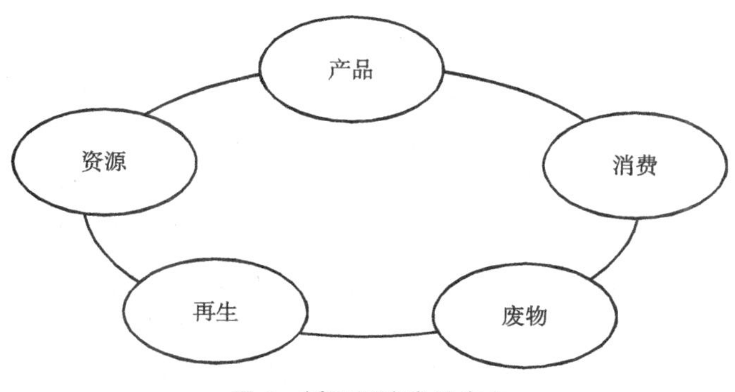

图 1　循环经济发展走向

循环经济与传统经济的区别比较（见表 1）：

表 1　循环经济与传统经济的比较

比较项目	传统经济	循环经济
运动方式	物质单向流动的开放式线性经济（资源消耗→产品工业→污染排放）	封闭型物质能量循环的网状经济（资源利用→绿色工业→资源再生）
对资源的利用状况	粗放型经营，一次性利用；高开采、低利用	资源循环利用，科学经营管理；低开采、高利用
废物排放及对环境的影响	废物高排放；成本外部化，对环境不友好	废物零排放或低排放；对环境友好
追求目标	经济利益（产品利润最大化）	经济利益、环境利益与社会持续发展利益
经济增长方式	数量型增长	内涵型发展
环境治理方式	末端治理	预防为主，全过程控制
支持理论	政治经济学、福利经济学等传统经济理论	生态系统理论、工业生态学理论等
评价指标	单一经济指标（GDP、GNP、人均消费等）	绿色核算体系（绿色 GDP 等）

由此可见，循环经济为工业化以来的传统经济转向可持续发展的经济提供了战略性的理论规范，有可能在根本上消解长期以来发展与资源、环境之间的尖锐矛盾。这里，还应进一步揭示，循环经济是更高层次的内涵型发展模式，它比以往的内涵式扩大再生产具有更高的质量和科技要求，深化了人与自然的关系。它本质上是人工再造一个生态循环圈，能够打通“内部性”与“外部性”，符合自然规律也符合经济规律。

二、循环经济的发展层次

（一）小循环

在企业内部，要求从清洁生产、绿色管理和“零消耗”、“零污染”抓起，实施“物料闭路循环”和能量多级利用，使一种产品产生的废物成为另一种产品形成的原料，根据不同的对象建立水循环、原材料多层利用和循环使用、节能和能源的重复利用、“三废”的控制与综合利用等良性循环系统。循环经济在单个企业内部要求污染排放最小化，其具体活动主要集中在推行清洁生产。清洁生产是实现循环经济的基本形式，与传统的末端污染控制模式相比，目前世界上广泛流行的实施清洁生产的工具有清洁生产审计、环境管理体系、产品生态设计、生命周期评价、环境标志、环境管理会计，其中清洁生产审计是企业实行清洁生产的前提和核心。清洁生产是一种全新的发展战略和创造性的思想，它将整体预防的环境战略持续应用于生产过程、产品和服务中，通过工艺改造、设备更新、废弃物回收利用等途径，实现节能、降耗、减污、增效，增加生态效率和减少人类及环境的风险，从而实现经济的可持续发展，它是企业发展循环经济的重要基础。

（二）中循环

在区域层次上，循环经济主要表现为共生企业或产业间的生态工业网络，即区域生态工业园内企业间废弃物的相互交换。生态工业园区是生态工业和循环经济发展的重要途径和载体，它通过工业园区内物流和能源的正确设计，模拟自然生态系统、形成企业间的共生网络，使一个企业的废物成为另一个企业的原材料，企业间能量及水等资源梯级使用，具有明显集约利用资源和能源、保护和改善生态环境质量的特征。

这里以河南省天冠集团构建产业链、形成产业之间的循环和流动为例进行分析。天冠集团自建厂起，酒精就一直是公司的主导产品，但多年来，由于产品单一导致企业经济效益低下，企业发展缓慢。进入20世纪90年代，在计划经济向市场经济转轨的过程中，由于行业内供大于求矛盾突出，酒精行业遇到了前所未有的危机。针对上述情况，集团领导审时度势，主动调整产品的研发方向。在不断夯实酒精项目的基础上，还开发了醋酸、醋酸酯等深加工项目，拉长酒精产品链条，衍生出了沼气、二氧化碳、饲料等综合利用产品，提高了企业的抗风险能力。更重要的是，集团围绕主导产品酒精，努力拓展发展空间，经过自主创新，全力开发了燃料乙醇产品。目前，集团燃料乙醇年生产能力已达50万吨，每年可转化饲料粮150万吨。围绕燃料乙醇开发，集团不断拉长酒精生产的产业链条，实施农产品精深加工和综合利用，实施产品的多层次开发和价值的多梯次增值，尽力实现资源利用最大化。企业已形成了农产品加工转化产业链条内的产品多元化，酒精、燃料乙醇已不再是农产品加工转化的主要产品，而是作为农产品加工转化产业链条上的一个环节。在生产燃料乙醇的过程中，可同时得到副产品麸皮、谷朊粉、生物饲料、沼气、二氧化碳、PPC塑料、有机肥料等多个产品，同时，各个副产品又可作为原料，实现更高水平的开发增值。回收的小麦麸皮是很好的饲料和低聚糖生产原料，麸皮通过深加工，又可得到具生理活性的膳食纤维、低聚糖和酶类，升值潜力巨大。提取的谷朊粉（俗称面筋）是高蛋白功能性产品，由于它独特优良的功能和加工特性，市场售价远高于面粉，且市场情况供不应求。之后集团又把谷朊粉进一步深加工生产水溶性蛋白，价值又可增值一倍。在酒精发酵过程中回收的二氧化碳可在供应碳酸饮料生产和冶金、机械制造行业使用，集团又经过多年的研发攻关，可直接生产PPC全降解塑料产品，成为市场急需的可最终解决“白色污染”的高科技产品。在整个生产过程中，每个产品都是生产扩展的链条，也是增值的环节。在丰富和完善酒精生产产业链条的同时，为使酒精效益最大化，公司不断探索酒精深加工的新路，努力改造传统产业，把上游产品作为下游产品的原料，进一步拉长产业链条，先后开发了醋酸、醋酸酯、黄原胶等多个深加工产品。产业链条的延伸，实现了企业单一产品到产品多样化，而且新产品的开发过程，又是一个增值过程，在大规模加工条件下，价值可增值将达五倍以上，而随着深加工水平的不断提高，增值的潜力还会越来越大。这一产业链条形成了“吃干榨净”和良性循环，实现了经济效益、社会效益、生态效益三者的统一。

（三）大循环

大循环指全国性的若干大的生态循环体系，如治理“三河”、“三湖”、退耕还林还草工程、治沙治碱工程、优化能源结构工程以及发展生态农业、生态社会等。循环经济在社会层次的大循环体系主要由政府主导。政府是建设循环社会的决策主体，要在政策、技术、财政方面提供有力的支持和约束；有步骤地建立完整、配套的法律政策体系，加强制定相应科学的指标体系和规划体系，并在此基础上强化监督机制。通过宣传教育引导公众参与，促进大众消费取向、生产观念、生活观念、价值观念等向着适应循环经济发展的方向转变；借助大众趋向的选择作用，引导循环型产品的生产、技术的开发和产业发展潜力的外显，这是循环经济发展的最大、最重要、最有力的推动力量。对于企业来说，树立社会责任意识，自觉遵守法规、加强自身的道德自律，是以“资源—产品—资源再生利用”为核心的产业循环链实现社会“大循环”的重要保证。

这里以天津滨海新区为例进行分析。天津市围绕发展生态产业、改善生态环境、建设生态人居、推进生态文化四大重点领域，开展生态城市建设。滨海新区在整体经济发展中突出发展循环经济。滨海新区以开发建设早、功能齐全、工业企业集中的开发区为核心，依托开发区发展循环经济的管理经验、先进技术和信息平台，推进发展整个区域。在发展建设中，坚持综合利用水源、节约能源、集约利用土地，形成产业相对集中、互生共存、布局合理的循环经济发展格局。按照循环经济发展理念，开发区率先搭建起电子信息、汽车制造、生物医药和食品饮料四大循环经济产业链条和产业群落，形成工业园区物质循环模式。同时，将新能源项目、环境保护项目等作为招商重点，引进风力发电、太阳能电池、电子废物处理等项目。开发区还以最大限度降低资源消耗、减少废弃物的产生、实现资源高效利用和循环利用为目标，建设了泰鼎股份有限公司电子垃圾综合处理装置、天津东邦铅资源再生有限公司的铅资源再生等多项优势行业补链项目，为区域实现污染“零排放”和资源综合利用创造了条件，为滨海新区乃至全市资源大循环提供了保证。目前，滨海新区依托开发区的循环经济发展模式，分别规划建设了滨海化工区、汉沽电水盐联产、东丽海河下游石油钢管和优质钢材深加工等一批循环经济产业集群。并依托其先进技术，在津南建设了日处理量1200吨的双港垃圾焚烧发电厂，可消纳全市25%左右的生活垃圾，使全市循环经济再创新水平。据《科技日报》报道，天津市人民政府与中国工程院院地合作的重点项目“天津滨海新区建设循环经济示范区的发展战略咨询研究”于2014年8月27日正式启动。将结合最新的循环经济理论、绿色化工、清洁能源、环保产业、全生命周期的产品设计理论，研究滨海新区发展高水平现代制造业、建设研发转化基地和生态城区、加快产业转型升级、发展循环经济的对策。项目完成后对进一步完善滨海新区总体规划、提升产业发展水平、加快建设美丽天津、促进京津冀协同发展都具有重要意义。发源于区域层次的循环经济，将扩展至三个省、市、区乃至影响全国。

可见，循环经济模式下的三个层次，实际上是一个产业循环系统，由此形成了一个企业联合体。在联合体内，企业内部、企业与企业之间、企业与社会（包括自然）之间，结成了一个相互联系、相互制约、相互促进的利益关系链条和责任关系纽带。与传统线性经济不同，一个企业的独立行动具有了更多的相对性，企业的自觉意识突出地表现为一种集体理性，而集体理性的思维基础则是整体观与系统观。

三、与循环经济发展相适应的企业义利观

与传统的企业义利观不同，循环经济的三个层次重构了企业内部、企业之间、企业与社会（自然）之间的伦理关系，赋予企业义利观诸多新内涵与新要求。

1. 小循环中处理企业内部关系的义利观

（1）以人为本，员工利益与企业整体利益共融。循环经济理念体现了以人为本的精神，它要求企业经营者恪守以人为本的经营理念，实现员工利益与企业整体利益共融，以推动经济的可持续发展。

由于循环经济要求实现减物质化的经济社会发展，企业需要用较少的资源消耗和

环境影响获取较高的经济增长，要大幅度地提高各类产业的资源生产率，努力开发和提供具有节水、节能、节材、节约空间性质的产品和服务；同时，发展循环经济还需要科技创新，而这些都离不开人的作用。现代企业的经营实践表明，只有坚持以人为本，注重企业员工素质的提高和健康人格的养成，才能使企业获得持久的发展动力。对员工，企业要在“以人为本”的前提下关心人、尊重人、提升人，不断改善员工的待遇和工作环境。同时，在企业价值观的培育上，要注重培养员工的企业精神、企业价值观、团队精神和道德意识，增强企业员工的责任感和归属感，与企业共命运，达到员工利益与企业整体利益的共融。

此外，发展循环经济也需要企业员工提高思想上的认识，把节约资源作为工作的第一准则，形成适合循环经济发展的新的思想观念和行为方式。对生产过程，要求企业员工节约原材料和能源，淘汰有毒原材料，削减所有废物的数量和毒性；对产品，要求员工减少从原材料提炼到产品最终处置的全生命周期的不利影响；对服务，要求员工将环境因素纳入设计和所提供的服务中，实现尽可能接近零排放的闭路循环式生产。可见，对企业来说，无论是对生产过程还是对产品、服务的要求，都离不开员工的参与和支持。

（2）投资者利益与相关者利益、企业发展整体利益的共赢。按照传统的观点，投资者权益最大化的财务管理目标只强调股东或者投资者的利益，但是，随着社会的发展，现代企业只有通过为利益相关者服务才能获得可持续发展，从而使企业价值最大化成为企业的管理目标。这一目标考虑了利益相关者的合法权益，注重企业的可持续发展或长期稳定发展。企业的可持续发展离不开整个社会、经济的可持续发展，循环经济的发展模式正是适应我国可持续发展的经济发展模式。在循环经济模式下，投资者利益与相关者利益、企业发展整体利益的互利共赢；当前发展与可持续发展并重、股东利益与职工利益并重。互利共赢应当成为各利益方正确处理义利关系的价值准则。

1984 年，在美国学者弗里曼出版的《战略管理：利益相关者管理的分析方法》一书中，明确提出了利益相关者管理理论。利益相关者管理理论，是指企业的经营管理者为综合平衡各个利益相关者的利益要求而进行的管理活动。与传统的股东至上主义相比，该理论认为任何一个公司的发展都离不开各利益相关者的投入或参与，企业追求的是利益相关者的整体利益，而不仅仅是某些主体的利益。这些利益相关者包括企业的股东、债权人、雇员、消费者、供应商等交易伙伴，也包括政府部门、本地居民、本地社区、媒体、环保主义等集团，甚至包括自然环境、人类后代等受到企业经营活动直接或间接影响的客体。在循环经济模式下，这些利益相关者与企业的生存和发展密切相关，企业的经营决策必须要考虑他们的利益或接受他们的监督。因此，实现投资者利益与相关者利益、企业发展整体利益的互利共赢，才能推动企业持续健康地发展。

（3）企业短期利益与长远利益相兼顾。随着近年来我国经济的飞速发展，环境污染和生态破坏现象多有出现，究其原因，主要是企业的短期行为所致。一些企业为实现盈利，对社会和企业资源、资产进行透支式利用，不惜破坏生态、污染环境；在发展模式上重短期产出、轻长期投入。这种短期行为的结果往往导致人与自然、经济与社会发展的不和谐，损害经济社会可持续发展。短期行为给社会带来的危害主要有：一是对资源的过度开采使用及对环境的污染所导致的“资源瓶颈”和基础资源的稀缺；二是由于基础资源的稀缺所导致的社会发展宏观和微观的脱节。短期行为损害长远发展和他人利益的价值取向是不可取的。

循环经济是可持续发展的经济模式，发展循环经济要求在提高劳动生产率的同时，特别关注环境的保护和自然资源生产率的提高。因此，对于发展循环经济的重要微观主体——企业来说，要正确处理眼前利益与长远利益的关系，实现短期利益与长远利益、整体利益和综合效益相兼顾，不仅要兼顾眼前利益与长远利益，而且在任何时候眼前利益都必须服从、服务于长远利益，不搞杀鸡取卵的短期行为，只有这样，才能实现企业的可持续发展和经济社会的健康发展。

（4）以推行清洁生产、减少排污为责任，积极进行科技创新。清洁生产是企业发展循环经济的重要基础。清洁生产体现的是“预防为主”的方针，要求企业从产生污染的源头抓起，以推行清洁生产、减少排污为责任，从产品设计、原材料选用、改革和优化生产工艺和技术装备、物料循环和废弃物利用等多个环节入手，在生产的工艺技术和管理中，综合考虑经济效益和环境保护，力争用最少的资源产出最大的经济效益，通过技术更新，积极采取无害或低害的新工艺和技术，有效降低原材料和能源的消耗，实现少投入、高产出、低污染，把影响环境的污染物尽可能消灭在生产过程之中，减少废弃物的排放量，并对最终废弃物进行综合治理，通过不断加强管理和技术进步，达到“节能、降耗、减污、增效”的目的。企业减排的责任则要求企业淘汰有毒原材料，削减所产生废物的数量和毒性，最大限度可持续地利用可再生资源，提高产品的耐用性，提高产品的质量与服务的服务强度。例如，下游工序可回收利用的废物，返回上游工序，作为原料重新利用。在企业内部，要优先考虑“减量化”原则。总之，要根据生态效率的理念，推行清洁生产，使所有的资源、能源都得到有效的利用，最终达到污染无害排放或零排放目标。

发展循环经济需要企业进行科技创新。从技术经济学角度讲，循环经济是一种技术范式的革命。有专家指出循环经济的支撑技术体系由五类构成：替代技术、减量技术、再利用技术、资源化技术、系统化技术。替代技术是旨在通过开发和使用新资源、新材料、新产品、新工艺，替代原来所用资源、材料、产品和工艺，以提高资源利用效率，减轻生产和消费过程中环境压力的技术；减量技术是用较少的物质和能源消耗来达到既定的生产目的，在源头节约资源和减少污染的技术；再利用技术是延长原料或产品的使用周期，通过多次反复使用，来减少资源消耗的技术；资源化技术是生产或消费过程产生的废弃物通过回收处理，成为有用的资源；系统化技术是指主要从系统工程的角度考虑，通过构建合理的产品组合、产业组合、技术组合，实现物质、能量、资金、技术的优化使用的技术，如多产品联产和产业共生技术。因此，在循环经济模式下，进行科技创新无疑是企业的一项重要责任。

2. 中循环中处理企业间关系的义利观

(1) 建立相互认同的价值观。循环经济的发展模式，突破了以往传统经济发展模式的局限，处于同一生态链条上的可能是相同或不同的行业，对于单个企业来说，在循环经济产业链条上，不仅要处理好和同行业之间的关系，还要处理好与不同行业之间的关系。共同价值观与企业使命、目标、信念、精神、道德等之间是相互依存的关系，价值观体现着企业的发展观，而实现企业的发展观离不开价值观的正确引导。在循环经济模式下，处于产业链条上或生态园区中的同行企业、不同行企业之间的经济发展，已形成密不可分、息息相关的利益关系，所以只有树立共同的义利观，处于循环经济链条中的不同企业方有可能齐心协力、共谋发展。因此，树立企业间共同的价值观就显得很重要。共同价值观应以环境保护为重，共同利益高于单个企业和个人利益；将社会价值高于企业利润价值的观念作为核心理念。同时，每个企业都应把共同价值观作为企业文化建设的核心和灵魂。

(2) 共存共荣、互利共赢。按照生态学的原理，一个生态圈应该是由不同物种构成的，不同物种之间互相合作，共存共荣，互利共赢，方可构建一个良性发展的生态平台，从而给大家的发展带来更大的空间。在以生态经济为理论支撑的循环经济发展模式下，生态工业链中的一个企业产生的废物或副产品是另一个企业的营养物。这样，生态工业链内的企业就可以形成相互依存关系，类似于自然生态食物链过程的生态工业系统。对园区企业来说，园区为企业提供了提高材料和能源效率、再生利用废物和降低生产成本、提高效率和信息共享的机会，这种共享成本的方法使园区企业间通过合作获得了更大的经济效益，企业之间是一荣俱荣、一损俱损的关系。

因此，循环经济生态圈中的各个企业宜采用基于生态互动理念的新的生存与发展策略，注重协调，重视共存共荣、互利共赢，以此来实现共同发展。这一义利观要求企业：①要更新观念，树立共存共生的理念。当两个或多个企业为了生存与发展进行竞争时，要明确“互利共荣”是更重要、更人道的生态学原则。②处于同一生态园区的企业之间要在可能的情况下分工协作，互动互助。分工协作，是当今企业经营管理活动的发展趋势，也是当前建立循环经济生态园区的主要方式。它可以使人、财、物、信息等资源在更大范围得到交换和共享，从而降低自然资源的使用成本，增加效益。③企业之间要采取互惠互利的长远策略。虽然同一生态园区的企业之间会存在竞争的关系，但是只考虑当前利益，视对手如敌手，不考虑共生互利的做法是不可取的。在循环经济模式下，企业之间的竞争更应该从互惠互利、共存共赢的角度出发，寻求从长远的、环保的角度建立“在竞争中合作、在合作中竞争”的新型“竞合关系”。

(3) 以整体利益、长远利益为重。循环经济旨在追求发展与环境的和谐统一，以人类发展的整体利益、长远利益为重，以最小的环境成本实现经济的跨越式发展。生态工业园区是发展循环经济的实现形式，对于园区企业来说，生态园区提供了材料和能源的使用效率、再生利用废物和避免进行违法行为而降低生产成本、提高效率的机会，同时，也使园区企业生产出更具市场竞争力的产品。此外，一些基本服务也可以在企业间实现共享，包括废物管理、培训、采购、突发事件的处理、环境信息系统和其他辅助服务。这种共享成本的办法可以使园区企业通过合作获得更大的经济利益。因此，发展循环经济生态园区或产业链条中的每个企业都是其他企业的利益共同体，其发展宗旨应与发展循环经济的宗旨一致，即以“节能、降耗、减污、增效”为目的，大幅度提高资源生产率，用尽可能少的自然资本消耗来获得尽可能大的经济增长效益，实现环境、社会、企业的可持续发展。在生产、经营过程中，当单个企业的短期利益与整体利益、长远利益发生冲突时，企业应以园区的整体利益、长远利益为重，否则，即使取得了一时的短暂效益，其结果也必然是以牺牲园区更大的、长远的利益为代价的。

（4）与园区企业之间进行信息共享和交换。生态工业园区是发展循环经济的重要形式，由在一定地理区域内的多种具有不同生产目的的产业，按照物质循环、生物和产业共生原理组织起来所构成的一个企业生物群落。网络化是循环经济模式下生态园区的主要特征之一，企业作为园区大系统中的子系统，其信息是开放的，园区内的各种产业或企业，不受产业、生产方式等的限制，在原料供应、产品分配和信息技术等方面享有同等权利，以获得共同发展的机会。发展循环经济要求园区内的企业之间进行原材料、能源、信息、技术、人员或资本交换，并通过包括这些资源要素在内的环境与资源方面的管理与合作，来实现生态环境和经济的双赢。生态园区与传统经济的重大区别在于：传统经济只强调企业之间存在某种交换关系，而不考虑交换关系的具体内容。因此，承担信息共享和交换的责任，也是循环经济模式下的企业义利观的新内涵之一。

3. 大循环中处理企业与社会关系的义利观

（1）勇于承担社会责任。所谓“企业的社会责任”，目前普遍认同的概念是：企业在创造利润、对股东利益负责的同时，还要承担对相关利益方（消费者、员工、社会和环境）的社会责任，包括遵守商业道德、生产安全、保护环境、节约资源、公众安全责任等。由搜狐财经、光华传媒等机构共同推动的 2006 年企业公众形象评比调查结果显示，中国企业最需要履行的社会责任如图 2 所示。

由此可见，市场对企业的要求是不断变化的，随着人们对环保和对企业社会责任的日益重视，市场对企业的环保和社会行为也提出了要求。那些符合环保趋势、履行社会责任、以社会公益为重的企业能在市场中树立起较好的企业形象，形成良好的环境管理，且能够谋私益不损公益。因此，发展循环经济要求企业必须摒弃传统的利润第一的义利观，以科学发展观为指导，辩证地认识物质财富的增长和人的全面发展的关系，树立新的发展理念和新的企业义利观。

（2）实现环境保护与企业发展的统一。自然资源和生态环境是一个国家经济社会发展的基石。人类基本生活需要的供养以及现代化建设所需的一切原材料，无不源自大自然的恩赐。自然资源并非取之不尽、用之不竭，自然环境对人类废弃物的吸纳、净

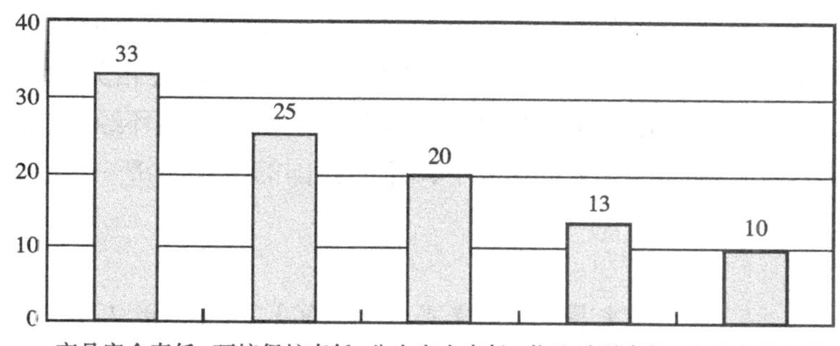

图 2　中国企业最迫切需要履行的社会责任

化能力也是有限的，以浪费资源和牺牲环境为代价的发展是不可能长久的。对企业来说，环保责任是其最主要的、义不容辞的社会责任。尤其对于我国这个处于工业化和城市化发展加速、人均资源占有不足、环境恶化趋势未得到根本性扭转的发展中国家来说，保护生态环境成为企业义不容辞的责任。

发展循环经济旨在转变以高资源消耗、高耗能、高污染排放为基本特征的粗放型经济增长方式，改变以生态环境破坏为代价换取经济增长速度的现象，实现经济、社会、环境的协调发展。发展循环经济要求企业把企业发展的“利”和环境保护的“义”有机地结合起来，在追求利润的同时不忘承担环保责任，将推进清洁生产、减排降耗、节约资源和能源作为自己的责任，采用绿色核算体系，坚持预防为主、综合治理，强化从源头防治污染和保护生态。

（3）企业产品对消费者的价值引导。企业在担负为消费者提供安全产品的责任的同时，还担负着通过其产品引导大众的消费取向、生活观念和价值观念，向适应循环经济发展的方向转变的义务。企业可以通过改变消费者的认知框架和信念体系来改变消费行为，并以此来推动循环型产品的生产和技术开发，促使循环经济更快、更好地发展。

企业通过产品引导消费者，需要立足于发展循环经济和消费者对健康环保的关注、对更高品质生活的追求这些价值点。针对我国目前存在的不理智消费行为，从产品研发和产品定位入手，通过其高品质、健康、无污染、少废物产生的产品，引导消费者的消费行为更加有利于节约资源和保护环境，以形成理性的具有可持续消费精神的内在需求结构，在全社会形成积极向上的、符合国情的消费模式。国外的实践经验证明，由于消费者对绿色环保产品的青睐和需求的增加，环境保护成为企业主动、积极的发展目标，并反作用于企业，成为企业自身发展循环经济、推行清洁生产、提高绿色产品研发技术和科技创新的动力，促使企业通过不断技术创新、降低生产成本、提高产品质量，从生产劳动密集型到技术密集型转变，使整个社会的经济效益和产业结构水平得以提高。

建构与践履适合循环经济发展的企业义利观，是实现我国经济可持续发展、社会和谐进步的道德支撑和价值引导，这是企业的责任，更是政府的责任、社会的责任。

要求政府进一步完善有利于节约能源资源和保护生态环境的法律和政策，加快形成可持续发展的体制机制，为循环经济的发展创造条件；要求社会相关组织（包括公众）的共同参与，充分发挥社会教育与舆论监督等职能，使发展循环经济成为全民的共识与行动。在科学的义利观的引导与规范下，相信我国的循环经济一定会朝着又好又快的方向发展。

（本文原载《马克思主义研究》2008年第2期，与王丽阳合作）

基于循环经济视角下的生产伦理研究

改革开放30余年来，我国实现了国内生产总值翻两番的战略目标，但仍然没有摆脱传统的高投入、高消耗、高污染、低效益的经济发展模式。加快转变传统的经济增长方式，大力发展循环经济，全面落实科学发展观，走全面协调可持续发展之路，就成为一种必然选择。传统线性经济增长方式下的生产伦理，已有一些研究成果，本文基于循环经济这一新的经济发展方式，探讨其对生产领域的伦理诉求，进而提供促进我国循环经济发展的伦理支持体系。

一、生产活动的价值理念

传统线性经济增长模式遵循“经济第一主义”的价值理念，循环经济发展方式则要求生产必须恪守可持续发展观，旨在摆脱单纯追求经济增长的片面发展观所造成的人类生态危机，实现经济、资源、生态与社会的相互协调，既能满足当代人的需求又不对后代人的需求能力构成危害的发展道路，这已成为21世纪世界各国经济发展的共识。

生产体系是循环经济发展的重要环节，也是中国走新型工业化道路的主要内容。循环经济在生产体系中的实现途径分为三个层面，即企业生态化、生态产业园区和全社会层面发展的“静脉产业”。对工业生产体系来说，走一条科技含量高、经济效益好、资源消耗低、环境污染少、人力资源优势得到充分发挥的新型工业化道路，离不开循环经济中生产伦理理念的价值引导。以可持续发展为循环经济生产的基本伦理理念，应该遵循三个原则：公正性原则、持续性原则和共同性原则。

公正性原则。公正是一个古老的范畴，实现公正也是人们永恒的价值诉求。反映在生产领域，公正原则首先要求经济主体应把开发利用自然资源的权利和保护自然资源的义务统一在经济活动中，体现机会平等、责任共担、合理补偿的原则。尽量减少和避免对自然生态环境的侵害，并对因生产造成的污染和侵害给人们带来的损失自觉给予受害者有效的补偿。同时，社会的再分配应当使不同阶层的人对自然资本的占有尽可能地公平。其次，公正原则要求“代内公正”。即要求当代人在利用自然资源满足自己利益的过程中，也应该公正地享有地球资源，把大自然看成当代人共有的家园，平等地享有权利，公平地履行义务。最后，公正原则要求“代际公正”。即要求人类在生产活动中，既要保证当代人满足或实现自己的利益需要，还要保证后代人也能够有机会满足他们的利益需要，以减少资源消耗和环境污染，为不发达地区和后代留下更多的资源和发展空间。显然，以可持续发展为价值理念的生产伦理，要求生产企业的利益与社会整体利益相一致，经济发展与资源、环境相兼顾、相互协调，其目的是实现人与自然关系的和谐。

持续性原则。随着工业化和城市化的加速发展，资源短缺、环境恶化趋势日益严峻，自然资本已经成为制约经济增长的“瓶颈”，如何有效地配置和循环利用自然资源，已成为经济发展的一个严峻问题。正如弗·卡普拉所说：“现代经济学说的显著特点之一，是资本主义者和共产主义者都着迷增长。经济和工业技术的发展所引起的增长，被一切政治家和经济学家认为是必需的，即使完全清楚，在有限环境中的无限膨胀只能导致灾难。”① 倡导持续性原则作为生产伦理的价值导向，就显得尤为重要。首先，经济决策必须兼顾环境价值。我国在发展中就曾忽视经济增长对环境的影响，有的地区以发展为由，置生态与环境于不顾。这种发展方式的思想根基于人类可以主宰、改变和控制自然，国民生产总值增长就等于发展，这种增长战略的实质就是“先污染后治理”。可持续发展原则要求各类经济主体把生态环境作为提高效率的投入要素来考量。不仅要对环境给予道德关怀，而且要将环境价值价格化，以此来激励全社会以保护环境为目标，满足人们除物质与文化需要以外的生态需要。其次，循环经济发展模式是一种持续性的经济方式，它在关注劳动生产率提高的同时，还特别注重资源的可持续利用和生态效率的提高。在循环经济体系中从事生产活动的企业，必须按照工业生态学的原理，在一定区域内将这些企业或部门联结起来，建立企业与企业之间废物的输入、输出关系，尽量减少能源和资源消耗，形成一种共享资源和互换副产品的产业共生关系。传统经济增长模式的理念是，财富增长所依赖的资源是不会枯竭的，即使出现短缺，也可利用价格机制进行调节。其思想根源正如美国著名的经济学家戴利所指出：“经济学家只是对稀缺性感兴趣，不稀缺的事物被省去。相对于经济需求，环境的资源供给和接收废物的能力被认为是无限的，在经济理论形成的年代里，这或多或少是一个事实。”② 现在人们已深刻认识到，靠资源的高消耗追求经济数量的增长，已无出路。

共同性原则。这是可持续发展理念对生产的又一伦理要求，它是促进自然、社会、经济协调发展的价值导向。首先，在西方的传统价值观中，人们普遍认为自然本身没有价值，只有在被人类利用的时候才有工具价值，自然是单纯地为人类而存在的。在这种生态观的引导下，人们在享受经济发展成果的同时，也带来了严重的生态危机。

---

① ［美］弗里乔夫·卡普拉. 转折点：科学、社会和正在兴起的文化［M］. 成都：四川科学技术出版社，1988：129.

② ［美］赫尔曼·E.戴利. 超越增长——可持续发展的经济学［M］. 上海：上海译文出版社，2001：47.

在全球性生态危机的威胁下，现代西方国家开始反省过去，重新寻找人与自然和谐共生关系的途径。人类在反思对自然造成危害，从而也对人类形成负价值的同时，认识到经济只是人与自然大生态系统中的一个要素，而不是全部，它们之间具有共同性与一体性的联系。因此，人类必须正确认识自然，合理利用与开发自然，建立新型的人与自然之间共生共存的和谐关系，才能促进经济发展与环境优化的良性循环。其次，共同性原则也要求全人类联结成为一个休戚与共的命运共同体，从区域的、民族的狭隘性、封闭性状态走向更为开放的、普遍交往的状态。其原因是人类的共同利益问题，具有世界性的范围，只有诉诸于人类的共同努力才有可能得到解决。诸如跨国环境污染事件、气候变暖等众多生态和环境问题，都是全球所共同面临的问题，可以说，在生态危机面前任何国家都无法独善其身。因此，循环经济发展方式中的生产伦理要求及其实现，必须重视利益的共同性原则，确立相互关联和整体性的思维方式。

二、生产行为的道德准则

循环经济“是以基于3R原理（Reduce，Reuse，Recycle）的物质循环为表现形式、以大幅度提高资源生产率为手段、以实现减物质化的经济增长为目标的经济模式”[①]。以基于“3R”原则的物质流的全生命周期循环，区别于传统经济模式中物质流动的线性特征，同时也对生产活动提出了相应的道德准则。企业是循环经济发展的微观主体，生产伦理主要体现在如何正确处理企业的经济利益与社会责任、经济发展与生态保护之间的关系上，以期形成人与自然的和谐关系。

首先，生产环节“减量化”的道德准则。传统经济观中生产最为关注的就是利润最大化，即经济第一主义。《第三次浪潮》作者阿尔温·托夫勒如此概括：工业社会遵循的是“一味追求增长的逻辑”，即更多的生产、更多的消费、更多的就业。整个工业文明都被这种“更多”的逻辑所支配着。但在发展循环经济的进程中，“减量化”道德准则倡导对生态环境中的物质和能量的利用最小化、对环境的污染最小化。建立循环型企业，可最大限度地节约原材料和能源，减少产品和服务的物料使用量、能源使用量，并通过加大科技投入，改进技术，以减少进入生产领域的资源投入量，减少所排放的有毒物质和污染物。可见，“减量化”道德准则要求企业生产应承担对环境对社会的责任。

其次，企业“洁净生产”的道德准则，要求淘汰有毒原材料，削减所产生废物的数量和毒性。加强物质的循环，最大限度可持续地利用可再生资源，提高产品的耐用性和服务强度。例如，下游工序可回收利用的废物，返回上游工序，作为原料重新利用。在企业内部，要优先考虑“减量化”原则。洁净生产的道德规范主要是为企业指

① 诸大建. 中国循环经济与可持续发展［M］. 北京：科学出版社，2007：1.

明有利于促进人与自然的和谐的价值取向，为企业的生产行为提供了道德的规约，从而把经济效益、生态效益与社会效益有机统一起来，不仅满足人们对物质与精神的需求，而且也满足了人们对生态的需求。

再次，生产环节的“再利用”、“再循环”的道德准则。循环经济的要求以“3R”原则为经济活动的行为准则，每一个原则对循环经济的成功实施都是必不可少的。其中“再利用”原则的目的是提高物品在消费和生产中的时间强度。“再循环”原则要求通过把废弃物再次变成资源以减少最终处理量。对于生产企业来说，遵循“再利用”、“再循环”道德准则，可以为企业的生产行为提供有利于循环经济发展的价值导向。“再利用”道德准则，还要求生产企业对自然资源以及制造产品和包装容器能够以初始的形式反复使用，防止物品过早地成为垃圾，如我国小学课本的重复使用、饮料瓶的回收与利用等。当今一次性生产用品泛滥，生产者应该用新的设计理念来改良，使产品可以被多次使用，并尽量延长产品的使用寿命，而不是非常快地更新换代。此外，“再循环”道德要求尽可能多地再生利用或资源化，要求生产出来的物品在完成其使用功能后能重新变成可以利用的资源，而不是不可恢复的垃圾。按照循环经济的思想，再循环有两种情况：一种是原级再循环，即废品被循环用来产生同种类型的新产品，例如报纸再生报纸、易拉罐再生易拉罐等；另一种是次级再循环，即将废物资源转化成其他产品的原料。原级再循环在减少原材料消耗上面达到的效率要比次级再循环高得多，是循环经济追求的理想境界。对于单个企业来讲，清洁生产是其应履行的首要道德准则，但无论进行怎样的清洁生产，在生产过程中产生副产品及一些垃圾在所难免。因此，要实现循环经济，就必须把生产活动相关联的众多企业按照工业生态学的原理，在一定区域内将这些企业或部门联结起来，建立企业与企业之间废物的输入、输出关系，形成一种共享资源和互换副产品的产业链，建立以企业集群为主的生态工业园区。

生态工业园是一种新型工业组织形态，是实现循环经济的一种有效企业集群模式。园区内采用废物交换、清洁生产等手段，把一个企业产生的副产品或废物作为另一个企业的投入或原材料，形成类似自然生态系统食物链的工业生态系统，达到物质、能量利用最大化和废物排放最小化的目的。在整个工业园，多个企业或产业的相互关联、联动发展，将上游企业产生的废物充分利用到下游企业中去，使所有的物质都得到循环往复的利用，最终实现“废物的再循环利用。因此，要想使这一生态系统真正循环起来，保证其工业生态链环环相扣，达到充分利用资源、减少废物产生、循环利用物质、消除环境破坏、提高经济发展规模和质量的目的，就需要生态工业园区内的所有企业严格遵守“3R”原则的生产道德准则，确定自己在整个工业生态系统中的位置，从而把企业的生产活动和整个生态系统紧密统一起来。

最后，生产环节“生态化”的道德要求。在循环经济发展模式下，生态型企业不仅符合经济发展趋势的需要，而且也是企业自身未来发展的最佳选择。“企业生态化建设是依据生态经济规律和生态系统的高效和谐、优化原理，综合利用生态工程手段和一切有利于企业可持续发展的现代化科学技术，设计和改造企业工艺流程，组织企业内部生产过程的合理循环，实现企业生产经营最终产生的污染物最少，效益最好。它体现了：自然资源—产品—再生资源的物质闭环运动的生态型循环经济模式。”[①] 企业的生态化道德，要求企业在生产过程中把“生态化”作为生产的道德准则，经济效益和环境效益相兼顾。第一，“生态化”道德准则要求企业把对利润的追求和承担社会责任结合起来，推进企业的可持续发展。这就要求企业运用生态学理念设立企业远景目标，使企业生产经营活动与生态环境相协调，提高资源利用率，减少废物和有毒物的排放，将清洁生产作为生产的中心环节。第二，“生态化”道德准则要求企业的资源生态化、产品生态化、工艺生态化和管理生态化。资源生态化，是企业生态化建设的重要环节，它要求企业开展绿色采购，选用无污染或少污染的原料，淘汰有毒原料，从生产源头切断污染，降低生产对环境的负担。产品生态化，要求企业研究开发环境友好型产品，促进产品的绿色升级换代，简化产品包装，延长产品使用周期，提高重复使用率，在产品完成其使用功能后，经过回收处理，又重新变为可利用资源，参与生产的再循环，提高资源利用率。工艺生态化，要求企业引进新的生产经营技术，淘汰技术工艺落后、资金消耗高、污染严重、产品低劣的落后生产工艺，把高新技术和传统技术改造结合起来，建立和完善生态工艺。管理生态化，鼓励企业开展ISO14000认证，将环境管理纳入到生产企业的日常经营管理过程中，使生态环境的保护和经济协调发展。

三、生产企业的义利观

发展循环经济，需要企业正确处理义利关系，以长远利益和整体利益为重，短期利益与长远利益相兼顾，确立共存共生的价值认同，以实现各利益相关者的互利共荣。当前一些人把追求和满足个人利益作为市场经济运行与发展的内在动力与最高目的，将个人的、局部的、眼前的利益放在绝对优先地位，以至于不惜牺牲社会整体的、全局的、长远的利益，尤其是不顾子孙后代的利益，这种义利观最终会使当代经济社会陷入发展困境，因此必须摒弃。

首先，确立整体利益的观念。循环经济所要求的清洁生产本身就是一种生态化、绿色化的生产全过程污染控制模式，它将整体预防的环境战略持续应用于生产过程、产品和服务中，以增加生态效率和减少人类及环境的风险。对生产过程，要求企业员工树立节约资源为第一准则的观念，节约原材料，淘汰有毒原材料，削减所有废物的数量和毒性；对产品，要求员工减少从原材料提炼到产品最终处置的全生命周期的不利影响；对服务，要求员工将环境因素纳入设计和所提供的服务中，实现尽可能接近零排放的闭路循环式生产。可见，对企业来说，无论是生产过程还是对产品、服务的

① 戴备军. 循环经济实用案例［M］. 北京：中国环境科学出版社，2006：10.

要求，都离不开员工树立可持续发展的价值理念，确立社会整体利益为重的道德观念。

其次，关注利益相关者。在循环经济体系中，企业互为利益相关者，由此形成新的经济关系、生态关系与伦理关系链条。每个企业只有为利益相关者服务才能获得可持续发展，从而实现企业价值最大化的目标。所以，在循环经济模式下，投资者利益与相关者利益、企业发展整体利益的互利共赢是企业健康发展的基础。企业只有真正从整体利益优先的道德原则出发，正确处理当前发展与可持续发展的关系、股东利益与职工利益的关系，才能真正实现企业和经济社会的和谐发展。

再次，重视维护长远利益。随着近年来我国经济的飞速发展，环境污染和生态破坏现象多有出现，这主要是由急功近利的短期行为所致。一些生产企业为实现盈利，对社会和企业资源、资产进行透支式利用，不惜破坏生态、污染环境；在发展模式上重短期产出轻长期投入。这种短期行为往往导致人与自然、经济与社会发展的不和谐，导致经济的不可持续发展。发展循环经济要求在提高劳动生产率的同时，特别关注环境的保护和自然资源生产率的提高。因此，正确处理眼前利益与长远利益的关系，而且在任何时候眼前利益都必须服从、服务于长远利益和整体利益，只有这样，才能实现循环经济的发展目标。

最后，遵守互利共荣。循环经济的实践模式主要是运用“3R”原则实现三个层面的物质循环流动，其宏观体系主要包括企业内部小循环、生产之间的中循环、社会整体的大循环三个层次。在循环经济的中循环中，各区域单元要根据本身的自然、经济特点建立个性化的生态工业园区。对园区企业来说，生态工业园区提供了通过提高材料和能源的使用效率、再生利用废物和避免进行违法行为而降低生产成本、提高效率的机会，可见，循环经济模式下的生产，要求以相互认同的价值观和互利共荣的道德准则为支撑，以实现园区的资源共享，使园区企业通过合作获得更大的综合效益。鉴于循环经济的特点，生态园区的企业应更开放，与外界进行原材料、能源、信息、技术、人员或资本的交换，要求企业之间通过内部的清洁生产减少废物排放，甚至达到“零排放”，通过“原料链”把“非产品输出”转化为原料输入，从而实现资源的充分利用。因而，互惠、互利、共荣的道德准则，真实再现了企业间的经济关系，反映了企业的道德要求。当然，同一生态园区的企业之间同样存在着竞争关系，但在循环经济模式下，企业之间的竞争更应该从互惠互利、共存共赢的角度出发，寻求建立“在竞争中合作、在合作中竞争”的新型“竞合关系”。

总之，循环经济作为一种新的经济发展方式，其在生产流程、资源利用、环境治理、价值目标、发展理念等方面，与传统线性经济增长方式相比发生了革命性的变革。为实现从传统经济增长方式向循环经济发展方式的转换，全面深入地贯彻落实科学发展观，建构与之相适应的伦理支撑体系，提供循环经济发展各环节的道德规约，倡导共存共生、互利共赢的企业义利观就显得尤为重要。

（本文原载《中州学刊》2009 年第 1 期，与杨建国合作）

现代企业伦理理念建构的几个问题

现代企业伦理理念是蕴含于现代企业制度内的应有之义，又是成功建立现代企业制度的重要条件。实践也已昭示，在全球化经济竞争进入白热化的今天，一个企业的文化建设，特别是伦理理念的建设，直接关系到企业核心竞争力的大小，关系到企业的生死存亡。因此，在关注建立现代企业制度的法律、制度环境的同时，还应特别重视探讨如何建立与社会主义市场经济相适应的现代企业伦理理念。

一、CIS 管理战略的启示

纵观企业管理史，大致可分为三个阶段：经验管理阶段；科学管理阶段；文化管理阶段。形象战略是文化管理阶段的一种崭新的管理方式。

形象战略 20 世纪 50 年代起源于美国，60 年代盛行欧美，随后被日本、东南亚国家广为采用，引入我国是近几年的事情。形象战略是企业在面对市场竞争的挑战及企业兼并的压力下提出来的一种经营战略，目的在于对自身进行全方位的设计和有关信息的广泛传播，以期在社会公众中留下深刻、良好的形象，从而提高自身的竞争实力。形象战略最早偏重于视觉形象，以视觉化的设计为中心，后来，日本将其充实了精神和行为的要素，形象战略才形成了以理念识别、行为识别、视觉识别三个系统构成的立体框架，成为企业向社会各领域渗透的一种完整战略。由于形象战略注重全方位的设计，注重内、外形象和精神理念的协调，注重社会公众的感觉与反馈后的效益，注重企业的独特性和领先性，因此，较之以前的那种局部、单项的决策和行为，其针对性、系统性、目的性、长期性特征及优势明显地表现出来。形象战略反映了当代企业管理的必然趋势——文化管理，适应了高度发达的市场经济的要求，这不仅是管理科学的一次飞跃，而且是企业制度的一场革命。

形象战略是个系统，又叫企业识别系统，英文缩写为 CIS，包括理念识别系统（MI）、行为识别系统（BI）、视觉识别系统（VI）。企业的识别系统，是关于企业的精神、价值观的理论体系。目前，理论界和许多企业已经认识到 MI 是 CIS 的灵魂，企业理念是企业的灵魂。企业的行为系统包括企业管理制度、决策制度、产品流转制度、工作制度、岗位责任制度等方面。形象战略的视觉系统是指，企业的物质形态是企业文化的载体，表现在商品的构思、造型、装潢、包装、商标、广告等方面，都要通过组织化、规范化和系统化的视觉方案处理。企业形象战略的三个系统相互联系、相互影响，各自从不同的角度和职能发挥着重要的作用。理念系统作为最高层的思想和战略系统，是形象战略的基础和源泉、根据和核心，支配和作用于其他两个系统；行为系统作为动态的识别系统，是企业的动作模式，服务和服从于理念，是形象战略的保证和具体行动；视觉系统是静止的识别系统，是项目最多、层次最广、效果最直接的向社会公众传递信息的部分，与行为系统一道体现着企业经营理念的实质和内涵。由此可以看出，文化以全方位渗透的形式作用于形象战略，有效地提升了企业的形象，带动了企业的发展，使之进入自我改造、自我完善、自我提升、自我发展的良性轨道，能在变幻多端的市场竞争中独领风骚。经济理论界人士认为，企业整体形象的优劣与企业新产品在市场上的占有率呈正相关直线关系。据国际设计协会统计，企业在形象塑造中每投入 1 美元，就可以获得 227 美元的收益。日本学者通过调查也提供了同样的报告：企业形象力与销售业绩成正比。如日本汽车的形象力与销售金额的相关系数为 0.84；在建筑业中，两者的相关系数达到 0.90。形象战略实施的理论与实践说明，经济竞争的背后是文化的竞争；文化管理是当代企业管理的必然趋势；企业的效益要从管理中发掘，要从文化中提取，所以，系统建构现代企业经营理念，特别是现代企业伦理理念，已成为摆在理论界和企业界面前的一个重要课题。

二、现代企业伦理理念的结构与内容

任何一种事物，都是按照一定结构、由不同要素组成的，这是系统科学的基本思想。由于不同要素处于结构中的不同地位、发挥着不同的作用，这里拟以现代管理理论对企业理念结构问题的探索为依据，尝试提出现代企业伦理理念的基本结构。这就是一个核心理念、若干个基本理念和具体理念。

核心理念是最能体现企业理念的根本理念。企业的核心理念是企业最根本的世界观，往往运用比较简洁的语言，深刻提示企业的目标追求、行业特征、文化内涵和时代意蕴等丰富内容。在企业理念结构中，居于核心位置，并对其他构成要素起支配作用。基本理念是对核心理念的展开和具体化，企业应具有的、关系其发展的一些最基本的价值观，包括企业的使命、企业精神、经营哲学等内容。企业使命是对企业发展目标、所承担社会使命等的集中反映。企业精神是对企业的意识、文化层面的集中体现。企业经营哲学则是对企业经营策略、经营方法的根本反映。从企业使命、企业精神、经营哲学等各自的含义中可以发现，它们分别从不同方面对企业发展中应具有的一些基本的理念，进行了较为具体而全面的揭示，同时，基本理念在其结构中起承上启下的作用。具体理念是对基本理念的具体展示，是对涉及企业发展的各种理念的概括和全面揭示。如企业发展中的人、财、物，产、供、销，管理、竞争、发展等不同方面，使核心理念、基本理念更为具体、细化，从而进入可量化的科学评价阶段。下面，仅就企业伦理的核心理念和基本理念作一探讨。

一个核心理念——集体主义价值观（有些企业称此为团队精神）。集体主义是我国多年来提倡并已在全社会确立的社会主义道德原则，在社会经济、政治、文化生活中发挥了积极的重要的作用。在市场经济条件下，国有企业文化建设、道德建设的核心理念仍必须坚持集体主义，这是企业面对日益激烈的经济竞争、文化竞争所作出的明智的选择。企业是市场经济的主体，又是文化建设的主体，只有倡导并在全体员工中形成一个核心理念，企业才能形成一个坚强而有力的群体。企业改革与发展的实践已经证明了这一点。许昌继电器集团有限公司根据目前公司出现的新问题、新矛盾，如母子公司之间的责、权、利及管理界面不清、“诸侯经济”等问题明确提出要解决这些关系到公司生死攸关的大问题，必须在全公司大力倡导“合力文化”，培育集体主义团队精神，反对本位主义，强调搞好一个企业只有一条路，就是是否有一个核心理念来整合、凝聚。否则，只能是四分五裂，死路一条。“合力文化”的深刻伦理内涵是集体主义价值观。具体有三层意思：一是集团以在该行业做到最大、最优、最强为目标，保证国有资产保值增值；二是集团要为每一位员工积极性、创造力的发挥提供更高的平台，中层单位领导组织能力主要体现在有没有把下属举过自己头顶的意识和理念，员工的能力是否发挥得淋漓尽致；三是每个人要有服从的概念。子公司要接受总公司的统一领导和管理，每个人也要为构筑许继事业发展的新平台贡献力量，不能只强调自己的权利，不讲对公司的责任；利欲熏心毁自己、毁别人、毁企业。核心理念的提出，标志着许昌继集团公司的文化建设又跨上了一个新台阶。应该说，我国国有企业在价值观的选择与文化的整合方面，不少企业，特别是发展势头好的企业都作出了可贵的探索。但文化的整合与价值观的最终确立，还是一个十分艰难的过程。

各国企业的文化建设方面都存在一个“文化上的价值两难”问题。国外的一些学者认为，企业生存在不同的文化背景下，形成了不同的价值观，如美国社会强调个人主义，日本社会重视集团意识，而未来成功的经济体系必然达成个人主义与集体主义最佳均衡的社会。所以，成功创造价值系统的关键在于价值观的冲突与管理，譬如整合规则与例外、部分与整体。他们强调，这种价值观的选择决定了一个社会的经济成就，并认为21世纪成功的资本主义文化，必然是能克服其本身文化偏见，并且能整合“个人主义”与“集体主义”价值观的社会。他们把创造国家财富的背后隐藏的道德价值体系，作为国家竞争力、企业竞争力的一个决定性因素。这些观点不尽客观、全面，但从跨文化的角度同样可以得出一个重要启示：任何一个企业的发展与壮大必须确立一个科学的核心理念。

若干个基本理念。这是对企业核心理念的具体展开，是企业的基本价值观。企业的使命——顾客至上，或消费者至上。从“企业价值”向“客户价值”过渡，是企业市场定位的重要转折。一位经济学家这样讲：“产品本身的优势不是最重要的，重要的是让消费者觉得你的产品有优势。”因为客户所关心的是使用价值和价格，那种只注重于企业之间谁优谁劣的横向比较的市场定位理念，是要吃亏的。企业的利润来自于消费群体，企业无权规定也无法规定什么产品或服务对顾客来说是最具价值的，这完全由顾客自己来决定。随着“消费者主权”时代的到来，企业一定要从重视市场份额向重视消费者份额转变。美国学者菲利普·科特提出21世纪大趋势之一便是，公司正集中精力建立消费者份额，而不是市场份额。针对这一新的变化，国内外的一些企业更加重视消费者群体与企业发展的关联。如美国沃尔—马特百货公司（1999年美国500家大公司排行榜第2位）成功的秘诀在于有效利用顾客数据，以便使产品和服务供应比竞争对手更符合顾客口味。我国不少企业都根据本行业的特点，提出这一基本的价值观。如海尔集团的广告语“真诚到永远”，这是该公司为消费者利益服务理念的具体体现；海信集团提出的“海纳百川，诚信无限”；许继集团提出“许继的使命就是让我们的客户享受高可靠性、高科技的装备”等。由此可见，优秀企业的使命是为消费者提供优质产品和一流服务，而企业赢得了消费者，也就赢得了市场，获取了利润。这一基本价值理念与目前我国一些企业实施的CS战略，即顾客满意（这里的顾客还包括内部员工）是一致的，其指导思想是：企业的一切经营活动要以顾客为中心，实现彻底的顾客导向。

以人为本。如果说面向公众利益、消费者利益是评价企业与外部关系的基本价值标准，那么，以人为本则是企业处理其内部成员关系的一个基本道德准则。员工是企业产品的设计者和生产者，是企业服务的提供者，是企业正常运转的最终动力。坚定以人为本的信念，就会将人力资源视为企业最重要的经营资源；把激活每一个人的积极性、主动性和创造性作为提高企业经营绩效的动力源；把建立企业共识，增强员工参与决策与管理，作为形成管理者与生产者荣辱与共的命运共同体的关键。当代企业文化管理学派把以人为本的价值取向视为优秀企业必备的理念，我国现代企业伦理建设理应在这一领域有更丰富的研究成果。

信誉是企业的生命。信誉是企业的无形资产，是指企业在其有形资产上能获取高于正常投资报酬能力所形成的一种价值。企业信誉是在长期的业务往来和商品交换中形成的消费者对商品生产者和经营者的一种信任感。这种信任感绝不是一朝一夕所能建立的，它来自企业的一贯的行为。信誉的建立是一个长期艰苦努力的过程，是企业不懈奋斗的结果，是对真善美长期追求的企业行为的积累和沉淀，结晶为良好的企业形象。在当下，企业有信誉就有公众，就有消费者，就有机会。企业有了信誉的理念，就会对企业的产品和服务负完全彻底的责任，就会在社会交往和经济活动中重合同、守信用，从而使企业步入良性循环的轨道。

企业是学习型的组织。随着知识经济时代的到来，新一轮的管理变革浪潮开始席卷全球。我国的企业如何迎接挑战，争取主动，也必须有自己的伦理要求，这就是建立学习型的组织。美国麻省理工学院彼得·圣吉博士在《第五项修炼——学习型组织的艺术与实务》一书中认为：“未来真正出色的企业，将是能够设法使各阶层人员全心投入，并有能力不断学习的组织。”这是一种有远见的观点。在全球化的经济结构调整大潮中，学习是企业应变的根本，是创造力和竞争力的源泉。从企业内部看，学习型的组织可以从根本上改变组织的状况，完善其内部机制，因此，学习型组织应是国企 21 世纪的努力目标之一。这就要从组织结构、组织文化、管理方式着手，建立有自身特色的新型学习组织：①建立适合于学习的组织结构，尽量减少企业内部管理层次，剔除属于信息中转站的非决策层次，强调组织扁平化，使组织更适于学习和探索开创性思考方式；②着重塑造组织的学习文化，通过开展经常性的学习活动来培养组织的学习习惯和学习气氛，以提高企业整体的学习积极性；③积极向外界学习，组建有助于组织之间的学习和知识共享，使组织具有巨大战略潜能的知识联盟，从战略上创造新的核心竞争力。所以，我们的企业在 21 世纪初期，要重新提出“学习”的任务，并将此作为国企竞争力的一个重要的基本的伦理理念。

企业的具体伦理理念，关涉和渗透的方面更为具体。如企业的营销观、产品观、质量观、竞争观、科技观等，除了共性基础和特征外，还有不尽相同的丰富的内容，这里不再详述。

三、现代企业伦理理念建构的几个问题

伦理理念属文化范畴，它是社会政治、经济的反映，特别是受经济关系的制约。所以，企业伦理理念的建构就不仅仅是企业文化领域的任务，也不是靠企业文化建设所能独立完成的。有鉴于此，我们还必须结合企业的制度现状和实际，在汲取、借鉴国外先进管理文化的同时，注重挖掘、传承我国优秀传统文化，探寻建立现代企业伦理理念的现实途径。

第一，企业体制环境。企业文化的形成、运作，必须有一定的载体，特别是企业的制度、政策。现代企业制度是当前最为发达的一种企业体制，它有十分丰富的内涵。在我国社会主义市场经济条件下所要建立的现代企业制度，主要包括现代企业产权制度、现代企业组织制度、现代企业管理制度三个方面的内容。产权归属的明晰、产权结构的多元化、责任权利的有限性和治理结构的法人性是现代企业产权制度的基本特征。国有企业建立现代企业制度，首先要对其进行公司化改造，明晰企业的产权划分和归属主体，在此基础上引导出多元化的投资来源，并根据投资的多少确立对方的责任和权利，打破国家对企业债务负无限责任的传统体制。在现代企业产权制度的规范下，实行政企分开。建立现代企业产权制度是我国的国有企业建立现代企业制度的基础与前提。现代企业组织制度的基本特征是：所有者、经营者和生产者之间，通过公司的决策机构、执行机构、监督机构，形成各自独立、责权分明、相互制约的关系。企业所有权和经营权相分离以及由此派生出来的公司决策权、执行权和监督权三权分

立是现代企业制度的两个原则。现代企业管理制度包括相互制衡的公司治理结构、正确的经营思想和经营战略、适应现代化生产要求的领导制度、具有良好素质的职工队伍、科学的管理方法和优良的企业文化。这些是建立现代企业制度的总体要求和原则。但从目前多数建立现代企业制度的企业看，存在的突出问题是国企的历史包袱难以化解、政企不分、责权不明、职业化的企业家市场尚未形成等。这些深层次问题不解决，科学意义上的现代企业制度就难以建立。我们在调查中发现，现代企业伦理理念的建设水平直接受制于企业的公司制改造步伐。其主要原因是，现代企业制度与传统计划经济体制下的企业有着不同的责任、权利与利益结构，有着不同的机制与运作方式，这些从根本上决定着现代企业伦理理念的培育。所以，探索现代企业伦理理念的建设必须认识到这一难点。但是，这不等于说尚未建立或尚未完善的现代企业制度的企业，就无须进行这方面的积极探索。辩证地看，制度与伦理建设是相辅相成的统一在企业的实际运作之中。

第二，企业内部机制问题。企业内部改革的目的，说到底就是要建立充满生机与活力的机制系统。20 世纪 90 年代初期，中央提出的“三项制度改革”（分配制度、劳动制度、干部制度）就是通常讲的“砸三铁”，这是为了适应社会主义市场经济的要求，为建立现代企业制度创造条件。“三项制度”改革是理顺企业内部关系、形成新的机制的基础条件。但从不少企业看，有些还属国家特大型国有企业，其“三项制度”改革半途而废，不了了之。这样就很难有一套应对市场的灵活机制。1999 年，国家经贸委号召全国要学习 5 家国有企业，其中之一是许昌继电器集团有限公司。该集团的主要经验是比较彻底地进行了“三项制度”改革，在此基础上，形成了合理的运作机制，从而为集团的发展提供了巨大的内在动力。有的经济学家这样指出，私营企业比国有企业最突出的优势是它的机制。这种认识是有道理的。国企在内部机制方面存在的弊端，其根本表现是压制了每个职工积极向上的活力，这是国有企业致命的弱点。这个弱点不克服，国有企业在人才、资金、设备等方面积累的优势很快就会丧失。面对这些长期积累的历史难题，许继集团的领导首先选准了以干部制度改革为企业内部机制改革的突破口，大刀阔斧地进行改革。取消干部任命制，彻底实行招标竞聘制；推行单首长负责制，公司每个中层单位只设一名正职，不设副职；推行定额比例淘汰制，每年按德、能、勤、绩进行一次量化考核，最后的 5%~7%干部下台；加强民主管理，避免一言堂等重大举措。干部制度改革的成功，推动了全公司改革的深化。通过量化动态的人事管理制度，推行全员劳动合同制改革；在分配方面，推行超定额工时奖励办法，职工总收入中活的部分已占 50%以上。改革的成果是在公司内部建立了科学合理的利益激励与约束机制，从而实现了王纪年总经理提出的要把企业的千斤重担分摊在每位员工身上，用机制激活人的改革目标。动态的、充满生机的内部机制，为建立平等、竞争、和谐的新型人际关系，培育集体主义价值观，形成蓬勃向上的企业伦理文化奠定了坚实的基础。

第三，社会主义企业家的精神。国有企业改革的成功和发展壮大，最关键的是有没有优秀的企业家来经营，这已成为人们的共识。世界500强以及国外的著名大企业都是由一大批顶尖人才来管理的。中国已拥有一支优秀企业经营者队伍，但由于受体制和一些陈旧观念的影响，加之企业家市场尚未形成，中国社会主义企业家精神和素质的培养，成为社会关注的一个问题。社会主义企业家精神，是指企业家在创立和经营企业的过程中形成的极富特质的思维方式和行为方式，表现为开拓精神、创新精神、实干精神、拼搏精神、奉献精神等。企业家精神是企业的灵魂，是企业伦理理念的集中体现。企业伦理理念的形成与提升离不开企业家精神的引导。一位商界名家这样讲，企业是企业家人格的外化。事实正是这样，中共十五届四中全会《关于国有企业改革和发展若干重大问题的决定》将“建设高素质的经营者队伍”作为一个重大问题，强调指出，“国有企业要适应建立现代企业制度的要求，在激烈的市场竞争中生存发展，必须建设高素质的经营管理者队伍，培育一批企业家”。根据这一重要精神，政府和企业界都在探索企业家生成与培养机制。

第四，优秀传统道德的导入。20世纪80年代以来，CIS在中国得到了社会各界的认同和接纳，但时至今日，它所起的作用还不够充分，其主要原因除体制、观念外，还有一点就是缺乏鲜明的民族个性，没有很好地挖掘我国传统文化中CIS可资利用的丰富的文化资源，而CIS则重在培养企业的独特的个性。因此，在吸纳国外先进管理文化的同时，更要注重传承民族的优秀管理文化和伦理文化。因为传统的历史继承性和现实统摄性不可避免地会渗透到企业文化中。如上所述的现代企业伦理理念的内容，大都可以找到它的文化源头。亚洲新兴工业国家正是借助对中国传统文化在民族精神、价值取向等方面的吸收与改造，使之具有新的生命力。《新加坡的挑战》一书总结出儒家理论与企业精神的关系，认为四书五经“不仅是启蒙读本，更是经营哲学”。日本人撰写的《论语与算盘》一书，从传统儒学中寻求道德与经济的深层关联及其解释。中国传统优秀文化是当代中国企业确立自身理念的巨大精神宝库，我们应该认真借鉴、吸收。

（1999年6月参加全国伦理学术研讨会发言稿）

诚信道德与事业单位法人管理

加强事业单位法人管理，是贯彻落实科学发展观的具体举措，是切实执行《行政许可法》的迫切要求，也是促进事业单位健康发展的现实需要。对事业单位法人的管理，包括多方面的内容，如法律法规的管理、财务管理、人事管理及监管监督工作。事业单位法人的诚信建设则是多项管理的基础、核心，可谓治本之策。

一、事业单位法人诚信方面存在的突出问题

在社会机构的整体框架中，事业单位的一个重要特征就是它的非盈利性。因此，在市场经济条件下，我国的事业单位除了与国外发达国家的非营利组织的功能、目的有相似之外，还必须有社会主义赋予的特殊功能和目的。但在事业单位不断深化改革以及发展市场经济的条件下，对于如何处理义与利的关系、诚信道德与物质利益的关系、社会效益与经济效益的关系，的确存在着种种模糊认识，也出现了一些令人震惊的违反诚信道德乃至法律的事件。在全社会包括以盈利为主要目的的企业，都在大力培育诚信道德意识、打造新形象的今天，事业单位在诚信方面凸显的问题格外引人关注。

1. 弄虚作假，惟利是图

这是事业单位失信的最普遍的操作方式和行为动机，从根本上违反了诚信道德的基本要求。如教育事业单位的乱摊派、乱收费问题，文艺事业单位的有偿新闻等，医院多收费、收受回扣及红包问题等，都是近年来多次曝光的突出问题，引发了群众的极大不满。如有的医院在文件上不仅明文规定每个医生的实际收入和处方检查费挂钩，还对每个医生制定了必须收治住院病人的任务量。由于利益驱动，医生就大开药方和检查单，不管病人的病情是否需要，这不仅给患者带来沉重的经济负担，更为严重的后果是，医生不把治病救人放在第一位，而把经济利益摆在首位，医风医德自然无从谈起。国家卫生部规定：严禁医疗机构对药品、仪器检查、化验报告及其他特殊检查等实行“开单提成”办法，或与科室、个人收入挂钩。但这类事件仍屡禁不止。

2. 剽窃他人成果，践踏科研道德

无论是社会科学研究，还是自然科学研究，都是为建设社会主义物质文明、政治

文明和精神文明服务的，都是以追求真理和为人类服务为目的的。但恰恰是在这些部门，出现了令人震惊的失信行为。一些人则公然违背科研道德，抄袭、剽窃他人成果作为实现自己名利的手段。硕士生论文、博士生论文找人代写者有之，抄袭者有之，包括晋升职称的论文代写者亦有之。这就是为什么代写论文的公司广告在网上随处可见的原因。还有个别学者甚至包括个别名教授、名专家，不惜玷污学术称号，败坏学术声誉，抄袭、剽窃他人研究成果，在社会上产生了极为恶劣的影响。有人评论："学界学术腐败现象这么严重，中国真是没一块净土了。"原华东理工大学某教授，曾经是一颗耀眼的"科技启明星"，身兼数职，浑身光环。因专家举报他的博士论文和发表的两篇论文均存在严重的抄袭行为，后被撤消博士生、硕士生导师资格。他的导师也因他的抄袭行为和经济原因，被中科院撤销其院士称号。

3. 丢弃社会责任，公众信任度降低

事业单位的诚信问题之所以引起广大公众关注，是因为它们担负着最重要的社会职责——启迪心智、净化灵魂、保护健康。因此，对于戴着"社会公信度极高"帽子的事业单位，由于社会责任的缺失导致的失信问题，更容易招致公众的愤慨，引发诚信危机。《南方周末》登载的《千里追踪希望工程假信》一文，报道了希望工程捐款被人私吞，致使捐款人不远千里寻访名义上的"被资助者"，揭开了希望工程管理中的漏洞。2004 年 6 月 11 日，四川省慈善总会主办的首届"希望之声"大型慈善公益演出在成都体育中心举行，参加演出的有内地与港台明星。组委会宣传的将捐给失学儿童、孤寡老人困难家庭的门票收入，最终落入了演出中间商和一些演艺明星的口袋。

新闻界应该本着"为人民服务，为社会主义服务"的方针，履行其责任。但这一领域同样存在着群众反映特别强烈的问题：如有偿新闻、虚假新闻、低俗之风、不良广告等消极腐败现象。中国技术市场报《中国建设市场》专刊以批评报道要挟企业强拉广告的事情就是一个典型案例。这类单位，丢弃社会主义事业单位应尽的社会职能，败坏社会主义事业单位的形象，在一定程度上降低了公众的信任度。

二、事业单位法人诚信建设的意义

为适应社会主义市场经济发展和现代文明建设的需要，国家机关、政党机关、企业、社会团体等组织机构，都在结合自己的业务实际，认真探索新时期如何加强诚信建设，提高公信度，更好地履行本单位职责。在此大背景下，事业单位法人的诚信建设，同样摆到议程上来。因此，我们必须充分认识市场经济条件下事业单位法人诚信建设的重要意义。

1. 加强诚信道德建设

事业单位是在各级党和政府的领导下，以研究和传播马克思主义理论，推动思想创新，普及和提升全民族的科学文化素质，丰富娱乐生活，宣传社会主义道德和现代文明等为职责的先进文化建设的主力军；以致力于科学研究、技术开发和技术服务、质量保护为责任，引领社会先进生产力开拓性前进的生力军；以开展人道服务，防止环境退化、保障公民权利、帮助政府解决一些边缘问题，为国民经济和社会发展创造条件和提供保障这一独特使命的重要力量。由此可见，事业单位承担的职责是独特的，其功能是无可替代的，随着社会文明的进步这一角色愈加重要。

我们党的领导人历来格外重视事业单位承担的这些重要职能和任务，特别是进入改革开放新时期后，面对新世情、新国情、新任务、新挑战，党对教育、科技、文化、体育等事业单位提出了许多新要求，如中共十六大报告中对如何加强科学研究事业、如何加强文化事业以满足群众日益增长的文化生活需要等，提出了具体要求。在中共十六届三中全会发布的《中共中央关于完善社会主义市场经济体制的决定》中，提出以人为本，经济社会可持续发展的科学发展观。为了加强这方面的研究，更好地发挥哲学社会科学在经济社会发展中的作用，中央专就哲学社会科学研究下发文件。这在我党的历史上还是第一次，充分说明我们党对于事业单位在当今中国经济社会发展中的地位和作用的高度重视，并寄予厚望。我们不难想象，如果从事教育事业的各类学校乱集资、多收费，不能给人以科学文化知识，不能给人以灵魂工程师的德性示范；如果文艺事业部门，不是歌颂真善美，鞭挞假恶丑，不是扬社会讲诚信正气、抑社会失信歪风，甚或诚信道德的宣传者、教育者、研究者本人背信弃义，见利忘义，这将给全社会的诚信道德建设带来多么恶劣的影响！

2. 加强诚信道德建设

根据我国经济社会发展的需要，根据事业单位自身的现实状况，中央已确定了事业单位管理体制改革和机构改革的基本方向，即政事分开，推进社会化进程。中办发［1996］17 号文件提出："要建立和实施事业单位登记管理制度，使事业单位的发展和管理更加规范，要通过实施登记管理制度，确立事业单位的法人地位，推进事业单位的社会化进程，规范事业单位的行为，保护事业单位的合法权益，强化对事业单位的监督。"可以说，这是事业单位发展的历史性变革。在计划经济条件下，我国的事业单位基本上是机关的附属物，既没有进入市场的需要，也没有进入市场的可能。在市场经济条件下，事业单位作为第三产业的重要组成部分，在客观上需要进入市场，不能够完全进入市场的，也将会与市场发生更多更频繁的联系。按照事业单位改革的要求，事业单位将逐步离开政府主管部门的襁褓，走向市场，进入社会，通过更直接更广泛的方式为社会提供精品以服务于经济社会和人类发展的全面需要。市场经济是法制经济、是道德经济，进入市场的主体必须讲诚信，否则将无立足之地。因此，事业单位能否遵守诚信道德，可谓生死攸关。事业单位法人的登记管理制度，从法律上严格规范其行为，同时，需要从道德上，通过诚信教育达到标本兼治的目的。因此，事业单位的社会化、市场化进程，将从根本上使事业单位法人意识到诚信道德建设的意义。

3. 加强从业人员的诚信道德培养

建设社会主义的物质文明、政治文明、精神文明，是我党在新时期提出的重要历史任务，也是我们党区别于其他政党的一个重要标志。“三大文明”的提出意义十分深远，但如何去创造，去引导，去示范？应该说，社会组织机构中的任何一组成部分都有不可推卸的责任，而任何一具体组织又都承担着相对不同的分工和任务。就事业单位而言，首先是直接或间接地从事社会主义物质文明建设的主要力量，培养人的教育事业为经济社会提供高素质的人才，是社会生产力特别是先进社会生产力的要素。科学技术是第一生产力，其先进与落后体现综合国力的强弱。而要担负起这样的任务，就必须要有一支高质量的队伍。具体来讲，这支队伍不仅掌握了科学前沿知识，而且还有科研道德精神，实事求是，追求真理，不为名利，无私奉献的境界。只有具备较高的德性修养，才能从根本上杜绝学术腐败现象，才有可能创造出为经济社会发展做贡献的“产品”。其次，事业单位从业人员应该成为社会主义政治文明的研究者、传播者和倡导者，是站在当代文明前列、具有强烈批判精神和忧患意识的知识群体。在今天，建立一支忠诚于先进文明、致力于促进社会公正的中国政治文明建设的队伍，对于切实履行党和政府赋予的历史任务，构建社会主义和谐社会，其意义是不言而喻的。事业单位对于我国的社会主义精神文明建设非常重要，提高全体人民的思想觉悟、道德水平和科学文化水平，主要靠事业单位组织去承担、去完成。其从业人员不仅是社会主义精神文明成果的研究者、创作者、宣传者，而且还是文明建设的载体。从某种意义上可以讲，一个社会的文明程度如何，知识分子密集型的群体的状况是重要参数。可见，加强事业单位的诚信建设，不仅关系到事业单位本身，而且还关系到我国的文明进程和发展现状。

三、事业单位法人诚信建设的主要内容

事业单位在我国机构组织中占有重要地位，其诚信建设的内容涉及的面很宽，内容也很丰富，要求也很具体，这里拟选择几个主要方面进行阐述。

1. 正确处理“两种效益”的关系，坚持以社会效益优先的价值方针

社会主义市场经济条件下，如何正确处理社会效益与经济效益的关系，对任何组织机构而言都是一个尖锐性的问题。由于如何处理这一问题直接关系到组织机构的诚信建设，特别是对于事业单位法人的诚信建设来说，意义关联度更加密切。

与以盈利为目标的企业相比，非盈利的事业单位法人的诚信建设，必须重点解决好这一问题。在市场经济条件下，企业追求高效率、高收益无可争议，这是企业生存与发展的基础和根本。但并不能把企业发展的最高价值目标或最高价值理念，仅仅定位在经济效益这一点上，而是要更多地强调责任和为社会服务。以诚为本、消费者至

上、公平竞争等，就是企业竞相倡导和实践的伦理理念。那种纯粹以经济效益为最高目标，不顾及社会责任、缺乏人文关怀的企业文化，已无立足之地。事业单位法人的诚信建设，是基于事业单位的组织性质而提出的。与企业不同的是，公益性是事业单位的主要特征。这是由事业单位的社会功能和市场经济体制的要求决定的。在市场经济条件下，市场对资源配置起基础性作用，但市场是有缺陷的。在诸如教育、卫生、基础研究、环保、市政管理等领域的产品或服务，这些社会公共产品，是不能或无法由市场来提供的。我国的事业单位大部分分布在公益性领域，主要从事精神产品的生产和服务，有的虽然也从事某些物质产品的生产，但多数不属于竞争性生产经营活动，不以盈利为目的。因此，事业单位应该首先追求的是社会效益。惟有这样的价值定位，事业单位法人的诚信建设才有正确的价值指向。如果反其道而行之，不去认真履行自己的职责，发挥自己的作用，不仅自身的诚信无从谈起，而且还会直接影响到全社会信用体系的形成。当然，一些事业单位在保证社会效益的前提下，为实现事业单位的健康发展、社会服务系统的良性循环，根据国家规定向接受服务的单位或个人收取一定的服务费用也是允许的，但绝不能丢弃以社会效益为前提的最高价值目标。如上所述，现实中，正是有些事业单位把赚钱放到了第一位，才出现了诚信危机。坚持社会效益优先的价值方针，应该成为事业单位法人诚信建设的根本。

2. 正确处理社会整体利益与单位局部利益的关系，以诚为本，强化为公共利益提供优质服务的意识

为了适应我国市场经济发展的要求，事业单位的改革正在深化。改革的重点和走向就是事业单位要通过自己的服务进入市场，优化资源配置，转换机制，精简机构，加大与经济建设结合的力度，多数事业单位都将提升社会化与市场化的程度，有的直接转制为企业，成为自主经营、自收自支、自负盈亏的独立法人。在这一改革中，利益关系上的调整，难免给这些单位带来一些震荡。因此，市场经济下的事业单位诚信建设也出现了如何正确处理社会整体利益与单位局部利益的关系、如何通过自己的产品和优质服务立足于社会的新问题。事业单位的诚信建设要求，无论是已经改制的单位，还是尚未改制的单位，都要遵守诚信道德，不发布虚假信息，不夸大产品功效，不哄抬物价，做到质量第一，公平交易，货真价实，真诚服务社会。有个别事业单位，为本单位的利益，不惜违背诚信道德，如2004年8月3日《中国青年报》登载的新兴医院通过“医托”坑害病患者。该医院主要请两方面的人员做“医托”：一是政府前官员，二是名人。不管这些“医托”的主观意愿如何，但在客观上都成了骗局的参与者，误导了消费者。还有的单位领导，打着为单位谋福利的幌子，损害消费者利益和社会公众利益，这些都是目前事业单位管理中所应解决的突出问题。

3. 正确处理一时的效应与夯实基础的关系，出精品，出力作，为经济社会服务

这是对事业单位及其从业人员遵守诚信的特殊要求。无论是自然科学方面的研究，还是社会科学方面的研究；无论是从事基础理论方面的研究，还是从事应用方面的研究，都需要具备严谨治学，一丝不苟，勇于创新，对社会认真负责的精神，拿出能解决实际问题的高质量的“产品”，这是事业单位的职责和主要功能，也是评价事业单位诚信道德建设的重要内容。如果为追求一时的轰动效应，或为了某种荣誉，或为了暂时的经济效益，对其承担的科研任务敷衍塞责，哗众取宠，难免会出“次品”、“废品”，这显然是违背诚信道德的。从科研事业单位的实际来看，目前普遍存在着如何正确对待一时的成效与打好基础的关系，存在着如何正确对待基础理论研究与应用问题研究的关系。这两个问题又是联系在一起的。应该说，科研单位根据国家经济社会发展需要选择现实性的科研课题，尤其是地方科研院所，重视为地方经济服务，为地方的文明建设服务，一些科研人员主要从事应用课题研究，从事地方课题研究，都是无可厚非的，并且在一定时期还要加强。但同时存在的一些值得注意的现象：一是一些关系到长远发展的重要基础理论研究领域，因出成果时间长、见效慢、又难以引起当今社会给予足够重视而被长期搁置下来；应用性课题研究因出成果快、见成效也快、也可以带来经济上的收益，吸引一些很有实力的先前从事理论研究的研究人员转向，对理论问题、有些甚至是我国发展中亟待解决的重大理论问题，则缺乏科研力量去进行攻关。二是由于上述原因，科研事业单位的从业人员中出现急功近利的浮躁心理，不愿长期坐“冷板凳”搞基础理论研究，即使是应用性课题，因缺乏坚实的理论基础，又不愿下功夫认真去做，最终也难见成效。因此，事业单位的诚信道德教育，应该抓住成果效应与夯实基础这一特殊矛盾和问题。

四、 加强事业单位法人诚信道德建设的措施

加强事业单位法人诚信道德建设，需要政府相关部门的严格管理和监督，需要法律的有效约束，需要事业单位法人具备良好的诚信道德意识，更需要事业单位法人内部通过各项制度，激励和约束从业人员遵守诚信道德等。

1. 严格依法规范

事业单位能否用诚信道德来规范其行为，能否建立诚信机制，最有约束力的还是法律规范。《民法通则》、《行政许可法》、《事业单位登记管理暂行条例》就是对事业单位法人管理的法规框架。用法律来进行信用联合征信在西方发达国家已有上百年的历史，而在我国由于缺少对事业单位行为资信状况的必要了解和监控，一些部门的有关措施因没有相关的法律支持也难以正常实施。现在我国主要采取的措施是媒体曝光，只对触犯了法律的行为才作处理，而对大量失信违约行为，则难以监控。根据国情，借鉴西方的有关法律，建立信用身份认证系统，制定信用标准，统一信用代码等，对事业单位的失信行为进行约束就显得十分迫切和必要。同时，在依法管理中，一定要做到“执法必严、违法必究”，讲法律信用，起到惩罚失信者、警示企图违约者和保护守信者的效果。在市场经济中，因事业单位法人客观上具有“经济人”的特征，在做出某

种行为时，都要进行成本和收益的比较。只有对失信者加重处罚，才有可能警诫他人。事业单位法人登记管理就是依法规范，应该认真落实到位。

2. 大力开展以诚信道德为重点的职业道德教育

在加强道德教育方面，中共十六大报告特别提出，“以诚实守信为重点，加强社会公德、职业道德和家庭美德教育”。如上文所述，诚信是市场经济中最核心最重要的一个道德范畴。因此，在职业道德教育中，必须强化从业人员的信用意识，加强诚信道德培育，实施诚信教育工程。从历史上看，信用制度和诚信意识是在与不守信用、不讲诚信的矛盾斗争中发展起来的，从来都不是在市场经济中自发形成的。事业单位法人应该通过教育的手段，通过多种载体和有效途径，对员工进行诚信教育，大力倡导爱岗敬业、忠于职守、诚实守信的职业道德，使全体员工形成这样的共识：市场经济是信用经济，信用经济必然要求诚信道德的维护和保证。谁轻视信用，不讲诚信，谁就失去了在资源配置中的优势地位，最终在激烈的市场竞争中被淘汰出局。通过诚信道德教育，可使广大员工讲诚信、信诚信，把遵守诚信道德变成自觉行动，形成自律。

3. 加强行政监督、社会监督和内部监督

监督是形成事业单位法人内部的诚信机制，推动诚信建设的有效途径。事业单位登记管理中的监督具有“双重性”，这里指的是登记管理部门、财税、审计等对事业单位的行政监督，是政府依据有关法律对事业单位法人的管理方式。其目的是，规范事业单位的行为，保护事业单位的合法权益，维护正常的社会经济秩序。这种监督是完全必要的。社会监督有公众举报、媒体曝光、利益相关者的反映等。随着政府决策的透明度增强，政务信息的公开，社会监督对事业单位行为的规范作用将日益加大。内部监督，主要是通过事业单位内部的一套政策、制度和机制，形成全方位、多角度的监督体系。显然，与内部监督相比，上述的行政监督、社会监督可以看作外部监督。两种监督各有优势。辩证来看，内部监督是事业单位遵守非盈利准则的根本，外部监督往往只有通过内部监督才会起作用。但是，内部监督并不是经常有效起作用的，特别是当外部监督缺位时，完全依靠事业单位的内部监督也是不现实的，甚至在一些情况下，没有外部监督就没有内部监督。因此，需要内外监督机制的互相作用和影响，促使内部监督机制逐步健全和完善。加强建立内部监督与外部监督相结合的综合监督机制，是加强事业单位诚信建设行之有效的途径。

4. 以改革促进信用机制的建立

信用机制是诚信道德建设的基础和根本。事业单位及其从业人员的诚信状况都直接或间接地与此密切关联。在全国各行各业都在深化改革的今天，事业单位的改革也在积极稳步地推进。但毋庸讳言，我国事业单位的改革较其他单位相对滞后。信用机制是交换经济的产物，市场经济越发达，人们对信用的需求越强烈，信用机制也就越健全。事业单位信用机制的建立，一是需要通过改革，形成其内部的奖惩机制；二是建立目标考核体系，把质量、效应、责任等量化，作为重要的指标，内容涉及德、能、勤、绩；三是加快分配制度的改革，打破平均主义；四是通过企业化改革的事业单位，产权需要明晰的要明晰。《中共中央关于完善社会主义市场经济的决定》中提出："形成以道德为支撑、产权为基础、法律为保障的社会信用制度，是建设现代市场体系的必要条件，也是规范市场经济秩序的治本之策。增强全社会的信用意识，政府、企事业单位和个人都要把诚实守信作为基本行为准则。"这是建立社会信用体系的制度创新，也是理论创新。对于事业单位信用体系的建设，也是具有重要启迪意义的。

总之，结合新形势下我国事业单位的实际，加强以诚信为重点的道德建设，是一个随着经济的发展而不断深化的过程，是一个随着事业单位体制改革而不断进步的过程。同时，事业单位诚信道德的有效实施，是在强调法律规范执行的基础上，在与法律规范相互配合中进行的，它不是一个脱离法律而独立运动的过程。惟有法律和道德的配合，如车之两轮、鸟之两翼，事业单位的诚实道德建设才能大显成效。

（本文原载《经济经纬》2005 年第 4 期）

劳动态度及其道德评价

劳动态度是劳动活动中的一个现实问题，中国和苏联伦理学研究中都把它作为一个重要道德规范，也受到当代西方各种管理学派的重视。奈比斯特和阿丁在《改造公司论》中，用了相当的篇幅考察当代美国工人对劳动的态度和要求所发生的巨大变化。这说明，劳动态度的现实意义已超出一国或几国的范围，成为一个具有世界普遍意义的问题。随着我国经济体制改革的深入发展，社会主义道德应当怎样看待和评价这一社会现象？劳动者树立什么样的劳动态度才符合社会主义的道德要求？这是伦理学工作者所必须面对的一个新课题。

一 劳动态度的定义和性质

在国内外伦理学著作中，论述劳动态度的著作并不算少，但明确给劳动态度下定义的却为之甚少。对这一问题，罗国杰教授等编著的《伦理学教程》中作了较为明确的界定。该书中写道："所谓劳动态度，是人们从事劳动的动机及其在劳动中的行为道德。"[①] 这一定义的贡献在于：它未拘泥于心理学研究对态度定义的概括，而是从伦理学本身的特点出发，把动机纳入劳动态度的内在规定，并且力图联系人的劳动行为概括劳动态度，丰富了态度范畴的内容，显示了伦理学不同于心理学的差别所在，体现了伦理学这门学科的性质和要求，为人们从道德的角度分析劳动态度这一社会现象提供了重要的理论依据。但是，这一定义也有不尽完善之处：第一，它未把对劳动的认识和情感因素纳入劳动态度的内在规定。依此界说，人们对劳动的认识（其中包括评价因素）和对劳动是持热爱还是持厌恶、鄙视的态度，便不能成为道德评价的对象。事实上，劳动目的、劳动动机的形成都是在对劳动的认识和情感的基础上形成的。第二，它重视从劳动现象方面概括劳动态度是正确的，但忽视了劳动态度的普遍社会意义方面，这就否认了未进入劳动过程或脱离劳动过程的人们，也会对劳动这一社会现象产生这样那样的认识和态度的客观事实。《中华人民共和国宪法》提出"爱劳动"是国民公德之一，是向全体社会成员提出的普遍社会要求，也并非仅针对劳动着的人们而言。

---

① 罗国杰等. 伦理学教程［M］. 北京：中国人民大学出版社，1985：196.

的确，劳动态度的道德意义主要是作为劳动现象而发挥作用，但不能因此而否定他具有超越于劳动现象之外的普遍社会意义内容。否则，便无法解释“劳动态度”问题，不能解释“在社会生活中具有普遍的道德价值，而且成为衡量个人品德完善程度的重要尺度”的问题[①]，更不能作为一个普遍的社会道德规范向全社会提出。第三，行为价值能否作为劳动态度的内在规定，也需要进一步思考。因为态度是一种隐藏于人体内部的心理意识，行为则是与态度相关的客观化了的社会活动。不仅心理学界均持此种观点，而且许多社会学家和哲学家也持同样的看法。苏联社会学家和哲学家阿法纳西耶夫认为，“所谓态度是指对于智力和体力的积极活动的准备态度”[②]。显然，准备态度是不能等于行为本身的。通过一个人的言行可以判断出他对待某一事物的态度，但态度毕竟不是行为本身，故此也不会具有行为所具有的价值。

因此，我们认为，概括劳动态度这一社会现象，既要反映态度与人们劳动行为之间的联系，即在人们劳动活动中的道德价值和道德意义，也要包含人们对待劳动现象的认识和情感因素，同时又要避免把劳动态度在劳动活动中的价值和“在劳动中的行为价值”混为一谈。简而言之，劳动态度，就是人们对劳动这一社会现象的认识、情感及其在人们劳动活动中的价值。作为一种心理意识现象，劳动态度和态度并无本质上的差别，态度的内在规定也适用于劳动态度。所不同的是，态度适用于任何一种社会现象，人们对客观世界中任何一种事物或人的认识和情感，都可用态度这一概念来评价和表达，而劳动态度则仅仅是对劳动这一社会现象的认识、感情或行为倾向。因此，劳动态度可看作是态度的属概念，是对劳动这一社会现象的态度而已。

应当指出，心理学研究所取得的成果对我们从伦理学上认识和把握劳动态度这一社会现象，具有重要的借鉴意义。但是，伦理学和心理学毕竟是性质不同的两门学科，伦理学在汲取其他学科有价值的成果时，必须结合本学科的性质和特点进行筛选和加工改造，而不能简单地采取拿来主义的态度。心理学主要是从心理意识、心理活动方面去揭示态度的产生、形成的心理规律。伦理学则是一门反映和调节人们之间相互关系的行为规范的道德科学，因此伦理学在考察劳动态度时，不能仅仅囿于心理活动领域。它必须走出心理学研究的藩篱，从个体和社会、主体和客体、认识和存在的相互关系中去认识和考察这一社会现象。它不仅把劳动态度作为一种心理现象来看待，更重要的是要把劳动态度作为一种社会现象、道德现象来考察，把它放在特定的历史条件下，特别是要把它放在一定的利益关系中，并且用动机和效果相统一的观点予以认识和把握。只有这样，才能深刻认识和揭示劳动态度所蕴含的道德意义和道德价值，正确地把握社会主义劳动态度的规定、内容、评价标准以及培养等问题。所以，社会学家鲁·施托伯格认为：“由一定的社会制度所决定的劳动性质，不仅通过各种间接方式影响着人的劳动态度，而且劳动性质本身也直接反映着这种劳动态度。因此，可以

① 罗国杰等.伦理学教程［M］.北京：中国人民大学出版社，1985：198.

② ［苏］阿法纳西耶夫.社会管理中的人［M］.北京：知识出版社，1983：207.

说，一定的生产关系既然决定着每个人的社会地位，因而在客观上，就是说，不管这个人的主观认识如何，总是规定着他的一定的劳动态度。”[①] 施托伯格所讲的劳动态度，虽然是从社会学意义上讲的，但作为一种研究方法，对伦理学也是适用的。

二、评价社会主义劳动态度的根据和特点

社会主义劳动态度，一方面指社会主义条件下人们对劳动的认识和情感；另一方面是指人们在劳动过程中对待自己工作的满意程度以及从事劳动的动机和结果。第一方面内容，国内许多伦理学教科书中都已有了详论，此处无须赘述。这里着重探讨第二方面内容，即人们在劳动过程中的劳动态度问题。

道德作为一种独立的意识形态，对经济基础的维护和更替有着不可忽视的反作用，但这种反作用在道德领域并不是直接实现的，而是通过人们道德心理上的认识和感受，转换成人们的利益观念之后才对经济生活发生直接的影响和作用。所以，道德对生产关系的反作用实际上是通过人们的利益关系这一中介得以实现的。马克思这样讲个人利益的重要性：“人们奋斗所争取的一切，都同他们的利益有关”。[②] 列宁则形象地把个人利益比喻为“人民生活中最敏感的神经”[③]。可见，追求各种利益，是一切经济时代人们进行生产活动的决定性动机和最重要的目的，也是确定人们道德行为方向的主要根据。人们在道德心理上对利益的不同认识和追求，在行动上就必然表现为利己或利他的不同伦理行为，表现在道德评价上，人们常用善恶这一古老的伦理学范畴进行认识和把握。所以，国内许多伦理学著作以及国外一些伦理学派都把利益作为一个很重要的伦理学范畴提出并作为道德的重要问题加以论述，显示了利益在人们道德生活和道德评价中的特殊地位和意义。因此，评价社会主义劳动态度，也要以利益为根据。

人们对利益的解释尽管多种多样，但总的来说，无非是对人们需求对象的抽象概括。人们的需要但概括起来分为物质需要和精神需要两种，与此相适应，人们的利益既包括物质利益，也包括精神利益，具体地体现为物质财富和精神财富。从道德上讲，个人全面发展的社会条件也是一种利益。在商品生产的社会里，利益集中地表现为商品、价值，其全权代表是货币，货币是“财富的随时可用的绝对的社会形式”[④]，因此追求货币往往是商品社会人们劳动行为的决定性动机。社会主义经济是公有制基础上的有计划的商品经济，在目前条件下，商品和货币不仅应当保留，还要大大发展。劳动者个人为社会提供的劳动产品，只有通过市场的价值评价才能确定。即使劳动者个人

① ［德］R.施托伯格. 劳动社会学［M］. 北京：劳动人事出版社，1985：32–33.
② 马克思恩格斯全集（第 1 卷）［M］. 北京：人民出版社，1974：82.
③ 列宁全集（第 13 卷）［M］. 北京：人民出版社，1963：113.
④ 马克思恩格斯全集（第 23 卷）［M］. 北京：人民出版社，1972：151.

无须亲自到市场交换自己的劳动产品，也须通过劳动集体作为自己利益的代表，通过市场机制实现个人劳动产品的价值。这样，人与人之间的利益关系仍然要在很大程度上通过货币关系表现出来。如果说“一切向钱看”的道德意识不足提倡的话，那么“为工资而工作”的道德信条则不违背社会主义的道德精神。前者反映的是极端自私的利己主义欲望，后者则是商品经济社会的必然要求和按劳分配规律发生作用的必然结果，也是对劳动者贡献的一种社会确证。只要是劳动致富，劳动所得，钱越多，就越光荣，人也就越有价值。因此，对一般劳动者来说，把追求工资作为一个人劳动的主要动机，这不仅不违背社会主义法律，也是为社会主义道德所承认的。

在现实生活中，对于利益对人们劳动态度的直接影响和作用，国内许多报纸、杂志中所提供的资料都从不同方面作了相当的说明。这里仅以 1986 年中华全国总工会以“改革中的职工队伍状况”为题所进行的全国性问卷调查为例，分析一下个人利益和劳动态度的关系。据万份有效问卷统计，在回答“您觉得妨碍劳动积极性发挥的主要因素是什么?”时，“工资等级待遇低”遥遥居先，再次是“单位劳保福利”。其比例如下：①工资等级待遇低（20%）；②单位领导的工作作风和方法不好（15.02%）；③单位劳保福利（11.47%）；④工作条件（8.87%）；⑤工作前途（7.34%）；⑥住房条件（7.22%）；⑦单位性质（5.78%）；⑧工作性质（5.34%）；⑨上下班的路程和交通状况（4.8%）；⑩缺乏民主管理的权利（3.33%）；⑪个人理想、发明创造受到限制（1.24%）；⑫个人积极性受压抑（1.24%）；⑬政治上的进步（1.06%）；⑭与同事间共事关系不融洽（1%）。

由上述比例可以看出，影响劳动态度的主要因素是职工个人利益的实现程度。其中第①、④、⑤、⑥、⑨五种因素直接属于职工个人的物质利益，占 48.83%，第③、⑦、⑧三种因素属于职工所在单位的集体物质利益，占 22.59%；两项合计占 71.42%。其他各种因素，除 14 种因素外，都是直接或间接地涉及职工个人利益、政治权益或精神利益的因素。由此可以看出，以利益作为评价人们劳动态度的客观根据，不仅体现了伦理学这门学科的性质和要求，同时也为社会主义的劳动实践所需要。

三、社会主义劳动态度与道德评价

社会主义劳动态度这一概念，这里是指公有制劳动集体中劳动者的劳动态度。对个体经济、私营经济和中外合资、合作经营企业中劳动者的劳动态度进行道德评价，是一个较为复杂的理论问题，需要进行专门的研究和论述，本文暂不涉及。

社会主义公有制基础上的个人劳动，反映的是劳动者个人与社会和劳动集体之间的利益关系，这三种利益之间以及劳动者之间的利益具有一致性。这是公有制范围内劳动者利益关系的最大特点。劳动者提供的劳动产品，一部分通过税金形式转变成国家利益，直接或间接地用于全体人民的共同需要，一部分通过积累基金和公共消费基金等形式直接转化为劳动集体利益，用于劳动集体内部全体劳动者的共同需要，其余部分则按照按劳分配的原则，通过工资、奖金等货币形式直接转化为劳动者的个人利益。这三种利益一致性的特征，在实行承包经营责任制的企业里仍然如此。现行的承包经营责任制所依据的基本原则是“包死基数，确保上缴，超收多留，歉收自补”。因此在公有制企业中，在首先保证国家利益实现的前提下，劳动者个人利益的增加，必然伴随着企业集体利益的增长。在具体的劳动过程中，就劳动者个人来说，是为个人利益还是为国家利益或集体利益劳动，两种性质的劳动是不能独立出来的，究竟哪些产品是为个人劳动的结果，哪些产品是为国家利益或集体利益劳动的结果，这在现实中的确无法区别，只是通过分配环节才表现出个人利益、集体利益和国家利益的分野。因此，劳动伦理学在考察劳动者的劳动态度时，固然要考察劳动者的劳动动机，然而更重要的则是要考察劳动者的劳动结果，即对社会的实际贡献。过去我们总是强调国家利益、集体利益是个人利益的基础，而很少重视个人利益对国家利益和集体利益所起的基础作用。事实上，在利益的创造过程中，个人利益才真正起着基础的作用，在按劳分配规律的支配下，要求劳动者个人完全追求集体利益和国家利益是不现实的。抑制广大劳动者对个人利益的追求，劳动者就必然会失去劳动兴趣和劳动热情，劳动集体利益以及国家利益的实现也将化为泡影。特别是在社会主义初级阶段，为了摆脱贫穷和落后，发展生产力是一切工作的中心，是否有利于发展生产力，成为我们考虑一切问题的出发点和检验一切工作的根本标准。所以，即使劳动者为了个人利益而劳动，只要他为社会提供了质量好、数量多的劳动产品，他的劳动行为就同样具有道德价值。因此，我们重视劳动者的劳动动机具有道德价值，重视劳动者的劳动结果，重视劳动者的实际贡献也同样具有道德价值。应该从劳动的动机与效果的辩证统一的角度来评价。如果对人们劳动过程中的劳动态度下一定义：可以说社会主义劳动态度，就是以追求个人正当利益为目的的、有定额的，既为个人也为社会的、一定程度上的自觉自愿的劳动。这一定义反映了四个方面的内容：

首先，它把个人利益和按劳分配原则直接联结起来，肯定了追求个人利益的道德价值，体现了按劳分配原则和道德评价原则的联系性和统一性，克服了过去那种使劳动态度和按劳分配原则对立起来的观点。这样便把劳动者的个人利益和他的实际贡献联系起来，让那些劳动态度好、贡献大的劳动者得到更多的实际利益，让那些劳动少、贡献小的劳动者得到较少的个人利益，让那些劳动态度不好、没有贡献或给国家和企业造成经济损失的个人受到应有的经济制裁和法律制裁。多劳多得，不劳不得，真正体现出社会主义按劳分配的权威性。同时它又区别了社会主义劳动不同于共产主义劳动的谋生性质，社会主义劳动还远未成为人生的第一需要，仍然是有报酬的劳动。

其次，它肯定了劳动定额在现代劳动管理中的重要作用。中共十三大报告指出：“凡是有条件的，都应当在严格质量管理和定额管理的前提下，积极推行计件工资制。”劳动定额是在一定的生产技术和组织条件下，要求劳动者在单位时间内完成合格产品的数量标准。在现阶段，实行劳动定额，是提高劳动生产率的必要手段，是实行经济核算和计算成本的依据，同时也为社会衡量劳动者在劳动过程中所应承担的社会责任和道德责任提供了一个客观尺度，并且是保证国家利益和企业集体利益实现的重要条件。特别是在实行经济承包责任制的企业里，没有正确的定额责任，就不会有合理的经济效益，就失去了检查劳动责任和道德责任的标准。因此，建立健全科学的劳动定额，加强定额管理，是现代化大生产中不可缺少的管理内容，也是社会主义劳动态度的重要方面。

再次，它揭示了社会主义劳动的双重性质，即既为个人利益也为社会利益的劳动性质。它表明：在社会主义劳动产品的分配关系上，个人利益、集体利益和国家具有一致性。社会主义劳动态度承认追求个人利益的行为并不违背社会主义道德，这不仅仅是因为它符合社会主义的分配原则，更重要的是在于劳动者正当个人利益的实现过程，都会有利于国家利益的实现，同时也必然引起企业集体利益的增长。此外，它还为区分诚实劳动和非诚实劳动提供了一条明确的道德界限，即诚实劳动的结果必然是既有利于个人，也有利于社会，而非诚实劳动的结果则只会有利于个人，损公而肥私。

最后，它体现了社会主义劳动在一定程度上所具有的自觉自愿的特点。阶级社会的私有制基础上的劳动，是谈不上自觉自愿的。社会主义条件下，劳动者当家做主，劳动者和社会主义企业的结合关系是：平等自愿，相互选择，自由结合。因而劳动者在一定程度上实现了择业自由，劳动具有自觉自愿的性质。但由于这种自觉自愿在现阶段还要受到许多社会条件的限制，所以又只能是一定程度上的或相对的。

但是，由于劳动态度的心理特征以及社会主义职业分工的不同和社会主义道德要求上的层次性，所以对社会主义劳动态度的道德评价，还应当注意五个问题；第一，由于劳动态度是一种内在的心理意识，所以认识、评价社会主义的劳动态度，必须借助相应的外在形式才能认识和把握。在社会主义条件下，评价一个人的劳动态度好坏，主要是根据劳动者的劳动积极性、创造性、主动性、工作责任感以及主人翁精神等状况，特别是根据他向社会所提供的贡献大小来进行把握。

第二，社会主义劳动态度肯定追求个人利益的道德性和公正性，并不等于说追求个人利益具有最高的道德价值，是最好的劳动态度或最高的道德境界。那种为了追求国家利益和集体利益甘愿牺牲个人利益或者先公后私、大公无私的劳动态度，较之首先为了个人利益或只为个人利益而劳动的劳动态度，更具有道德价值和道德意义。

第三，衡量社会主义劳动态度应当重视劳动结果的道德意义，并不否定劳动动机的道德价值。在劳动过程中，存在许多情况要求我们必须联系劳动动机考察劳动结果，否则，便会在道德评价中出现道德偏差。由于劳动者之间劳动能力、体力上的差别，常常会出现劳动者劳动态度端正，但劳动贡献不如别人的情况。比如一个技艺熟练的职工不用费力便能完成所规定的劳动定额，而一个技术水平不高的劳动者，即使汗流浃背，力尽职责，也难以完成一个熟练工人所承担的任务。在这种情况下，就要求社会主义道德的评价标准必须跃出个人天赋、才能的不同从而造成劳动产品数量、质量不同的狭隘尺度，在考察劳动效果的同时也要看到劳动动机的道德价值。只要劳动者尽可能发挥了个人的聪明才智和负责精神，即使劳动效果不如别人，劳动伦理学也当认为，这同样是一种社会主义的劳动态度。

第四，劳动环境、劳动条件不同，应当允许人们对自己工作的满意程度有差别。对一些劳动条件恶劣、工作条件艰苦的劳动者，比如从事野外作业、带电作业、煤矿劳动等危险性较大而又缺乏社会地位的劳动者，只要他们能够按照一定的劳动定额完成自己的工作任务，我们就不能因为他们不够满意自己的工作来否认他们劳动态度的本质方面。相反，对一些工作条件比较优越或能较好发挥个人才能的劳动者，他们对待自己的工作往往表现出较高的职业情感，因而在工作中也易焕发出较高的劳动热情和负责精神。对此，劳动伦理学应当善于发现和保护劳动者的创造热情和献身精神，支持他们在较优越的社会地位上做出更大的贡献。

第五，职业分工，职业岗位不同，评价人们劳动态度的道德标准也要有所不同。社会主义条件下，人们之间职业、岗位的不同，并非仅仅反映的是分工或职业上的差别，更重要的则反映人们的社会责任以及权益上的差别，从根本上说，反映的是人们对社会生产资料支配权和使用权的差别。因此评价、规范人们的劳动态度，不应当是一个模子、一个标准，应当在共同的标准中体现出一定的差别。我们承认，社会主义条件下任何劳动者个人都有追求个人正当利益的权利，但并不等于说任何劳动者追求个人利益的行为，都应把个人利益放在高于一切的地位。因为在劳动过程中，不同的利益主体在追求个人利益的时候，面对不同的经济利益，往往会表现出不同的“优先序列”或倾向性。人们追求个人利益所表现出的“优先序列”应当与他们的职业岗位以及所担负的社会责任、享受的各种权利相一致。权利、责任不同，首先考虑并力求追求的某一利益对象也要有所不同，从而要求社会评价人们劳动态度的道德标准也应有所区别。就一个普通劳动者来说，在为取得货币工资而进行的职业劳动中，决定其本质方面的并不是作为社会利益的主体资格出现，而是根据按劳分配的原则，有权根据自己提供的劳动数量和质量领取相应的劳动报酬的普通社会成员资格出现，他的人格就是自己的人格，并不代表其他人的人格，因此他最先考虑并追求的往往是个人利益。在追求个人利益的同时，也会伴随着集体利益和国家利益的实现。因此这种以追求个人利益为中心的劳动行为，也是一种社会主义的劳动态度。作为一个劳动集体的管理人员，比如一个企业的厂长或经理，他对保证企业生产任务的完成，保证劳动集体、个人以及国家利益的实现负有全面的责任，同时也拥有企业最高的权力。他是企业利益的代表、企业法人的化身，因此他最先考虑并力求追求的就不应当是个人利益，而应当是企业集体的利益，否则，这种劳动态度就不是社会主义的劳动态度。只有在他以追求企业集体利益和国家利益为中心目标时，才称得上是社会主义的劳动态度。在首先追求企业集体利益的同时，也应当包括实现他们的个人利益。对一个国家管理人员来说，情况则又不同了。国家管理人员的行动要代表国家利益或全体人民的利益和意志。国家不是抽象的，人民的利益也非天国之物。由于国家管理这种职业岗位的特殊性和重要性，在一定意义上讲，这些国家管理人员的人格体现着我们的国格，凝集着我们的民族精神，寄托着人民的希望。因此对国家管理人员的道德要求，评价国家管理人员劳动态度的道德标准，必须高于普通劳动者。他们不仅不能以追求个人利益为中心，而且也不能以某一部门或某一劳动集体的利益为中心，他们必须站在全体人民的立场上，以追求国家利益和全体人民的利益为中心。当然，强调国家管理人员应当把国家利益放在高于一切利益的位置上，并不否认国家管理人员同样有追求个人正当利益的权利，而是说，国家管理人员只有把国家利益和人民利益放在高于一切的位置上，他才有资格去争取个人正当利益的实现。

（本文原载《中州学刊》1988 年第 3 期）

职业分工与劳动者价值实现

“努力形成有利于现代化建设和改革开放的理论指导、舆论力量、价值观念、文化条件和社会环境”，“振奋起全国各族人民献身于现代化事业的巨大热情和创新精神”，这是中共十三大向理论工作者提出的光荣任务。探讨社会主义职业分工与劳动者的价值实现这一问题，对于广大劳动者形成新的职业观念与价值观念，焕发出建设社会主义现代化事业的劳动热情，增强劳动者的主人翁精神，具有积极的意义。

一、社会主义职业分工的性质和特点

职业分工是各种社会形态共同存在的社会现象。马克思主义并不主张消灭一般意义上的职业分工，而是要消灭一定条件下的自然分工和旧式分工。自然分工是建立在自然条件如年龄、体质、性别差别上和地区、民族、自然地理条件等差别上的分工，体现了人受自然力的限制和统治；旧式分工亦即自发分工，是指人受生产条件的自发的支配下的分工。脑力劳动和体力劳动是旧式分工的主要形式，体现了劳动对人的统治。建立在私有制基础上的职业分工，劳动者不仅要受到自然力和劳动的统治，同时还要受到人的统治，即生产关系的统治。历史上的职业分工，一方面带来了社会生产力的巨大发展，带来了工业、商业和科学艺术的繁荣，使人类跨入了文明时代；另一方面造成了人们在生产活动中的地位差别和物质利益上的差别，带来了残酷的阶级剥削和压迫，并成为束缚人的个性和能力发展的桎梏，使劳动者成为“局部生产职能的痛苦的承担者”①。个人获得了某种职业技能，却牺牲了他全部肉体和精神的发展能力。马克思认为资本主义条件下的职业分工如同得到牲畜的皮或油而屠宰整个牲畜一样。在社会主义制度下，劳动者成为社会生产资料的主人，人们之间的关系发生了深刻的变化，体现人际关系本质方面的不再是剥削和被剥削的关系，而是主人和主人之间的关系。因此，社会主义公有制范围内的职业分工消除了阶级剥削和阶级压迫的性质，成为实现满足人民日益增长的物质需要和精神需要的必要条件。不同职业的劳动者之间、劳动者和管理者之间以及不同所有制的劳动者之间，其社会政治地位是完全平等

① 马克思. 资本论（第1卷）[M]. 北京：人民出版社，1975：500.

的，都是社会主义社会的主人，人们不会也不应该由于职业分工的不同而在政治上屈从于他人或接受他人的统治。

另外，由于社会主义劳动仍然是人们谋生的手段，物质财富的多寡对人的生存和发展仍然具有重要的意义，职业分工与职业活动作为人们生存的必要条件，仍然对人具有一定程度上的强制作用。要谋得生存和发展，就必须借助于一定的职业才能实现。而劳动者一旦获得某种职业，就相对固定下来，被一种无形的力量固定在一定范围内，并服从这种无形力量的控制，否则，就会失去谋生的条件。人们选择或从事什么样的职业，目前在很大程度上并非出于自觉自愿，而只能是一种服从谋生需要、受货币所驱使的不得已行为。在劳动过程中，每个职工都在一定的生产或工作岗位上，按照规定的操作规程和程序进行劳动，可选择性也是很小的。企业劳动中的职业分工须根据劳动分工的需要由企业管理者统一安排，服从这种不一定按照自己的意愿所从事的职业进行劳动，降低以至于放弃个人的择业理想以服从职业分工的需要，在现阶段对大多数劳动者来说是不可避免的。只要社会主义劳动的谋生性质不发生变化，因职业分工所形成的劳动强制性也就不会消失。

不过，社会主义职业分工的强制性和私有制社会职业分工的强制性不同。私有制特别是资本主义社会的职业分工，把人降低为机器的单纯附属物和金钱的奴隶，资本家为追求货币才雇用工人，工人为获取货币才去劳动。职业劳动的单调性和重复性严重挫伤了劳动者个人的生产积极性，压抑着个人生产旨趣和才能的发挥，给劳动者带来的只是束缚、痛苦以及体质上的畸形发展。在当今发达的资本主义国家里，许多资本家都明显看到提高企业利润和工人的个性发展这一矛盾，并企图通过职工参加民主管理的手段来解决这一问题，但这并不能从根本上改变资本主义职业分工的性质。在社会主义制度下，人民当家做主，追求货币虽然是人们劳动的重要目的，但已不是唯一的目的，更不是最高的目的。重视人生价值实现，重视个人全面发展，已成为全社会成员的普遍要求。所以，尽管社会主义的职业分工仍然限制着每个人的活动领域，但又对每个人的全面发展具有特殊的作用，是个人实现人生价值的重要条件。职业分工虽然为每个劳动者划定了相对固定的活动范围，但它却能使人在有限的活动范围内为社会做出积极的贡献；职业分工虽然使人长期从事某种片面性的劳动，但它却能使人从事某种特殊职能的劳动能力得到发展，成为某一方面的专家，从而也成为社会和个人发展的条件。与此同时，劳动者以自己的特殊活动方式和结果为媒介参与着全面的物质生活和精神生活的享受和创造。相反，如果一个劳动者想涉足所有的部门工作或职业岗位，即使疲于奔命，也难以实现个人理想，更谈不上什么享受和发展。这就是说，我们既要看到社会主义职业分工对人的强制性和固定性一面，也要看到它对人的发展作用和完善性一面。职业分工既是个人生存之本，又是个人发展的条件。如果一个人没有职业，他的价值实现就无从谈起，这就涉及劳动者的价值规定。

二、劳动伦理学中的价值范畴

近几年来，价值范畴被广泛运用于我国社会科学领域，但在价值含义的理解上却是众说不一，颇有争议。理论研究的角度不同、思维方式不同，造成了认识上的差异；各个学科的性质、研究对象不同，也影响了对价值范畴的理解和规定。但有一点可以肯定，即价值是反映主体对现实世界需要关系的概念。根据人们的需要对象，人们一般将价值分为两大类：物质价值和精神价值。物质价值是指所有能满足人们物质生活需要、有益于人们物质生活享受的物质客体，具体指物质产品或物质财富。精神价值是指能够满足人们精神生活的需要，并能对人们精神生活和社会生活产生积极影响的精神产品或精神财富。道德价值属于精神价值。道德价值同样是一个反映人们与现实世界需要关系的概念，它以实践精神的方式认识和占有世界，通过善恶评价，给人们提供正确的道德标准，使人扬善抑恶、积极向上，不断完善社会关系和人类自身。因此，道德价值所反映的人与现实世界的关系，是建立在道德实践活动基础上的价值关系。

劳动伦理学力求从社会主义的劳动关系出发，结合劳动者的道德关系去认识和把握价值范畴，它不完全等同于一般伦理学意义上所使用的价值。劳动伦理学特别重视劳动在创造人生价值中的地位和作用，认为劳动是实现人生价值的根本条件。因此，劳动伦理学所谓的价值，就是指劳动者的劳动行为对完善社会关系和人类自身所产生的积极作用。从个人和社会的相互关系看，价值范畴应当包括三个方面的含义：

第一，个人、集体对社会的贡献，体现了社会主义劳动的性质和要求，具体表现为满足社会需要的程度和水平。社会成员生产出数量多、品种全、质量好的物质产品和情调高尚的精神产品，具有重大的社会意义和道德价值。在公有制范围内，劳动者为个人劳动，同时也是为社会和他人劳动，为个人劳动还是为社会劳动，在现实的劳动过程中是无法区别和分离的。只是在分配关系中，个人劳动通过以工资为主的物质报酬形式得以实现，上交的国家税金、集体公共消费基金以及扩大再生产基金，则是个人为社会劳动的转化形式。所以，在按劳分配规律的支配下，个人工资增长的同时，必然是社会财富的增加。在个体经济和私人企业中，只要是通过劳动致富，按照国家八级超额累进税税率规定，个人越富，对社会的贡献也就越大。因此，尽管人们从事劳动的形式不尽相同，所提供的社会产品多种多样，社会产品发挥作用的性质和方式亦千差万别，但只要是为社会创造财富，他的劳动行为就同样具有道德价值和道德意义。劳动者的劳动凝结物——物质产品或精神产品自然充当着劳动者人生价值的客观尺度：成果越大，贡献越大，价值就越高；成果越小，贡献越少，价值就越小；没有成果，没有贡献，就没有任何价值；不劳而获或非法攫取劳动产品，就是负价值，就是缺德（这里不包括私营经济中的非劳动收入，对私营经济中非劳动收入的道德评价，要做具体分析）。

第二，对个人主人翁地位的自觉认识，主要表现为个人劳动态度的好坏、工作责任心的强弱以及民主管理意识的确立程度。在社会主义的工厂、企业等各部门中，广大职工是工厂、企业的主人。我国《宪法》规定："人民依照法律规定，通过各种途径和形式，管理国家事务、管理经济和文化事业，管理社会事务"；"国营企业和城乡集体组织的劳动者都应当以国家主人翁的态度对待自己的劳动。"[①] 经济体制改革，扩大企业的自主权，不只是扩大厂长（经理）的个人自主权，也是扩大企业内部全体职工的自主权，如果企业缺乏应有的自主权，职工在企业中的主人翁地位就不可能确立，职工当家做主的实际权力也难实现。改革的根本目的是有利于充分发挥劳动者建设现代化事业的积极性、主动性和创造性，而不是要改变企业的所有权。所以，中共十三大报告中指出："要使经营者的管理权威和职工群众的主人翁地位相统一，形成经营者和生产者相互依靠密切合作的新型关系。"

此外，劳动者的主人翁地位还突出地表现在自觉遵守劳动纪律；自觉抵制官僚主义、效率低下和各种浪费现象；关心企业经济效益，自觉诚实地按照各种经济责任制的要求恪守岗位职责，出色地完成本职工作等方面。集中地讲，劳动者的主人翁地位不仅表现在享受自己当家做主的权利方面，更重要的还表现在个人对社会的责任和义务方面。

第三，劳动者的个性、体力、智力和才能的全面发展。人的全面发展问题，是马克思主义理论的重要组成部分。尊重人的个性，努力使每个人都能得到全面发展，也是多少世纪以来无数先哲的美好夙愿。劳动者的个性特点既表现在他的志趣、爱好及个人生活习惯上，也表现在个人才能和劳动能力上。社会主义应当比以往任何社会为人的全面发展创造出更为有利的社会条件。几年来的经济、政治体制改革以及劳动制度方面的改革，正在改变着不利于劳动者个人才能发挥的社会条件，这是完善社会主义制度、发展生产力的重大战略措施，也是人的全面发展的要求。社会主义的分配原则，就是以承认劳动者的劳动能力、才能等个性差异为前提的。现在，农村普遍推行了联产计酬的生产责任制，企业成为独立或相对独立的经济实体，各种形式的经济责任制正在普遍推行，这对激发劳动者的劳动热情，促使劳动者的个性发展必将产生积极的意义。可以预料，随着经济、政治体制改革的深入发展，个人的全面发展不再仅仅是一种理想，而会愈来愈成为劳动者的个人实践。

劳动伦理学的价值规定有内在的联系。对社会的贡献，体现了社会、客体对个人、主体的要求以及个人、主体对社会的责任，这是实现个人价值的外在要求和外在条件；个人的全面发展，体现了个人、主体对社会的要求以及社会对个人、主体的责任，这是实现个人价值的内在根据或内在动力；而劳动者的贡献和成就仍然是服务于劳动者的需要，最终表现为社会主义新人的塑造、智慧的发挥、个性的解放，实际上是劳动者当家做主地位的真正实现。片面地从主体、个人的内在要求，或片面地从社会、客

---

①《中华人民共和国宪法》，第二条、第四十二条，1982 年 12 月 4 日公布实行。

体的外在要求出发，都不能正确地认识和把握劳动伦理学的价值规定，还会在实践中产生有害于个人发展和社会完善的社会后果。如果从社会要求出发，片面强调个人的贡献才是人的价值所在，而无视人的个性、才能和需要的全面发展要求，人的劳动创造力就会受到压抑，甚至萎缩，个人为社会的贡献也势必受到影响。反之，如果从个人的内在要求出发，片面强调个人的自由、全面发展才是人的价值所在，而忽视个人对社会的贡献和责任，个人的价值实现就会失去必要的社会条件，个人的自由、全面发展也会受到社会的遏制，迫使人们不得不对自身的价值规定重新做出抉择。个人发展和社会完善、个性自由和社会和谐以及劳动和享受的统一是理解劳动伦理学价值范畴的真谛。

三、职业分工与价值实现

由于价值范畴反映了主体和客体、个人和社会的辩证统一，劳动者的价值实现实际上是一个主观条件和客观条件、个人和社会的相互结合、相互作用的过程。劳动者的个性、知识、才能和力量的发挥必须通过社会才能得到表现和确证，同时个人对社会的贡献大小也是根据一定的社会标准、由社会来评价的，这就是说，劳动者的个人价值必须借助一定的外在社会条件才可能实现。因此，劳动者选择什么样的职业，从事什么样的工作，对劳动的价值实现具有重要意义。我们承认，社会主义的各种职业设置都是社会主义建设事业不可缺少的组成部分，劳动者无论从事何种职业其社会地位是完全平等的，但这并不等于说，社会主义职业分工只有统一，没有差别。为什么一些职业人满为患，有些职业则无人问津？为什么有人认为“从政之路红彤彤，从商之路黄灿灿，从教之路黑洞洞”，甚至弃“文”从“官”，谋取升迁？仅仅从个人品质修养方面来回答这些问题，未免失之浅薄。重要的问题在于，在社会主义的职业分工系统中，每一种特殊的职业都对社会担负着特定的职责和义务，与这些职责和义务相适应，社会同时又赋予这些职业以不同的权利。由于不同的职业在社会生产活动整个链条中占有不同的位置，发挥不同的作用，因而不同职业的社会价值是不同的，从事不同职业的劳动者其社会身份也是有差别的。这种不同的职业性质以及由此决定的不同的职业责任、职业权利，就从根本上规定了劳动者个人价值实现的社会条件。职业活动范围的大小、职业责任的重大与否，在客观上决定了一个人发展的可能性和现实性。即使在同一职业领域内部，由于劳动者之间的职业岗位不同，劳动者之间的责任、义务、权利不同，职业岗位的社会价值也是不同的。从事科学研究工作与从事体力劳动，两种职业劳动的社会价值就不可能相等；同是国家管理人员，由于职业岗位不同，其政治待遇和经济收入就有差别，个人发展自己才能和实现人生价值的社会条件也不一样。正是由于职业或职业岗位的社会价值不同，才使得劳动者格外重视个人的职业选择，重视职业岗位中的权利和责任。就追求个人价值实现这一目标而言，劳动者重视职业选择，与其说是为了谋取更多的物质利益，不如说是希望得到更适合于自己发展的社会条件。

但是，职业及其职业岗位的社会价值不同，并不意味着劳动者的个人价值实现完全由职业或职业岗位的社会价值决定，否则就把个人价值实现过程完全归结于某种外在的与个人能力、努力无关的纯客观活动，从而抹杀个人在实现个人价值活动中的能动作用，其结果必然导致个人对自己的职业行为可以不负责任的社会后果。这样就不可能回答：为什么在同一职业岗位上，有的人价值大，有的人却价值小？为什么有人在很重要的职业岗位上不仅没有创造出个人应有的价值，反而形成负价值？为什么有人在极其平凡、很不重要的职业岗位上却创造出了令人惊叹的个人价值？这种种社会价值现象仅用职业岗位或职业的社会价值因素去解释，显然无法解除疑惑。事实上，职业或职业岗位的社会价值只是实现个人价值的外在条件，而个人的价值定向不同，或因个人的知识、才能、天赋之差异，或个人的勤奋程度和劳动态度有别等主观原因，才是形成个人价值大小的决定性因素。而且，从事任何一种职业的社会价值的潜在内涵总是无止境的，现实中任何一种职业岗位都不存在着一个个人价值实现的“终点线”，使得个人努力一旦达到这个“终点线”后他的价值就实现已尽，无可追求了。劳动者能够在巩固已有的社会价值的同时，不断挖掘新的社会价值。关键的问题是，个人要树立社会主义劳动态度，善于发挥个人的才能。具体到劳动者的职业或职业岗位来说，认定劳动者个人价值大小的社会标准主要是根据劳动者个人对其职业或职业岗位的责任、义务及权利的履行情况，个人的价值等于个人对所从事职业理应承担的义务、责任的完成程度的函数。当一个人从一种职业岗位转移到另一种职业岗位时，他的个人价值也许会成倍增加，但这种增加主要的并不在于他由较低的社会价值的职业岗位转移到较高社会价值的职业岗位，而是由于他的天赋和才能适应了这种职业的性质和特点，较好地发挥了个人才能和智慧，或者因为他树立了社会主义劳动态度，对工作力尽职责的结果。

个人价值的实现是一个主观条件和客观条件、个人和社会的相互作用、相互结合的过程，在社会实践中具有重要的意义。这种观点首先是对过去那种只讲个人对社会尽义务，不讲社会对个人尽责任的片面义务论的否定。个人有为社会尽义务的责任，同时也有要求社会对个人尽责任的权利。社会只有为个人的成长和发展创造条件，个人才能在社会中成长自己和发展自己。为个人才能表现和全面发展提供均等的机会和创造良好的条件，是政府应尽的社会责任。其次，它向人们指出，个人价值能否实现及其大小，社会只是外在条件，归根到底取决于个人的主观努力和才能的发挥。个人在社会面前并不是一个被动的、完全没有自由的主体，而是一个积极的、主动的、有相对个性自由的主体。因此，个人应当在社会允许的范围内，善于在个人自由和社会和谐、个人幸福和社会进步、个人发展和社会完善的矛盾运动过程中成长自己和发展自己，在有限的工作范围内创造出积极的人生价值来。

全赢文化：现代市场经济的文化战略

为了更好地适应加入世界贸易组织的要求，增强企业的核心竞争力，中国企业正在从国内走向国际，从传统走向现代，其主要的标志就是打造先进的与国外企业文化接轨的管理理念。平顶山贸易广场创建的全赢文化，就是建立与社会主义市场经济相适应的先进文化和道德体系的一个新探索。

一、对市场经济的认知和高度的伦理自觉

全赢文化首先表现了对市场经济的认知和高度的伦理自觉。全赢文化是一种追求开放、合作、和谐的文化，既是一种与市场经济相适应的文化形态和文化发展战略，又是带有一定的超前性的文化创造。这些表明中国企业界在文化创新方面的伦理自觉意识和思维水平有了质的提升，可以说，全赢文化是一部企业道德的宣言书。这是与对社会主义市场经济的深层理解与把握分不开的。现代市场经济在主体交换的广度和深度上都与自由经济竞争时代不同，它更注重平等、开放、竞争、诚信，更加注重企业与企业之间的合作与协同，已从“零和博弈”到转向对“非零和博弈”的重视。前者体现的是竞争对手之间你死我活的“竞争”关系（利益竞争中的一方所得恰为另一方所失，得失相抵为零。在这里利己与损人具有内在的相关性，“利己”恰恰是由于“损人”，反之亦然），后者体现共存共荣的“合作”关系，它是一种互利关系，意味着双方都有所得，相加大于零，是一种双赢的经济增长。这说明中国企业文化的创新，适应企业内外部环境的变化，正在告别自然经济时代和计划经济时代封闭、单一、固守、狭隘的文化理念，走向更加文明、开放和成熟。

二、弘扬传统文化中的整体至上主义

全赢文化以整体本位消弭个人本位带来的人际紧张，弘扬传统文化中的整体至上主义。全赢文化反映了一种崇高的道德境界，它一方面传承和弘扬了中华民族优良传

统伦理精神，另一方面与社会主义市场经济的本质要求相一致，也体现了义利统一、道义优先的社会主义义利观。

全赢文化是一种先进的企业文化。一个国家创造财富体系的背后是文化力和价值观的支撑，一个企业创造财富体系的背后同样如此。从各国企业的文化建设方面来看，都存在一个“文化上的价值两难”问题。由于企业生存在不同的文化背景下，形成了不同的价值观，而未来成功的经济体系所需要的价值观，应该是克服文化偏见，成功整合个人主义与集体主义的价值观。所以，企业成功创造价值系统的关键在于整合价值观的冲突，譬如整合规则与例外、部分与整体、集体与个人、社会与企业。全赢文化坚持整体优先、互相兼顾的道德原则，比较科学地辩证综合了两种互相对立的文化和价值，正确处理义与利、企业与社会、物质与精神、长远与暂时等利益关系。应该说这是一种强劲的文化，一种永葆生机与活力的文化。

“和谐”是全赢文化的最高价值。具体价值观是集体高于个人、社会高于企业、义高于利。“利人在先”即企业在追求自身利益时，要首先都考虑合作伙伴的利益；在为自己的发展谋划之前，首先要为合作伙伴的发展谋划；在让自己成为赢家之前，首先要帮助合作伙伴成为赢家。“己欲立而先立人，己欲达而先达人。”以利人在先解决各方利益矛盾以及竞争与协作这些突出矛盾。强调：①利益和谐；②结构和谐；③人际和谐；④矛盾和谐。孔子讲“礼之用，和为贵”，荀子讲“上不失天时，下不失地利，中得人和”，强调“和为贵”。应该说，从本质上讲，道德就是道德主体在调节各种关系，特别是利益关系中，有目的地创造和维护社会关系和谐的一种实践精神。尽管人类各种关系的和谐是相对的、一种理想化的状态，不和谐才是绝对的常态，但就某一时空而言，和谐是必备的，和谐又是可能的。因为和谐是一种稳定态，是各种关系呈现出的良好状态。一般来说，没有和谐，就没有发展，社会正是在和谐状态下求得发展的。企业同样是这样，企业发展要求有和谐的人际关系、和谐的伙伴关系以及和谐的利益关系等。因此，全赢文化内蕴的最高价值，恰恰是人类在道德上所致力于追求的目标。

三、从市场竞争的“丛林”中走向经济与伦理的融合

全赢文化视企业为各方利益的维护者和保护神，企业不是只知道追求自身利益最大化的狭隘的“经济人”，而是道德的行为者和责任的承担者。这就把经济行为与道德行为、经济动机与道德动机的价值分析与评价，有机地统一在一个现实经济活动之中。1998 年诺贝尔经济学奖获得者阿马蒂亚·森根据他多年的研究得出：由于西方主流经济学派忽视对经济行为的价值判断，在事实领域和价值判断领域划上了一道鸿沟，造成长期使经济学与伦理学的分离状态，致使两个学科的贫困。“随着现代经济学与伦理学之间隔阂的不断加深，现代经济学已经出现了严重的贫困化现象”。“对于伦理学来说

也是一件非常不幸的事情”①。国际著名经济伦理学家科斯洛夫斯基讲：宁愿说，我们需要一个更为宽泛的经济学的概念，一种与伦理相关的研究途径，它包括人的动机和对社会成就的判断问题，并且允许把伦理问题纳入经济模式和功能性的领域中去。平顶山贸易广场创建的全赢文化，找到了经济与伦理的契合点、结合点，真正把握了在一个现实的经济运作过程中，伦理是一个内在的因素，一个内生的变量，与经济增长有着紧密的关联。这一典型案例，使我们看到经济伦理学这门新兴学科的生长点和充满希望的未来。

四、以全赢为核心理念构筑全赢文化发展战略

以全赢文化理念构筑全赢文化发展战略，打造全赢形象和全赢品牌。现代管理理论正在从经验管理阶段、科学管理阶段向文化管理阶段的跨越。理论界人士认为，企业整体形象的优劣与企业新产品在市场上的占有率呈正相关直线关系。据国际设计协会统计，企业在形象塑造中每投入 1 美元，就可以获得 227 美元的收益。日本学者通过调查也提供了同样的报告：企业形象力与销售业绩成正比。如日本汽车的形象力与销售金额的相关系数为 0.84；在建筑业中，两者的相关系数达到 0.90。哈佛商学院著名教授科特根据 11 年的考察研究指出，具有先进文化特征的公司与没有先进文化特征的公司相比，前者总收入平均增长 682%，后者仅达 166%；前者股票价格增长 901%，后者为 74%；前者净收入增长为 756%，后者仅为 1%。实践说明，文化管理是当代企业管理的必然趋势；当代市场经济竞争的背后是文化的竞争；企业的效益要从管理中发掘，要从文化中提取，所以，系统建构先进的企业文化，关系到企业的生存与发展。平顶山贸易广场不仅重视企业文化战略，而且还找到了具体明确的文化建设的载体，从而保证了实施文化战略的成效。全赢文化建设的载体是：适应市场的业态；灵活的体制；整个经营管理体系的整体优化；资源共享与系统整合；构筑了系统的市场链条，从商品供应、消费者的权益、经营的利益、贸易广场的利益，一损俱损，一荣俱荣。这表明，企业在全赢文化战略的规导下，正在进行着全面的改革与创新；而体制、机制、市场等载体的构建，又全面促进着全赢文化在企业经营的各个环节渗透，已经并正在产生强大的凝聚力。

全赢文化可以打造全赢形象和全赢品牌。全赢就是个性，就是文化，就是形象，就是品牌。全赢文化正在打造着一个河南商界的优良形象和品牌。

（本文原载《河南科技》2002 年第 15 期）

① 阿马蒂亚·森. 伦理学与经济学 [M]. 北京：商务印书馆，2006：9，13，15.

市场的缺陷与政府的经济职能

一、市场缺陷理论概述

市场是商品交换的总体，市场经济是生产社会化发展到一定高度后以市场作为配置资源基础的经济形态。它作为一种交换方式，从来就是从属于一定的生产方式。就社会属性来说，现在存在两种市场经济，即资本主义市场经济和社会主义市场经济，没有脱离基本经济制度的纯粹市场经济。因此，市场体现的总是交换方式这一共性与生产方式这一个性的统一。

18 世纪 70 年代工业革命以来，以市场为纽带的资本主义生产方式创造出了巨大的生产力，使人类社会进入了高度文明时代。市场——这只“看不见的手”通过竞争、利润和价格等杠杆，实现了资源（生产要素）配置的优化，从而实现了极高的经济效率，开掘出无限的发展活力。在很长的一段历史时期中，市场被人们视为是万能的。

在自由资本主义发展成熟之后，资本主义生产方式的痼疾逐渐显现，市场崇拜的信条开始受到怀疑。1819 年，英国经济学家西斯蒙第在《政治经济学新原理》一书中对市场制度提出了强烈的质疑，指出了其“贫富分化”和“因供求比例失调而导致生产过剩危机”的趋势，同时期的空想社会主义者傅立叶对资本主义市场经济做了淋漓尽致的揭露。这可视为市场缺陷理论的萌芽。1848 年，英国经济学家穆勒在《政治经济学原理》一书中指出了市场机制的局限性，诸如价格背离价值、竞争的胜利者以他人的失败为代价、不可避免地产生商业危机以及分配不公等，认为私有制应该改良。20 世纪初，穆勒的改良主义理论为新古典综合派全面评价和分析市场的作用提供了理论依据，成为西方经济学市场缺陷理论的思想渊源。

马克思是在自由资本主义时期运用唯物史观和规范经济学方法深入研究并阐明资本主义市场缺陷的第一人。他关于资本主义三大基本矛盾的论述、剩余价值学说以及资本积聚和集中的历史趋势、无产阶级贫困化等理论，是对这一缺陷的最根本、最精辟的概括。在论述信用制度在资本主义生产中的作用时，马克思指出：“在股份公司内，职能已经同资本所有权相分离，因而劳动也已经完全同生产资料的所有权和剩余劳动的所有权相分离。资本主义生产极度发展的这个结果，是资本再转化为生产者的财产所必需的过渡点，不过这种财产不再是各个互相分离的生产者的私有财产，而是联合起来的生产者的财产，即直接的社会财产。另外，这是再生产过程中所有那些直到今天还和资本所有权结合在一起的职能转化为联合起来的生产者的单纯职能，转化为社会职能的过渡点。”[①] 股份公司的诞生不仅推动了生产规模的惊人发展，而且成为资本转化为社会财产、资本的职能转化为社会职能的“过渡点”，“它在一定部门中造成了垄断，因而引起国家的干涉。”[②] 市场的无政府状态（无序性）导致资源的浪费，导致经济的周期性波动，它所创造的效率是以部分资源的被破坏为代价的，而经济危机则是资源浪费与破坏的最高形式。市场在创造了巨大的经济效率和社会财富的同时，也造成了贫富的两极分化，而市场效率也是以牺牲社会公平为代价而取得的。这一学说具有划时代的意义，从根本上与资产阶级经济学分道扬镳。

进入 20 世纪，随着资本主义从自由竞争阶段进入垄断阶段，市场机制的弊端日益显现，从而为市场缺陷理论的深入发展提供了客观基础。列宁最早提出“市场经济”概念，在《帝国主义论》等一系列论著中，全面深刻分析了垄断资本主义市场经济寄生性、腐朽性等致命缺陷。资产阶级经济学家也从实证经济学的角度，对市场缺陷的原因和表现作了研究。新古典主义、福利主义和凯恩斯主义学派等经济学家，对市场现象作了深入的研究，形成了较为完整的市场缺陷理论。

发生于 1929~1933 年的世界性资本主义经济危机，宣告了自由放任经济理论和经济政策的失败。当时苏联和德国在 20 世纪 30 年代的工业发展成就以及美国政府为克服经济危机而实行的社会政策的卓越成效，向世人展示了政府干预经济的成功之处。正是在这样的理论和实践背景下，强调国家干预经济生活的凯恩斯主义应运而生，并奠定了宏观经济学的理论基础，使人们得以从宏观层次上认识市场缺陷及其弥补问题。

1958 年，美国麻省理工学院经济系教授巴托（Bator）首次创造并使用了“市场失灵”这一概念，并将市场垄断视为“市场失灵”现象之一。“市场失灵”一词从此风靡近半个世纪且经久不衰，对市场失灵的理论研究也空前活跃且不断深入，在理论上也日趋系统化。

二、市场缺陷及其形成的原因

市场是资源配置的基础性手段，市场经济具有巨大的优越性。实际上，市场经济是一种经济机制，是集各种机制所表现出来的突出的功能：一是联系机制。以分工和社会化生产为基础的市场经济，其最基本的功能在于“联系”。市场经济则是开放的、联系的经济。市场经济越发达，这种经济联系越普遍、越密切。二是核算机制。商品

①② 马克思恩格斯全集（第 46 卷）[M]. 北京：人民出版社，2003：495，497.

生产面向市场，因此它的产品质量、品种和成本“就要受到社会的核算，首先是地方市场的核算，其次是国内市场的核算，最后是国际市场的核算”。这种市场的核算作用，就是节约规律、价值规律和供求规律在社会化生产中的表现。三是激励机制。就是经济利益对生产者和经营者的激励作用和体系。市场经济的功能之一是能够沟通经济效益与经济利益之间的联系，使经营者收入与他们创造并得以实现的价值直接挂钩，成正比关系。四是竞争机制。竞争是一种市场关系，有市场经济就一定有竞争。市场竞争对于每个企业来说，既是外在的压力，又一定会变成内在的动力，促使企业通过采用先进技术、更新设备、改善工艺和管理、发展联系等来降低消耗，提高产品质量，开发新产品，调整价格，改善服务，争得信誉。五是连动机制。这是由社会和经济联系作用所产生的连锁反应、因果互换的运动系统，特别是不断扩大的需求拉动。一个环节突破可能牵动其他一系列环节，使发达的商品经济成为扩大再生产型的经济，对技术进步不断产生拉力，形成加速反应，反过来推动市场经济更加发达。当代高新技术的飞快发展，正是市场经济推动的结果。六是资源配置机制。上述机制的合力能够合理地分配、优选、淘汰、组合各种生产要素，形成更有效率的生产、流通、消费的配置结构。资源配置机制就是价值规律、供求规律、价格规律的交互作用，以价格为主要信号，经营者积极寻找更有效益的方式，使各种要素能够最佳组合，避免主观计划带来的盲目性投资和不计成本的行为。七是优选机制。社会化生产力通过市场经济中介，促进所有制具体实现形式的优化。上述机制综合为一个运动系统，便形成一个充满活力的整体运行机制，能够促使企业小循环和社会经济大循环之间实现优化组合，高效节约，财富日增，生产力特别是科学技术加速更新换代①。

市场缺陷理论在肯定市场经济优越的同时，全面地揭示了它的弊端。主要有：

（一）市场不能保持国民经济的综合平衡和稳定协调的发展

市场调节实现的经济均衡是一种事后调节并通过分散决策而完成的均衡，它往往具有相当程度的自发性和盲目性，由此产生周期性的经济波动和经济总量的失衡。此外，市场经济中个人的理性选择在个别产业、个别市场中可以有效地调节供求关系，但个人的理性选择的综合效果却可能导致集体性的非理性行为，如当经济发生通货膨胀时，作为理性的个人自然会作出理性的选择——增加支出购买商品，而每个人的理性选择所产生的效果便是集体的非理性选择——维持乃至加剧通货膨胀；同样，经济萧条时，也会因每个个体的理性选择——减少支出而导致集体的非理性行为——维持乃至加剧经济萧条。最后，市场主体在激烈的竞争中，为了谋求最大的利润，往往把资金投向周期短、收效快、风险小的产业，导致产业结构不合理。这就需要政府运用经济杠杆和法律手段，特别是采取“相机抉择”的宏观调节政策，适时改变市场运行的变量和参数，以减少经济波动的幅度和频率。

---

① 杨承训. 中国特色社会主义经济学［M］. 北京：人民出版社，2009.

（二）自由放任的市场竞争最终必然会走向自己的反面——垄断

因为生产的边际成本决定市场价格，生产成本的水平使市场主体在市场的竞争中处于不同地位，进而导致某些处于有利形势的企业逐渐占据垄断地位。同时为了获得规模经济效益，一些市场主体往往通过联合、合并、兼并的手段，形成对市场的垄断，从而导致对市场竞争机制的扭曲，使其不能发挥自发而有效的调控功能，完全竞争条件下的“帕累托最优”，即资源配置的最优化，也就成为纯粹的假设，因此垄断被视为市场经济的“阿基里斯之踵”。这就需要政府充当公益人，对市场主体的竞争予以适当的引导、限制，如制定反垄断法或反托拉斯法、价格管制、控制垄断程度等。

（三）市场机制无法补偿和纠正经济外在效应

所谓外在效应，是指单个的生产决策或消费决策直接地影响了他人的生产或消费，其过程不是通过市场。也就是说，外在效应是独立于市场机制之外的，它不能通过市场机制自动削弱或消除，往往需要借助市场机制之外的力量予以校正和弥补。显然，经济外在效应意味着有些市场主体可以无偿取得外部经济性，而有些当事人蒙受外部不经济性造成的损失却得不到补偿。前者常见于经济生活中的“搭便车”现象，即消费公共教育、公用基础设施、国防建设等公共产品而不分担其成本，后者如工厂排放污染物会对附近居民或者企业造成损失，对自然资源的掠夺性开采和对生态环境的严重破坏等。这类外在效应和“搭便车”一般不可能通过市场价格表现出来，当然也就无法通过市场交换的途径加以纠正。通过思想引导和道德教育固然能够使之弱化，但作用毕竟有限。只有通过国家税收、补贴政策或行政管制，如特定的排污标准及征收污染费等规定，使外部效应内在化，最大限度地减轻经济发展和市场化过程的外部效应，保护自然资源和生态环境。

（四）市场机制无力于组织与实现公共产品的供给

所谓公共产品，是指那些能够同时供许多人共同享用的产品和劳务，并且供给它的成本与享用它的效果，并不随使用它的人数规模的变化而变化，如公共设施、环境保护、文化科学教育、医药、卫生、外交、国防等。正是因为公共产品具有消费的非排他性和非对抗性特征，一个人对公共产品的消费不会导致别人对该产品的减少，于是只要有公共产品存在，大家都可以消费。这样一方面公共产品的供给固然需要成本，这种费用理应由受益者分摊，但另一方面，公共产品的供给一经形成，就无法排斥不为其付费的消费者，于是不可避免地会产生如前所述的经济外在性以及由此而出现的“搭便车”者。更严重的是，人人都希望别人来提供公共产品，而自己坐享其成，其结果便很可能是大家都不提供公共产品。这就需要政府以社会管理者的身份组织和实现公共产品的供给，并对其使用进行监管。

（五）市场分配机制会造成收入分配不公和贫富两极分化

一般来说，市场能促进经济效率的提高和生产力的发展，但不能自动带来社会分配结构的均衡和公正。奉行等价交换、公平竞争原则的市场分配机制却由于各地区、各部门（行业）、各单位发展的不平衡以及个人的自然禀赋、教养素质及其所处社会条件的不同，造成其收入水平的差别，产生事实上的不平等，而竞争规律往往具有强者越强，弱者越弱，财富越来越集中的“马太效应”，导致收入在贫富之间、发达与落后地区之间的差距越来越大。此外，市场调节本身不能保障充分就业，而失业现象更加剧了贫富悬殊，这对经济持续增长是个极大的威胁：少数巨富控制经济命脉、潜在的资金外流、众多的贫困者导致社会总消费的不足，从而市场难以发育等。更严重的是，过度的贫富分化不仅削弱了社会的内聚力，而且造成社会的不公正，进而不可避免地破坏维系社会的政治纽带，引发社会冲突。经济比较落后、收入偏低的一些少数民族聚居地区，还可能激化成民族矛盾，直接影响社会稳定。

（六）市场不能自发界定市场主体的产权边界和利益分界，形成经济秩序

在市场经济活动中，个人、企业等市场主体的各种经济行为的方式及其目的的实现固然受到市场各种变量（原材料成本、价格、可用的劳动力、供求状况等）的支配，并且这些变量以其特有的规律调整着他们的行为，自发地实现着某种程度的经济秩序；但是作为“经济人”以谋求自我利益最大化为目标的市场主体又总是在密切、广泛、复杂、细致的经济联系中进行竞争，产生利益矛盾和冲突是不可避免的，而当事人自己以及市场本身并不具备划分市场主体产权边界和利益界限的机制，更不具备化解冲突的能力。这就需要以社会公共权力为后盾的政府充当仲裁人，以政策或法律的形式明确界定和保护产权关系的不同利益主体的权利，保证市场交易的效率和公正性。再进一步地说，市场竞争优胜劣汰的残酷性容易诱发人们铤而走险，产生非法侵犯他人权益的犯罪行为，扰乱社会经济生活秩序。对此，市场主体更是无能为力。只有政府运用国家暴力作后盾才能防止和打击经济领域的违法犯罪行为，确保市场机制运行的基本秩序及市场主体的合法权益不受侵犯。

导致市场缺陷的主要因素可以概括为以下几个方面：①存在个人自由与社会原则矛盾。首先，基于个人效用最大化原则的帕累托最优概念与社会收入公平原则不一定一致。竞争性市场并不能使收入和消费一定由那些最需要或应当得到的人享有。市场经济的收入分配和消费反映的是所继承的才智和财富等初始禀赋，但还有一系列其他的因素，如种族、性别、地点、努力程度、健康和机遇。自由放任竞争可能带来普遍的不平等，在竞争性更强的市场的大潮中，许多国家如美国、瑞典和俄罗斯等已经出现了更多的收入不平等现象。此外，个人价值取向与社会价值取向会产生冲突和矛盾，市场无法自行解决这类意识上的深层冲突。②存在不完全竞争。垄断的存在常常导致资源配置的无效率，从而影响社会效率。当某个市场中形成垄断时，企业就能将其产

品价格提高到边际成本以上，消费者对这种产品的购买就会比在竞争条件下要少，满意程度也会下降。这种消费者满意度的下降是不完全竞争所带来的低效率的典型例子之一。③存在不完全信息或无关性信息。一般竞争均衡所达到的效益最大化资源配置要求信息是完备的，在现实世界中，这一点难以达到，其一，私人所获得的信息一般是有限的；其二，信息在私人交易的过程中会发生扭曲；其三，市场行为主体所掌握的信息往往是不对称的，这种信息不对称可导致诸如垄断、寻租等损害社会整体效益的行为。④存在外部效应。外部效应是无意识的经济行为，它可导致市场在配置社会资源时产生偏差，使各个市场主体的边际效益和边际成本之和不再等于社会边际效益和边际成本。外部效应具体分为正外部效应和负外部效应。当存在正的外部效应时，社会边际收益大于个人边际收益之和，社会均衡大于竞争均衡，表现为生产不足；当存在负的外部效应时，社会边际成本大于个人边际成本之和，社会均衡小于竞争均衡，表现为生产过度。⑤存在公共产品。公共品可看作正外部效应的一个极端情形，这是一种向所有人提供和向一个人提供时成本都一样的物品。公共品具有“非排他性”和“非独占性”的特征，这两种特征使得私人提供的公共产品必然是有限的，社会必须借助于政府来提供充足的公共品的服务，否则，会产生“公地悲剧”。具有绝对“非排他性”和“非独占性”的物品可称为“纯公共品”，它们只由政府提供，如国防是典型的“纯公共品”；部分地具有“非排他性”和“非独占性”的物品可称为“准公共品”，它们可以部分地由市场提供，典型的如教育。此外，发展中国家存在特殊的市场缺陷问题：发展中国家一般不能靠市场发挥动态比较优势；并且发展中国家市场普遍的先天性发育不足。

三、政府的经济职能及其缺陷

（一）关于政府经济职能的若干理论观点

市场机制与宏观调控都是生产社会化的客观要求。市场缺陷需要政府发挥宏观调控职能来弥补和引导。关于政府的经济职能，历史上和现实中都有不同的论点。因此，正确认识政府的经济职能及其边界，主动弥补和克服政府行使经济职能时的缺陷，是保证我国经济社会可持续发展不可或缺的条件。

1. 马克思主义经典作家对政府经济职能的论述

马克思主义经典作家的国家学说认为，国家是阶级矛盾不可调和的产物，国家的政治职能突出表现为它是阶级压迫的工具，国家的经济职能则主要是计划、管理和直接分配，因此，历史上的任何国家都具有政治和经济的双重职能。恩格斯讲：“暴力

（即国家权力）也是一种经济力量”。[①]“国家权力对于经济发展的反作用可以有三种：它可以沿着同一方向起作用，在这种情况下就会发展得比较快；它可以沿着相反方向起作用，在这种情况下，像现在每个大民族的情况那样，它经过一定的时期都要崩溃；或者是它可以阻止经济发展沿着既定的方向走，而给它规定另外的方向——这种情况归根到底还是归结为前两种情况的一种。但是很明显，在第二和第三种情况下，政治权力会给经济发展带来巨大的损害，并造成人力和物力的大量浪费。”[②] 纵观世界各国经济发展史，政府的经济职能随经济运行产生而丰富，同时又反作用于经济生活，已成为一种强大的经济力量。马克思、恩格斯在科学地研究资本主义固有矛盾和社会化大生产规律的基础上，提出实现公有制后应以自觉的计划经济调节代替市场自发调节的观点。在他们看来，联合起来的劳动组织可以“按照共同的计划调节全国生产，从而控制全国生产，结束无时不在的无政府状态和周期性的动荡这样一些资本主义生产难以逃脱的劫难”。[③] 揭示了社会化生产和社会分工需要统一的计划调节，并设想未来社会的计划性经济有两个基本特征：一是“社会的生产无政府状态就让位于按照社会总体和每个成员的需要对生产进行的社会的有计划的调节”。[④] 未来社会即社会主义和共产主义，就是把生产和人们的需要联系起来，以实现劳动时间的巨大节约。二是商品生产就将消除，以直接的社会劳动时间尺度取代价值，“社会一旦占有生产资料并且以直接社会化的形式把它们应用于生产，每一个人的劳动，无论其特殊的有用性质是如何的不同，从一开始就直接成为社会劳动。”“直接的社会生产以及直接的分配排除一切商品交换，因而也排除产品向商品的转化（至少在公社内部）和随之而来的产品向价值的转化。”[⑤] 强调了在消除商品生产下的直接分配。

关于国家的经济职能，列宁继承了马克思、恩格斯的思想，并在新的时代条件下进一步丰富和发展。大体来说，列宁的思想可分为两个阶段：一是在实施新经济政策之前，更多地强调实现社会主义以后，建立了生产资料公有制，生产社会化加速发展，“那时调节生产的就不像现在这样是市场，而是生产者自己，是工人社会本身”。[⑥] 他认为，社会化生产必须有计划调节，“大机器工业和以前各个阶段不同，它坚决要求有计划地调节生产和对生产实行社会监督（工厂立法就是这种趋向的表现之一）”。[⑦] 坚决实行全国范围的经济生活的集中化，对产品的生产和分配组织全民的无所不包的计算和监督。“组织计算，监督各大企业，把全部国家经济机构变成一架大机器，变成一个使亿万人都遵照一个计划工作的经济机体——这就是落在我们肩上的巨大组织任务”。[⑧] 而

① 马克思恩格斯选集（第4卷）[M]. 北京：人民出版社，1995：705.
② 马克思恩格斯选集（第4卷）[M]. 北京：人民出版社，1995：701.
③ 马克思恩格斯选集（第3卷）[M]. 北京：人民出版社，1995：60.
④ 马克思恩格斯选集（第3卷）[M]. 北京：人民出版社，1995：754.
⑤ 马克思恩格斯选集（第3卷）[M]. 北京：人民出版社，1995：660.
⑥ 列宁全集（第1卷）[M]. 北京：人民出版社，1984：212.
⑦ 列宁全集（第3卷）[M]. 北京：人民出版社，1984：500.
⑧ 列宁全集（第34卷）[M]. 北京：人民出版社，1985：4–5.

实行计划、监督的主体就是国家。国家的发展计划体现的“是国家经济的‘意志和意识’，而不是个人的”。[①] 二是在实行新经济政策之后即社会主义初期，由于粮食的极度紧缺和农民的严重不满，列宁断然采取了新经济政策，强调国家集中调节与利用市场关系相结合，发挥计划和市场机制两个方面的作用。他在《论粮食税》一书纲要中提出：“经济关系或经济体制的类型=上面实行集中”“下面实行农民的贸易自由”，[②] 克服国家计划“无所不包”的弊端。认为在经济计划方面，估计和计划方面存在着许多更为严重的不符合实际情况的现象和失误，而粮食的集中分配又造成更大的经济危机，并且在高度集中的计划经济下，又滋生了严重的官僚主义和长官意志，“完整的、完善的、真正的计划，目前对我们来说=‘官僚主义的空想’。不要追求这种空想。”[③] 列宁称之为“一种脓疮”。这是对战时共产主义政策中的计划工作教训的深刻总结。

2. 西方经济学史上对政府经济职能的认识

强调政府经济职能和政府干预市场经济，是基于市场失灵和市场作用的有限性而提出的。西方经济学者认为，不存在所有经济决策都在自由市场中做出的“纯粹”市场经济。所有的市场经济都是“混合的”，因为在任何现代社会里，政府都起着重要作用。

18 世纪五六十年代以后，英美等主要资本主义国家相继进入自由竞争时期。自那时起到 19 世纪中晚期一百多年的时间里，西方主要国家相继实行了自由放任的经济政策，国家对经济活动不加干预。以亚当·斯密为代表的经济自由主义是自由放任政策的理论依据，他的经济理论被称为经济学说演进史上的第一次革命。西方经济学是从重商主义开始的。重商主义作为一个体系，主要从宏观经济的角度来考虑问题，在熊彼特看来，重商主义体系的基本内容就是出口垄断主义、外汇管制和贸易顺差。重商主义的指导思想是核心是君主掌握国家最高权力，君主有权统治经济和铸造货币，有权控制对外贸易，因此认为国家要干预经济、要对它进行广泛调节。

亚当·斯密在 1776 年出版了《国富论》（《国民财富的性质和原因的研究》）这部划时代的著作，他的矛头直指重商主义的经济思想和经济政策，这在经济学说史上标志着第一次革命。西方经济学者如是说：“斯密的《国富论》标志着经济思想史上的一个新纪元或者说一场革命。”[④] 亚当·斯密反对政府干预经济，主张自由放任的经济思想，认为资本主义经济受到一只看不见的手的指导，因此，要充分发挥市场的自由竞争、自由调节的作用，把国家的手收回来，不要多管闲事。国家只须保卫国防、守住大门、当好一个“守夜人”，国家还须设立一个严正的司法行政机构，建立并维持便利社会商业、促进人民教育的公共设施和工程。他指出：“每一个人，在他不违反正义的法律

① 列宁全集（第 60 卷）[M]. 北京：人民出版社，1990：448.
② 列宁全集（第 41 卷）[M]. 北京：人民出版社，1984：377.
③ 列宁全集（第 50 卷）[M]. 北京：人民出版社，1988：130.
④ 特伦斯·W.哈奇森. 经济学的革命与发展 [M]. 中译本. 北京：北京大学出版社，1992：18-19.

时，都应听其完全自由，让他采用自己的方法，追求自己的利益，以其劳动及资本与任何其他人或其他阶级相竞争。这样，君主们（国家）就完全解除了监督私人产业、指导私人产业、使之最适合于社会利益的义务。要履行这种义务，君主们极易陷入错误：要行之得当，恐不是人间智慧或知识所能做到的。按照自然自由的制度，君主只有三个应尽的义务——这三个义务虽很重要，但都是一般人所能理解的。第一，保护社会，使之不受其他社会的侵犯。第二，尽可能保护社会各个人，使之不受社会上任何其他人的侵害和压迫，这就是说，要设立严正的司法机关。第三，建设并维护某些公共事业及某些公共设施（其建设与维持绝不是为着任何个人或任何少数人的利益），这种事业与设施，在由大社会经营时，其利润常能补偿所费而有余，但若由个人或少数人经营，就决不能补偿所费。”[①] 他说的君主的义务，也就是政府的职能。前两大职能属于政府的政治职能，即对外维护国家安全和对内确保社会安宁的职能，第三大职能，属于政府的经济职能，从而明确界定了政府干预经济的范围和活动领域，在这一范围和领域之外，都是市场机制发挥作用的地方，政府不应涉及。他的这一经典理论，成为整个自由竞争时期乃至后来垄断资本主义国家政府干预经济的主要依据，对资本主义经济的发展产生了巨大影响。

以亚当·斯密的正宗继承人自居的法国经济学家萨伊，因提出“萨伊定律”丰富和发展了经济自由主义，在关于政府的经济职能和活动范围问题上，他提出了一些有价值的论点。他激烈反对政府干预经济，但也提出了政府的必要职能，以保护经济活动的自由运行。第一，政府所能使用的促进生产的一切方法中，最有效的是保证人身和财产的安全，这种保证是国家繁荣的源泉。第二，有些事业由国家经营，如军火工业和公共工程，政府可以通过计划，办理妥善和维护得当的公共土木工程，特别是公路、运河、港口等，以强有力地刺激私人生产。第三，政府应创办各类学校、图书馆、博物馆，并提供资金鼓励科学研究，从而促进财富的增长，国家应支持和维持学术机关和最高学府，并不断提高劳工的知识。第四，政府为了防止明显有害其他生产事业或公共安全的欺诈行为，对关系到人民生命安全的各类医生、药剂师的业务技能进行资格审查，禁止厂商滥发名不副实的广告。第五，在节制消费和鼓励储蓄方面，政府也可以发挥重要作用。他还提出要对两种政府做出区分：一种是“奢侈与挥霍的政府”或“浪费的政府”；另一种是他所赞扬的“廉价政府”，反对当时流行的“华丽增进国家的繁荣，浩大的政府费用对国家有利”的看法，认为国家应“厉行节约，不竭泽而渔”，提出“最好的财政计划是尽量少花费，最好的租税是最轻的租税”[②] 等理论观点。

19 世纪末 20 世纪初，世界资本主义从自由竞争向垄断阶段过渡，市场经济运行出现了一系列新矛盾、新问题，自由放任的市场机制、国家不干预的政策行不通了，特

① 亚当·斯密. 国民财富的性质和原因的研究（下卷）[M]. 郭大力，王亚南译. 北京：商务印书馆，1983：252-253.

② 萨伊. 政治经济学概论 [M]. 北京：商务印书馆，1982：504.

别是20世纪30年代资本主义世界大危机的爆发，更是打破了只靠自由竞争能自行解决资本主义矛盾、实现充分就业的神话，无论是理论上还是现实经济生活中，都提出了扩大政府经济职能的必然要求。美国20世纪30年代的“罗斯福新政”，成为市场经济发达国家政府发挥经济职能、干预经济的成功实例。当时大萧条的状况是：价值萎缩到难以想象的程度；赋税增加了，我们的纳税能力已经降低；各级政府的财政收入锐减；交换手段难逃贸易的长河冰封，工业企业尽成枯枝败叶，农产品找不到市场；银行以全国平均每天两家的速度倒闭，千百个家庭的多年积蓄毁于一旦。更重要的是，大批失业公民面临严峻的生存问题。为尽快扭转这次经济大萧条的严重局面，罗斯福政府立即行动，开始了美国历史上前所未有的立法时期，史称“罗斯福新政”（两次“百日新政”的简称）。具体来讲，就是通过政府对经济生活的全方位干预，帮助金融界、企业界谋求经济复兴，并对某些严重导致经济危机的明显弊端进行补救和节制，同时，即通过扶助农工，使其有生存之道，并提高其购买力，拯救灾难性危机之中的国家和人民。基本思路可概括为：以整顿联邦信用为基础，这是实现联邦政府实行全面领导的前提；之后是为恢复购买力而进行救济和大搞公共工程，进而为持久繁荣经济采取一系列的农业和工业政策。凯恩斯1936年发表了具有划时代意义的《就业、利息和货币通论》一书，认为有效需求不足是资本主义经济危机的主要病因，并对有效需求如何决定社会总的就业量、政府为什么要干预经济等重大问题做了开创性的研究和分析，在经济学上出现了凯恩斯革命，也就是经济学史上的第三次革命（第二次革命是19世纪70年代以后出现的边际主义革命）。[①] 凯恩斯反对“自由放任”，强调政府干预经济，国家要参与经济调节。他认为，导致周期性危机的根源是投资需求和消费需求不足，依靠市场力量是无法解决扩大这种有效需求的。这也正是市场自发调节模式的先天不足，于是就有了政府干预经济的必要性和必然性问题。凯恩斯提出：“我们的最后任务，也许是在我们实际生活在其中的经济体系中找出几个变数，可以由政府当局来加以控制或管理。”[②] 并提出了三个最重要的政策：①政府预算的平衡应联系经济中的需求状况来加以评价，先前的传统经济学总强调财政预算平衡的必要性和重要性。当存在大规模失业的时候，预算则应增加赤字而不是降低赤字。他认为，举债支出虽然浪费，但结果可以使社会致富。所以他主张推行财政赤字。他的以赤字财政为主要内容的国家干预经济的政策，对西方资本主义世界产生了重大影响。②降低实际工资或货币工资不会必然创造更多就业（这是传统经济学积极主张解决失业问题的办法），而可能招致相反效果。③货币政策如不借助财政措施，则不可能终止大规模失业。第二次世界大战后，特别是20世纪50~60年代，凯恩斯经济学已成为西方经济学的新正统。可以说，美国总统罗斯福在实践上开了国家干预经济之先河，英国经济学家凯恩斯从理论上拉开了以政府干预经济为特征的现代宏观经济学的序幕。

① 胡代光. 西方经济学说的演变及其影响［M］. 北京：北京大学出版社，2001：6.

② 凯恩斯. 就业利息和货币通论［M］. 北京：商务印书馆，1997：210.

一般而言，政府经济职能是建立在市场缺陷认识基础之上的。美国著名经济学家萨缪尔森指出："为回答市场机制的缺陷，各国都采用政府的看得见的手，以与市场的看不见的手并行，政府凭拥有和经营某些企业（如军用业）以取代市场；政府控制一些企业（如电话公司）；政府花钱用于宇宙空间探索和科学研究；政府对其公民征税并再分配收入给贫穷人民；政府动用财政金融力量以促进经济增长和制服经济周期。"① 由此阐述了政府经济职能的必要性和主要内容。在他看来，美国在 20 世纪 60 年代和 1993 年以来，经济保持了较高的增长，呈现出持续繁荣的气象，原因是什么呢？他解释说，导致经济周期的"细菌"在一定程度上受到了控制，经济科学已经知道如何使用宏观经济政策，来使衰退不至于滚雪球式地变成一次持续而长期的不景气了。发达的市场经济国家的政府已经吃了"智慧之果"，无论如何，不会再回到自由放任的资本主义制度了。人民坚决主张政府必须采取能避免长期萧条的扩展经济的行动。政府应当明智地使用自己的权力，成为缓和经济活动升降的稳定力量。

美国斯坦福大学的教授约瑟夫·斯蒂格利茨持政府干预经济的思想，这不仅表现在他的专门讨论政府经济角色的《政府为什么干预》一书中，而且系统地体现在他的《经济学》教科书和各类讲演中。1998 年 11 月 13 日，当时作为世界银行副行长兼首席经济学家的约瑟夫·斯蒂格利茨，应联合国贸发会议邀请，在日内瓦一次会议上发表题为《走向新的发展典范：战略、政策和进程》的讲演，阐述世界经济发展战略，强调在市场经济发展的过程中应加强政府的宏观调控，呼吁建立一种在市场经济条件下加强政府调控职能的新经济发展战略。他认为，现代市场经济的基本特征就是存在比较明显的政府干预。一个完全无政府状态的市场经济，虽然可以比较好地解决经济的微观效率问题，但是很难从总体上提高国民经济运行的效率，同时，对经济的长期持续增长也是无能为力的。2001 年，他与其他两位美国经济学家因从不同角度提出市场信息不对策理论、敢为市场体系挑刺而荣获诺贝尔奖。信息不对策理论进一步揭示了市场体系中的缺陷，提出亟待强化政府调节职能。他们认为，要想减少信息不对策对经济产生的危害，政府就应该在市场体系中发挥强有力的作用。还有学者提出，从 20 世纪 90 年代以来世界各地连续不断发生的金融危机，如墨西哥金融危机、亚洲金融危机、2008 年美国的金融危机，致使一些国家和地区的经济遭受重创的现实，警示人们不能信奉市场原教旨主义，不能过分依赖市场而放弃发挥政府的调节功能。总之，在现代市场经济发展进程中，政府干预经济成为政府的重要职能之一，反映了现代市场经济发展的客观要求。

（二）政府经济职能的缺陷及其根源

与市场缺陷理论相比，"政府缺陷"的研究历史较短，且理论体系远不及前者完备。追溯的远一点，斯大林的指令计划观点较为典型。在西方，对政府缺陷的研究主

① 萨缪尔森·诺德豪斯. 经济学 [M]. 1992 年英文版第 14 版：41–42.

要是由新自由主义经济学家进行的，且在相当大程度上受到反对政府干预、维护自由放任原则的主观动机的推动，一些观点囿于门户之见而有失偏颇。

1936年《就业、利息与货币通论》一书的问世，标志着凯恩斯学说已发展成为一个独立的理论体系。该学说倡导的国家干预主义，政府是市场制度的合理调节者和干预者已成为主流经济学家们的信条。政府干预论所针对的是市场失效，这便隐含了如下三个假定：第一，政府代表多数人利益，因而政府行为比个人行为更体现社会利益或公共利益；第二，政府更明智，政府比个人更有理性；第三，政府的运作是高效率、低成本的。但在20世纪70年代，世界资本主义经济经历了“石油危机”后进入了“滞胀”时期。战后曾被西方各资本主义国家政府奉为“法宝”的凯恩斯主义亦陷入危机，主张自由主义的原则的新自由主义经济学的出现恰逢其时。公共选择理论的奠基者——美国经济学家詹姆斯·M.布坎南认为，政府干预与市场制度一样是有缺陷和局限性的，过分依赖政府干预也会产生不尽如人意的后果。新自由主义经济学将“滞胀”危机归咎于政府过度干预市场，因而压抑了市场自身的活力。20世纪70年代崛起的新一代经济学家们虽然不怀疑对经济实行政府干预的理由，但他们极力向人们揭示福利理论的局限，从“政府干预经济造成市场缺陷”这一命题出发，对政府干预经济的种种弊病作出了深入、系统的研究。

新自由主义的政府缺陷理论与市场缺陷理论相比，不仅在发展历史和完善程度方面失色于后者，而且其理论基础较多带有维护市场自由主义的“卫道”色彩，在这种从市场缺陷“反命题”出发所做的研究中，不免偏执一端。新自由主义经济学家在抨击福利经济学和凯恩斯主义的政府干预理论后，便以其人之道还治其人之身，将“论敌”分析市场缺陷的方法原封不动地搬用于分析政府缺陷。主观演绎的成分大于客观归纳的成分，因而所得出的结论有失偏颇。尤其是对政治制度失灵的分析局限于西方议会民主制国家的条件，某些结论缺乏普遍性，没能准确而全面地概括政府缺陷的根源、一般现象及其本质。然而，新自由主义对政府缺陷所做的分析，具有可资思考的观点，更重要的是使人们注意到“看得见的手”也不是万能的。

从生产社会化的规律看，市场调节与政府调节都是不可缺少的，但与市场缺陷一样，政府经济职能的缺陷同样是不可避免的。归纳西方学者的观点，政府在组织经济活动中所存在的缺陷大体有如下六种：

第一，政府对社会经济管理在很大程度上是一种执行契约的行为。由于这种契约关系中的委托人具有特殊性质，其中所涉及的复杂的委托—代理关系对政府的运作会产生不利的影响。一方面，它对政府部门的激励机制产生影响，政府部门的工作效用难以确定和估计；另一方面，政府部门的支出来源于公共资金（如税收），这种资金缺乏明确的利益主体。政府官员的工作努力与合理的收入难以建立有机的、紧密的联系。政府部门的这方面缺陷既影响了政府职员的积极性，又隐藏着“寻租”行为的可能。

第二，政府的一项重要职能是达成社会公平。市场经济条件下，市场以追求效率为原则，公平牵涉到两个问题：其一，绝对的公平是没有的，“公平”的概念不仅因人而异，而且因环境、制度而异。其二，“公平”与效率普遍存在冲突，只是因经济社会发展阶段不同，其冲突的性质与内容不同而已。如西方发达国家在资本与劳动的矛盾关系上，就与我国当前劳动关系中存在的矛盾，无论是从性质上还是内容上都各有不同特征。因此，发达国家与发展中国家的政府都把社会公平作为一项重要职能。

第三，政府意志的主观性。众所周知，政府的政策与决策都是由人来建立并执行的，政府从业人员作为决策者同样受法律、习俗、激励等因素影响，作为执行者也会受到其认知程度、责任意识和道德水准的制约。这些说明政治家同样有自己的偏好，这些偏好引导着他们的行为且时而与人民群众的利益相抵触。此外，政府的行为、决策还会受到信息不完全、信息不对称的约束。政府意志的主观性不可避免。

第四，政府与人民之间隐含的契约是不完整、不对等的。私人之间的契约由于附有“具有法律约束力的义务”，而使私人慑于法律可能的惩罚而必须履行契约，这是现代市场交易得以进行的基本保证。但政府是一个权利实体，它可以遵循契约，也可以不履行契约，甚至于重新修改或解释契约。这一方面为政府官员“寻租”制造了空间；另一方面政府的经济权力过大可使交易萎缩，直接影响到经济的发展。即使政府加强自我约束，但既是一个经济实体又是一个政治权利机构的政府机构，其利益主体是模糊的，其责任主体也是不明确的，对违约进行惩罚的对象往往空置。

第五，作为一个行为主体，政府有不可克服的弱点：政府最具垄断性。由于人们无法比较政府效率，因此没有理由确信政府效率比市场高。在复杂的委托—代理关系中，由于信息不完全与信息不对称，委托人—公民—政府从业人员—政府的“道德风险”也就越来越大，政府从业人员的寻租行为不仅无法避免，并且可能不断加剧；这一切都加剧了政府行为的社会成本负担。

第六，政府部门效率评估的间接性。公共选择学派的重要代表人物布坎南提出引入市场机制，解决政府的低效率。这一观点值得思考。但对于政府部门的效率如何进行评估，对政府官员的行为效率又如何进行考评，一般来说，只能从其错误中识别与判断，因此，“逃避错误”便成为政府官员行为的准则，其结果是政府部门普遍存在短视、惰性和缺乏创新精神的问题。迄今为止，还没有一个如此完善的政府。有些政府尽管它的功效十分显著，但其纰漏也总是相伴存在，或表现为宏观调控宽严失度，或表现为重大经济决策有所偏误，或表现为政府执法机构与人员的过错，至于法规，则更是表现为一个不断出现空档和不断修订完善的过程以及执法由不到位到逐步到位的过程。以经济周期为例，在客观上固然是带有规律性的，但如何规避、减少经济波动的风险，则与政府职能的完善程度直接相关。完善的政府就好像一个技能好的司机遇到坎坷路面时会尽可能减轻颠簸，而职能不到位的政府就好像技术差的司机，遇到上述情况则会加大振荡甚至损坏车子。20 世纪 90 年代连锁发生的东南亚金融风波，在很大程度上同政府经济职能缺陷有着密切联系。2008 年发源于美国的全球金融危机，更是与政府的金融监管缺失有着密切的关系。2009 年初，美国总统奥巴马表示，需改革金融监管体系，对市场和金融机构增加更多的问责制和透明度，以应对金融危机的威胁。奥巴马表示，这场金融危机并非是不可避免的。它的发生是由于华尔街错误推测市场将不断上升，并在未充分评估其风险的情况下进行复杂的金融产品交易。他表示，“在华盛顿，我们的法规滞后于市场变化，监管机构往往没有使用他们拥有的监管能力来保护消费者、市场和经济”。奥巴马概述了指导改革辩论的核心原则，认为对市场构成风险的金融机构不应被“政府严重忽略”。2010 年以来，奥巴马抓住高盛“欺诈门”的“良机”，不断增强美国金融改革的迫切性。他认为这次金融危机华尔街难辞其咎，对于金融行业的监管必须强化，并着手制定了相关法律法规。至于经济生活领域长期打击且又不断滋长的腐败行为，不但造成了重大经济损失，而且严重地损害了政府的形象和信誉，这些都是政府缺陷的突出表现。

大多数学者认为，导致政府存在缺陷的具体根源在于：

第一，政府干预的公正性并非必然。政府干预的一个前提条件是它应该作为社会公共利益的化身对市场运行进行公正无私的调控，公共选择学派把政府官员视作亚当·斯密所说的“经济人”这一假设，理论上有失之偏颇之处，但现实中的个别政府官员的确不总是那么高尚，一些政府部门谋求内部私利而非公共利益的所谓“内在效应”现象在资本主义国家的“金元”政治中有着淋漓尽致的表现。在社会主义国家，同样在理论上不能完全排除政府机构存在“内在效应”的可能性，在实践中，少数政府官员的腐败行为更是时有发生。政府部门这种追求私利的“内在效应”必然极大地影响政府干预下的资源配置的优化，如同外在效应成为市场失灵的一个原因一样，“内在效应”也是政府失灵的一个重要根源。

第二，政府某些干预行为的效率较低。与市场机制不同，政府干预首先具有不以直接盈利为目的的公共性。政府为弥补市场失灵而直接干预的领域往往是那些投资大、收益慢且少的公共产品，其供给一般是以非价格为特征的，即政府不能通过明确价格的交换从供给对象那里直接收取费用，而主要是依靠财政支出维持其生产和经营，很难计较其成本，因此缺乏降低成本、提高效益的直接利益驱动。其次，政府干预还具有垄断性。政府所处的某些迫切需要的公共产品（例如国防、警察、消防、公路）的垄断供给者的地位，决定着只有政府才拥有从外部对市场的整体运行进行干预或调控的职能和权力。这种没有竞争的垄断极易使政府丧失对效率、效益的追求。最后，政府干预还需要具有高度的协调性。政府实施调控的组织体系是由政府众多机构或部门构成的，这些机构部门间的职权划分、协调配合、部门观点都影响着调控体系的运转效率。

第三，政府干预易引发政府规模的膨胀。政府要承担的对市场经济活动的干预职能，包括组织公共产品的供给、维持社会经济秩序等，自然需要履行这一职能的相应机构和人员。德国柏林大学教授阿道夫·瓦格纳早在 19 世纪就提出：政府就其本性而言，有一种天然的扩张倾向，特别是其干预社会经济活动的公共部门在数量上和重要性上都具有一种内在的扩大趋势。后被西方经济学界称为“公共活动递增的瓦格纳定律”。政府的这种内在扩张性与社会对公共产品日益增长的需求更相契合，极易导致政府干预职能扩展和强化及其机构与人员的增长，由此而造成越来越大的预算规模和财政赤字，成为政府干预的昂贵成本。

第四，政府干预为寻租行为提供了可能性。寻租是个人或团体为了争取自身经济利益而对政府决策或政府施加影响，以争取有利于自身的再分配的一种非生产性活动(不增加任何社会财富和福利)，如企业通过合法特别是非法的形式向政府争取优惠特惠，通过寻求政府对现有干预政策的改变而获得政府特许或其他政治庇护，垄断性地使用某种市场紧缺物资等。在这种情况下，大权在握的政府从业人员极有可能受非法提供的金钱或其他报酬引诱，做出有利于提供报酬的人，从而损害公众利益的行为。可见，寻租因政府干预成为可能（政府干预因此被称为“租之母腹”)，又必然因这种干预的过度且缺乏规范和监督而成为现实。其主要危害在于不仅使生产经营者提高经济效率的动力消失，而且还极易导致整个经济的资源大量地耗费于寻租活动，并且通过贿赂和宗派活动增加经济中的交易费用，从而成为政府干预失灵的一个重要根源。

第五，政府失灵还常源于政府决策的失误。政府对社会经济活动的干预，实际上是一个涉及面很广、错综复杂的决策过程（或者说是公共政策的制定和执行过程)。正确的决策必须以充分可靠的信息为依据。但由于这种信息在无数分散的个体行为者之间发生和传递，政府很难完全占有，加之现代社会化市场经济活动的复杂性和多变性，增加了政府对信息的全面掌握和分析处理的难度。此种情况很容易导致政府决策的失误，并必然对市场经济的运作产生难以挽回的负面影响。正确的决策需要决策者具备很高的素质。政府进行宏观调控，必须基于对市场运行状况的准确判断，制定调控政策，采取必要手段，这在实践中是有相当难度的。即使判断准确，政策工具选择和搭配适当，干预力度也很难确定。而干预不足与干预过度，均会造成“政府失灵”。而现实中的不少政府官员并不具备上述决策素质和能力，这必然影响政府干预的效率和效果。

正因为政府的干预存在上述缺陷，所以让政府干预成为替代市场的主导力量，其结果只能“政府失灵”，用“失灵的政府”去干预“失灵的市场”必然是败上加败，使失灵的市场进一步失灵。但客观存在的市场失灵又需要政府的积极干预，“守夜人”似的“消极”政府同样无补于市场失灵，同样会造成政府失灵。因此，政府不干预或干预乏力与政府干预过度均在摒弃之列。市场调节与政府干预都不是万能的，都有内在的缺陷和失灵的客观可能，关键是寻求经济及社会发展中市场机制与政府调控的最佳结合点，使得政府干预在纠正和弥补市场失灵的同时，避免和克服政府缺陷和失灵。现实而合理的政府与市场间的关系应是在保证市场对资源配置起基础性作用的前提下，以政府的干预之长弥补市场调节之短，同时又以市场调节之长来克服政府干预之短，从而实现市场调节和政府干预两者的最优组合，即经济学家所推崇的“凸性组合”。

四、西方资本主义国家市场化进程中的政府经济职能转换

市场化的客观性，决定了市场在不同的发展阶段对资源的有效配置所发挥的作用是不以人的意识所支配的。所以，具有鲜明主观性的政府要想干预市场失灵，就要根据市场的进程对政府经济职能不断进行调整和转换。现实的市场经济是具体的、历史的，而不是抽象的、固定不变的，与此相适应，政府经济职能也处在不断的演变之中。根据西方资本主义国家的市场化进程来看，政府对市场失灵的干预随着资本主义市场发展阶段的不同而进行着相应的调整和转换。

（一）在资本原始积累时期政府的经济职能是保护资本幼芽的生成

在资本主义原始积累时期，资本短缺是经济发展的严重障碍。由于在市场经济发展的早期阶段，市场机制尚不完善，市场尚不具有自我调节的力量。因此，为了增加资本积累，几乎所有的重商主义者都倾向于政府管制。“政府权力”在当时主要起着两方面的作用：对内建立资本主义市场经济新秩序；对外保护本国的商业利益，积极推行“贸易出超”政策，增加金银的输入和国内资本供给，为资本主义发展提供原料产地、商品市场和资本积累。从历史发展的角度看，重商主义和政府管制国家经济是不可避免的，如果没有这样强有力的政府职能，就不可能完成从传统的封建经济到成熟的市场经济的历史性转变。

（二）自由竞争的资本主义时期政府的经济职能主要是规范市场秩序

18世纪中叶，资本主义已经走出原始积累阶段，资本短缺现象已基本消除；市场机制的自我调节力量基本形成，价格机制和竞争机制已在实际的经济生活中发挥着十分重要的作用。随着经济形势的这种变化，重商主义政策已经不能满足经济发展的需要。国家管制不仅不利于市场经济的进一步发展，而且日益成为当时社会经济发展的体制障碍，政府经济职能的变迁在所难免，这使得自由主义政策取得了统治地位。在自由竞争资本主义时期，市场机制成为经济运行唯一重要的调节者，政府经济职能主要局限于制定法律和规则，维持市场秩序，提供公共服务。因此，这一时期政府经济职能被描述为“守夜人”的角色。上升中的资产阶级接受了以亚当·斯密为代表的自由主义经济学家的思想，严格限制政府对经济的干预，从而把西方资本主义各国先后带入了市场经济高度发展的经济时代。不过，所谓“守夜人”的描述并不完全符合事实。实际上，即使在自由竞争资本主义时期，一些资本主义国家的政府也曾实行过关税和贸易保护政策。一些后发的资本主义国家的政府甚至直接介入经济活动，通过投资、补贴、技术引进等多种方式促进本国资本主义的发展。

（三）垄断资本主义时期政府的经济职能主要是实施宏观调控

自由市场经济以其较高的经济效率，使资本主义国家率先走上了工业化的发展道路。但是，进入垄断资本主义特别是国家垄断资本主义时期后，社会财富分配不公、市场垄断、失业、公共产品等问题不断涌现使资本主义内部的矛盾日益激化，经济危机接二连三地爆发，特别是1929~1933年资本主义世界发生了历史上最深刻、最持久、最广泛的经济危机。这使得资产阶级经济学家关于政府职能的学说又发生了重大转变，政府的经济干预成为资本主义市场经济发展不可或缺的重要条件。这时，政府除了制定市场规则、维护市场秩序外，广泛地介入了资本主义生产、分配和交换的全过程以及微观和宏观的各个层面。如对市场主体的行为进行微观管制，对宏观总供求关系进行调节，对收入再分配过程进行干预，建立国有企业，激励科技进步，实施产业政策，甚至制定国民经济发展计划。资本主义国家政府对经济的干预远远超出了所谓市场经济中“守夜人”、“裁判员”的角色，而成为推动资本主义经济发展的重要力量。以英国著名经济学家凯恩斯为代表提出政府的经济职能在于通过财政政策，增加政府支出，增加需求，以消除失业；通过税收来鼓励投资；通过货币政策，利用利息率的升降来控制货币供应，间接地影响私人投资和消费。1933年，美国推行“罗斯福新政”，开始了政府全面干预经济活动的新时代，资本主义国家的政府经济职能进入了不断扩张的阶段。市场经济的基本观念也由企业、市场的两极结构转化为企业、市场、政府的三角结构。

（四）新自由主义政策的推行挤压了政府经济职能

在20世纪70年代初期爆发的两次石油危机，导致整个资本主义世界陷入了“滞胀”（高通胀、高失业、低经济增长）的困境。面对“滞胀”，凯恩斯主义政策束手无策。以哈耶克为首的朝圣山学社主张的新自由主义走上历史舞台。新自由主义继承了资产阶级古典自由主义经济理论的自由经营、自由贸易等思想，并走向极端，大力宣扬“三化”。一是“自由化”。认为自由是效率的前提，“若要让社会裹足不前，最有效的办法莫过于给所有的人都强加一个标准”。二是私有化。在他们看来，私有制是人们“能够以个人的身份来决定我们要做的事情”，从而成为推动经济发展的基础。三是市场化。认为离开了市场就谈不上经济，无法有效配置资源，反对任何形式的国家干预。新自由主义者认为由国家来计划经济、调节分配，破坏了经济自由，扼杀了“经济人”的积极性，只有让市场自行其是才会产生最好的结果。因此，只要有可能，私人活动都应该取代公共行为，政府不要干预。

新自由主义的政策主张及其政策实践对西方市场经济的发展起到了相当大的作用。美国前总统里根在执行了以大规模减税为核心的自由经济政策及紧缩货币政策后，美国的通货膨胀从1980年的13.5%降至1986年的1.1%。自1983年始，美国的经济处于持续增长阶段，这意味着美国开始走出“滞胀”的困境。同时，其他各主要资本主义国家也陆续摆脱“滞胀”局面，转入低通货膨胀下的低速增长时期。尽管在新自由主义政策主张的指导下，西方主要资本主义国家纷纷走出“滞胀”的困境，但它们并没有走上低通货膨胀下的快速增长道路。20世纪80年代中后期，新自由主义在西方国家开始受到冷落，无论是美国还是英国，都实行了不挂牌的凯恩斯主义政策，重新加强对国民经济的干预。进入20世纪90年代，一场新的经济衰退潮袭来，西方各国政府在衰退面前无所作为，新自由主义已走到了尽头，又非进行新的改革与调整不可。1992年底，美国民主党人克林顿入主白宫后，提出“振兴美国经济”的口号，宣布实行一套新的经济政策，一改过去政府对经济的自由放任态度，加强对经济的宏观调控，认为政府不仅要更多地干预，而且要更好地干预。但是，克林顿也并不过分热衷于政府的干预，他的主张带有浓厚的凯恩斯主义色彩，又不是回到民主党热衷的凯恩斯主义，也与新自由主义的经济政策有很大不同，而是两者的混合物，西方经济学家因此称之为“第三条道路”或“中间路线”。

鉴于现代资本主义经济的特点，新自由主义者不可能完全否定政府干预的作用，因而他们主张的政府职能应该是保护和完善市场的自由竞争，防止垄断的发生。在这样的思想指导下，西方社会已静悄悄地完成了政府经济职能的再次调整，那就是综合自由市场经济与政府干预的优点，走向政府与市场结合的“混合型”经济。我们认为宏观和微观的结合是今后国家干预的历史发展走向。宏观经济控制不但要把握宏观总量，而且还要设法让微观因素最大限度地发挥提高效率的作用。

（五）国际金融垄断资本主义时期逐步强化政府经济职能

2000年末到2001年，美国的“新经济”变成了“IT泡沫”（网络泡沫），美联储不但不设法来抑制，反而以大泡沫治疗小泡沫，13次降息，使金融资产向房地产转移，造成房地产泡沫。2007年7月，泡沫破裂，出现次贷危机，资金链断裂，引发2008年金融大危机，出现了多米诺骨牌效应，大银行纷纷倒闭，波及世界各国。以美国为首的资本主义国家的金融资本从与实体经济结合蜕变为严重脱离实体经济的庞大金融经济体系，成了以虚拟经济为主体的经济泡沫酵母，进而扩展为整体的泡沫经济，使资本主义进入国际金融垄断资本主义时期。始于2008年的“百年一遇”的国际金融危机，给世界人民带来沉重灾难。西方国家采取多种措施逐步强化政府的经济职能。2010年5月，长达1000多页的美国金融监管改革法案终于跨越重重阻力获得通过，其核心内容是，方案充分体现了“强干预、增权力、补缺陷、堵漏洞”等特点。一些西方学者也进行了深刻的反思，有主张局部改良的金融体制改革派，有主张全面改良的财富收入改革派，有提出革命要求的长期国有化改革派，也有主张“21世纪社会主义”的权力结构改革派。他们从不同的层次和角度，提出了替代资本主义的理论和现实方案，并有一部分付诸实践 。英国共产党在《左翼纲领》中提出，必须在住房建设、能源和交通领域进行公共投资并实行公有制，在制造业进行大规模战略干预等。美国共产党也提出对一些银行实行公有制的尖锐问题，认为这些银行现在可以用“营救”价格的一部分来收购，使其能够对经济进行直接投资，以实现全部或部分的公有制。俄罗斯联邦共产党也提出了对垄断组织实行国有化的问题，其纲领性文件中明确要求政府加强对金融业的有效监管，中央银行要对国家高度负责，建立储备银行，用银行的储备而不是用国家的预算和黄金储备来应对复杂局势，政府和财政部对公司额外借贷的担保要负起责任；同时要求政府加强对外贸流转的监管，进口应该以为国民经济服务和最急需的消费品为目标。日本共产党强调指出，“无规则的资本主义”是不能持续的，替代“无规则的资本主义”的是转向“有控制的经济”。还主张建立调控金融过度投机的规章制度，金融自由政策不能效仿美国。

由此可知，根据资本主义市场发展阶段不同，政府经济职能并非一成不变，而是随着生产力和生产关系的矛盾运动不断变化，资本主义政府承担着不同的经济职能。换句话说，就其政府经济职能的内涵而言，它不是不变的，而是适应社会生产力的发展和经济进步不断改革与调整的过程。

五、我国政府的宏观调控职能

市场缺陷理论表明，尽管市场机制是一种高效率的资源配置机制，但远不像古典经济学理论所描述得那样完美无缺。西方发达国家及一批后发现代化国家市场经济的实际历程也验证了这一点。市场经济的自发运转由于其经济利益的刺激性、市场决策的灵活性和市场信息的有效性并非总能获得理想的结果，其缺陷是市场自身所无法克服的。既然市场无法克服自身缺陷，只能依靠市场外部的力量加以纠正，那么政府对经济活动的介入就成为必然的了。由此，政府这只“看得见的手”对经济运行的干预便有其历史必然性和逻辑合理性。

社会主义市场经济要求在政府宏观调控下，充分发挥市场在资源配置中的决定性作用和更好地发挥政府的作用，其政府经济职能不仅要弥补市场的缺陷，补充市场的不足，而且要推动经济和社会的持续协调发展，巩固和完善社会主义制度，解放和发展社会生产力，实现共同富裕。中共十八大报告指出，经济体制改革的核心问题是处理好政府和市场的关系，必须更加尊重市场规律，更好发挥政府作用。同时，社会主义市场经济体制也不是一成不变的，它要随着生产力和生产关系的发展而变化，因而政府经济职能也应随之而变化。我国政府行使宏观调控职能主要有四个方面：

（一）经济调节的职能

市场经济发展具有周期性、波动性特征，特别是在全球经济一体化的今天，国际经济对国内经济的影响程度日益加深，我国经济发展的不确定性因素在不断增多。如当经济出现萧条状态时，存在总需求不足，政府应实行扩张性的财政政策，即增加财政支出，减少税收，以便于刺激总需求的扩大，消除通货紧缩现象；当经济处于膨胀状态时，由于存在总需求过度，政府则应采取紧缩性的财政政策，即减少财政支出，增加税收，以便于抑制总需求，消除通货膨胀，这是市场经济条件下政府财政政策的基本原理。通过积极的财政政策，来调节经济稳定增长，这是我国改革开放以来政府的基本经济职能。此外，我国作为发展中国家，由于工业化经济还比较脆弱，经济结构不合理，市场体系发育不成熟等，面对巨额无约束的国际投机资本的冲击，国内经济发展就会面临巨大的风险。因此，从国际经济竞争和国内民族经济的稳定角度来考虑，政府的经济调节以及保证经济安全的职能在今天显得更加必要和重要。就国内经济而言，政府还要从宏观上、战略上对全社会的微观经济活动进行引导和调节，以保持经济总量平衡，促进经济结构优化。

（二）公共服务的职能

政府要通过公共财政，提供公共产品和公共服务，配置一部分社会资源，满足公共需求。公共财政建立的理论根据是市场存在缺陷，需要覆盖市场失灵的所有领域。换言之，市场缺陷为政府介入提供了根据、为政府行使经济职能划定了范围和边界。公共财政提供如国防、司法、警察、环保、公共文化设施、公共卫生等公共产品，除了与财政支出相对应的经济职能和公共服务外，与财政收入相对应的政府职能和公共服务还包括税收政策、国债政策以及预算、转移支付等。一般而言，公共财政在市场经济条件下有三项职能：资源配置职能、收入分配职能、稳定经济职能。随着我国改革开放的步步深化，公众对公共产品的需求日益增大，政府提供公共产品和公共服务的能力与公众的需求水平之间，尚存在较大差距，这正是需要通过我国政府经济职能的转换来逐步解决的。

（三）调节收入分配的职能

政府采用税收、补贴、转移支付等手段，缓解收入分配不公的矛盾，即二次分配。由于个人的自然禀赋、能力和每个人拥有的财富多寡、受教育的程度和机会等都不同，所以在市场竞争中遭受失败的人，或根本无能力参与市场竞争的老年人、未成年人、残疾人等社会弱势群体，在追求效率第一的市场经济规则下，自然面临着淘汰甚至生存危机。市场的负面表现之一是加大两极分化，尤其在我国存在多种所有制的条件下，更需要调节分配，实现公平。政府通过征税、补贴、救济、福利等方式，提供必要的社会保障。社会主义的本质是最终实现共同富裕。通过政府以公平为原则的收入再分配职能调节以及社会保障体系的建立与完善，缓解第一次分配造成的过大的收入差距，为社会弱势群体的生存与发展能力提升提供基本保障和条件，让每个人都能享受到改革开放和经济发展带来的成果，这是政府的重要责任担当。对于第一次分配，政府也不是无所作为的，正如中共十八大报告指出的，初次分配也要正确处理公平与效率的关系。

（四）监管规范市场的职能

我国在建立社会主义市场经济体制进程中，由于市场发育不全不成熟，市场秩序成为一个影响经济社会健康发展的突出问题。建立公平的竞争法则，培育市场体系，建构规范有序的市场秩序，为经济发展创造良好的发展环境，迫切需要政府发挥监管的职能。市场经济是法制经济，政府监管的基本思路是依法治市。针对市场活动中的不正当竞争，政府出台有关“反垄断”、反不正当竞争、保护名优产品、打击假冒伪劣产品和各种非法经营的经济主体等一系列法律法规。根据法律法规要求，2013 年 3 月以来国家发展和改革委员会查处了国内三星、茅台和五粮液等企业价格垄断大案，之后，合生元、美赞臣、多美滋、雅培、富仕兰、恒天然六家国外乳粉生产企业因违反《反垄断法》，包括合同约定、变相罚款、扣减返利、限制供货等限制竞争行为，国家对其罚款约 6.7 亿元人民币，这也是中国反垄断史上开出的最大罚单。通过产品质量法、税法、环保法等一系列法规对各类经营主体的经济活动进行约束，包括经济处罚和行政手段；还有保护未成年人和协调劳资关系等一系列法规，如《禁止使用童工规定》、《中华人民共和国劳动合同法》等，切实保护劳动者的合法权益。

政府职能公共性的伦理之维与道德建构

随着社会的进步和政府职能的进一步分化，政府的经济职能、管理职能、维护公共安全和社会和谐的职能日益发生变化，人们期待一个好政府的出现，政府职能的公共性就成为现当代学术界集中讨论的一个重要政治伦理话题。政府职能的公共性是对其行动合法性、合义性的深层追问。政府作为一个组织，其整体属性的公共性与个体成员的自利性并存，构成一对特殊的道德矛盾。不同时代特别是不同制度背景下，这对矛盾具有不同的性质与特征，社会主义制度下的政府职能的公共性应有质的不同和提升。

一、政府职能公共性的理论探源

关于政府经济职能的公共性，国内外学者从政治学、公共管理学等不同学科视角所做的论述，为我们的研究提供了重要的理论启示。

政治学家对政府的公共性的论述，最早可追溯到柏拉图的《理想国》一书。柏拉图认为城邦起源于人们为满足需要而产生的相互合作，城邦成立的目的是为了实现全体人民的利益和正义，而不是为了一个阶级的幸福。正义即“每个人都作为一个人干他自己分内的而不干涉别人分内的事”。[①] 城邦政治的本质在于“公正”。柏拉图从道德的角度阐述了城邦作为实现公共的“善”的手段和具体内容，在他看来，维护正义体现了政府的公共性。亚里士多德继承了柏拉图的思想，明确指出，人们组成城邦的目的是为了过一种美好的生活，城邦是裁决有利于公众的要务并听断私事的团体，“当一个政府的目的在于整个集体的好处时，它就是一个好政府；当它只顾及自身时，它就是一个坏政府”。善或正义的概念是城邦所能提供的具有公益性质的意识形态[②]。古罗马思想家西塞罗认为，国家乃人民之事业，但人民不是人们某种随意聚合的集合体，而是许多人基于法的一致和利益的共同而结合起来的集合体。根据这个定义，西塞罗进一步认为，国家乃是人民的共同财产，政府的权力运行须以代表公意的法律为标准。

① 柏拉图. 理想国［M］. 北京：商务印书馆，1996：154.

② 罗素. 西方哲学史［M］. 何兆武等译. 北京：商务印书馆，2001：245.

由于古代社会建基于等级社会基础之上，所以古代政府的公共性实质上是建立在奴隶制基础上的贵族共和制，而有别于建立在民主基础上的现代共和制，但却为近代政治转型提供了重要的思想武器。

中世纪神权政治统摄一切，近代政治较中世纪神权政治可谓进入了一个新的转型期。在这个转型过程中，“国家”的概念随之发生了深刻的转变，“从‘维持他的国家’——其实这无非意味着支撑他个人的地位——的统治者的概念决定性地转变到了这样一种概念：单独存在着一种法定和法制的秩序，即国家的秩序，维持这种秩序乃是统治者的职责所在。这种转变的一个后果：国家的权力，而不是统治者的权力，开始被设想为政府的基础，从而使国家在独特的近代术语中得以概念化——国家被看作是它的疆域之内的法律和合法力量的唯一源泉，而且是它的公民效忠的唯一恰当目标”①。随着“国家”意义的转换，政府公共性的逻辑论证也随之展开。马基雅维利——现代政治哲学的奠基人，他秉持科学的功利主义理念，斩断了政治与基督教道德的千年姻缘，确立了政治对道德的优先地位。霍布斯同样摒弃了道德和法律的视角，从人的本性和能力出发，提出了“自然权利”和“社会契约”两个极其重要的政治理念。霍布斯认为处于自然状态中的人们彼此之间基本上是没有差异的，这种无差异性表现在每个人都希望得到“对自己有好处的东西”，这种欲望即可称为自然权利。人性的自私与贪婪导致了一种无休无止的冲突，酿成了一场“一切人反对一切人”的战争状态，但是，如果说思想上的冲动会导致战争状态的话，理性又会使人们回归平静，谋求和平。“每一个人都应该放弃他在自然状态中对一切事务享有的那种权利，这是自然法的一个准则。”契约就是一个人转让自己权利的一种法律方式，人们为了大家的共同利益而在一切具体的个人之上建立起一个共同的权力，一个政治实体或一个市民社会也就建立起来了。虽然“自然权利”和“社会契约”诸理念潜藏着激进的色彩，但是，由于霍布斯认为国内冲突的和解终归须依赖权威的确立，故最终还是求诸于绝对专制君主。

随后的政治学家洛克、卢梭、密尔、边沁等从政府代表一种公共的契约精神去说明政府的公共性。洛克深受立宪主义影响，他从自然状态出发，论证了人在自然状态的诸多不便，如有人不断地受到别人的侵犯而受到侵犯后又缺少公正的裁判，如此容易进入战争状态，于是就有了契约，把自己做自己裁判的权力交给公共机构即政府去完成，政府的重要任务就是保护财产，维持秩序和为了公众福利。但是，洛克强调，公民只是勉强转让了自然权力，而绝非割让自然权力，政府的最终权力仍然牢牢地掌握在公民手里。如果政府滥用权力，危及公共利益，公民有权利重新把权力授予他们认为最有利于公民利益的人。人民主权理论的牢固确立标志着政府公共性逻辑论证的完成。卢梭在这个问题上作出了至为关键的贡献。他认为，主权始终属于全体人民，全体人民行使主权，表现为一种公意，即这个政治实体的意志。但是政府的权力须来源于表现全体人民共同意志即公意的法律，人民制定法律决定政体并赋予政府权力，

① 昆廷·斯金纳. 近代政治思想的基础（上卷）[M]. 奚瑞森等译. 北京：商务印书馆，2002：2.

政府是人民的仆从机关，是人民行使主权的工具，须绝对听命于人民。在他看来，公正与不公正的标准就在于公意，好的公正的政府必定是最符合公意的政府。至此，政府权力归属问题获得了明确的解答，政府公共性得到了论证。

哈贝马斯考察了另外一种公共性起源。在哈贝马斯的理论中，公共性或公共领域不是指行使公共权力的公共部门，而是指一种建立在社会公/私二元对立基础之上的独特概念，它诞生于成熟的资产阶级私人领域基础上，并具有独特的批判功能。关于公共性的演变，哈贝马斯认为，自古希腊以来，社会有明确的公私划分，公代表国家，私代表家庭和市民社会。例如在古希腊、罗马，公私分明，所谓的公共领域是公众发表意见或进行交往的场所，那时虽有公共交往但不足以形成真正的公共领域。在中世纪，公私不分，公吞没私，不允许私的存在，公共性等同于"所有权"。直到近代（17、18 世纪）以来，在私人领域中诞生了公共领域，才有了真正意义上的公共性。[①]在这里哈贝马斯重点探讨的资产阶级公共性的本质。他认为，"公共性应当贯彻一种建立在理性基础上的立法"，从而"公共性成为国家机构本身的组织原则"。他进一步提出，"默格尔根据 18 世纪的范型把公共性的功能界定为统治的合理化"，在资产阶级哲学那里（霍布斯、卢梭、洛克和康德），公共性等同于理性，甚至是良知，依靠公共舆论表达出来。而在法哲学那里，公共性需要法律和道德元素支撑，所以"康德所说的公共性是唯一能够保障政治与道德同一性的原则"。"在康德看来，'公共性'既是法律秩序原则，又是启蒙方法"[②]。由此我们不难看出，哈贝马斯指出了公共性作为市民社会独立领域的批判力量和促进资产阶级统治合法化的精神。著名政治哲学家汉娜·阿伦特认为，政治的本质在于公共性。政治的公共性包括公开性、复数性和共同性这样三个基本的特征，而现代"社会"领域的出现，极大地破坏了政治的公共性本质。

马克思主义创始人主要是从阶级分析的角度，认为政府的阶级性是国家或政府的本质特性，同时承认政府在全社会范围内有其公共性，主要表现在政府对经济与社会的管理方面。其主要观点：第一，国家是社会利益和阶级矛盾不可调和的产物。第二，公共权力与全体人民利益的分离。国家是一个历史范畴。社会的发展产生了它所不能缺少的某些共同职能，被指定执行这种职能的人就形成社会内部分工的一个新部门，这样，他们就获得了和授权给他们的人相对立的特殊利益以及公共权力。随着社会分裂为自由民和奴隶、进行剥削的富人和被剥削的穷人，它已经不再与自己组织为武装力量的居民的利益直接符合了。第三，国家是阶级统治的工具。这是历史上阶级社会国家的主要职能。恩格斯讲："古希腊罗马时代的国家首先是奴隶主用来镇压奴隶的国家，封建国家是贵族用来镇压农奴和依附农奴的机关，现代的代议制的国家是资本剥削雇佣劳动的工具。"[③] 第四，"国家是属于统治阶级的各个个人借以实现其共同利益的

---

① 哈贝马斯. 公共领域的结构转型［M］. 曹卫东等译. 上海：学林出版社，1999：80.
② 哈贝马斯. 公共领域的结构转型［M］. 曹卫东等译. 上海：学林出版社，1999：128.
③马克思恩格斯选集（第 4 卷）［M］. 北京：人民出版社，1995：172.

形式”，揭示了资本主义国家和政府的职能的本质。

由此可见，政府的公共性是历代思想家已经给予较多关注且有丰富论证的一个话题，并且一直是人类政治伦理追求的理想。然而，由于历史的更迭，制度的变迁，不同时代的人们对政府公共性问题的理解既有相同或相通的方面，也有不同甚至对立的方面。

我国学界也有多种论点。一般而言，公共性指的是“一种公有性而非私有性，一种共享性而非排他性，一种共同性而非差异性”。[①] 具体有下述几种观点：第一种观点认为，“公共性”是用于描述现代政府活动基本性质和行为归宿的一个重要分析工具。第二种观点认为，公共行政的“公共性”内涵可以归结为公共精神，包括民主的精神、法的精神、公正的精神、公共服务的精神。第三种观点认为，行政体系及其政府的制度安排的价值基础的公共性，从而政府把自我表达存在的公共性作为至高无上的原则。政府价值公共性最直接的表现是政府的规范体系和行政行为系统的公正性，而且这种公正性是一种制度公正，是包含在行政行为机制之中的，由法律法规和公共政策体系提供的，是一种制度安排[②]。第四种观点认为，作为一种理性与法的“公共性”。

综合起来，有关“公共性”内涵的观点主要集中在以下五方面：第一，在伦理价值层面上，“公共性”必须体现公共部门活动的公正与正义。第二，在公共权力的运用上，“公共性”要体现人民主权和政府行为的合法性。第三，在公共部门运作过程中，“公共性”体现为公开与参与。第四，在利益取向上，“公共性”表明公共利益是公共部门一切活动的最终目的，必须克服私人或部门利益的缺陷。第五，在理念表达上，“公共性”是一种理性与道德，它支持公民及其公共舆论的监督作用。总之，倾向于把“公共性”作为公共部门管理活动的最终价值观，在此之下，才有公正、公平、公开、平等、自由、民主、正义和责任等一系列价值体系。

可见，政府的公共性问题，应该放到政府—公民—社会关系的制度架构之中去考察才能获得比较全面的阐释。这些说明，任何时代、代表任何阶级的政府，无论是行政职能还是经济职能，都在不同的背景下体现出具有各自特殊内容的公共性。世界银行在 1997 年的世界发展报告中将每一个政府的核心使命概括为五项最基本的责任，大体上反映了现代政府所行使的职能，即：①确定法律基础；②保持一个未被破坏的政策环境，包括保持宏观经济的稳定；③投资于基本的社会服务和社会基础设施；④保护弱势群体；⑤保护环境。这些政府职能的属性突出表现为其公共性。

① 王保树，邱本. 经济法与社会公共性论纲 [J]. 西北政法学院学报，2000：(3).

② 张康之. 行政改革中的制度安排 [J]. 公共行政，2000：(4).

二、政府职能“公共性丧失”之因

在论及公共性在近代的演变时，国内外学者都倾向于用“公共性丧失”一词。其主要原因有：

市场经济内在的功利价值取向深刻影响政府职能公共性的彰显。有学者认为，古希腊时期关于政府（或政治）的公共性的含义在近代逐步丧失，以边沁、密尔为代表的功利主义哲学和市场经济内生的追求利益最大化的本性的经济文化背景下，“通过集体的方式寻求更大的善已被个人的计算、功利以及成本和利益所替代。政府的目的在实践中已是私有的福利（Private Well-being）。我们凭借官僚、技术和科学的手段来决定福利、幸福和功用。这里没有公共的原初含义，有的只是原子个人的集合体；这里没有公共利益，有的只是许多私人利益的聚合体”。[①] 美国公共行政理论关于公共性的讨论有下列几个视角：以利益集团形式表现出来的公共（多元主义视角）；以理性选择人形式表现出来的公共（公共选择理论视角）；以代议的形式表现出来的公共（立法的视角）；以消费者形式表现出来的公共（提供服务的视角）；以公民权形式表现出来的公共（公民权视角）等，但这些理论都不能真正说明公共、公共性的含义。政府职能的公共性，尤其体现在代表利益的广泛性上。如防止政府受强势群体的支配并主要代表强势群体的利益，从而使弱势群体的利益因缺乏话语权而得不到表达。其结果是，政府行动偏离公共性这一最高价值目标。

事实的确如此，从国内外的公共管理理论和实践来看，政府公共性的普遍缺失一直是困扰人类的政治痼疾。世界银行 1997 年发展报告《变革世界中的政府》明确指出：“在几乎所有的社会中，有钱有势者的需要和偏好在官方的目标和优先考虑中得到充分体现。但对于那些为使权力中心听到其呼声而奋斗的穷人和处于社会边缘的人们而言，这种情况却十分罕见。因此，这类人和其他影响力弱小的集团并没有从公共政策和服务中受益，即便那些最应当从中受益的人也是如此。”“政府即便怀有世间最美好的愿望，但如果它对于大量的群体需要一无所知，也就不会有效地满足这些需要。”[②] 可见，即使在政治文明进步最快的近现代社会，政府公共性的缺失仍然是没有得到很好解决的问题。

公共领域的结构转型导致的公共性丧失。哈贝马斯也认为，随着资产阶级社会的发展变化，出现了公共领域的结构转型（哈贝马斯理论中的公共性一词，可以译为公共性，也可以译为公共领域，两者没有实质差异。但倾向于用公共性指称政治层面，

---

① 王乐夫，陈干全. 公共性：公共管理研究的基础与核心［J］. 社会科学，2003：（4）.

② 世界银行发展报告. 变革世界中的政府［M］. 北京：中国财政经济出版社，1997：110.

而用公共领域指称社会层面)，由此导致公共性丧失。两种相关的辩证趋势表明公共性已经瓦解：它越来越深入社会领域，同时也失去了其政治功能，也就是说，失去了让公开事实接受具有批判意识的公众监督的政治功能。在这里，哈贝马斯把公共性的丧失归于公共领域与私人领域的相互渗透①。在国内外理论界颇具影响的公共选择学派，因把“理性经济人”假设运用于政治行为的分析，从而对政府公共性理论提出新挑战。

政府的自利性导致政府职能公共性的缺失。关于政府的自利性，历史上一些思想家早有论述。卢梭曾提出政府代表三种意志。他认为：“在行政官员个人身上，我们可以区分三种本质上不同的意志：首先是个人固有的意志，它仅倾向于个人的特殊利益；其次是全体行政官的意志，这一团体的意志就其对政府的关系而言则是公共的，就其对国家——政府构成国家的一部分的关系而言则是个别的；最后是人民的意志或主权者的意志，这一意志无论对被看作是全体的国家而言，还是对被看作是全体的一部分的政府而言，都是公意”，“按照自然的次序，则这些不同的意志越是能集中，就变得越活跃，于是公意总是最弱的，团体的意志占第二位，而个别意志则占一切之中的第一位。因此政府中的每个成员都首先是他自己本人，然后才是行政官，再然后才是公民；而这种级差是与社会秩序所要求的级差直接相反的”。② 这一段话，充分说明了政府的自利性来自不同层次的三种意志：一是来自于政府从业人员的个人利益和意志；二是来自于团体或部门的意志；三是来自于某一阶级的意志或公意。在其强度上，个人的自利性大于团体的自利性，团体的自利性大于阶级的自利性。马克思分析概括政府的自利性是从国家是代表阶级的意志的角度来分析的，他说：“国家是文明社会的概括，它在一切典型时期毫无例外地都是统治阶级的国家，并且在一切场合在本质上都是镇压被压迫被剥削阶级的机器”③，“过去一切阶级在争得统治之后，总是使整个社会服从于它们发财致富的条件，企图以此来巩固它们已经获得的生活地位。无产者只有废除自己的现存的占有方式，从而废除全部现存的占有方式，才能取得社会生产力。无产者没有什么自己的东西必须加以保护，他们必须摧毁至今保护和保障私有财产的一切”④。从现实层面看，现代政府恰恰是在部门行政过程中产生了区别于社会公共利益的部门利益与部门意志。

有学者指出，所谓政府的自利性，是指政府并非总是为着公共目的而存在，政府在公共目的的背后隐藏着对自身利益的追求，这一特性被称为政府的自利性。利益总是隶属于一定的主体，不同的主体具有不同的利益。“政府本身有其自身的利益，政府各部门也各有其利益，而且中央政府与地方政府也有很大的区别。政府行为和国家公务员的行为与其自身利益有密切关系。”⑤ 这就是说，政府作为社会组织同样追求自身的

① 哈贝马斯. 公共领域的结构转型 [M]. 曹卫东等译. 上海：学林出版社，1999：78.
② 卢梭. 社会契约论 [M]. 北京：商务印书馆，1996：83.
③ 马克思恩格斯选集（第4卷）[M]. 北京：人民出版社，1995：172.
④ 马克思恩格斯选集（第1卷）[M]. 北京：人民出版社，1995：283.
⑤ 齐明山. 转变观念界定关系——关于中国政府机构改革的几点思考 [J]. 新视野，1999：(1).

良性发展，政府作为一个整体，是其成员的共同利益代表。另外，地方政府为“造福一方”，追求地方利益的最大化，也会导致政府组织自利的发生。同理，政府职能部门乃至公务员个人为了追求部门利益的最大化，也会追求部门或个人的自利。因而政府自利性表现出三种形式：

第一，地方各级政府的自利。地方各级政府在中央政府的领导下，实施本地行政管理职能。中央政府更多地考虑全国的利益、全社会的整体利益。而作为地方公共事务管理的地方政府则更多地考虑地方利益。地方各级政府的自利有多种表现形式：一是东西部地区政府利益之争；二是上下级政府的利益之争；三是地方政府为了实现政府目标而为本地企业争利；四是地方政府为了吸收外来投资而无原则地让利；五是地方政府为实现本地的经济社会管理职能而与中央争利。

第二，政府职能部门的自利。长期以来我国政府管理体制采用的是条块分割，作为“条条”的政府职能部门与作为“块块”的地方政府之间常常出现摩擦。政府职能部门作为一个利益共同体，是其成员的共同利益的代表者，因而为了部门的利益而与国家或是地方争利益的现象并不少见。具体表现在：政府职能部门执法产业化、政府职能部门与地方政府争利等。

第三，政府组织成员的自利。政府组织成员的自利主要通过组织的自利得到满足，公务员既是行政权力的行使者，又是普通公民，具有为自己谋取利益的优越条件。一些成员利用行政权力谋私利，干违法乱纪的事。

也有学者用另一类词汇表达了相同的思想，认为政府官员的利益、政府部门的利益、政府组织整体的利益都是这种自利性的具体表现，其依据是“政府是市场经济中的利益主体之一”。政府公共性的缺失主要表现为两个方面：第一，政府受社会强势群体的支配并主要代表强势群体的利益，从而使弱势群体的利益得不到保障。第二，政府自利性对社会公共利益的侵犯，公共权力非公共运用，导致公共资源成为政府及其公职人员的私有资源。这也印证了，随着时代发展当代的“公共”概念已发生很大改变，公共成为政府和政治的同义词的观点。

另一种观点明显不同于上述论点，认为自利性不应是社会主义制度下政府的属性。“当前国内理论界存在一种倾向，即不加批判地将西方公共选择理论拿过来，将西方经济学有关‘经济人’的假设运用于政府人行为分析。”“这种分析在理论上是不科学、不正确的，以此指导实践必然是有害的。它尤其不适用于社会主义制度下的政府行为分析，社会主义制度下的政府人应是公共人”。[①] 因此，不应将“经济人”假设作为一个不变的思维视角来评析和说明当前的中国政府行为。并指出运用“经济人假设”分析政府行为，即认为政府是追求利益最大化的理性经济人一说，来源于西方公共选择学派的理论。当前国内论证政府普遍具有自利性的多数学者，主要的理论依据也是出自这里。公共选择学派的奠基者布坎南（James.M.Buchanan）指出，在公共决策或者集体

① 刘瑞，吴振兴. 政府人是公共人而非经济人［J］. 中国人民大学学报，2001（2）.

决策中，实际上并不存在根据公共利益进行选择的过程，而只存在各种特殊利益之间的“缔约”过程。[①] 同时认为在经济市场和政治市场上活动的是同一个人，没有理由认为同一个人会根据两种完全不同的行为动机进行活动；同一个人在两种场合受不同的动机支配并追求不同的目标，是不可理解的，在逻辑上是自相矛盾的。正是由于这种与人性假说截然对立的“善恶二元论”，把政府官员也推向了自利性的一面。其中包含这样一个逻辑关系：同一个官员公共领域与私人领域的行为是一致的，官员是“经济人”并且是自利的，政府行为即政府官员行为，所以政府是自利的。

事实是，从国内外的公共管理实践来看，政府公共性的缺失一直是困扰人类的政治痼疾。世界银行1997年发展报告《变革世界中的政府》明确指出：在几乎所有的社会中，有钱有势者的需要和偏好在官方的目标和优先考虑中得到充分体现。但对于那些为使权力中心听到其呼声而奋斗的穷人和处于社会边缘的人们而言，这种情况却十分罕见。因此，这类人和其他影响力弱小的集团并没有从公共政策和服务中受益，即便那些最应当从中受益的人也是如此。“政府即便怀有世间最美好的愿望，但如果它对于大量的群体需要一无所知，也就不会有效地满足这些需要。”[②] 可见，即使在政治文明进步最快的近现代社会，政府公共性的缺失仍然是没有得到很好解决的问题。

那么，政府职能的自利性是所有政府的一般属性，还是有其制度因素；政府中的个人、部门、组织是否都具有自利性，如何理解？在社会主义制度下的政府组织属性可否认定也是自利性？

三、政府职能公共性与其从业人员自利性道德矛盾的澄明

讨论伦理学语境下的政府职能的公共性与自利性，需要明确界定和澄明政府从业人员的自利性不等于自私、利己，更不等于政府的组织属性；要正确认识和把握社会主义制度下的政府职能的公共性与自利性问题。

政府从业人员的自利性不等于自私。自利与自私两个概念是有严格区分的。在这里，自利性则是指政府从业人员个体生存与发展的必要条件，是人之为人普遍存在的欲望、需要和动机。彰显政府职能的公共性，化解“公共性丧失”之因，需要对自利性有一个正确认识，关键是防范由自利性走向自私与利己。

作为个体，政府从业人员存有自利性，但自利性不等于自私、利己。政府从业人员的自利性或自利意识源于个体生存与自保的基本需求，是人之为人普遍存在的欲望、需要和原始动机，如同马克思所说的“吃、喝、住、穿”等原始功利动机，也指我们

① James.M.Bchanan. A Contract Ran Paradigm for Applying Economics[J]. American Economics Review，1975 (5).
② 世界银行发展报告.变革世界中的政府 [M]. 北京：中国财政经济出版社，1997：110.

今天所说的经济利益、政治利益与文化需求等，它有两种发展趋向：一是表现为个体的正当利益；二是突破自利这一道德底线，演变至自私、利己。前者既被社会利益所规定，也是社会整体利益的最终体现和落实，在伦理上通常称为个人正当利益，这是道德评价所肯定的一个范畴。自私则是指一些个体，为满足个人的欲望和需要，不顾他人利益甚至不惜牺牲他人利益和社会公共利益的动机和行为。对于执掌公权的人员而言，在制约权力存有缺陷的条件下，自私观念的膨胀往往是公权演变为私权的内在伦理动因。显然，自利与自私不同。关于个人欲望、需要及利益的话题，我们应该坚持辩证唯物主义的观点，承认并肯定客观存在的个体基本需求的合理性，个体存在原始功利动机的合理性。身处履行国家管理岗位上的政府官员个人，他们同样有自利的需要，他们应该是公共人，同时还是自利人，是公共人与自利人的有机统一体。不能只强调其中的一个方面，而忽视另一方面。但基于社会主义制度下政府的公共性特征，基于其地位与职能，他们应该也必须成为公共人，成为承担其公共人的职责和使命、具有公共道德精神的执业者。我国改革开放前一段时期，不敢多言个人利益存在的客观性、正当性与合理性，也是受时代局限的产物。社会利益与个体利益的关系是辩证的，你中有我，我中有你，不是有你无我、有我无你的对峙关系。马克思就曾经提醒人们："首先应当避免重新把'社会'当作抽象的东西同个体对立起来。"[①] 普列汉诺夫还是马克思主义者的时候也曾经强调指出，个人利益从来不是一个道德的诫命，而是一个科学的事实。政府从业人员不管地位有多高，承认各有自己的个人利益，并且应该通过制度设计，激励他们为公共利益自觉承担使命，为人民谋福利。

政府从业人员个体的自利性不等于社会主义政府这一组织整体的属性。上述的政治学、公共行政管理学、哲学等学科中的一些观点，认为政府的自利性除了表现在政府部门的、政府官员个人的，还有作为整体政府组织的自利性。这些观点，尽管看到了问题和现象，但缺乏具体情况具体分析的辩证思维。尤其在对社会主义的政府组织进行分析时，离开了社会主义政府的本质属性是为民服务，任何时候都不能成为特殊利益阶层和特殊利益集团这一根本规定性。

古代"亚洲的一切政府都不能不执行一种经济职能，即举办公共工程的职能"。[②] 这些就是最初的国家或政府的公共性的体现。随着阶级社会的发展，国家和政府代表是占统治阶级的利益，即特殊利益，惟有属于统治阶级的个人而言，这个政府或国家才是公共利益的代表。但同时，统治阶级在其发展的不同阶段，如经济的上升时期或鼎盛时期，也会或多或少地反映广大劳动群众的利益，特别是维护经济社会的稳定性与协调性，发挥公共职能。社会主义国家的政府，与旧国家"虚幻的共同体形式"不同，它以真实的共同体形式出现，这是历史上国家演进的划时代的变革。我国的社会主义基本经济制度是以公有制为主体、多种经济成分共存，政治制度实行人民民主专政，

① 马克思恩格斯全集（第 3 卷）[M]. 北京：人民出版社，2002：302.
② 马克思恩格斯选集（第 1 卷）[M]. 北京：人民出版社，1995：762.

这决定了政府职能的发挥与发达资本主义国家有相同的一面，更有从根本上不同的一面，那就是政府的权力来源于人民，最终服务于人民。如习近平总书记在2014年7月1日的讲话中所说：把党的工作的“出发点和落脚点归结到实现好、维护好、发展好最广大人民根本利益上来，归结到为民务实清廉上来”。这是历史上从未有过的公共性要求。

应该说，改革开放的30多年来，我国的经济发展由重视GDP到全面建设小康社会，再到以人为本科学发展观的提出，尤其是2013年底，中央明确提出不以GDP论政绩的评价观，更加重民生、重协调、重可持续，发展价值目标的演进轨迹，描述了中国政府职能公共性的进步历程。概括来说，当前我国政府职能的公共性集中表现在：政治制度、经济决策、文化建设等体现公共利益，体现公民意志，彰显制度公平公正；调节区域间的利益关系，调节群体间的利益关系，调节人与人间的利益关系，形成整体协调发展的利益格局；提供优质公共产品和公共服务，维护市场经济秩序，增进微观经济活力，推动经济社会稳定协调发展。

然而，由于历史的文化的政治的特别是经济发展的原因，我国政府职能公共性的发挥、政府驾驭经济社会的能力正在经历一个由低到高、由不成熟到相对成熟的过程，政府职能的公共性发挥从根本上还受制于一些体制机制因素以及从业人员的思想意识与道德素养条件，政府从业人员以及一些政府组织的确存在着突破自利性这一道德底线，形成不当的个人利益和部门利益，如人们所概括的“权权交换、权钱交换、权色交换”、“权力部门化、部门利益化”等以权谋私的严重问题。一旦公权沦为谋私的工具，政府职能的公共性就会发生变化。这些正是当前我国政府公共性彰显的隐忧。当下的反腐也集中说明了这一点。个别政府从业人员的自利性对我国政府公共性的实现和提升的负面影响极为深刻，必须引起高度重视。因此，即使在社会主义制度下，政府职能的公共性绝不是一个自然而然的实现过程，更不是由社会主义的制度属性就能先验决定了的。第一，社会主义政府组织中执业人员的自利性是历史的具体的，也是客观存在的。它受制于社会主义经济关系、政治关系与社会关系。人不是抽象的，作为政府组织中执业人员的个人利益以及如何对待个人利益，也是特定的具体的，它与资本主义或其他社会制度下的政府人员，是有着重要区别的。个人利益是由一定社会所决定的利益，是一定历史条件和社会关系的表现形式，不同社会条件和社会关系中的私人利益是不同质的。马克思说：“各个个人的出发点总是他们自己，不过当然是处于既有的历史条件和关系范围之内的自己，而不是玄想家们所理解的‘纯粹的’个人”。[①] “理性经济人”假设的理论失误，就在于它抽掉人的现实历史条件和社会关系，把个人利益抽象化、绝对化，设定每个人都是为自己私人利益算计的“理性经济人”。第二，没有抽象的且永恒不变的人性。自私是私有制历史阶段的产物，追求利益最大化的自私人设计，恰恰反映的是资本主义私有制条件下资本的本性在市场经济中的人

① 马克思恩格斯选集（第1卷）[M]. 北京：人民出版社，1995：119.

格化的理论形式，自私生长出的个人主义，恰恰是资本主义的价值观和主流意识形态。当下，资本主义私有制在全球经济中占主导地位，其“理性经济人”的影响在长时期内还会广泛而深刻地存在。这一理论，之所以在我国包括政府部门有较大影响，是因为我国正在建立和完善社会主义市场经济，与我国的以公有制为主体、多种经济成分并存的经济制度有直接关系。但作为政府的公职人员，是有特殊使命的职业承担者，因而必须有更高更严的行为与素质要求，包括如日本的《国家公务员法》和《地方公务员法》；我国 2006 年 1 月 1 日施行的《中华人民共和国公务员法》、2011 年《国务院办公厅关于转发人力资源和社会保障部　国家公务员局 2011~2015 年行政机关公务员培训纲要的通知》（国办发［2011］14 号）关于加强公务员职业道德培训的要求，国家公务员局制定发布了《公务员职业道德培训大纲》，要求在“十二五”期间对我国全体公务员进行职业道德培训。显然，关于重视公务员的行为规范问题，不同制度下的国家在要求上具有一定的共性。但作为社会主义国家和政府的公职人员，必须有更高的价值标准和要求，这就是真正把广大人民群众的利益放在第一位；作为个体，其思想、行为必须与政府的职责、使命、任务相适应，以社会整体利益为重，以工作大局为重，以人民的福祉为最高利益。第三，社会主义国家是建立在个人利益与社会利益根本一致基础上的，社会利益包括个人的正当利益，在日益增进的社会整体利益中，也包括政府从业人员个人利益的提高。中央反复提出，让广大人民群众共享改革发展的成果，要特别关注民生，解决人民群众最急迫解决的难题等。这种先进的制度和思想道德，已经在我国的意识形态中占主导地位，且因有经济的政治的文化的基础，一定会有更深厚、更广阔的发展空间。当然，我们也清醒地看到，多种经济成分、多元文化与多元价值观的存在，之间的价值冲突给这一思想的生存与发展带来挑战。政府公职人员居于社会管理的上层，公权的运用处处都会面临执政考验、改革开放考验、市场经济考验、外部环境考验，所以必须深刻认识增强自我净化、自我完善、自我革新、自我提高能力的重要性和紧迫性，坚持底线思维，做到居安思危。因而，政府职能的公共性与其从业人员自利性的关系，将是我国政府在政治、经济社会生活中长期存在的一对特殊矛盾，处理得好，就会有利于国家治理，经济社会就会健康有序发展；反之，经济社会发展就会受阻，政治生活就会出现不稳定，社会就难以实现和谐。针对政府从业人员自利性有向自私转化的可能，应加强法律法规和制度建设，把权力关进制度的笼子里；重视民主监督，让人民作为权力行使的评判主体；坚持不懈抓社会主义核心价值观教育，从根本上强化政府从业人员的宗旨意识，提升其道德境界。总之，惟有建立全面系统的治理方案，才能更好地约束政府从业人员的自私性，更充分地发挥社会主义政府职能的公共性，从而进一步增强人们的理论自信、道路自信、制度自信。

论宏观经济调控和管理中的若干伦理问题

自19世纪以来，世界经济的主流是市场经济，直到目前为止，市场经济仍是人类选择的最好的资源配置模式。与此同时，人们并未排除政府调控经济和管理经济的职能。政府在一定程度上参与、引导、管理、保护、干预经济活动，是社会经济发展、运行的普遍现象，也是影响经济发育的一个重要条件。过去、现在、将来都是如此。由于中国处于从传统经济向现代经济的转型期，特别是中国加入世界贸易组织后，政府宏观调控职能和管理经济的职能显得尤其重要。这是宏观经济学研究的重点，也是经济伦理学研究的一个重要层面。本文的意旨是市场经济下的政府调节要有效和公正，作为政府这一特殊的经济主体，“应当”怎样的问题。

一、全面认识和客观评价政府的经济行为

市场缺陷和承担公共风险的能力是政府职能存在的前提条件，也是我们认识和评价政府经济职能的主要指数。

首先，要全面认识和评价我国政府在改革开放几十年来对经济调控和管理方面的成就与存在的问题。应该说，我国政府在经济运行中起着举足轻重的作用，积累了应对复杂局面的丰富经验，令世人关注的中国经济成就，就是有力的证明。改革开放以来，我国经济有了突飞猛进的发展，充满生机与活力的社会主义市场体系正在建立和完善，特别是在2001年以来世界经济不景气的形势下，世界经济增长为2.4%，其中发达国家为1.0%，中国是7.4%，世界经济专家评价中国为“一枝独秀”。

回顾20世纪90年代以来，政府运用经济职能既积累了治理经济过热、通货膨胀的经验，又取得了在转入买方市场后遏制通货紧缩的经验，既有抵御国际金融风险，也有扩大内需、稳定发展的经验。特别是近几年政府实行积极的财政政策和稳健的货币政策，刺激消费，利用国债增加投资，改革不合理的投资体制，建立与市场经济相适应的投资体系以及扩大对外贸易等方面，起了重要的作用。在调整不合理的经济结构方面，已取得了明显成效。为保证出口，增长财政收入，稳定国内市场，政府重拳出击打走私，维护了经济稳定和政治稳定，维护了中国的国际形象和信誉。同时，政府在建立良好的市场秩序方面，监管力度不断加大。市场经济的法律法规建设、制度

建设、道德建设等，逐步系统化、规范化、科学化，特别是依法治国与以德治国相结合治国方略的提出，国务院颁布《关于整顿和规范市场经济秩序的决定》之后，整治市场经济秩序已成为政府高度重视的一个重大的经济问题和严肃的政治问题。应该说，我国的政府在促进国家经济结构调整、投资体系的形成、市场秩序的建立等重大问题上发挥了举足轻重的作用，保证了我国经济发展的强劲势头。中国正式成为世界贸易组织成员国之后，政府为适应要求和国际经济规则接轨，从制度安排上作了大量的变革和调整，如法律法规方面的全面清理，包括地方法规的清理和政策的修改，积极主动地应对未来更加激烈的市场竞争和国际间的竞争，充分表明中国政府是一个重承诺、重信用的政府。

然而，必须承认的是，政府的职能发挥中还存在一些突出问题，“管了不应该管也管不好的事情，做了不应该做也做不好的事情，却漏了一些应该做的事情”。这是人们对政府职能现状的描述。

从目前来看，市场秩序和监管、分配不公、农民负担、失业增加、义务教育、环境污染、结构扭曲等问题，属于市场缺陷和公共风险，是政府应该管而且需要管好的领域。但从国家公共支出这一项典型的公共产品（一种公共产品化解某一种公共风险）来看①，公共支出范围与计划经济时期大同小异，政府与市场的分工界限不清，如竞争性领域应当交给市场来配置资源，市场失灵的领域，也就是公共领域，才是政府配置资源的领域，而从目前的公共支出看，它不仅包括市场不起作用的公共领域，也包括市场正在发挥作用的竞争性领域。这些说明在市场化改革不断推进的过程中，公共支出范围调整滞后，导致因市场化而显现出来的许多矛盾和风险难以及时解决和化解。公共支出中存在的问题也恰是政府职能中存在的问题：第一是替代市场，妨碍市场竞争，比如政府直接投资办企业，在预算内支出紧张的情况下，以政府的名义融资办企业（多数濒临倒闭），或政府给予各种各样的补贴，如减免税收、亏损补贴、贷款贴息等，不仅加重了财务负担，更重要的是干扰了价格信号，误导资源流向，不但没有弥补市场缺陷，相反还抑制了市场发育和经济效率的提高。至于垄断经营、政府采购市场的不公平开放等导致的市场的不公平竞争、政府作为交易方不守信用带来的危害就更大了。第二是不利于社会公正和社会公平。市场化进程的加快必然带来“社会分层”，出现“弱势群体”和低收入阶层，需要政府提供帮助，从而化解社会矛盾。但由于政府公共支出范围调整的严重滞后，如农民负担问题长期得不到解决，与公共支出的配置范围过于偏向城市密切相关；许多地方的基础教育得不到保障；不少县乡长期拖欠工资和离退休人员的工资。这些问题都是在市场化背景下产生的，急需政府来解决。第三是不利于经济社会的可持续发展。科技推动工业化进程带来了环境污染与破坏，资源与庞大人口之间的矛盾加剧，人类生存安全和经济安全问题越来越突出。市场可以推进工业化，但却不能解决由此带来的负面效应，惟有依靠政府。如退耕还林、

---

① 中国财政年鉴编辑委员会. 中国财政年鉴［M］. 北京：中国财政杂志社，2001.

退耕还草、退耕还湖，企业不会提出，只有政府提出并且来监督和管理。总之，面对市场带来的就业、公平、秩序、环境等新的矛盾和问题，社会主义市场经济需要一个强有力的决策科学的政府来规导、调控和治理。正如朱镕基同志在九届全国人大五次会议的《政府工作报告》中谈到转变政府职能时指出，要“彻底摆脱传统计划经济的羁绊，切实把政府职能转变到经济调节、市场监管、社会管理和公共服务上来”。

二、政府经济行为中的“应当”

同其他市场主体一样，政府无论是作为交易的一方，还是作为经济管理的主体，其行为都是有章可循的。而只有做到有章可循，政府的调节才能真正步入规范化、科学化、制度化的轨道，调节也才有可能有效，最终建立起政府信用。特别是中国加入世界贸易组织后，政府管理市场必须要有规则意识，这就是依法行政，以德行政，诚实守信，使政府力量成为经济社会的积极力量，使政府调节更有效率。这是就将道德调节引致政府调节的领域。关于这一点，厉以宁先生正确地指出，在市场经济中，有了习惯调节和道德调节，市场调节与政府调节的效应就越明显，也越有效，而法律的作用也将发挥得更好。因此，探索政府经济行为上的“应当”就十分重要了。

1. 决策的基本伦理理念：尊重市场运作规律

探索、遵循经济规律，是经济伦理学的一个重要话题，也是关系到政府行使经济职能中的一个大问题。从市场经济表现生产社会化的观点看，市场调节是第一性的，是优化资源配置的基础。这只“无形的手”，表现了供求规律、价值规律和竞争规律的合力，是商品经济所具有的基本调节功能。市场调节虽然是自发的，但它是自然进行的基础性的调节，任何以社会化生产为基础的社会经济假如离开市场调节，另搞一套，就必然脱离实际，犹如神经系统脱离有机整体，自然没有存在的依托和载体。我们搞了几十年的经济改革，就是要建立社会主义市场经济体制。我们现在加入世界贸易组织，其实质是市场经济的泛化，市场机制的强化，市场规则的普遍化。因此，在市场经济条件下，对政府行为提出的问题首先是必须尊重市场发展规律，增强社会经济理性，任何凭借“拍脑袋”、不计后果的决策，必须彻底改革，这就要求政府要从无端“管制”转向更好地“服务”，从无限政府向有限政府过渡，按市场经济规律来操作。这是一个经济问题，一个政府的公共政策水平问题，同时也是政府需要树立的一个新的经济伦理理念。据学者估计，中共十一届三中全会前20多年，重大决策造成的直接经济损失在1.5万亿元以上，“七五”到“九五”，投资决策失误率在30%左右，资金浪费及经济损失为4000~5000亿元。按照全社会投资决策成功率70%计，每年因决策失误而造成的损失在1200亿元。[①] 因此，这种决策体制既不适应社会主义市场经济发展的要求，更不适应加入世界贸易组织后经济一体化的要求。从目前看，有三点比较突出：一是政府职能的“越位”现象比较突出，过多地干预正常的经营活动，管了自己不该管也管不好的事；二是对市场尚缺乏科学的、理性的分析，决策上的随意性较大；三是责任意识淡漠。对造成重大经济损失的行为后果，很少去追究决策者的行政责任。从政府行为分析，尊重市场经济发展规律，政府的调控才会具有科学性、规范性，管好自己应该管的，切实履行其职能，承担其责任。同时，要求政府必须精简、高效、廉洁、公正，更好地适应市场经济的要求。这是中国市场化进程的迫切要求，是政府必备的伦理理念。

2. 伦理责任：弥补市场缺陷

对于这一问题，赫尔穆特·施密特精辟地指出：“市场，无论国内市场还是国际市场，是一种合理的机制，应当予以肯定。然而，市场不是主管道德的机构，它不会致力于社会公正、克服失业或者确立金融理性或财政理性。因此，市场经济需要一种由社会保障、税收和预算政策、金融和货币政策所构成的框架，需要一种竞争秩序，还需要种种安全条例，用于保护乘客、储户或环境，等等。”[②] 这些说明，市场不是主管道德的组织，市场缺陷恰恰反映的是重大的经济伦理问题。因此，政府的弥补职能的发挥，同时意味着承担的是一种伦理责任。当然，政府干预经济的范围和程度与市场的发育程度有很大关系。就中国目前来说，在市场发育不够成熟，市场运作还有待规范的情况下，政府可能干预的事情就相对多一些，甚至原本就应当由市场去做的事，有时也不得不由政府来暂时承担，待市场发育到一定程度后，再转交市场去承担。因此，就是在加入世界贸易组织的今天，政府在遵守其国际规则的前提下，还不得不根据中国的国情，发挥着特殊的作用。就目前而言，公平与效率的矛盾比较突出，需要政府在分配领域提倡效率优先、兼顾公平的同时，必须从社会价值方针上坚持注重效率和维护社会公平相协调的原则，调节收入上的贫富悬殊这一社会问题，加大对“弱势群体”的支持和保障。政府对此已给予高度重视和政策扶持。再如农民负担问题，应该扭转公共支出的配置范围过于偏向城市的倾向，加快公共支出范围调整的步伐，有效解决市场化过程中出现的种种问题。

3. 出发点和归宿点：维护社会公共利益和公民合法权益

政府作为宏观调控的主体，作为权力的主体，代表公共利益和意志。维护社会公共利益是政府的首要道德要求。由于我国处在经济体制的转型期，一些政府职能出现了扭曲，给经济生活带来了混乱，也直接危害了国家和公民的利益。在一些地方和部门，个人利益、部门利益与人民利益、国家整体利益之间的关系，出现了紧张或矛盾。地方保护主义、由部门利益带来的“三乱”现象，就是近年来一直试图解决但并没有

---

① 数据引自《瞭望新闻周刊》2001年11月12日的相关文章统计。

② 赫尔穆特·施密特.全球化与道德重建［M］.北京：社会科学文献出版社，2001：153.

根治的突出问题。

地方保护主义是转型时期的地方政府职能畸形化的表现。出于地方的眼前利益（主要与分灶吃饭的财政体制有关），加上某些地方官创造“政绩”的需要，特别是与腐败现象直接联系（权钱交易），一些地方政府不执行国家的统一的法规，不维护统一市场的秩序，却致力于保护地方违法经营。如或明或暗地袒护制造假冒伪劣的产品，甚至对国家明令禁止、关系人民生命健康的药品、食品也加以支持保护；对于污染环境、破坏资源的经营不但不制止，反而百般袒护，以至于水污染、空气污染屡禁不止，许多应该关闭的小工厂转入地下；破坏信誉，不遵守法规，本地的经营者受到司法部门的处罚，地方却拒不执行，有的司法机关有意错判，使得合同法难以贯彻，甚至设法包庇当地人对外地人的诈骗行为；为保护当地新产品画地为牢，不准外地商品进入，或强行销售当地的新产品，更有甚者，官员、执法人员同黑势力勾结，保护嫖娼、贩毒、走私、虚开税票等违法经济活动。这种地方保护主义的存在，是当前我国市场秩序混乱的原因，它严重破坏了市场的环境，阻碍了公平、开放、统一、竞争的市场体系的建立，已经成为一大公害。地方保护主义之所以得以存在并发展，其实质是它与一些政府官员的个人利益有关，或者是经济利益，或者是谋取所谓的“政绩”。因此，必须不断强化政府公务员和领导干部的为人民服务意识，使他们切实代表公共利益，反映人民意志，把人民的根本利益、国家的整体利益和长远利益作为一切工作的出发点和归宿。

4. 工作的着力点：建立和维护政府信用

社会主义市场经济是建立在稳定的信用关系基础之上的法制经济，稳定可靠的社会信用体系是市场经济有效运行的重要基础条件之一。但目前的情况是，与社会主义经济相适应的社会信用体系在我国刚刚出现，尚处于起步阶段。企业信用制度没有建立起来，个人信用制度更为落后，政府信用也受到挑战，信用问题已日益成为国民经济市场化进程的“瓶颈”，成为以法治国和以德治国中的一个十分突出的问题。

建立和维护政府信用，应主要从以下方面着手：首先，政府要把立法、执法和守法统一起来，为建立信用经济和维护信用经济服务。江泽民同志曾强调，“依法严厉制裁制假售假、偷税骗税、经济欺诈、恶意逃废债务等行为，创造良好的社会秩序”。如《中华人民共和国担保法》、《中小企业促进法》，地方法规有上海市人民政府发布的《上海市人民政府关于促进本市小企业发展的决定》、《关于促进本市小企业发展的若干政策建议》等。政府在根据信用体系建设的需要出台一系列法律法规的同时，还要在执法特别是在守法方面，克服和杜绝有法不依、违法不究的现象，尤其是政府执法部门人员违法乱纪的严重问题。执法部门切实加强管理，依法严厉打击制假售假、偷税漏税、经济欺诈、恶意逃废债务的行为，大力规范市场秩序。要善于运用法律武器，同上述种种破坏信用的违法乃至犯罪的行为进行坚决的斗争，以维护社会主义市场经济的健康发展。法律是维护信用的有力手段，各级政府都要依法行政，“执法必严，违法必究”，一定要讲法律信用。如果有任何的忽视，都是对社会信用基础的直接破坏。就目前而言，政府在生产领域应根据先进技术和生态环境的要求，促进标准化的进一步完善和推广，对不合标准的产品实行强制收回制，以保证产品质量，对外打破技术壁垒，以保护名牌产品。其次，强化信用意识，加强诚信教育。组织和实施全社会的信用意识和诚信教育工程，是市场经济条件下政府的一个主要职能，或者说是一个主要责任。政府应该通过制度和教育的手段，使公民形成这样的认识：市场经济是信用经济，信用经济要求的必然是诚信道德。在市场经济条件下，“信用”已经成为一个重要的经济伦理学范畴，一个直接参与经济增长“大合唱”的重要因素，谁轻视“信用”，不讲诚信，谁就失去了在资源配置中的优势地位，最终在激烈的市场竞争中败下阵来。因为没有信用，就没有规则，就没有秩序，市场经济就不能健康发展。国务院颁布的《整顿和规范市场经济秩序》中强调，“整治市场经济秩序，不仅是一个严肃的经济问题，而且还是一个严肃的政治问题”，说明信用缺失的程度和所造成的经济秩序混乱，已经直接危及到经济增长和社会的进步。最后，各级领导干部和公务员应当培育自律精神，严格规范自己的行为。在不断加深对社会主义市场经济规律认识的基础上，要从“三个代表”的高度认识领导自身的言行，对于社会信用制度和诚信道德建设的重要作用。要通过用信用打造地方经济，用诚信打造名牌产品，克服短期行为，保护先进生产力的发展的实践；要通过自己严格守法、守德来维护政府信用，维护政府形象的行动，创造发展经济的良好环境，最充分地发挥领导的组织、宣传、带动作用，打造出市场经济所需要的信用政府。

三、政府伦理建设需要正确对待的几个深层次问题

政府作为一个特殊的经济活动主体，作为公共利益人格化的体现者，在行使权力进行经济调控时，总会遇到决策上和选择上的一些难题，有些是要求如何更好地把握客观经济规律，有些是关涉到权力与利益的问题，有些是政府自身特有的伦理问题，有些则是一般社会成员道德生活中存在的共性问题。这就要求我们深入到主体自身，认真分析在市场经济运行中，哪些是属于相对客观的领域；哪些是与主体意志、利益关联性较大的领域，特别是与道德密切联系的领域，从中可以看出伦理干预的领域和界限以及政府所应承担的道德责任，进而明确政府伦理建设的任务。

1. 主观意志与客观规律的矛盾

正确解决这一矛盾，是科学经济伦理理念奠立的基础。相对于市场配置资源的功能，政府的经济职能带有人为的因素，因而属于主观性的调节，确切地说，是客观见之于主观的功能，它表现一定主观意志的调节。如制定政策、规章制度，形式上主观的因素比较突出，但实际上则应当是奠立在对客观经济规律的理解与把握基础之上。对于社会主义市场经济体制这一全新的经济体制的运作来说，存在着未被认识的必然

王国。因此，政府经济职能的行使中必然存在主观与客观的距离及矛盾，即如何使这种主观能动性符合客观经济规律要求的问题。符合者则势如破竹，成效明显，能够促进经济的发展；违反者则事倍功半，增加矛盾，造成经济生活紊乱，妨碍经济发展。这两类情况，在世界各国都屡见不鲜。各国之间的经济发展之所以快慢不一，跨越式、平进式、缓慢式并存，原因固然很多，而其中政府经济职能优劣是一个重要原因。为使政府正确地行使经济职能，包括科学的决策、正确的法规、合理的税制、得力的措施、有效的服务等，都需要能够反映客观经济规律的伦理理念，以它作为政府经济行为的灵魂和基础。

从唯物主义认识论视角而言，任何理念都是客观世界的反映，伦理也不例外。要获得正确理念的指导，必须了解和掌握现代市场经济运行的一般规律和本国经济发展的特殊规律，全面研究世界经济特别是本国乃至本地区经济的时空、定位、基本特点、特殊矛盾，敏锐地洞察新时代经济发展的新趋势，正确确定自己的经济改革和发展的取向，选择自身中长期和近期的经济增长路径。人们统称市场经济的理念。实际上它又是独具个性的意识，既不能以就事论事的偏狭经验作依据，也不能教条式地照搬外国、外地的现成模式，而是普遍性与具体情况相结合。尤其是社会主义市场经济条件下的政府经济职能，更富有自身的特色。所以，解决主观意志与客观规律这一矛盾的过程，正是一个不断学习、创造的过程，是一个经济伦理意识科学化的过程。这是政府经济行为中不可回避的一个认识论问题，一个伦理要求问题。

2. 自利与公利的矛盾

这一普遍性的社会道德冲突，同样表现在政府管理阶层的道德意识之中。不同的是，政府管理人员手中有一定的权力，如何处理这一矛盾，关乎到地方乃至国家的整体利益。

政府的经济职能是从社会全局出发的，在市场经济下要管理和维护全国的统一市场，对市场秩序的管理、中长期计划的制定与执行、产业政策的定向倾斜、对违法行为的制裁、公共产品和设施的发展、生态环境的保护等，都要从社会经济利益出发，还要遵守国际规则，维护全人类的权益。为此，有时为了全局利益不得不牺牲局部利益，为了长远的根本利益不得不牺牲暂时的眼前利益，特别是可持续发展战略，为子孙后代造福更要保证长远的全局性的举措。由此而来，在政府的各部门、各级之间往往产生利益上的矛盾。处理此类问题，必须要有公仆意识，站在全社会的立场上维护公众利益，使自己部门和地区的利益服从全局利益。

从部门来说，由于分工不同，必然有社会某方面、某战线的特殊要求，比如主管农村的部门要从农村事业的发展考虑提出政策建议，水利部要研究水利事业的发展，代表本系统争取得到更大的支持，能源部门必须专事能源的开发与利用，提出本部门的战略等。但是，许多事情在本部门是可行的，而从全局考虑则存在矛盾，或者暂不可行，那就必须服从全局的部署，保证政府工作的重点。这种事业上的利益矛盾会经常发生，特别需要在道德上正确处理自利与公利的矛盾，善于自我调整和约束，正确处理工作上的、利益上的矛盾，保持整个机器的协调运转。

尤其突出的是地方政府与国家政府、各级地方政府之间利益上的矛盾更是屡屡出现。从客观上看，各级地方政府应当为本地区谋利益，在全国宏观调控指导下对本区的经济运行进行中观调控，促进本地区的经济发展。但是，如果违背了全国统一的法规，背离了社会公共利益，保护落后的东西甚至假冒伪劣产品，袒护违法乱纪人员，这不仅不利于良好经济环境的形成，而且会最终阻碍经济的健康运行。目前流行的地方保护主义，就是缺乏全局观念、法律观念、可持续发展的观念的突出表现，其中不少还同地方的某些官员的“政绩”观与作风（特别是腐败行为）有一定的关系。如淘汰落后的生产力（设备落后、污染严重的企业等）就往往涉及地方利益（如地方财政），这往往受到地方政府的一些阻挠。鉴于地方个性与全局共性的矛盾，必须树立服务于社会的全局观念，倡导全心全意为人民的利益观念和公仆精神，让地方官员和机构做到自我规范、自我约束，最终达到自律。

3. 自律与他律的矛盾

人是在他律与自律的约束和规范中走向道德完美的。人类精神的基础是自律，道德精神与境界的提高，则更有赖于自律意识的养成。

历史上政府对社会经济的管理，经历了一个由随意性向规范化（法律和道德）的完善过程。市场经济是法治经济，也是道德经济，法律和道德成为维护市场秩序的“两手”，特别是进入发达市场经济阶段，更需要靠法制来维系，靠道德来引导和支撑。政府经济职能的行使同样要以法规和道德为依据。从法律和道德的关系分析，政府依法办事是最重要的“他律”，带有强制性，不管主观上愿意与否，都必须在法律的框架内行使职权，违者就要追究责任，受到惩处。但是，仅靠他律是不够的，或者容易陷入被动状态，执行不力，不能创造性地运转；或者执法中走样，有法不依，执法不严，曲解法律，利用法律中的某些空当行事，甚至知法犯法，或不能正确处理权与法的关系等。法律是靠人来执行的，人同样是执法的主体。这就更需要以自觉意识作为基础，既能自觉地用法律约束自己的行为，又能创造性去执行法律。这里的关键是道德的约束和自律。无论是他律还是自律，在这里都现实地统一在经济行为的目的上，即他律和自律都是为发展、协调和服务于社会经济的。自律要建立在对法律的领会、理解之上，因为法律也是客观经济行程的要求，是管理、协调的手段为一定的经济目的服务。作为政府机构和人员必须承担遵守、执行、维护的责任。这也需要一个学习、修养过程，不但要熟悉法律、理解法律，还要以此为基础提高政府机构和人员的道德素养，养成遵纪守法的美德。从目前政府经济职能运行状态的深层次矛盾看，表现为他律弱化或不能完全到位，自律意识则需要进一步提高，需要从根本上树立经济生活的规则意识。世界贸易组织规则作为比较成熟、完善的市场经济规则体系，通过一整套的规则来规范和约束成员方经济主体特别是政府的行为，因此，政府自觉地按规则办事，逐步实现经济生活的规则化，是市场经济发展的客观要求，也是广大人民群众的共同要求。

（本文原载《伦理学研究》2003 年第 1 期）

简论经济活动中的政府伦理责任

经济伦理研究可以分为三个层次，社会经济制度环境方面的伦理问题（主要是政府行为）、公司或企业层次上的伦理问题、个人层次的伦理问题。良好的市场经济秩序，除了企业、个人所应承担的责任外，政府由于自身的职能也应承担许多特殊而又特别重要的伦理责任。特别是在我国建立社会主义市场经济体制的过程中，探索政府在经济活动中的伦理责任，进而通过履行这种责任来引导、规范政府的行为，是社会主义市场经济体制最终成功的保证，也是目前整顿和治理市场经济秩序的一个突出的深层次问题。

市场机制和政府宏观调控体系的关系，乃是经济基础和它特有的“上层建筑”（列宁称金融为“经济的上层建筑”）的互动关系，也就是“看不见的手”和“看得见的手”之间的关系。两者之间的关系可以这样概括：市场自发调节为基础，政府计划调节为指导，两者相辅相成，都是社会化大生产的内在要求。正确处理市场和政府的关系，是社会主义经济发展中需要认真解决的问题。那么，从经济伦理角度来分析，政府到底应当担负什么样的道德责任？换句话说，政府应该不应该遵守相应的道德规则，接受道德的约束？答案是肯定的。针对现实经济生活中政府行为存在的突出问题，我认为下列几点是应当而且必须重视的。

一、尊重市场运作规律

市场调节是优化资源配置的基础。按照马克思的说法：“市场是流通领域本身的总表现”。[①] 它是一切经济关系的总结合部，集中了下述几个基本关系：供给与消费的关系、企业与消费者之间的关系、各种生产要素（资金、技术、信息、劳务及一切生产资料）重新配置阶段的关系。它也表现为分配关系，包括积累和消费比例及其相应的物资形态（生产资料和生活资料）的关系、劳动者消费资料的分配关系以及社会消费、团体消费与个人消费之间的关系等。这些关系集中地表现为总供给和总需求的关系及供需双方结构关系，而供需中的诸类关系又以价格的变动反映出来，并进行自发地调

① 马克思恩格斯全集（第 49 卷）[M]. 北京：人民出版社，1982：309.

节，成为一种波动中的自然制衡机制。这种“无形的手”表现了供求规律、价值规律和竞争规律的合力。实际上，市场是利用价格信号通过流通中利益的较量，进而调节着生产、流通乃至分配和消费中的各种比例关系。可见，市场天然地承担着三种职能：联结生产、消费以及分配的总枢纽，是反映各种经济关系变动的温度计，调整各种比例关系的调节器。市场处于商品经济的枢纽部位，是商品经济的基本范畴。市场调节反映了承担不同社会分工的商品生产经营者之间的联系和利益关系，是商品经济中的基本关系。市场机制表现了价值规律与供求规律的矛盾运动，是商品经济所具有的基本调节功能。市场调节虽然是自发的，但它是自然进行的基础性的调节，不带人的主观意志色彩，是一切调节的基础。任何以社会化生产为基础的社会经济都离不开市场调节。

因此，在市场经济条件下，对政府行为提出的问题首先是必须尊重市场发展规律，增强社会经济理性，任何凭借主观上的随意性、不计后果的决策既是经济上所不允许的，也是道德上所不允许的；这里既有一个经济责任问题，同时还有一个伦理责任问题。从目前看，在尊重市场规律方面有三点比较突出：一是政府职能的“越位”现象比较突出，过多地干预正常的经营活动，管了自己不该管也管不好的事。如企业重组方面的“拉郎配”现象、直接干预企业的投资行为等，这是计划经济体制管理方式的延续。二是对市场尚缺乏科学的、理性的分析，决策上的随意性较大。三是责任意识淡漠，对造成重大经济损失的行为后果不愿承担责任。从政府行为分析，尊重市场经济发展规律，承担决策失误的道德责任，不仅是一个经济问题，同时也是一个伦理问题。

尊重市场运作规律，政府的计划调控就会具有科学性、合理性，政府也就有可能管好自己应该管的事情，切实履行其职能，承担其责任。同时，政府必须精简、高效、廉洁、公正，更好地适应市场经济的要求。

二、弥补市场缺陷

众所周知，市场调节的自发性有很大的缺陷，盲目性大，容易产生短期行为，过度竞争，秩序混乱，特别是容易产生对生态环境的破坏以及社会不公平（如两极分化等）、损害社会道德等问题，以至于产生很大的负面效应，从而导致经济危机和社会震荡。这就需要政府发挥职能，履行责任，加以弥补和规约。这是政府的又一重要伦理责任。

从市场经济发展的历史来看，从来也没有出现过亚当·斯密所说的那种完全靠“看不见的手”自发调节的理想状态。历史表明，政府的一定干预和一定的计划性是生产社会化的要求，商品经济愈发达就愈要求社会化，从而也就愈要求计划调节。早在资本主义发展初期列宁就说过："大机器工业和以前各个阶段不同，它坚决要求有计划地调节生产和对生产实行社会监督（工厂立法就是这种趋向的表现之一）。"[①] 现代发达资本主义国家自 1929~1933 年大危机之后，政府干预的职能日益强化，由此产生了凯恩斯主义。而社会主义市场经济，建立在生产资料公有制为主体的基础上，可以消除资本主义私有制造成的弊端，全面地实行自觉的调节。社会主义公有制为这种"自觉"提供了最重要的条件，扫除私人集团为实行统一计划造成的障碍。这种"自觉"主要表现在对市场调节的利用、引导、节制、协调上，具体手段乃是有目的地利用经济杠杆、法律手段、必要的行政手段、道德规范与教化等，并且使它们的功能协调起来，形成完善的宏观调控体系。

可见，宏观调控和计划不是社会主义市场经济的外在之物，而是其内在机制，即市场调节和调节市场的双向运动。就是说，自发的市场调节与自觉的调节市场之间形成互相制约、互相转化的关系和系统的运动流程。市场调节是调节市场的基础、出发点和归宿；调节市场是市场调节的升华、方向盘和调度室。调节市场不是随意性的调节，而是根据市场的运动规律和它所反映出来的各种指数、信号制定决策和计划。然后，自觉地利用市场机制对整个经济运动进行调节，其公式是：市场—计划（控制、协调）—市场。从市场中来，到市场中去，把市场机制自觉化，再通过市场调节整个国民经济，调节企业界的行为、供求关系的变化、消费者的行为、扩大再生产的方向和规模等。

大体上说，市场经济条件下政府承担的弥补职能有：

一是管理。通过制定法律、执行法规来规范市场秩序、企业和中介组织的行为，引导消费者。例如，通过制定市场法、反垄断法、反不正当竞争法等，创造平等竞争环境，限制和制止恶性竞争及垄断行为；利用质量法、合同法保护名优产品，打击假冒伪劣产品和各种非法经营；通过制定企业法、专利法等，规导企业行为，保护知识产权，规范公司和管理；对违法行为进行必要的处罚。

二是保障。通过法律的、经济的、行政的各种手段弥补市场调节的缺陷。市场的作用主要在于提高效率，但很难解决公平和社会保障等一系列问题，而政府则要组织社会力量提供必要的社会福利和社会保障，特别是建立社会保障体系，如调节分配领域中的分配不公问题、保障最低生活标准的问题、就业问题、医疗、义务教育、创造良好的人文环境、生态环境等。单靠市场很难使经营者顾及全局利益，特别是自然资源的保护、生态平衡、公共卫生的维护以及治安环境的维持等，因此，在这些方面尤其强调政府的保障职能。

三是计划。为克服和弥补市场的盲目性和短期性，政府必须从整个社会发展出发，科学决策制定长期发展规划和年度发展计划，作为整个经济发展的导向。现在不但社会主义国家有计划，多数发达资本主义国家也制定国民经济的计划。当然，这些计划

① 列宁全集（第 3 卷）[M]. 北京：人民出版社，1984：500.

与计划经济体制下的指令性计划不同，是指导性计划，并有相关政策与之配套。

上述职能和责任，都是政府应该而且必须承担的，具体来说，市场经济条件下的政府要承担“道德机构”的责任，如果政府职能“缺位”，将直接影响到经济发展的命运。当前，我国的经济体制改革正在向纵深发展，许多深层次的矛盾亟待解决，如就业问题、分配中的公正问题、市场秩序问题等，尽管政府在宏观调控方面已发挥了强有力的作用，积累了许多经验，但是市场运作中仍有一些本该政府管的事却没有管好。原因是一些政府官员还不适应市场经济的运行要求，驾驭能力有待提高；有的是由于缺乏责任心所致。实践证明，社会主义市场经济需要一个强有力的决策科学的政府来规导、调控和治理。

三、维护人民群众的根本利益

政府作为宏观调控的主体，作为权力的主体，维护人民群众的根本利益，是政府责任的应有之义。由于我国处在建立社会主义市场经济体制的过程中，机制还不够完善，一些政府职能出现了扭曲，给经济生活带来了混乱，也直接危害了国家和人民群众的利益。在一些地方和部门，个人利益、部门利益与人民利益、国家整体利益之间的关系，出现了紧张或矛盾。地方保护主义、片面强调部门利益带来的“三乱”（乱收费、乱集资、乱罚款）现象，就是近年来一直试图解决但并没有根治的突出问题。

地方保护主义是地方政府职能畸形化的表现。出于地方的眼前利益（主要与分灶吃饭的财政体制有关），加上某些地方官创造“政绩”的需要，特别是与腐败现象直接联系（权钱交易），一些地方政府不执行国家的统一的法规，不维护统一市场的秩序，却致力于保护本地存在的违法经营。如或明或暗地袒护制造假冒伪劣产品，甚至对国家明令禁止、关系人民生命健康的假冒伪劣药品、食品的生产、经营也加以支持保护；对于污染环境、破坏资源的经营没有坚决制止，以至于水污染、空气污染屡禁不止；破坏信誉、不遵守法规的本地经营者受到上级司法部门的处罚，地方却拒不执行，甚至设法包庇当地人对外地人的诈骗行为；为保护当地新产品，画地为牢，不准外地商品进入，或强行销售当地的新产品，更有甚者，官员、执法人员同黑势力勾结，保护嫖娼、贩毒、走私、虚开税票等违法经济活动。这种地方保护主义的盛行，是当前我国市场秩序混乱的原因，它严重破坏了市场环境，阻碍公平、开放、统一、竞争的市场体系的建立，已经成为一大公害。这里既有认识问题，更有利益问题。它与一些政府官员的个人利益有关，或者是经济利益，或者是谋取所谓的“政绩”。他们作为公共利益和意志的代表，必须代表人民的根本利益、国家的整体利益，但他们的行为却与之背道而驰。

除了地方保护主义之外，还有部门利益作祟，这正是“三乱”现象屡禁不止的重要原因。“三乱”直接干扰了社会经济生活的正常发展，危害严重。首先，造成企业和消费者负担加重，据统计资料显示，税费比例一般是1∶0.8，有的高达1∶1.5，致使企业负担加重，成本提高，效益下降，扭曲了经济关系，有的企业设法再转嫁给消费者，有的直接摊在农民头上，影响经营者的积极性，损害消费者利益，妨碍市场的正常运转。其次，导致执法不严、秩序混乱、经济杠杆失灵、信用意识下降。为了“创收”，不该管的乱管，该管的却有意不管，其结果是合格新产品可能销售不畅，不合格的劣质产品则横行无阻，行业不正之风难以克服。这种群体腐败，正是官员腐败的土壤，致使政府职能严重扭曲，不仅难以履行其职责，而且从根本上违背了人民群众的利益。

四、构建以政府为中心的社会信用体系

市场经济是信用经济、是道德经济，社会信用体系的动摇会直接影响到经济生活的正常运转，因此，构建社会信用体系，是市场经济健康运行的前提，是经济发展的道德支撑。在这一问题上，政府则应该首先成为守信用的表率，其信用特别表现在对经济活动的干预和调节方面。政府近期已对这一问题非常关切，国务院专门发出《关于整顿和规范市场经济秩序的决定》，并提出“建立良好的市场经济秩序，既是重大的经济问题，也是严肃的政治问题”。

目前，影响我国政府形象和信用的最大问题是，政府中的少数人利用政府职能，搞经济腐败，致使社会各阶层腐败之风滋长蔓延，政令不通，社会信用体系发生危机。

市场经济的消极面表现之一，就是商品拜物教、货币拜物教、资本拜物教易于滋长，拜金主义往往使一些人利欲熏心、唯利是图。而在社会主义市场经济体制尚不完善的条件下，计划经济体制的惯性又继续起作用，于是一些官员便利用手中的权力从事权钱交易，西方经济学称为“寻租”活动。这就使得腐败现象在一些官员中滋长蔓延，甚至有愈演愈烈之势。近十几年来，一些官员贪污受贿、吃回扣、收礼、合伙走私、生活糜烂，小至办事员，大至高级领导干部，许多案件触目惊心。目前，比较突出的建筑质量差以至于“豆腐渣”工程比比皆是，主要是腐败问题造成的，地方保护主义、行业不正之风、市场秩序混乱、国有资产流失、产品质量差、服务质量低、浪费惊人、用人失当等现象，盖于此相联，以至于成为某些方面政府职能严重扭曲的源头。这种腐败现象与体制改革不够深入有关，许多漏洞是制度不健全造成的。由腐败带来的损失，不只表现在经济上，而且影响了政治状况、党的形象、社会风气和安全问题，影响根本制度的巩固和完善，进而又加剧了政府职能的扭曲，形成恶性循环。建立和完善社会主义市场经济体制，矫正、规范政府职能，必须下决心剔除这一毒瘤。

政府工作人员的良好素质是正确执行公务、依法行使职能、提高办事效率的重要

条件，也是政府、塑造良好形象的基础。因此，对于政府各级干部的教育必须经常化、制度化。一方面，进行职业道德教育，提高为人民服务的自觉性。应该说这是我们的政治优势、也是一个优良传统，在新形势下，要结合新矛盾、新问题来探索公务员道德建设的有效路径。赫尔穆特·施密特在《全球化与道德重建》一书中曾谈到他对德国政治家的伦理规范内容的构想，强调政治家的道德责任感对其执政的意义，他合理地指出，应该制定政治家道德行为规范并进行公开讨论，这样可以帮助政治家阶层树立声望，赢得信任。他认为英国在 1995 年提出的适用于公职人员的行为规则非常有意义。其中有两点他特别感兴趣：一是试图排除个人利益对政治决定的影响；二是告诫政治家们即使在非正式的和非公开的会议上也要始终意识到自己对选民、对国家利益所承担的重大责任。另一方面，各级领导干部要加强业务学习，懂法守法，熟悉政策，正确把握界限，了解有关科学技术知识，经常学习先进典型的经验，提高办事能力和效率。还要学习国外政府管理的有益经验，使政府的管理更符合市场经济运作的规律和要求。

总之，我们的各级政府官员，都应主动担负起建立、巩固社会信用体系的任务，认清位置，规范行为，注意形象，按照国际经济规则，转换、规范政府职能；按照“三个代表”的要求，驾驭好市场经济，维护好人民群众的利益，管好自己该管的，担负起伦理责任，真正成为先进生产力的代表。

（本文原载《高校理论战线》2001 年第 11 期）

政府责任：认识与行动
——基于中国政府经济行为的伦理分析

改革开放以来，为适应经济市场化机制，中国政府针对政府经济职能转变进行了数次规模较大的改革，政府对经济的宏观调控功能日渐科学与规范。在政府与市场、政府与企业、政府与社会、政府与公民的关系中，政府作用的范围以及应承担的责任，在观念上日益清晰。然而，在当前政府的实际经济活动中，尚存一些突出问题。认识政府责任，并开辟履行责任的有效途径，是一个必须认真探讨的经济伦理话题。

一、经济市场化进程中中国政府的特殊使命

从计划体制向市场体制转换，中国政府经济活动面临着特殊的历史背景，担负着特殊的任务和使命。概括起来有三个主要方面：一是来自市场的挑战。中国市场经济的不发达与中国市场的失灵、缺陷两大问题并存。二是经济体制与政治体制改革滞后，经济与政治界限不明，权力过度干预市场。三是政府组织自身亟待改革。这三大问题凸显，导致市场不发达与市场缺陷等问题交织在一起；与市场成熟度相联，经济体制改革不到位与政治体制改革严重滞后等矛盾交织在一起；政府与市场功能及边界不清晰、不规范、不到位，政府的政治治理与经济职能交织在一起；政府上下组织之间、部门与组织个体之间，利益不一致，信息不对称，上传不能下达，或上有政策下有对策，机构重复设置，职能交叉重叠，组织的公共理性与部门利益、个体意愿之间的冲突交织在一起，由此形成关系、职能、利益等矛盾相互交错的复杂局面。因此，全面客观地认识中国的市场进程，了解中国市场的特殊性，是合理阐释和解决这些问题的关键所在。

第一，市场功能不健全。市场功能是市场机体所具有的客观职能，它表现为市场机体所从事的具体活动。市场功能具体表现为：交换功能；联系功能；信息传导功能；激励功能；资源配置功能；调节功能。经过多年的改革与探索，市场在我国经济生活中的作用日益突出。但从总体上看，市场功能还很不健全，这在相当程度上影响和制约着政府职能转变的进程。健全市场功能，至关重要的是要进行以下制度创新。

在完善市场下层组织的同时，还要重视市场上层组织的建设。现代市场经济理论

把市场分为上层和下层，市场的下层是纯粹的、面对面的即时买卖交易，属于市场的原始状态。市场的上层是指交易双方并不直接见面，由中间经纪人操作的买卖交易，如期货、股权、期权、合约交易等。从某种意义上讲，市场上层组织的发达程度既是一个国家从自然经济向市场经济转变的标志，同时也是一个国家市场是否健全、发达的标志之一。从我国实际情况来看，市场上层组织的建设主要应围绕经济市场化进程的客观需要，更加有效地配置资源，政府宏观指导并提供必需的法律和制度保障。目前，地方市场“关系经济”的问题是建立全国统一大市场的一个制约因素。“关系经济”的特点，一是信息的隐蔽性；二是“租耗”巨大；三是容易产生“权钱交易”和寻租现象，从而导致腐败。因此，“关系经济”严重影响我国市场功能的发挥，突出表现为我国市场交易范围的扩大与信用或契约短缺的矛盾越来越突出，直接阻碍地方市场总交易量的增加，影响公平市场秩序的建立。信用或契约的短缺使市场的上层组织难以建立起来，市场只能在低水平上平面扩张。

在继续发展产品市场的同时，大力推动要素市场的成长。这些年来，我国产品的市场化程度有了较大的提高，但要素市场的发育却相对滞后。其主要原因是产权问题没有得到真正解决。因为产品市场的形成对产权的要求低得多，而要素市场的形成对产权的要求则高得多。产品市场只是简单的买卖关系，而要素市场则涉及产权转让、合约的交易等市场上层组织的建设问题。市场经济在某种意义上讲就是一种产权经济，没有有效产权制度的市场经济其功能是不健全的。

第二，市场质量不高。市场质量是制约政府职能转变的深层次原因。所谓市场质量，是指市场自我组织、自我运作、自我管理和自我发展的能力与水平。具体地说，市场质量可以通过下列八个方面的指标来衡量：①市场配置的资源的种类和数量；②价格机制与价格体系的完备程度；③各类要素市场的结构与规模；④市场主体即生产经营单位、生产经营者的自由度、自律能力；⑤国内市场向国际市场的开放水平、交融的程度；⑥国内市场的一体化水平；⑦经济社会生活中存在行之有效的平衡、中和逐利冲动的机制；⑧社会中介组织发育充分，能有效地实现行业自律、自治和自理。市场质量能反映市场的成熟程度，市场质量高说明具有较大自主性的市场主体能够依据一定的规则，在市场机制的引导下有序地让各类资源在国际国内市场上流转、配置，这样，很多问题通过市场自身的力量就可以得到较好的解决，相应地，政府要处理的事务和面临的压力便大大减少，这样，政府职能的转变、机构人员的裁减就相对容易得多。

传统的计划经济是一种排斥市场的经济体制。1978 年后中国的经济体制改革的基本取向是市场经济，经过多年的改革，决定市场质量的各种“变量”都出现了程度不同的改观：所有制结构呈现多元化态势；通过改革，生产经营者获得了较大的自主权；各类要素市场初具规模，由市场配置的资源的种类和数量大幅度增加，价格机制已发挥主要作用；统一的全国性市场基本形成，并建立了具有国际竞争力的开放型经济，中国经济已经较为全面地融入世界经济的大潮之中；市场规则不断完善，各类中介组织从无到有，从小到大，法律外约和行业自律结合，为市场的运作、经济行为的秩序化创造了条件。上述这些方面都体现了我国市场质量的改善，而市场质量的提高，为我国的政府职能转变奠定了坚实的社会基础。正因如此，改革的重心才能转向政府职能的转换上来，政府管理方式才能逐步从微观走向宏观，从直接走向间接，从主要依靠政治、行政命令走向主要依靠经济的、法律的手段。由此看来，市场发育与政府经济职能转换之间有着内在的客观的联系，并且互相制约与影响。

市场作为经济的运行过程，它是客观的、有规律的。马克思曾讲："一个社会即使探索到了本身运动的自然规律，——本书的最终目的就是揭示现代社会的经济运动规律，——它还是既不能跳过也不能用法令取消自然的发展阶段。但是它能缩短和减轻分娩的痛苦"。[①] 这段话说明：经济的发展进程有其自身的客观规律，人们可以认识规律、运用规律，从而更自觉地去驾驭和促进经济的运行，但不能人为地跨过或取消这一自然的历史阶段。市场经济在我国同样有一个自然的历史的发展过程。市场功能不健全，市场质量不高，市场体系尚待成熟，除了影响到政府机构改革与经济职能的转换，同时还会带来与之相适应的政治的、文化的、社会的等方面的问题。如当前中国政府集中整治的商业贿赂，就与新旧两种经济体制转换有关。2005 年，在全国 30 个省（市、区）建设系统发现并查处的 148 件经济案件主要发生在房屋和市政基础设施工程建设、市政公用事业单位产权交易等部位，出现在规划审批、工程招标投标、项目分包、材料设备采购、项目预决算、资产评估、特许经营权取得等环节上。这些问题与当前我国土地供应实行无偿划拨和有偿使用双轨制有直接关联，与当前存在的审批经济有关。当然，一些关系到国计民生的领域，政府应该管，而且必须管好，但审批经济同样也为权力不当干预经济留下了空间。

在这一特殊的经济市场化发展阶段，政府既承担着培育、完善市场的职责，又担负着化解市场风险、克服市场负面影响这双重任务，政府到底应当如何作为并承担哪些责任？

二、从全能到有限，政府的责任是什么？

计划经济时期的中国政府，计划调节社会的一切经济活动，计划企业的产、供、销各个环节，其职能范围可谓无所不包，被称为全能政府。市场经济下，企业与其他经济组织的经济主体地位确立，产权关系逐步明晰，政府经济管理职能定位于间接的、宏观的、指导性的、服务型的。在政府与市场、与企业、与社会、与公民的多维关系构架中，政府经济活动的责任与"应当"是什么？实质上就是一种责任伦理。德裔美

① 马克思. 资本论（第 1 卷）[M]. 北京：人民出版社，2004：9.

籍学者忧那思（Hans Jonas）1979年在《责任之原则——工业技术文明之伦理的一种尝试》一书中正式提出了责任伦理思想。从本质上讲，道德行为是一种以自由意志为前提，由选择机制和能力共同决定的责任行为。而且，责任伦理是关于行为全过程包括事前、事中、事后，或者行为的决策、执行、后果的伦理，它是整体性的伦理。下边主要从道德认知与道德价值规范层面阐释政府应该承担哪些社会责任。

加强制度建设，实现社会公正。在从计划经济向市场经济的转换过程中，因经济制度建设的滞后及缺陷，或制度执行不力，经济社会生活出现了一些不公的问题，并且引发了大量的社会矛盾。当前，因经济政策、制度的缺陷或落实不到位引起的社会不公，突出表现在分配、教育、公共财政、行政执法等领域，问题关涉到市场秩序、公民的基本权利、起点与机会是否公平、弱势群体的生存保障等问题。

公正作为人类社会追求的一种最高的价值观念，它是现存经济关系的观念化表现，是人们评价社会关系的标准。因而属于评价范畴。从制度上维护社会公正，要求政府制定的路线、方针、政策必须符合人民群众的根本利益，这是政府必须承担的社会责任。中共十六届四中全会《决定》这样指出："坚持把最广大人民的根本利益作为制定政策、开展工作的出发点和落脚点，正确反映和兼顾不同方面群众的利益。"胡锦涛同志强调：必须注重社会公平，正确反映和兼顾不同方面群众的利益，正确处理人民内部矛盾和其他社会矛盾，妥善协调各方面的利益关系[①]；并详细阐述了公平正义的内涵，就是社会各方面的利益关系得到妥善协调，人民内部矛盾和其他社会矛盾得到正确处理，社会公平和正义得到切实维护和实现。

需要特别指出的是，我国从计划经济向市场经济体制的转型过程，也是从人治社会向法制社会的转变。它将涉及经济、政治、文化与社会结构的整体变迁，不可避免会产生某些制度真空和制度缺陷。我国当前社会生活中出现的问题和矛盾，就充分说明了这一点。当前政府提出构建社会主义和谐社会的目标，其中"民主法治、公平正义"放到了首位。政府正在加快和完善相关领域的体制和具体制度建设，彰显政府通过制度维护社会公正的功能和使命。

遵循经济运作规律，提高驾驭市场的能力。关于政府的经济职能，学者们有许多精辟论述和独到观点。从李嘉图到凯恩斯，再从凯恩斯主义到后凯恩斯主义，都从不同层面强调政府经济职能和干预市场的意义。恩格斯把政权视为"一种经济力量"，政府对于经济的作用大体有三种形式：一是正向作用，推动着经济发展；二是反向作用，阻碍经济的发展以至于成为生产力前进的桎梏；三是两种作用都有，只是以其中的一种为主。后来的斯蒂格利茨呼吁，国家应建立一种在市场经济条件下的加强政府控制职能的新经济发展战略。从国家经济发展战略角度来讲，"看不见的手"和"看得见的手"都是经济发展不可缺少的调节手段。但"看得见的手"的调节，必须是适应市场发展规律的。惟有如此，自发的市场调节与自觉的调节市场之间才能形成互相制约、

① 参见《人民日报》，2005年2月20日。

互相转化的良性运转过程，形成完善的宏观调控体系，这是保证我国经济社会健康发展的大问题。

从市场经济表现生产社会化的观点看，市场调节是第一性的，是优化资源配置的基础。“市场是流通领域本身的总表现”。它是一切经济关系的总结合部。这些关系集中地表现为总供给和总需求的关系及供需双方结构关系，而供需中的诸类关系又以价格的变动反映出来，并进行自发地调节，成为一种波动中的自然制衡机制。这种“无形的手”，表现了供求规律、价值规律和竞争规律的合力，是商品经济所具有的基本调节功能。市场调节虽然是自发的，但它是自然进行的基础性的调节，任何以社会化生产为基础的社会经济都离不开市场调节。

因此，在市场经济条件下，对政府经济活动提出的要求首先是必须尊重市场发展规律，增强经济理性，任何凭借“拍脑袋”、不计后果的经济决策，必须彻底改革，所以政府要从全能“管制”转向科学化“管理”，而要管理好，就必须按市场经济规律来操作。这是一个经济职能实施问题，同时也反映政府的公共决策、责任意识水准。李金华于 2005 年 6 月指出，10 家中央企业对外投资、借款、担保等造成损失 145 亿元。主要是由于不按程序决策、违规决策和管理不善造成的。从目前看，政府经济职能的转换已初显成效，市场意识、法制与效率意识都在不断增强，但仍存在着干预不当或干预过多的现象。因此，确立尊重市场经济发展规律，增强经济理性的理念，对于政府经济职能的有效实施，提高驾驭市场的能力，从而有力地推动中国经济发展进程尤为重要。

弥补市场缺陷，建构经济秩序。这是政府经济行为的基本责任。市场不是主管道德的机构，它不会致力于社会公正、克服失业或者确立金融理性或财政理性。市场不是主管道德的组织，市场缺陷需要政府来弥补。就中国目前的情况来说，在市场发育不够成熟，市场运作还有待规范的情况下，政府可能干预的事情就相对多一些，甚至原本就应当由市场去做的事，有时也不得不由政府来暂时承担，待市场发育到一定程度后，再转交市场去承担；即使是发达的市场，相对成熟的市场，失灵与缺陷或许改变了内容但仍然存在。发达国家的实践已经昭示。因此，政府在遵守其国际规则的前提下，还不得不根据中国的国情，发挥特殊的作用。

公平的市场经济秩序，是弥补市场缺陷的重要内容之一。首先应强调依法治理。政府要通过制定与完善法律、切实执行法规，来规范企业和中介组织的经营行为，引导消费者。例如，利用市场法、反垄断法、反不正当竞争法等，创造平等竞争的市场环境，限制和制止恶性竞争及垄断行为；再如，利用质量法、合同法保护名优产品，打击假冒伪劣产品和各种非法经营。其次应着力维护统一市场的建立。要引导国内各地区、各经济主体，面对国内外大市场，不能再各自为政、相互残杀（如中国轿车出口）。要尽快打破地区、部门和市场分割的局面，遏制地方保护主义的泛滥，使全国尽快形成统一规范的市场体系。此外，要尽快建立社会保障体系，解决就业、医疗、义务教育、环保等问题，创造良好的生存与发展环境等。为克服和弥补市场的盲目性、周期性、波动性，政府必须从社会发展全局出发，制定中长期发展规划，作为整个经济的导向。这些责任，都是政府应该承担而且必须解决好的问题。

维护社会公共利益，保障公民合法权益。政府作为宏观调控的主体，作为权力的主体，是代表公共利益和意志的。维护社会公共利益，保障公民合法权益，是政府在经济活动中的基本责任。

在当前，亟待解决的问题有：第一，公共产品和公共服务仍然短缺。如应由中央政府提供的邮政、铁路、水利、生态环境和其他区际性基础设施，医疗、养老、失业和其他社会保障服务，应由各级地方政府提供的城市公用事业服务如公交、水电气供应、公共性文体卫生服务等，这些“公共物品”仍然短缺。当下中国突出的三大新的民生问题，买房贵、上学贵、看病贵，也亟待政府出台有效方案来解决。第二，个别地方政府的公权蜕变为谋私的工具。劳资矛盾随着市场改革的深化日益尖锐。最近报道江苏有因企业污染而致病的一个“癌症村”，农民集体上告。之所以如此，就是因为当地的政府环保部门充当了这家污染企业的“保护伞”。国家权力代表的是公共利益与公众意志，地方政府作为下属执行机关，同样应该不折不扣地贯彻和落实。然而，面对资本所有者与劳动者的矛盾，个别地方政府为了自身利益，或为了地方利益，不顾劳动者的切身利益，一味地迎合甚至充当不法利益的保护神，使权力运作性质发生变化。第三，政府职能部门与地方政府利益之间的博弈，直接扭曲了政府经济职能。长期以来我国的政府管理体制采用的是条块分割，作为“条条”的政府职能部门与作为“块块”的地方政府之间常常出现摩擦，为了部门的利益而与国家或是地方争利益的现象并不少见。这就是乱收费、乱罚款滋生的深层原因。还有当前全国上下关注的商业贿赂问题，从根本上背离了市场经济对公平竞争的要求，破坏了正常的交易秩序和市场资源的合理配置，最终损害的是消费者的利益。而商业贿赂的几个重灾区的背后，总有或多或少的权力背景。此外，一些地方的房屋拆迁、土地审批、拖欠农民工工资等问题的存在，直接损害了群众的切身利益。这些问题，从根本上危害了社会公共利益和人民群众的合法权益，严重扭曲了政府职能，损害了政府形象。中央政府提出以人为本的科学发展观，立足于社会公共利益，强调以人为核心的执政理念，致力于政府自身的改革和法治政府建设，将会逐步地解决上述问题。

三、从认识到行动，政府公共理性的提升

中国的经济社会生活迫切需要政府履行好自己的责任，这就要求必须将对政府责任的认识转向政府如何承担其责任的行动？诺贝尔经济学奖获得者斯蒂格利茨提出政府也是经济组织的观点，认为有必要建立一个价值规范系统，以便对政府的经济角色作出应当是什么的规范性研究。公共选择理论将“理性经济人”假设用于政治生活领

域，在政府改革与治理方面颇有启发意义。

加快民主政治建设。现代民主政治是责任政治，负责任的政府就是为人民服务的政府。随着我国经济市场化进程的不断加快，政治体制改革也在不断向前推进，制度建设提到了重要议程，并取得了明显效果。但由于制度建设尚待完善，特别是有了制度、有了法律而不能很好地贯彻执行，以至于制度扭曲、棚架、制度形式主义等从根本上在消解、破坏着制度。因此，可以说，我国的制度建设，先前的问题是制度供给不足，当下是有了制度不能照章办事，由此陷入制度怪圈。如何走出这一困境和怪圈？黄炎培先生向毛泽东提出的周期率问题，是人们最为熟知的，也是最能解析这一难题的答案。当时毛泽东对他说："我们已经找到新路，我们能跳出这周期率。这条新路就是民主；只有让人民来监督政府，政府才不敢松懈；只有人人起来负责，才不会人亡政息。"① 历史是面镜子。政府责任的切实履行，只有在民主与法治的维护下才能实现。民主是公民意志得以体现的途径，法治是政府官员私利得以遏制的屏障。因此，重视民主政治建设，规范政府行为，维护社会秩序，最终实现国家意志与公民愿望、实现国家与公民社会关系的和谐，才是有效的制度选择。

强化公共服务意识，提升公共道德精神。公共需求的深刻变化与公共服务的严重不适应，已经成为现阶段我国经济社会发展中的突出矛盾，着力推进政府职能转型，培育政府公务员的公共道德精神，就成为新时期政府履行职能、承担责任的内在要求。"公共理性"是一种社会的政治权力及其使用，"公共道德精神"作为公共理性的表现，它是执政的价值引导和道德理念。罗尔斯认为，"公共理性是一个民主国家的基本特征。它是公民的理性，是那些共享平等公民身份的人的理性。他们的理性目标是公共善，此乃政治正义观念对社会之基本制度结构的要求所在，也是这些制度所服务的目标和目的所在。于是，公共理性便在三个方面是公共的：作为自身的理性，它是公共的理性；它的目标是公共的善和根本性的正义；它的本性和内容是公共的"。② 也就是说，公共理性是民主社会的公民们决定正义这一实质性原则是否正当合适、是否是最能满足他们的社会政治要求的理性推理规则和公共"质询指南"。尽管在现代社会，制度安排对于保证政府的公共性具有根本意义，但是政府官员的政德也是不可或缺的因素。特别是社会主义国家的公务员，其代表广大人民群众的根本利益，代表先进道德所要求的公共服务精神，就必须树立"公仆"意识，以高度的责任意识为社会提供更充足的公共产品，为公民提供更优质的服务。

德法并重，防止"公共人"蜕变为"经济人"。霍布斯曾断言，"契约，没有刀剑，就是一纸空文"。依法规范政府公务员的行为，势在必然。为了加强依法治政，国家出台了《行政法》、《公务员法》、《监督法》，从而给公务员的行为设置了底线，为保障政府公共性的发挥提供了制度保证，意义重大而又深远。

---

① 十六大以来重要文献选编（上）[M]. 北京：中央文献出版社，2005：144.

② [美] 约翰·罗尔斯.政治自由主义 [M]. 万俊人译. 上海：学林出版社，2000：227.

关于美德对于治理政府的意义，历史上的思想家多有论述。如亚里士多德认为城邦是一种道德性的结合，也自然重视美德之于实现城邦“最高的善”的意义。在近代政治转型时期，人文主义者认为人的美德是一种创造性的社会力量，能够左右他自己的命运并按照他自己的愿望来改造他的社会力量。历史和实践证明，防止政府公务员由“公共人”蜕变为“经济人”，切实保障公共利益与公民权益，必须德法并举。我国提出的依法治国与以德治国相结合的治国方略，也是有效治政的战略之举。政府公务员要正确处理从政与谋利的关系，公共利益与部门利益、个人利益的关系，把政府组织的责任内化为个体的使命自律意识，筑起抵御各种道德风险的防线，真正做到“执政为民”。

（本文为2006年9月第二届世界中国学论坛发言稿）

国家道德理性与社会秩序建构

面对当下存在的腐败滋生、经济秩序混乱、诚信缺失、道德滑坡等这些令人堪忧的严峻问题，学者从市场经济的缺陷、国家管理职能上的不到位、公民道德素质低下等多方面进行解析。本文试从国家的理性这一角度进行探索。认为国家的理性主导经济社会生活，方能带来可持续的发展与人民的幸福，而国家的非理性则会给经济社会带来巨大的道德风险甚至灾难，提升国家的理性就成为决定我国发展前景的攸关因素。

一、国家的理性：照亮社会发展的“火炬”

国家是阶级社会的产物，是庞大的社会事务管理机构。作为社会的管理者，国家具有多种功能与属性，在当今社会，政府职能日益拓展，政府的社会职能进一步分化为相对独立的不同领域，以此为基础，政府的基本职能可概括为政治职能、经济职能、文化职能和一般社会职能。恩格斯指出：“政治统治只有在它执行了它的这种社会职能时才能持续下去。”[①] 国家的理性通过其职能，它在任何时候任何情况下都首先代表着一种社会秩序。

关于国家的理性学说，西方一些思想家有过较多论述。如古希腊哲学家柏拉图认为，国家是正义的化身，正义是智慧的产物，而智慧则是理性的产物；亚里士多德在《政治学》中指出，我们必须首先确定什么是最值得追求的生活方式。只要这个问题还没搞清楚，那么什么是理想政体就会一直不清楚。他认为，国家的目的是“美好生活的普遍促进”。因为只有在城邦中，幸福的生活才能实现，只有在城邦内并通过城邦生活，德性才能得到运行。近代的功利主义把个人的福利只算作一份，在计算幸福总量时并不把任何特权人物的快乐看得更重，这些内蕴着公正、民主、平等的思想，在当时具有深刻的启蒙意义。“边沁发展了第一个彻底的近代功利主义体系，聚焦于制度结构、公共政策、立法、政治管理的问题”[②]，这就使得功利主义成为评判社会制度与政策的决定性标准。更有学者高举“主权在民”或“民主政治”的旗帜，把“自由”、“平

① 马克思恩格斯文集（第9卷）[M]. 北京：人民出版社，2009：187.

② L. Becker（ed.）. Encyclopedia of Ethics [J]. Routledge，Vol. III，2001：1737.

等”、“人权”当作人人天赋的“自然权利”，把尊重和保护这些自然权利看作统治者和政府的“理性”或“自然法”，并用之判断政治家和政府善恶的基本标准。德国古典哲学的集大成者黑格尔认为，国家是“绝对理念”的体现，是理性的形象和现实。他将理性视为国家产生的惟一根源，自然看不到国家的阶级性质及其赖以形成的经济基础。

马克思在批判黑格尔的法哲学时这样说道：“国家的理性对国家材料在家庭和市民社会中间的分配没有任何关系。国家是从家庭和市民社会之中无意识地偶然地产生出来的。家庭和市民社会仿佛是黑暗的天然的基础，从这一基础上燃起国家的火炬。”[①] 正确地提出了国家的产生，不是黑格尔所说的某种理性或绝对理念的产物，认为国家是阶级矛盾不可调和的产物，是以市民社会为基础的一种无意识的客观的自然过程。国家不是理性的产物，但“国家的火炬”必须具有理性。历史和现实昭示，一个民族、一个国家，如果忽视了国家的理性，必将付出沉重的代价；而一旦“国家的火炬”放射出理性之光，便会照亮仿佛是黑暗的社会。

国家理性的形成并日益成熟，是在阶级社会的历史演进中逐步实现的。阶级社会是一个利益对立的社会，社会处在尖锐的冲突甚至分裂状态，而社会又难以通过自身的能力来解决这些矛盾和冲突时，国家便应运而生。国家通过法律的、政治的、经济的、道德的等制度和规范来协调各种矛盾和关系，把社会成员的行为规范到一定的秩序内，一般而言，代表生产力发展方向的新兴阶级在实现维护本阶级的利益和统治地位的同时，也在一定程度上维护着社会的生产生活秩序，推动着社会的发展。在我国封建社会，统治阶级中的“明君”、“贤臣”、“清官”、“良吏”，就是能够比较自觉地维护封建统治者的利益，也能兼顾社会利益的封建官员的代表。如一些有作为的帝王，认识到水能载舟亦能覆舟的道理，因而在治国实践中采取轻徭薄赋、使民安养生息、“保民而王”的政策，由此便有了经济繁荣、国泰民安的盛世。为维护封建社会的秩序，一些有识之士还主张居家守家规，为官守官箴，治国守国法，并做到一以贯之，努力使个人的理性与国家的理性相协调，并通过个人的道德自律去实现国家的意志。我国古代常以帝王下诏的形式大赦天下，以此安抚民心，稳定社会，但罕见赦令泽及贪官污吏者。历代不赦赃官，实际上也是由某些统治者的自律行为延伸而成的国家的自律行为。上述这些，都显现出封建国家维护其统治阶级利益的自觉理性。在资本主义条件下，国家的自觉性用恩格斯的话说就是“真正的总资本家”、“理想的总资本家”，总是能够自觉地维护资产阶级的共同利益。为了防止个人意志取代阶级意志而滥用权力，保证国家权力的施行符合资产阶级的意志和利益，如一些西方国家采取“三权分立”的政权组织形式，以加强对权力的监督与规制。为了公共生产生活秩序，西方一些国家尤为重视依法治国，在日益建立健全法制体系的过程中，法制在社会中发挥了强大的威慑力量。为促进经济发展，发达资本主义国家的决策者在经济发展的不同时期，曾尝试了不同的经济调控理论，如以市场调节为主的调控方式，以市场调节

① 马克思恩格斯全集（第1卷）[M]．北京：人民出版社，1956：249.

为主、政府调控为辅的调控方式，还有在某些时期侧重政府宏观调控，如第二次世界大战后的一段时期实行的“罗斯福新政”，能够自觉运用凯恩斯的经济学说，通过运用财政、金融等政策，使国家对经济活动进行广泛的干预，以缓和供给与需求的矛盾，减弱经济危机的振荡与对社会的消极影响。这些都是资本主义国家维护资产阶级整体利益的自觉行为，在一定意义上也是维护社会公共利益的积极举措。

由此可见，国家的理性主导经济与社会生活，就会有秩序、有稳定、有发展。国家的理性主要包括两个方面：一是自觉维护占统治地位阶级的利益，维护社会的公共生活秩序；二是不断探索社会发展的客观规律并遵循来执政，具体表现为认识与行动的自觉和自律。从国家的特殊地位和属性分析，国家除了理性自觉与道德自律的一面外，还有盲目与自发非理性的一面。

二、国家的非理性：公共生活的“祸害”

国家的非理性表现在不同侧面与层面。国家的非理性与国家的理性构成一对矛盾，这对矛盾的冲突与哪一方为主导，直接影响到国家职能的正常发挥，影响到公共生活秩序与人民的安乐。如果非理性的一面肆虐，其影响正如恩格斯在对马克思的国家学说进行补充的时候着重指出的，“国家再好也不过是在争取阶级统治的斗争中获胜的无产阶级所继承下来的一个祸害；胜利了的无产阶级也将同公社一样，不得不立即尽量除去这个祸害的最坏方面，直到在新的自由的社会条件下成长起来的一代有能力把这全部国家废物抛掉”。[①]

首先，国家的非理性表现为国家与社会的对立关系。从历史上看，社会越发展，社会分工越细、越发达。当人们奴隶般地服从分工时，他们对自己的活动结果，既不可预知，也无力支配，因而其活动表现出某种自发性、盲目性。“在这里，全部生产的联系是作为盲目的规律强加于生产当事人，而不是作为由他们的集体的理性所把握、从而受他们支配的规律来使生产过程服从于他们的共同的控制。”[②] 国家产生后，社会分工进一步分化，人们被划分为管理者与被管理者，前者凌驾于后者之上，国家成为社会的对立物。正如恩格斯所说，“国家是社会在一定发展阶段上的产物；国家是承认：这个社会陷入了不可解决的自我矛盾，分裂为不可调和的对立面而无力摆脱这些对立面。而为了使这些对立面，这些经济利益互相冲突的阶级，不致在无谓的斗争中把自己和社会消灭，就需要一种表面上凌驾于社会之上的力量。这种力量应当缓和冲突，把冲突保持在‘秩序’的范围以内；这种从社会中产生但又自居于社会之上并且日益

① 马克思恩格斯选集（第3卷）[M]. 北京：人民出版社，1995：13.

② 马克思恩格斯全集（第25卷）[M]. 北京：人民出版社，1974：286.

同社会相异化的力量，就是国家”[1]。由于这一特殊条件，他们的活动较其他社会成员具有更多的主观、任意、放纵、自发的特点，如果缺乏对权力的自下而上的民主制度监督，就有可能形成脱离广大社会成员、神圣不可侵犯的特殊阶层。原本从社会中产生的国家，就会高高地凌驾于公民社会之上，违背社会客观规律为所欲为，背离社会的整体利益与公共意志乱作为，甚至以特权侵凌民众，危害社会，践踏公平与正义。这些客观的与主观的缘由说明，国家也有自发性的一面。

国家在管理社会上的自发性还突出地体现在它把自己作为崇拜的对象。随着国家与社会的日渐分离，国家甚至把社会践踏在自己脚下，把人民群众视为自身存在的附庸或陪衬。中国封建社会的皇帝就是典型。由于国家把自己置于至高无上的地位，因而他能够垄断真理，而且他就是真理。正如西方一位哲学家所讲，国家简直成为“永恒的真理和正义所借以实现的或应当借以实现的场所”。这种状况就必然会消解一个国家的统治者去认识事物、探索规律的动力，所有的法律、道德规约对己都会变成一纸空文，这种状况就会直接影响到对社会的治理。如果国家对自身的自发性缺陷缺乏清醒认识，缺乏严格规制与监督，其结果是不但弥补不了社会的自发性与无序，而且还有可能助长公共生活的无序与道德沦落。从某些方面而言，国家的自发性有时更甚于社会。

其次，国家的非理性表现在它是“虚幻的共同体形式”，它并不代表社会上各阶级各阶层的普遍利益。历史上国家均以整个社会的代表自居，但在私有制的条件下，国家只能代表少数社会成员，即统治阶级、阶层的特殊利益。旧国家代表利益的狭隘性说明它只能是一种“虚幻的共同体形式”。所以，国家所要解决的社会的盲目性、自发性，所要代表的“集体的理性”、“整体的利益”、“最大多数人的幸福”显然是十分有限的。如上所述，尽管封建社会有某些“明君”、“贤臣”、“清官”、“良吏”，能够在一定时期意识到保护人民利益对于维护政权的重要性，而一旦人民利益同统治者的根本利益发生冲突，他们就很难恪守理性与道德来约束自己的权力，转而站在人民的对立面。因此，由于旧国家所代表利益的狭隘性、局限性，其理性的局限性显而易见。

最后，国家的非理性还表现在它的行政占有性[2]。国家的行政占有性是指国家利用其行政权威的强制力，直接地从社会中取得一部分资金，一般不讲究经济核算，而是无偿支付、无偿调拨或无偿供应。这是国家对社会的一种超经济强制和非等价交换。其所以如此，这同国家的特殊地位和身份有关。这一经济交换关系，是自上而下的，与市场上的多种经济主体之间的交换关系明显不同。这一自上而下的经济体系形成之后，国家及其官吏对社会的行政占有便相伴而生，国家成为无偿取得社会财富的行政占有者。这一现象普遍存在于私有制社会，并且总是不断强化国家对社会的行政占有性，由此衍生出诸多腐败行为。一些明智的政治家则在一定程度上按照经济运行的规

① 马克思恩格斯要论精选［M］. 北京：中央编译出版社，2000：179-180.

② 黄亮宜. 国家全景观——中国现代化进程中的国家问题［M］. 北京：中共中央党校出版社，2004.

则，来处理国家与社会的交换活动。马克思特别重视从经济方面揭示国家的行政占有性本质，指出国家与社会之间存在着类似经济上的交换关系，“国家存在的经济体现就是捐税”①。税收就是国家凭借政治权力从社会中无偿地、强制地取得财政收入的一种分配形式，它鲜明地有别于社会经济组织自身的一些分配形式。税收是国家的经济血脉，是国家职能正常发挥的保障，向社会征税这种特殊的收费形式，便成为国家运行的主要经济保障。国家是社会上的一种最庞大的管理系统，它的存在与职能的行使，靠的是从社会中吸纳的巨额的物质财富作基础。离开了必要的财力，就难以形成强大的国家能力。我国宋代，有人打一比方，“国之有财用，犹人之有血气。气血耗竭，何以保身？财用空匮，何以立国？”② 但是，如果国家的行政占有性无限膨胀、扩张，就会形成特殊利益阶层，激化社会矛盾，并势必导致腐败现象丛生，难以遏制。

概言之，国家的非理性会带来国家与社会的对立，官员与公民的对立；会带来腐败滋生、民风日下，公信力丧失，生产生活无序等社会风险与道德风险。国家的理性是社会的希望之光，国家的非理性又是社会的“祸害”，这既是私有制条件下的国家需认真对待的问题，也是中国特色社会主义国家执政中的一个严肃话题，应引以为戒。

三、提升国家理性：维护公共生活秩序

我国是以公有制为主体的社会主义国家，国家的性质与私有制条件下的国家具有本质的区别。社会主义国家代表广大人民群众的根本利益，反映广大人民群众的意志和愿望，与旧国家“虚幻的共同体形式”截然不同，它以真实的共同体形式出现，这是历史上国家演进的划时代的变革。

然而，国家的一般属性和旧国家官僚机构的本性与特征在现实中也有不同程度的表现，如行政占有性在一些地方一些官员身上不断膨胀，权力腐败，公权蜕变为私人资本的保镖；潜规则盛行，法律、制度、党纪形同虚设；欺上瞒下，对上“负责”，对下施压；盲目决策，无视公民权益；监管上的不作为、乱作为、作为不到位普遍存在，重大的生产安全、食品安全等问题屡见报端，应有的职业精神与责任意识严重缺乏，致使国家的形象受损，政府的公信力遇到新考验，给国家执政带来了一定的社会风险，特别是政府失去公信力的道德风险。这些问题与现象恰恰提醒人们，国家行政机构在管理上仍存在一定的盲目性、自发性、自利性等非理性的一面。2011 年 5 月 20 日《华夏时报》以《房地产腐败最集中最恶劣》为题，报道了在中央治理工程建设领域突出问题专项治理工作查办案件新闻发布会上，监察部副部长郝明金通报的 20 起被查处的典

① 马克思恩格斯全集（第 4 卷）[M]. 北京：人民出版社，1958：342.

② 徐鹿卿. 奏己见札子.

型案件。引人关注的是，在20起案件中有11起涉及保障房建设。这说明，中央、国务院部署的这项民生工程沦为腐败高发的新领域。人们还担心，“十二五”期间保障房建设数目巨大，涉及面广，腐败一旦爆发，将使这一民生工程受到影响，损害中央政府形象，违背中央政府要求大力建设保障房的初衷。以公权谋私的腐败现象，已成为国家执政中的一大顽疾。

推进以人民为本的制度建设，建构国家与社会的新型关系。近代西方的政治学家洛克、卢梭、密尔、边沁等多从政府代表一种公共的契约精神去说明国家与社会的关系。洛克从自然状态出发，论证了人在自然状态的诸多不便，如有人不断地受到别人的侵犯而受到侵犯后又缺少公正的裁判，如此容易进入战争状态，于是就有了契约，从而就把自己做自己裁判的权力交给了公共机构即政府去完成，“政治权力就是为了规定和保护财产而制定法律的权利，判处死刑和一切较轻处分的权利，以及使用共同体的力量来执行这些法律和保卫国家不受外来侵害的权利；而这一切都只是为了公共福利”[①]。但是，洛克强调，公民只是勉强转让了自然权力，而绝非割让自然权力，政府的最终权力仍然牢牢地掌握在公民手里，且罢免和更换立法机关的最高权力永远属于人民。如果政府滥用权力，危及公共利益，公民有权利重新把权力授予他们认为最有利公民利益的人。卢梭认为，主权始终属于全体人民，全体人民行使主权，表现为一种公意，也即是这个政治实体的意志，“在体现公意的国家中，是投票者的数目决定着共同的意志，而在体现公意的国家中，则是共同的利益使人民结合在一起。”[②]体现公意的法律来源于全体人民的共同意志，政府是人民的仆从机关，是人民行使主权的工具，“一切合法的政府都是共和国”。在他看来，公正与不公正的标准就在于公意，好的公正的政府必定是最符合公意的政府。“公意”深刻揭示出政治政权必须依赖于整个社会的意愿和参与。

马克思深刻揭示，国家与社会的对立关系是国家的一般属性，只有到了未来的共产主义社会，阶级对立消失了，国家才会自然消亡。马克思认为，未来的无产阶级国家必将履行必不可少的公共管理职能。但是，那不是国家的根本任务。无产阶级新型国家的根本任务是把那些“旧政权的合理职能则从僭越和凌驾于社会之上的当局那里夺取过来，归还给社会的承担责任的勤务员”[③]，把靠社会供养又阻碍社会自由发展的国家这个寄生赘瘤迄今夺取的一切力量，归还给社会肌体。所以，无产阶级国家的实质是“社会把国家政权重新收回”，是“人民群众把国家政权重新收回”[④]。他在总结巴黎公社的革命经验时，特别强调他们所采取的那些直接民主制以及限制政府工作人员由社会的勤务员蜕变为社会主人的革命性措施，工人阶级应当破除“对国家以及一切与国家有关的事物的盲目崇拜”，破除“全社会的公共事务和公共利益只能像迄今为止

① 洛克. 政府论（下篇）[M]. 叶启芳，瞿菊农译. 北京：商务印书馆，1964：4.

② 卢梭. 社会契约论［M]. 北京：商务印书馆，1980：39.

③ 马克思恩格斯文集（第3卷）[M]. 北京：人民出版社，2009：156.

④ 马克思恩格斯文集（第3卷）[M]. 北京：人民出版社，2009：195.

那样，由国家和国家的地位优越的官吏来处理和维护”[①]的盲目崇拜心理。这一思想说明，无产阶级国家及其政府虽然消除了剥削阶级国家的阶级属性，但是还没有最终克服国家与社会相对立的一般属性，不可避免地存在着与社会管理不适应的非理性的一面。如何解决这一问题，克服这一社会“祸害”，马克思提出，巴黎公社是一个具有广泛代表性的政治形式，是“人民群众获得社会解放的政治形式”[②]，这种政治形式给国家制定了真正民主制的基础。因为巴黎公社的所有的公共职务都由选举产生，对选民负责，接受人民的监督，并随时可以罢免，这对以公权谋私的腐败现实无疑是有力的制度约束。我国处在社会主义初级阶段，旧国家旧官僚的痕迹仍将长期存在。如何通过制度建设来从根本上遏制这一不良势头，缓解权力行使不当成为社会矛盾的焦点，保证公平社会建设和公共生活秩序，马克思恩格斯的思想无疑具有重要的价值。在当前，缓解国家与社会的对立关系，最重要的就是建构和完善以人民为本的制度架构，从根本上实行自下而上的民主监督。早年黄炎培先生曾向毛泽东提出周期率问题，毛泽东对他说：“我们已经找到新路，我们能跳出这周期率。这条新路，就是民主。只有让人民来监督政府，政府才不敢松懈。只有人人起来负责，才不会人亡政息。”黄炎培认为：“这话是对的。”“只有大政方针公之于公众，个人功业欲才不会发生。只有把每一地方的事，公之于每一地方的人，才能使地地得人，人人得事。用民主来打破这周期率，怕是有效的”[③]。重视民主政治建设，不断扩大人民的知情权、参与权、决策权，是监督政府行为走向、维护公共利益不受侵犯、保障公权与公民的和谐关系，最终实现国家意志与公民愿望、国家与公民新型关系的有效路径，也是跳出制度困境的怪圈、切实提升国家理性的明智选择。

制约行政占有性，彰显权力的公共性。公共性是政府的本质属性，是政府伦理合法性的基础。这是当前政治伦理关注的重要话题之一。古希腊哲学家柏拉图曾在《理想国》一书中提出，城邦起源于人们为满足需要而产生的相互合作，城邦成立的目的是为了实现全体人民的利益和正义，而不是为了一个阶级的幸福。正义即“每个人都作为一个人干他自己分内的而不干涉别人分内的事”。城邦政治的本质在于“公正”。柏拉图从道德的角度阐述了城邦作为实现公共的“善”的手段和具体内容，在他看来，维护正义体现了政府的公共性。亚里士多德继承了柏拉图的思想，明确指出，人们组成城邦的目的是为了过一种美好的生活，城邦是裁决有利于公众的要务并听断私事的团体，“当一个政府的目的在于整个集体的好处时，它就是一个好政府；当它只顾及自身时，它就是一个坏政府”[④]。善或正义的概念是城邦所能提供的具有公益性质的意识形态。西塞罗认为，“国家乃人民之事业，但人民不是人们某种随意聚合的集合体，而是

① 马克思恩格斯全集（第22卷）[M]. 北京：人民出版社，1992：229.
② 马克思恩格斯文集（第3卷）[M]. 北京：人民出版社，2009：195.
③ 毛泽东传（1893~1949）[M]. 北京：中央文献出版社，2004：746–747.
④ 罗素. 西方哲学史 [M]. 何兆武等译. 北京：商务印书馆，2001：245.

许多人基于法的一致和利益的共同而结合起来的集合体”。[①]

行政占有性与政府的公共性恰恰相反。公共性意味着政府将公民的意志作为公共行政的首要原则，公共利益会得到切实的保障和实现。行政占有性这一国家属性，在新形势下与市场经济内在的趋利本性相聚合，使得社会治理方面出现了许多新的问题。如在一些地区和地方频频发生的公权成为违法经营的保护伞，公权与私人资本的结合，官民利益冲突，从而给权力的公共性与合法性带来信任危机。《瞭望东方周刊》于2011年5月30日以《陕西横山官煤勾结逻辑链》为题，报道在5月20日横山县波罗镇樊家河村刚刚被煤矿争端重伤过的村庄。追溯到2010年7月17日，村民与村前的山东煤矿爆发大规模冲突，在血腥械斗中，双方近百人受伤。此次冲突的背后，是地方官员控制煤矿和矿权纠纷。记者曾在“7·17”案后赴横山调查，当时发现在横山另一座价值数百亿煤矿的诉讼中，居然有陕西省政府向最高人民法院发出公函干扰判决。媒体甚至指明，“这起看似并不复杂的矿权纠纷案，经榆林市中级人民法院判决，省高级人民法院裁定，至今仍得不到执行，致使价值数亿元的集体财产归于个人名下。令人匪夷所思的是，面对生效的判决，陕西省国土资源厅召开‘判决’性质的协调会，以会议决定否定生效的法院判决。纠纷最终导致矛盾激化，事态升级”。桩桩典型的案例充分说明行政占有性在我国现阶段的存在及其严重危害。国家权力代表的是公共利益与公众意志，市场经济条件下，个别地方政府的权力运作性质在不同程度上发生着变化，如公权蜕变为私人非法利益的保镖，蜕变为谋私的工具，所谓的法律、制度、党纪等制度体系，在他们那里都成了一纸空文。对此，应该引起人们的高度关注。

严格规范公务员个体行为，培育道德自律精神。在一般意义上，国家的理性除了遵循事物客观规律的自觉性与主动性等科学认知外，还包括道德认知与道德自律等道德理性。依法治理与以德规范政府公务员的行为，严控“理性经济人”行为损害国家形象，公务员个体的道德素质至关重要。国内外对公务员的行动范围与权限都制定了诸多相关法律法规，还有专门的公务员道德规范等，从而为公务员的行为划定了界限。中共十七大文献中还第一次提出加强个人品德建设，特别提出党员领导干部要率先提高道德水平，其意义十分深刻。众所周知，国家理性及形象与地方政府及其公务员个人行为联系密切，民众多是通过他们来判断国家、政府行为的理性与非理性，正当与不正当，合法与不合法的，因此，国家理性的提升最终还要落脚到公务员行动本身。如马克思所说，国家也即政府。国家的公共理性与政府公务员的个体理性之间、制度与行为之间能否保持一致，直接影响到国家的理性自觉和国家形象。因此，公务员个体理性的自觉与实践理性的自律，就显得特别重要。当前，主要解决的问题应该是公务员个体的道德素质问题。如果没有树立以人民为本的信念，在从政与谋利的关系上、在公权与私权的关系上、在“经济人”与“公共人”之间，明显存在着价值冲突，客观上与主观上存在着国家公务员蜕变为“理性经济人”的可能性与现实性。如马克思

① 徐大同. 西方政治思想史［M］. 天津：天津教育出版社，2002：74.

早年提醒的，“由社会公仆蜕变为社会主人”。社会主义国家如何防止国家公务员的变质，维护国家理性和形象，是摆在人们面前的严肃话题。一些地方政府和部门以及个人，公权私化，把部门利益化，权力金钱化，与民争利，甚至变相使其谋利合理化、合法化，这种“理性经济人”行为严重地损害了国家和政府的形象，危及到国家的合法性基础与应有的权威性，直接破坏了公共生活秩序。尽快建立起以人民为本的高效型、服务型、责任型政府，提高管理社会的科学决策水平，保障社会生产的良好秩序，营造公平正义的生存环境，已是大势所趋，民心所向。因而，提高公务员的公共服务意识，强化“公共人”的职业精神，培育和提高个人品德素养，就成为提升国家理性的重要内容。

（本文原载《马克思主义研究》2001 年第 11 期）

深化政府改革需处理好三个关系

在完善社会主义市场经济进程中，深化政府改革是一项重要内容，其核心在于优化调控管理职能，提高政府公务人员的素质，不断增强认知力、公信力和驾驭经济的能力，进一步彰显人民政府在经济社会建设中的统摄力。为此，需要正确处理“自发”与“自觉”、自利与公利、他律与自律这三个关系。

一、正确处理“自发”与“自觉”的关系，不断提高管理经济社会的认知能力

政府宏观调控与管理，相对于市场调节来说，就是主观与客观的关系。毛泽东曾说过，“计划是意识形态。意识是实际的反映，又对实际起反作用”。[①] 可以引申理解：政府经济职能相对于市场配置资源的功能，前者属于以政府为主体的主观性调节，后者属于以市场为主体的客观性调节。确切地说，是客观见之于主观的功能，它表现为一定主观意志的调节。因而，政府的宏观经济调控中必然存在一对矛盾，即自发与自觉的矛盾。“自发”指的是政府各级组织的经济调控没有正确反映市场客观现实，以致出现被动性、盲目性、经验性等缺陷，直接影响对经济社会的有效管理。自觉表达的则是政府宏观调控顺应和符合客观经济规律的运行，又能弥补市场缺陷，有效解决缺位、错位、越位问题，有力地推动市场经济健康运行。“自发”与“自觉”的矛盾在经济调控中无处不在，直接影响到政府的科学决策。公共选择和政策分析学者认为，政府成功与政府失败同时存在，“非市场缺陷论”或者“政府失败论”是一个普遍的命题。这一思想具有一定的启发价值。

政府宏观调控中的公共政策失效，公共物品供给的低效率，内部性与政府扩张等，都与这一问题相关。一方面，同认识和把握任何事物都要经历一个漫长的过程一样，政府对市场发展规律的认识同样如此，表现了政府理性的有限性；另一方面，瞬息万变的市场经济环境给政府的调控不时提出严峻挑战。国内外经济实践昭示我们，宏观调控顺应市场的客观规律，就能够推动经济的进步，反之则会增添障碍，加剧经济生

---

① 毛泽东文集（第 8 卷）[M]. 北京：人民出版社，1999：119.

活的矛盾，阻碍经济的发展，甚至会酿成严重的社会后果。恩格斯早就有精辟论断："政治权力在对社会独立起来并且从公仆变为主人后，可以朝两个方向起作用。或者按照合乎规律的经济发展的精神和方向去起作用，在这种情况下，它和经济发展之间没有任何冲突，经济发展加快速度。或者违反经济发展而起作用，在这种情况下，除去少数例外，它照例总是在经济发展的压力下陷于崩溃。"① 他思考历史上各种类型的政府，总结说："一切政府，甚至最专制的政府，归根到底都不过是本国状况的经济必然性的执行者。它们可以通过各种方式——好的、坏的或不好的不坏的——来执行这一任务；它们可以加速或延缓经济发展及其政治和法律的结果，可是最终它们还是要遵循这种发展。"②

要避免盲目性和自发性，提高自觉性和科学性，使政府的调控行为更加符合经济规律的要求，更加主动地发挥宏观调控职能，提高经济理性至关重要。基于市场经济变化快、不确定性因素多等特点，要掌握其规律，增强经济理性，就必然在深化改革中建设学习型政府，达到认识和掌握两种规律，一种是各国经济发展的一般规律，另一种是本国经济发展进程中的特殊规律。掌握一般规律，才能具有国际视野，洞察当今经济全球化的大势，借鉴各国发展经验与教训，更全面更客观地审视我国的经济现状与未来走势，做到未雨绸缪，掌握经济变动的主动权；掌握特殊规律，才能做到认识具体、避免照抄照搬的教条主义和经验主义，才能做到把握症结，有的放矢，解决问题，科学地高效率地行使政府的经济管理职能，包括科学的决策和制度安排以及有效的公共服务等，针对变动着的市场，确定国家和地区层面的近期和中长期的经济发展模式和路径。这就需要大力倡导学习型创新型的政府理念，善于学习、勇于创造，在实践中不断提高经济理性和科学决策的认知力。

二、正确处理自利与公利的关系，充分彰显人民政府的公共道德精神

人民政府组织中的公务人员，既具有满足自身生存与发展的基本需求，可谓人之为人所具有的自利性特征，更应该具有政府公职人员为社会公共利益履职的公利性职业精神。自利集中体现为个体的欲望与需要，既有转化为正当的个人利益的可能，也存在演变为以自利损害公利、走向自私的可能，即一些学者所称的"追求利益最大化"的经济人。这就同人民政府所代表的社会公共利益的性质即公利，形成尖锐的道德价值冲突。与社会上存在的自私、利己不同的是，政府公务人员因手中握有一定的权力，

① 马克思恩格斯选集（第3卷）[M]. 北京：人民出版社，1972：526.
② 马克思恩格斯选集（第4卷）[M]. 北京：人民出版社，1995：715.

掌握有一定的资源，他们如何处理这一矛盾，直接关系到一个地方乃至整个国家的整体利益。

政府的经济调控职能是从社会的全局出发的，是以公平公正为导向的。在市场经济条件下政府要制定中长期发展规划和产业政策，维护全国的统一市场和市场秩序，提供人民满意的公共产品和基础设施等，这些都要求从社会整体经济利益出发，从人类未来的发展考虑，包括遵守国际规则，维护全人类权益的责任。为此，在决策上，有时为了全局利益不得不牺牲局部利益，为了长远的根本利益不得不牺牲暂时的眼前利益，特别是可持续发展战略的实施，为子孙后代造福更是保证长远利益的全局性的举措。所以，在客观上，政府的各部门、各层次之间往往会产生局部与全局、眼前与长远利益上的矛盾。体现公平公正的政府经济管理职能的公共性特征，与其政府各层次各部门的利益之间就可能形成矛盾，不仅如此，政府公务人员还有其自身利益，追求不正当的个人利益或部门利益必将会损害地方和社会公共利益，这是政府经济职能行使中的又一对突出矛盾。解决此类冲突，必须依靠忠诚人民、服务人民的公仆意识，始终把自己的利益依法保持在正当利益的界限内，不越权、不谋私，正确处理自利与公利之间的关系。

自利还表现为单纯追求部门利益。从部门来说，由于分工不同，必然有社会某一方面、某一领域的特殊要求，比如主管农村的部门要从农村事业的发展考虑提出政策建议，水利部门要研究水利事业的发展，能源部门专事能源的开发与利用，不同部门会基于本系统的利益和发展争取获得更大支持。但是，许多事情在本部门看来是可行的、可理解的，而从全局考虑则存在矛盾，或者暂不可行，那就必须服从全局的部署，以保证经济社会整体的协调运转。

目前突出的问题是地方政府与国家、各级地方政府之间利益上的矛盾屡屡出现。从客观上看，各级地方政府应当为本地区谋利益，在全国宏观调控指导下对本区的经济运行进行中观调控，促进本地区的经济发展。但是，如果违背了国家政府统一的政策与法规，背离社会长远的公共利益的实现，甚至保护本地区本部门落后的东西甚至假冒伪劣产品，袒护违法乱纪人员，破坏当地经济发展环境，则是不可行的。目前在一些地方流行的保护主义，就是缺乏全局观念、法律观念、可持续发展的观念，其中不少还与地方某些官员的“政绩”观和工作作风（特别是腐败行为）有一定的关系。像转变经济发展方式、淘汰落后的生产力（设备落后、污染严重的企业等）就往往涉及地方利益（如地方财政），一些地方政府就会出面阻挠，成为科学发展的阻力。从事实层面看，政府部门利益、政府的地方利益及由此产生的地方保护主义问题，是客观存在的。鉴于局部与全局的矛盾，地方政府必须树立服务于社会的全局观念、整体观念，地方机构和公务人员必须做到自我规范、自我约束，处理好自利与公利的矛盾关系。

公利与自利体现在价值目标上，就是个体价值目标与公共价值目标的关系。众所周知，只有政府公务人员的价值目标与政府公共组织的价值宗旨的有效配合、协调一致，才能产生强大的社会力量。因此，公共价值目标的选择与确立至关重要。

三、正确理解他律与自律的关系，在制度规范中建设法治政府

个体都是在他律与自律的约束、规范中走向自律的。人类精神的基础是自律，那么，人民政府包括各级地方政府公务人员道德精神与境界的提高，则更有赖于自律意识的养成。正如中共十七大报告所说，领导干部必须带头讲党性、重品行、作表率。

国家是管理社会的一种机器，但它又不是真实意义上的机器，而是由人组成的机构，它的职能行使在很大程度上取决于人的素质和道德觉悟。对于行政群体的规范来说，一方面要有他律，即各种法规、各类规章制度等；另一方面还需要自律，即靠“内在的法”——道德来主导自己的行为。制度法规的规范是强制性的，道德则是靠自觉自愿。即使对强制性的执法行为，也要通过人的道德自觉去执行，否则执法也会走形或扭曲。从政府职能行施中表现出的种种问题告诉我们，政府行为也必须有一套价值规范系统来约束，不能淡化对政府行为的道德治理，特别是对作为公共利益人格化体现的各级领导者的道德约束，更是一个带有根本性的问题。事实上，包括体制改革的成功与否也有赖于道德。因为要从深层次上解决权力从哪来，权力如何用，如何对待个人的利益，如何对待本部门的利益等价值观问题，必须诉诸于道德。

历史上政府对经济社会的管理，经历了一个由随意性逐步走向制度化、规范化的完善过程。市场经济是法治经济，市场经济是道德经济，法律和道德成为维护市场秩序和社会正常运行的“两手”，特别是进入发达市场经济阶段，更需要靠法制来维系，靠道德来引导和规范。政府职能的行使同样要以法规和道德为依据，这就要正确处理自律与他律的关系。从法律和道德的关系分析，政府依法办事最重要的“他律”，带有强制性，不管主观上愿意与否，都必须在法律的框架内行使职权，违者就要追究责任，受到惩处。但是，仅靠他律是不够的，或者容易陷入被动状态，或执行不力，或不能创造性地运转；或者执法中走样、扭曲，有法不依，执法不严，甚至知法犯法、执法违法。法律是他律，在一定意义上是约束人的，但法律又是靠人来执行的，人是执法的主体。这就必须诉诸于人的道德自觉和自律，既能自觉地用法律约束自己的行为，又能创造性地去执行法律。我国古代强调的“仁政”，其核心就是德政。“政者，正也”，所谓“政”，即政事，管理的意思。“正”，作“正直”、“公正”讲，此处强调的是道德的修养、道德的约束，把守法作为一种必具的道德规约，从而增强执法和守法的道德主动性、自觉性。这看起来是矛盾的，但实际上则统一在管理经济社会的行为中。无论是他律，还是自律，都是为发展、协调和服务于经济社会的。他律是手段，自律是目的；他律来自于社会，自律体现在个体，是个人在对他律认知和遵循的基础上而形成的内在精神。自律的培育是一个自觉践行的过程，中国传统道德教育重视

“教化”、“德教”，都是为了“生活之迁善”，偏重于启迪内心的领悟而达到行为自觉的。因此，在他律的规范中走向自律，需要一个学习、修养的过程，不但要熟悉法律、理解法律，还要以此为基础提高政府机构公务人员的道德素养，养成遵纪守法的美德，在他律的规范中提高自律意识，建设法治政府。

（本文部分内容以《深化政府改革需处理好两种关系》为题发表于《人民日报》2012年10月26日）

信用经济与政府信用建设

市场经济是信用经济，这种理念在我国被越来越多的人所认可和接受，这标志着人们对市场经济认识上的一个新突破。信用是市场经济的基础，同时又是一种经济伦理关系和基本的道德规范。社会信用的载体是个人、企业、非营利组织和政府。因此，无论是信用制度和信用体系的建立，还是信用活动和信用规范的践行，政府信用都处于一个核心而又凸显的位置。它决定着社会信用体系的建立与完善，它自身的信用又直接影响到全社会信用制度的建设。因此，市场经济呼唤信用，信用经济呼唤信用政府。

一、信用是市场经济的基础

从历史上看，商品交换是以社会分工为基础的劳动产品交换，其基本原则为等价交换，交换双方都以信用作为守约条件，构成互利互惠的经济关系。假如有一方不守信用，等价交换、互利互惠关系就会遭到破坏。随着交换关系的复杂化，日益扩展的市场关系便逐步构建起彼此相联、互相制约的信用关系链条，维系着错综复杂的流通过程和正常的市场秩序。可见，从最初的交换到扩大了的市场关系，都是以信用为基本制度和道德准则的。没有信用，就没有交换，没有秩序，就没有市场，人类的生产活动只能在自然经济的低水平上重复。马克思在《资本论》中指出，信用是整个资本主义商品生产和资本运动的基础，是市场经济的灵魂。信用在全部经济运行环节中的作用，归纳起来主要是：①通过信用可以使全部复杂的经济活动主体和社会关系联系起来，使市场经济、流通过程各个环节上的主体都以信用为媒介而存在和活动。②信用制度和银行体制加速了商品流通，减少了流通中占用的货币资本，节省了流通费用，同时加快了资本运动和资本形态变化的速度，促进了社会再生产规模的迅速扩大。③信用加速了资本积累和资本集中，促成资本所有者的联合，使私人资本逐渐走向联合的股份资本（这种股份资本如恩格斯所说“其完美形式通向共产主义”）。马克思对资本主义市场经济信用的分析，包含着一般市场经济的信用原理和原则，对于建设社会主义市场经济信用体系，仍有指导意义。

应该说，这里所讲的信用，首先是在商品生产和货币流通条件下，以商品赊销和货币借贷的形式所体现的经济关系，是以偿还为条件的价值实现的特殊形式，同时又是维系互利互惠伦理关系的具有法的意义的行为规则。在市场经济高度发达的现代社会，信用已成为广泛的经济联系和伦理关系的基础，成为一种基本制度和行为规则，并且已形成了一种特殊的制度，即信贷体系。也就是说，金融已成为现代经济的核心，成为调节宏观经济的重要杠杆，越是发达的金融体系越要求健全的信用制度作为保证。正是因为这样，人们把信用看作市场经济和资本运动的灵魂。不仅如此，随着信用货币的多样化，当代电子商务、电子货币、电子结算等更需要高度严格的信用体系，没有这样的信用体系便会给财经腐败和恶性欺诈留下地盘，它本身也会陷入混乱甚至衰亡。由此可见，市场经济必然是信用经济，市场经济越发达就越要强化信用观念和信用体系。

二、政府在信用体系中的主导作用

信用经济的主体是人，信用体现的是人（主体）和人（主体）的关系。在信用关系中，每个主体一方面提供信用，另一方面又接受信用。信用是相互的，其中包含着相对的权利和义务关系。这里有一种客观的伦理关系，而驱使这种关系形成和实现的力量是各自的利益和共同的利益，信用实际上就是通过契约维系的利益抵押，法律是强制性保证信用实现的手段，道德是非强制性维系信用的手段。法律、道德，还有政策，这些调节手段作用的发挥，单靠个人的或团体的意志是不可能的，必须有一种更高更强的、统一的社会力量来驾驭这一切。这个力量就是国家，其权力的行使者就是政府。政府驾驭着整个社会信用关系的协调，保障市场经济的健康发展；政府把握着整个社会秩序走向未来，实现信用的完美形式。因此，政府的作用是极其重要的。

从这里可以看到，信用在客观上体现着一种特殊的伦理关系，这种伦理关系维系着社会经济秩序，它不以个别主体的心术和行为而存亡。在主观上，它又必然要求个人或行为主体具备诚信之德，有诚信之心，施诚信之行，做诚信之人。诚信是维系市场经济活动的道德精神，是市场经济活动主体的德行和人格所在。信用与诚信两个范畴既有联系又有区别。如果把信用仅仅看做主体主观的诚信之德，就会忽视其客观的体现为实体性制度的伦理关系；如果把信用只看做客观的经济关系和伦理关系，那就会忽视对经济活动主体的道德要求。必须把两者统一起来。质言之，市场经济是信用经济，信用是经济发展的内在必然性要求，是经济活动主体实现互利的必要性规定，又是基于这种必然性和必要性基础上的道德上的“应当”。这种“应当”作为道德命令，是所有进入这种关系的人都不能忽视的警示，否则就难以立身。由此可见，从经济伦理视角来认识和理解信用建设，就需要在经济关系和伦理精神、信用制度和行为规则等多方面做出努力。显然，这必须发挥政府的科学决策作用。

建立社会信用体系，对于政府而言是一个挑战。在我国经济从传统体制向现代市场经济的转型期，政府如何适应这一经济发展的历史性要求，担负起建立社会信用体系的重任，无疑是当前和今后我国经济社会发展的一个突出问题。在我国的特殊历史情况下，如何克服长期计划经济留下的信用缺失弊端，克服由于市场经济不完善而存在的信誉失衡，是摆在各级政府面前的现实问题。信用的基础是制度，建设的关键是政府。在经济体制转型、信用体系尚未建立的时期，特别需要发挥政府信用的核心作用，需要以政府信用为骨干支撑起市场经济信用大厦。没有政府的强力推动和政府信用的参与，良好的信用环境和规范的信用机制是不会自发形成的。

一般来说，完善的信用体系大体上可以划分为三个层次：第一层次是法律框架基础。这是通过法律来规范的信用体制。国家以各种法律法规规定权责关系，包括审计、会计制度。第二层次是市场惩罚和政府约束。主要是针对市场参与者的失信、违约行为。第三层次是道德约束。这是建立信用体系的治本之策，重在提高人们的道德境界和人格素质。这三个层次是互为条件、互相支持、缺一不可的。很明显，在信用体系建设的三个层次中，哪一个层次都离不开政府的作用。市场并不是掌管道德的机构，特别是在发展中国家和经济转轨过程中，市场的缺陷、公共的风险，是市场自身无力摆脱的。分配中的公平、农民负担、就业、市场秩序、环境保护等问题，还要依靠政府的力量。政府不仅是信用体系和制度的制定者和组织者，而且也是信用关系的监督者和协调者。社会信用是基于政府信用来支持和推动的，政府具有至关重要的作用。同时，政府作为调控经济、管理经济的主体，它本身也存在着一个讲信用的问题，也要受到法律、道德的监督与制约。因此，能不能打造信用政府是事关信用体系能否最终建立的全局性问题。

三、打造信用政府的几点举措

为打造信用政府，应当从以下几个方面努力：首先，政府要把立法、执法和守法统一起来，为建立信用经济和维护信用经济服务。政府要根据信用体系建设的需要，出台一系列法律法规，要在执法特别是在守法方面，克服和杜绝有法不依、违法不究的现象，尤其是政府执法部门人员违法乱纪的严重问题。执法部门要切实加强管理，依法严厉打击制假售假、偷税漏税、经济欺诈、恶意逃避债务的行为，大力规范市场秩序。要善于运用法律的武器，同种种破坏信用的违法乃至犯罪行为进行坚决的斗争，以维护社会主义市场经济的健康发展。法律是维护信用的有力手段，各级政府都要依法行政，“执法必严，违法必究”，对法律信用有任何的忽视，都是对社会信用基础的直接破坏。

其次，强化信用意识，加强诚信教育。组织和实施全社会的信用意识和诚信教育工程，是市场经济条件下政府的一个主要职能，或者说是一个主要责任。从历史上看，信用制度和意识是在与不守信用的矛盾斗争中发展起来的，从来都不是在市场经济中自发形成的。因此，政府应该通过制度和教育的手段，使公民形成这样的认识：市场经济是信用经济，信用经济与之要求的必然是诚信道德。诚信道德已经成为一个直接参与经济增长“大合唱”的重要因素，谁轻视信用，不讲诚信，谁就失去了在资源配置中的优势地位，最终会在激烈的市场竞争中败下阵来。因为没有信用，就没有规则，就没有秩序，市场经济就不能健康发展。国务院颁布的《整顿和规范市场经济秩序》中强调，“整治市场经济秩序，不仅是一个严肃的经济问题，而且还是一个严肃的政治问题”，说明信用缺失的程度和所造成的经济秩序混乱，已经直接危及经济增长和社会的进步。

最后，各级领导干部和公务员应当培育自律精神，严格规范自己的行为。应当懂得：民无信不立，政府无信也不立。政府的各级干部应在不断加深对社会主义市场经济规律认识的基础上，从“三个代表”的高度来认识自身的言行对于社会信用制度和诚信道德建设的重要作用。要用信用打造地方经济，用诚信打造名牌产品，克服短期行为，克服地方保护主义，保护先进生产力的发展。要通过严格守法、守德来维护政府信用，维护政府形象，掌握好人民赋予的权力，充分发挥各级领导在信用建设方面的组织、宣传和带动作用，打造出社会主义市场经济所需要的信用政府。

（本文原载《郑州大学学报》（哲学社会科学版）2003 年第 2 期）

参考文献

［1］［印］阿马蒂亚·森. 以自由看待发展［M］. 北京：中国人民大学出版社，2002.

［2］［印］阿马蒂亚·森. 伦理学与经济学［M］. 王宇等译. 北京：商务印书馆，2000.

［3］［西］阿莱霍·何塞·G. 西松. 领导者的道德资本［M］. 于文轩，丁敏译. 北京：中央编译出版社，2005.

［4］［美］艾默里·B.洛文斯等. 企业与环境［M］. 思铭译. 北京：中国人民大学出版社，2001.

［5］［美］本杰明·弗里德曼. 经济增长的道德意义［M］. 李天有译. 北京：中国人民大学出版社，2008.

［6］［德］彼得·科斯洛夫斯基. 伦理经济学原理［M］. 孙瑜译. 北京：中国社会科学出版社，1997.

［7］［德］彼得·科斯洛夫斯基. 资本主义的伦理学［M］. 王彤译. 北京：中国社会科学出版社，1997.

［8］［美］查尔斯·汉普登—特纳等. 国家竞争力——创造财富的价值体系［M］. 海口：海南出版社，1997.

［9］陈东琪. 新政府干预论［M］. 北京：首都经济贸易大学出版社，2000.

［10］陈泽环. 论政府伦理与企业伦理［J］. 毛泽东邓小平理论研究，1994（2）.

［11］［美］道格拉斯·诺思. 制度、制度变迁与经济绩效［M］. 上海：上海三联书店，1994.

［12］恩格斯. 路德维希·费尔巴哈和德国古典哲学的终结［M］. 北京：人民出版社，1973.

［13］樊和平. 中国伦理精神的现代建构［M］. 南京：江苏人民出版社，1997.

［14］樊和平. 伦理精神的价值生态［M］. 北京：中国社会科学出版社，2001.

［15］高力. 公共伦理学［M］. 北京：高等教育出版社，2004.

［16］龚天平. 追寻管理伦理——管理与伦理的双向价值解读［M］. 北京：中国社会科学出版社，2004.

［17］郭建新. 信用：一种经济伦理的诠释维度［J］. 江苏社会科学，2007（3）.

［18］何怀宏. 公平的正义：解读罗尔斯正义论［M］. 济南：山东人民出版社，2002.

[19] 胡家勇. 一只灵巧的手：论政府转型 [M]. 北京：社会科学文献出版社，2002.

[20] 黄亮宜. 国家全景观——中国现代化进程中的国家问题 [M]. 北京：中共中央党校出版社，2004.

[21] 洪银兴，张宇. 马克思主义经济学经典精读·当代价值 [M]. 北京：高等教育出版社，2012.

[22] [美] 乔治·恩德勒. 面向行动的经济伦理学 [M]. 高国希，吴新文等译. 上海：上海社会科学出版社，2002.

[23] [美] 乔治·恩德勒. 国际经济伦理：挑战与应对方法 [M]. 锐博慧网公司译. 北京：北京大学出版社，2003.

[24] [美] 乔治·索罗斯. 索罗斯，走在股市曲线前面的人 [M]. 海口：海南出版社，1997.

[25] 江畅. 德性论 [M]. 北京：人民出版社，2011.

[26] 金太军. 政府职能的梳理与重构 [M]. 广州：广东人民出版社，2002.

[27] 金太军等. 政府的自利性及其控制 [J]. 江海学刊，2002（2）.

[28] [美] 科斯·诺斯等. 制度、契约与组织——从新制度经济学角度的透视 [M]. 北京：经济科学出版社，2003.

[29] [德] 卡西尔. 人论 [M]. 甘阳译. 上海：上海译文出版社，1985.

[30] [德] 莱因哈德·默恩. 企业家的社会责任 [M]. 沈锡良译. 北京：中信出版社，2005.

[31] [美] 理查德·T.德·乔治. 经济伦理学 [M]. 北京：北京大学出版社，2002.

[32] [美] 林恩·夏普·佩因. 领导、伦理与组织信誉案例：战略的观点 [M]. 韩经纶等译. 大连：东北财经大学出版社，1999.

[33] [美] 林恩·夏普·佩因. 公司道德：高绩效企业的基石 [M]. 杨涤等译. 北京：机械工业出版社，2004.

[34] 厉以宁. 经济学的伦理问题 [M]. 上海：三联书店出版社，1995.

[35] 厉以宁. 超越政府和超越市场——论道德和习惯在经济中的作用 [M]. 北京：北京大学出版社，1998.

[36] 刘国光. 加强企业伦理建设是建立社会主义市场经济体制的需要 [J]. 哲学研究，1997（6）.

[37] 陆晓禾. 经济伦理、公司治理与和谐社会 [M]. 上海：上海社会科学院出版社，2005.

[38] 陆晓禾. 走出丛林——当代经济伦理学漫话 [M]. 武汉：湖北教育出版社，1999.

[39] 李炳炎. 共同富裕经济学 [M]. 北京：经济科学出版社，2006.

[40] 李建华. 现代企业的伦理难题 [M]. 北京：人民出版社，2009.

[41] 李培超. 义利论 [M]. 北京：中国青年出版社，2001.

[42] 李茹. 市场、政府与伦理目标 [J]. 道德与文明，2003 (6).

[43] 刘伟，梁钧平. 冲突与和谐的集合：经济与伦理 [M]. 北京：北京教育出版社，1999.

[44] 刘伟. 转轨经济中的国家、企业和市场 [M]. 北京：华文出版社，2001.

[45] 马克思恩格斯文集（第4卷，第5卷，第7卷，第9卷）[M]. 北京：人民出版社，2009.

[46] 马克思恩格斯全集（第1卷，第3卷，第4卷，第25卷，第49卷）[M]. 北京：人民出版社，1995，2010，1972，1974，1982.

[47] 马克思恩格斯文集（第3卷）[M]. 北京：人民出版社，2009.

[48] 马克思恩格斯选集（第3卷，第4卷）[M]. 北京：人民出版社，1995.

[49] 欧阳润平. 道德实力：国有企业发展的战略基础 [M]. 长沙：湖南人民出版社，2005.

[50] 欧阳润平. 义利共生论——中国企业伦理研究 [M]. 长沙：湖南教育出版社，2000.

[51] [日] 松下幸之助. 经营人生的智慧（上）[M]. 长春：延边大学出版社，1996.

[52] [美] 所罗门. 伦理与卓越：商业中的合作与诚信 [M]. 罗汉，黄悦等译. 上海：上海译文出版社，2006.

[53] 唐凯麟. 西方伦理学名著提要 [M]. 南昌：江西人民出版社，2000.

[54] 唐凯麟. 中国古代传统经济伦理思想史研究 [M]. 北京：人民出版社，2004.

[55] 涂文娟. 政治及其公共性：阿伦特政治伦理研究 [M]. 北京：中国社会科学出版社，2009.

[56] 万俊人. 道德之维——现代经济伦理导论 [M]. 广州：广东出版集团，广东人民出版社，2011.

[57] 王小锡. 中国经济伦理学 [M]. 北京：中国商业出版社，1994.

[58] 王小锡. 道德资本与经济伦理 [M]. 北京：人民出版社，2009.

[59] 王泽应. 生态经济伦理学论纲 [J]. 江苏社会科学，2001 (2).

[60] 王泽应. 义利并重与义利统一：社会主义义利观研究 [M]. 长沙：湖南人民出版社，2001.

[61] 王福霖，刘可风. 经济伦理学 [M]. 北京：中国财经出版社，2001.

[62] 汪荣有. 经济公正论 [M]. 北京：人民出版社，2010.

[63] 韦森. 经济学与伦理学 [M]. 上海：上海人民出版社，2002.

[64] 吴忠等. 市场经济与现代伦理 [M]. 北京：人民出版社，2003.

[65] 夏伟东. 个人主义思潮 [M]. 北京：高等教育出版社，2006.

[66] 夏伟东. 经济伦理学是什么 [J]. 江苏社会科学，2000 (3).

[67] 向玉乔. 生态经济伦理研究 [M]. 长沙：湖南师范大学出版社，2004.

[68] 徐大建. 企业伦理学概论 [M]. 上海：上海人民出版社，2002.

[69] [美] 约瑟夫·斯蒂格利茨. 政府为什么干预经济？[M]. 北京：中国物资出版社，1998.

[70] [英] 亚当·斯密. 道德情操论 [M]. 北京：商务印书馆，1997.

[71] [英] 亚当·斯密. 国民财富的性质和原因的研究 [M]. 北京：商务印书馆，1988.

[72] 赵德志. 现代西方企业伦理理论 [M]. 北京：经济管理出版社，2002.

[73] 詹世友. 公共领域·公共利益·公共性 [J]. 社会科学，2005 (7).

[74] 张晓明. 转型与对外开放中的中国企业伦理问题 [J]. 哲学研究，1997 (12).

[75] 朱贻庭. 略论企业伦理与社会文化背景——关于建设有中国特色企业伦理的一种思路 [J]. 江苏社会科学，2000 (3).

[76] 章海山. 经济伦理及其范畴研究 [M]. 广州：中山大学出版社，2005.